TERRE

DU MÊME AUTEUR

LE CIEL DANS LA TÊTE : UNE HISTOIRE DE L'ASTRONOMIE, Actes Sud, 2010.

Quatrième de couverture :
Extrait de l'interview du philosophe allemand Peter Sloterdijk,
"Sloterdijk : « L'air est notre véritable patrie »"
par Jonathan Chauveau, *Libération*, samedi 13 mars 2010

ISBN 978-2-330-03919-6

ALAIN GIRAUD-RUBY

TERRE

UNE HISTOIRE DES SCIENCES DE LA PLANÈTE

ACTES SUD

À la mémoire de mon père, Gilbert Giraud, qui a légué à ses nombreux enfants sa curiosité encyclopédique, sa vaste bibliothèque, ses collections de minéraux et son penchant si marseillais pour les paradoxes.

SOMMAIRE

AVANT-PROPOS

De “la terre” à “la Terre”

Regarde le Ciel
*Écoute la Terre**

Ce livre raconte l’histoire des sciences de la Terre. Son ambition n’est pas simplement de décrire la succession des découvertes scientifiques qui ont fondé la connaissance approfondie que nous avons aujourd’hui de notre planète, mais de la replacer dans le contexte de l’histoire de l’humanité, et plus précisément de l’humanité moderne. C’est pourquoi l’introduction et la conclusion évoquent les évolutions sociohistoriques récentes au sein desquelles les sciences de la Terre ont pris leur place et leur sens, par leur évidente utilité, en éclairant les esprits, mais aussi dans le cadre d’une profonde transformation des rapports entre l’homme et la nature.

La science en effet, dans ses liens étroits avec le développement des techniques – l’agriculture, l’industrie, la médecine –, peut être tenue pour responsable, en grande partie, de l’extraordinaire croissance démographique et économique des deux derniers siècles, qui a suscité, et suscite encore, tant d’espoirs et tant de craintes. La science, ayant ainsi largement contribué au progrès comme à ses dégâts, inspire également de nos jours tous ceux qui en contestent les conséquences sur l’environnement comme

* Le poète graphomane qui taguait sur les trottoirs et les murs de mon quartier de Paris pendant que j’écrivais ce livre.

sur la société humaine et prônent des voies alternatives vers le futur. La science enfin, concernant la place de l'homme dans l'Univers, nous invite à d'autres méditations et d'autres consolations que celles traditionnellement inspirées par la foi et la piété.

De la "géographie physique" d'antan aux géosciences contemporaines, un changement de mentalité historique

Les sciences de la Terre – les *géosciences* : climatologie, océanographie, physique du globe –, bien que relativement neuves, ont un long et riche passé derrière elles. Pendant longtemps, tant qu'il est resté des *terrae incognitae* et des "explorateurs", avant qu'on ait pu contempler le spectacle du globe terrestre vu de l'espace, on les a étudiées et enseignées dans les écoles comme partie de la "géographie".

À vrai dire, il ne s'agissait pas tout à fait de la même chose, car ces sciences ont pris depuis un demi-siècle une place et un sens fondamentalement nouveaux, non seulement au sein du monde globalisé qui a succédé aux territoires, sociétés et nations cloisonnés de jadis, mais aussi dans le cadre de la profonde transformation des rapports entre l'homme et son environnement terrestre que nous sommes en train de vivre.

Il y a quelques dizaines d'années, la géographie, divisée en "géographie physique" et "géographie humaine", était encore une matière scolaire importante, dont les chaires, les sociétés savantes, les publications prestigieuses avaient connu un formidable épanouissement au XIXe siècle. Son déclin a accompagné la chute des empires coloniaux européens dont elle s'était quelque part faite le chantre ; chute qui devait laisser place à la mondialisation libérale. Cette évolution, de la géographie physique d'antan aux géosciences contemporaines, traduit en fait un profond changement de mentalité : en moins d'un siècle on est passé d'une religion de "la terre", au sens où l'entendait par exemple Jules Michelet, à une religion de "la Terre", notre planète ("religion" étant entendu ici comme "ce qui relie les hommes").

Ce passage de *la terre* à *la Terre*, simple passage à une majuscule, résume (trop) succinctement une histoire complexe, marquée notamment par un développement inouï des moyens de communication physiques ou virtuels et caractérisée par des échanges commerciaux, des flux migratoires et des mélanges culturels sans précédents par leur ampleur, assez bien exprimés par le terme de "globalisation" (à condition de ne pas entendre ce terme comme synonyme d'"uniformisation" : jamais, au contraire, la diversité chatoyante de l'humanité n'a été aussi visible, aussi universelle, que dans les grandes villes modernes ; ce qui n'est d'ailleurs pas sans raidir certains réflexes chauvins).

Un des phénomènes marquants qui ont sous-tendu cette remarquable évolution est sans doute l'exode rural, "la fin des paysans*". "Dieu a fait la campagne, l'homme fait la ville", écrivait déjà le poète anglais William Cowper à la fin du XVIIIe siècle. L'urbanisation, ajoutant aux misères campagnardes la misère ouvrière, attisa révoltes et révolutions, mais aucun des nostalgiques, des fervents ou des idéologues des anciens modes de vie villageois – ni Barrès ou Tolstoï, ni Gandhi, Nyerere, Mao ou Pol Pot – n'a réussi à endiguer, fût-ce par une contrainte totalitaire, cette irrésistible lame de fond des campagnes vers les villes. Après avoir balayé l'Europe de l'Ouest, après avoir transformé l'Amérique du Nord ("Où sont les paysans ?" s'étonnait Nikita Khrouchtchev lors de sa visite du *Midwest* des États-Unis à l'époque de la guerre froide), ce phénomène majeur de l'exode rural se poursuit aujourd'hui avec une ampleur impressionnante en Amérique latine, en Afrique, en Asie.

Par rapport à l'époque pas si ancienne où l'on prônait des "réformes agraires" destinées à redistribuer la terre des anciennes ou nouvelles féodalités, la modernité a revêtu un autre visage : celui des "bidonvilles" et des "cités" comme on en a connu en France à partir des années 1960, et comme on en connaît aujourd'hui un peu partout ; au Brésil, en Turquie, au Sénégal, ou en Chine où les villages disparaissaient ces dernières années au rythme invraisemblable de

* Titre d'un livre d'Henri Mendras qui fit polémique dans la France des années 1960.

trois cents par jour (!). L'émigration, contribuant à ces mutations, prend le relais, se faisant principalement, et non sans drames de toute sorte (Lampedusa, Melilla, la vallée du Río Grande…), des zones rurales de pays pauvres vers les zones urbaines de pays riches d'Europe ou d'Amérique du Nord. Et "intégration" signifie l'espoir d'une future assimilation au sein des classes moyennes. Alors même que j'écris ces lignes nous venons de passer à grande vitesse le cap quantitatif où *plus de la moitié de la population du globe est urbanisée*, tandis que, selon un document récent de l'OCDE, *les classes moyennes devraient atteindre vers 2030 cinq milliards de membres, soit les deux tiers de l'humanité.*

Les sciences de la Terre, ayant largement contribué au progrès comme à ses dégâts, inspirent aujourd'hui tous ceux qui prônent des voies plus responsables vers l'avenir

On n'inculque plus guère aux enfants de notre monde contemporain la géographie des terroirs ancestraux, mais ils partagent de plus en plus une conscience aiguë de leur appartenance à une planète unique et fragile, dont les équilibres naturels sont menacés et doivent être préservés[*].

Sur la sucette de mon petit-fils d'un an est écrit : "J'♥ ma planète." Et l'évolution des atlas, véritables miroirs de notre civilisation, permet de constater le basculement, depuis la fin des grands conflits mondiaux et de la décolonisation, d'une vision de la Terre comme friche foncière – ouverte notamment aux conquêtes et à l'exploitation par des empires coloniaux rivaux – à celle d'une planète globalisée réclamant une gestion écologique ; ou, si l'on veut, le passage d'*une éthique de colon* à *une éthique d'écolo.*

Et pourtant, avec l'exode rural, l'urbanisation galopante et la montée des classes moyennes, notre proximité à la nature s'éloigne irrésistiblement. La sensibilité quasiment instinctive pour ses harmonies (et ses dangers) – qui caractérisait depuis toujours et il n'y a pas si longtemps encore la très

[*] Il conviendrait de nuancer ces considérations pour tenir compte de toute la richesse anthropologique des rapports entre nature et culture. *Cf.* à ce sujet *L'Écologie des autres* de Philippe Descola (bibl.). Cet auteur n'en écrit pas moins : "Nul besoin d'être grand clerc pour prédire que la question du rapport des humains à la nature sera très probablement la plus cruciale du prochain siècle."

grande majorité des hommes et des femmes des générations précédentes, tous plus ou moins travailleurs de la terre ou de la mer, tous familiers du temps, des plantes et des animaux – est en train de disparaître peu à peu, de nos jours, chez leurs descendants. La nature n'est plus le théâtre permanent de "la bataille divine contre le chaos" qui inspirait les anciennes théogonies ; elle n'est plus la source des mythologies et des religions qui en étaient issues jadis. La nature, que la science nous décrit comme le produit de l'évolution de l'Univers, est dorénavant au mieux pour nous un terrain de loisirs intermittents et nous avons développé à son égard de nouveaux rapports, quelque peu artificiels, au demeurant à vrai dire tout aussi émotionnels et mythiques.

Le nouveau mythe est celui d'une nature idéalisée, intelligible et rationnelle, devenue l'objet d'un culte moins empreint d'animisme magique ou d'obscurantisme religieux, de nostalgie rousseauiste ou d'élans romantiques, que fondé sur des connaissances abstraites, théoriques, d'origine essentiellement scientifique et dispensées par des experts. Et il n'est sans doute pas surprenant que, paradoxalement, ces explications des experts, ces mises en garde des écologistes, soient en fait la descendance intellectuelle des mêmes sciences qui avaient conduit naguère les hommes à oser "l'audace de refuser l'ordre établi par la nature et de modifier les conditions que la Terre leur imposait". À l'audace des explorations, à l'excitation des découvertes et des conquêtes, et aux dégâts du progrès, ont succédé le souci de préserver l'environnement, le principe de précaution et les adjectifs politiquement corrects (bio, durable, équitable...).

Depuis Jean-Jacques Rousseau et avant la contestation de la société de consommation des années 1960, rares avaient été les penseurs à oser prendre le contrepied du culte du Progrès répandu par les Lumières et les révolutions bourgeoises et prolétariennes (ou, si l'on préfère, capitalistes et socialistes) du "grand XIXe siècle"

– 1789-1917 –, progrès dont les bienfaits furent longtemps beaucoup plus évidents que les nuisances.

On peut citer parmi ces exceptions un brillant géographe globe-trotter, l'anarchiste Élisée Reclus. Dans *L'Homme et la Terre* (1905-1908, c'était avant la révolution russe), Reclus critiquait tout à la fois le productivisme, le nationalisme, le colonialisme, l'impérialisme, et le marxisme auquel il reprochait sa vision trop uniquement économique. Un siècle plus tard, les idées si originales de cet homme généreux et, de son temps, si incompris, sont devenues banales : "une seule Terre" – *Only One Earth* fut d'ailleurs le titre que choisirent Barbara Ward et René Dubos pour l'ouvrage préparatoire à la première et historique Conférence des Nations unies sur l'environnement (Stockholm, 1972), ouvrage qui devait devenir un grand classique de la littérature écologique.

L'esprit de ce livre

L'essai que vous avez entre les mains retrace la *généalogie* de la longue marche vers la connaissance scientifique de notre planète – de son atmosphère, de ses océans, de son "grand corps" solide –, où nous puisons aujourd'hui, après la parenthèse progressiste et dominatrice que cette connaissance avait ouverte, notre sensibilité écologique renouant en quelque sorte avec une antique soumission à la nature. Il ne faut voir aucune contradiction dans le fait que le développement des géosciences ait pu inspirer tant les moyens excessivement efficaces de l'exploitation intensive des ressources naturelles par la pêche, l'agriculture et l'industrie modernes que les alarmes et les politiques visant à préserver notre milieu naturel menacé par les ravages qui accompagnent une exploitation aussi intensive : c'est un trait constant de la science d'être ambivalente, toujours éthiquement correcte, irresponsable des usages faits par l'humanité des savoirs qu'elle met à sa disposition.

Cet ouvrage est le deuxième tome d'une trilogie. Je l'ai écrit dans la foulée de la publication du premier tome (*Le Ciel dans la tête : Une histoire de l'astronomie*, 2010) et il procède du même esprit : narration de l'histoire des sciences “de l’extérieur”, ni par un spécialiste, ni pour les spécialistes. Mon ambition est d’être un “historien-critique de science”, comme il y a eu des historiens-critiques d’art (Élie Faure entre autres, un neveu d’Élisée Reclus) ou comme il y a des historiens-critiques littéraires (de nos jours Alberto Manguel, par exemple).

Comme dans le cas de l’astronomie, je me suis appliqué à ne pas lire le passé à l’aune de nos connaissances actuelles, afin d’essayer d’éviter le travers fréquent qui nous fait voir dans l’histoire des sciences une marche triomphale de l’obscurantisme de jadis aux lumières du présent, et n’admirer chez nos prédécesseurs que les thèses qui annonçaient les nôtres

Je m’étais attaché en outre, pour l’astronomie, à mettre en valeur dans sa généalogie ce que j’avais appelé ses aspects “sales et pratiques”, qui ont ancré cette science dans un rôle historique et social de nos jours trop souvent passé sous silence ou minimisé au profit d’une célébration des prétendues beautés de l’Univers qui nous entoure et d’une glorification de l’esprit humain soi-disant capable d’en percer les mystères. Dans le cas des géosciences dont il sera question ici, la filiation des connaissances scientifiques avec des motivations très “terre-à-terre” demeure par contre évidente, et incontestée.

Il est de fait qu’une bonne partie des efforts de recherche considérables déployés dans des secteurs comme l’étude de l’atmosphère, des océans et de leur plancher, des sols et sous-sols des continents, ont été motivés par l’ambition d’entreprises industrielles et commerciales ou par les préoccupations stratégiques d’États – des Compagnies des Indes aux sociétés de prospection pétrolière ; des sociétés agricoles ou de travaux publics aux assurances contre les intempéries ou les catastrophes naturelles ; de la marine et de l’aviation civiles et militaires à la mise en orbite de flottes de satellites d’observation de la Terre.

Et puis, enfin, il est évident qu’avant d’être des objets d’études scientifiques, les vagues de froid ou les canicules,

les raz-de-marée ou tsunamis, les éruptions volcaniques et les séismes, sont des catastrophes bien réelles (parmi les événements les plus meurtriers et à coup sûr les sinistres les plus coûteux de notre époque). Le financement des recherches s'intéressant à ces phénomènes naturels – tout comme de celles qui se tournent vers les risques et les menaces "anthropogéniques" (le déficit d'ozone, l'excès de gaz à effet de serre, la pollution des nappes phréatiques et des océans) – trouve sa justification dans l'espoir de nous protéger, bien plus que dans une curiosité désintéressée et le seul souci culturel de faire progresser les connaissances.

Ainsi, peu d'aspects des sciences de la Terre échappent à une intime et profonde interaction avec les besoins, les labeurs, les heurs et malheurs de l'humanité ; et face à l'ampleur des enjeux actuels liés tant aux sources d'énergie et à l'approvisionnement en matières premières qu'au réchauffement climatique ou à l'accès à l'eau potable, il est clair que nous ne sommes pas près de voir la fin de cette interaction.

Si les racines et les finalités utilitaires des sciences de la Terre vont de soi, pour la plupart des gens en revanche – moi le premier – leur *histoire* est bien moins familière que celle de l'astronomie : tout le monde a entendu parler de Copernic, Galilée, Newton ou Einstein, dont la gloire n'a cessé d'être entretenue par la dévotion des scientistes et positivistes d'hier et d'aujourd'hui. Par contre, les travaux géophysiques de Léonard de Vinci, de Pascal, d'Arago ou de Poincaré, ceux de Buffon en minéralogie ou de Lavoisier en géologie, comme ceux de Lamarck ou Laplace en aérologie et en physique du globe, restent largement méconnus en dehors du cercle des spécialistes ; et qui a ouï dire des Stevin, Arduino, Maury, Ferrel, Suess, Milne, Bjerknes, Holmes, Goldschmidt, Mary Tharp ou Tuzo Wilson, et tant d'autres, tous ceux qui ont eu tort trop tard comme Agassiz, ou raison trop tôt comme Wegener ?

Edmond Halley, le jeune disciple de Newton qui ne reste guère connu que grâce à la comète dont il avait compris et prédit le retour tous les soixante-seize ans, fut l'un des grands fondateurs des géosciences, un savant aventurier qui parcourut à la fin du XVIIe siècle l'Atlantique et la Méditerranée, cartographiant un grand nombre de relevés tels ceux des vents, de la salinité des eaux ou du champ magnétique terrestre.

Même si l'on a entendu parler de leurs découvertes ou théories, même si l'on bénéficie quotidiennement de ce que leurs travaux nous ont apporté – ne serait-ce qu'en consultant les prévisions météo sur notre téléphone portable –, qui se demande comment ils sont arrivés là, à travers quels obstacles, à quel prix et avec quelles conséquences ? Quel philosophe exalte leurs démarches, chante leurs mérites ?

Cette méconnaissance assez générale de l'histoire des sciences de la Terre est la raison pour laquelle, contrairement à mon précédent ouvrage sur l'histoire de l'astronomie où j'avais évité de mettre les portraits des grands astronomes, qu'on a beaucoup vus, j'ai choisi d'illustrer ce livre avec ceux de grands géoscientifiques restés largement ignorés du public. Pour ma part, comme tout le monde, je ne les connaissais pas bien, ou même pas du tout, et j'ai pris un grand plaisir à rechercher, dans les ouvrages que j'ai consultés pour écrire ce livre, les péripéties de la vie et des travaux de tous ces savants plus ou moins obscurs, mais qui méritent à coup sûr d'être célébrés pour leur extraordinaire vision et leur courage.

Courage intellectuel – la plupart durent lutter, contre les traditions et l'hostilité des autorités, ou tout simplement pour ne pas perdre pied dans le foisonnement des observations et des hypothèses – aussi bien que courage physique parfois : la Terre entière étant leur laboratoire, beaucoup d'entre eux durent affronter au cours de leur carrière des dangers de toutes sortes, certains payant leur curiosité de leur vie, dans la tradition de Pline l'Ancien, ce grand naturaliste romain qui trouva la mort en se portant au-devant de l'éruption du Vésuve.

J'espère que je suis parvenu à communiquer un peu de ces visions et de ces émotions à mes lecteurs. Je dois avouer cependant – et j'ai fait mon possible pour le leur éviter – que j'ai souvent été découragé par l'ampleur des connaissances qu'il m'a fallu réunir, des savoirs dans lesquels il m'a fallu piocher. Le sujet de ce livre est vaste, très vaste, les objets d'étude infiniment variés et les textes innombrables ; aussi, j'espère qu'on excusera le caractère inévitablement superficiel d'un tel survol de l'histoire des sciences de la Terre (même en six cents pages) et que les spécialistes me pardonneront de n'avoir pas tout lu, tout cité, peut-être même pas tout compris.

Malgré tout, je me suis efforcé – tel l'historien Paul Veyne embrassant toute la complexité de l'Empire grécoromain "à coup d'aperçus partiels et de questions transversales" – de "suggérer une vision d'ensemble qui ne soit pas trop incomplète" de cette immense aventure de l'humanité découvrant le fonctionnement de son environnement et le passé de son territoire.

Il y a là tout un héritage qu'il est important de connaître et de transmettre alors que nous sommes en train de devenir des acteurs conscients de l'évolution de notre planète.

Premier livre

L'AIR

Voici l'air, commun à tous.

HENRY DAVID THOREAU

1

LA DÉCOUVERTE DE L'OCÉAN AÉRIEN

L'atmosphère de la Terre est quelque chose d'insaisissable, qui a longtemps échappé à la compréhension des savants et plus longtemps encore à l'entendement du commun des mortels. Le caractère impalpable de l'air maintenait une confusion avec le vide (on parle par exemple d'une bouteille "vide", mais une bouteille vraiment vidée imploserait aussitôt). Vide dont l'existence, la possibilité même, resteront d'ailleurs l'objet de disputes conceptuelles plus tardivement encore que le nombre zéro, abstraction à laquelle il s'apparente. Sur le plan expérimental, c'est également très tard que l'on a appris à mesurer les caractéristiques insaisissables, longtemps impondérables, de l'élément aérien pourtant si essentiel à notre survie, à notre nature.

Nous vivons au fond d'un vaste océan mais, comme les poissons dans l'eau, nous en avons à peine conscience. Et tels ces êtres aveugles qui peuplent les profondeurs des mers, nous n'avons qu'une très vague idée de ce qui se passe au-dessus de nos têtes. Jusqu'au XVIIe siècle de notre ère, l'homme n'a été sensible qu'à ce qui vient troubler et agiter le fond de cet océan d'air, comme si, en l'absence de vent, de nuages ou de pollution, le milieu calme et transparent qu'il respire échouait à retenir son attention autrement que par la sensation de chaleur ou de froid qu'il communique souvent, ou les odeurs qu'il véhicule parfois.

Il suffit pourtant de pas grand-chose pour voir se manifester la pression considérable exercée par l'énorme masse gazeuse de l'atmosphère que son poids presse, comme une eau, dans toutes les directions, envahissant le moindre interstice. C'est cet air sous pression, par exemple, qui pénètre nos poumons dès que nous dilatons notre cage thoracique ; c'est cette pression qui propulse dans notre bouche le liquide qu'on sirote avec une paille, qui remplit la seringue ou la pompe dont on tire le piston (et qui ferait imploser une bouteille vraiment vide). Cependant, pour des raisons que je ne m'explique pas bien, la notion que les fluides sont poussés ou propulsés par cette pression omniprésente de l'atmosphère, et non "aspirés par le vide", n'est absolument pas intuitive.

À cause de cela sans doute, de l'Antiquité à l'école de pensée cartésienne, la notion de *pression atmosphérique* est restée totalement étrangère à la philosophie naturelle, comme elle le reste d'ailleurs pour la perception et le bon sens de la plupart des gens. À ceux qui se posaient la question, la tradition répondait que les "éléments" – l'air notamment – étaient censés remplir jusqu'aux plus petits volumes de notre monde, voire de l'Univers, parce que "la nature a horreur du vide".

Mais "ce n'était pas la nature qui avait horreur du vide, c'était Aristote", remarque malicieusement Roger Lamouline, auteur qui retrace dans un merveilleux petit livre (bibl.) l'histoire de la découverte, de la mesure et des usages de la pression atmosphérique. Il y rappelle en particulier les travaux bien méconnus des calvinistes Isaac Beeckman et, antérieurement, Simon Stevin qui, les premiers, au début du XVIIe siècle, comprirent l'erreur d'Aristote et les principes de base de la science et des machines atmosphériques ; ces Flamands avaient de bonnes raisons pour s'y intéresser : le père du premier était installateur de cuves, pompes et conduites pour brasseries, et le second devint responsable des digues, canaux et écluses des Pays-Bas.

Simon Stevin (1548-1620). Né à Bruges, il travaille à Anvers, en Prusse, en Pologne, au Danemark, en Suède, en Norvège… Un savant que d'aucuns placent au même rang que ses contemporains Galilée et Kepler.

La pesanteur de l'air et son miroir : poids de l'atmosphère et poussée d'Archimède

Archimède au demeurant, le plus grand ingénieur et physicien de l'Antiquité, leur avait bien ouvert la voie. Lui aussi s'était occupé de problèmes pratiques d'hydraulique (pour l'approvisionnement en eau et l'irrigation de la Sicile). Mais sa réflexion théorique sur le sujet avait trouvé son origine, dit la légende, dans un tout autre problème pratique que lui avait posé le roi de Syracuse, lequel soupçonnait son orfèvre de lui voler de plus en plus d'or en incorporant une proportion croissante de cuivre dans ses alliages de joaillerie.

Archimède se serait vu confier une couronne royale et la tâche d'en mesurer la densité exacte, afin de savoir si cette densité était plus proche de celle, très élevée, du métal précieux ou de celle, bien moins grande, du cuivre. Pour effectuer cette mesure il fallait non seulement peser la couronne, mais aussi connaître son volume, tout à fait impossible à déterminer par le calcul compte tenu de sa forme très compliquée, imitant celle d'une tresse de lauriers. Archimède trouva la solution : il suffisait de plonger l'objet dans un récipient d'eau et de mesurer l'élévation du niveau du liquide. On dit que c'est en entrant dans son bain que cette solution lui apparut. À partir de là, il se serait mis à réfléchir au phénomène de la flottaison, inventant du coup la "balance hydrostatique" : la densité d'un corps quelconque peut se calculer très simplement à partir de la mesure de son poids dans l'air et dans l'eau.

Chacun a pu remarquer en effet que, dans l'eau d'une baignoire, on semble peser bien moins lourd que dans l'air : le poids du corps est aisément soulevé avec le poignet d'une seule main appuyée au fond ; on élève sans peine jusqu'à la surface d'un bassin une grosse pierre qui, dès qu'on la sort de l'eau, se met à peser beaucoup plus lourd. Archimède raisonna que le poids d'un corps plongé dans l'eau devait être allégé de celui du volume de liquide qu'il remplace *(Eurêka !)*. Voilà, expliqua-t-il, pourquoi des masses considérables, comme des navires par exemple, peuvent flotter : ils s'enfoncent, déplaçant de plus en plus d'eau, jusqu'à ce que le poids du volume de liquide déplacé équilibre précisément leur propre poids (le poids d'un navire s'appelle d'ailleurs son "déplacement").

Le "principe d'Archimède", qui explique pourquoi les bateaux flottent, est à l'œuvre dans n'importe quel milieu fluide, et notamment dans l'atmosphère, comme le montreront les montgolfières. Mais il fallut longtemps pour le comprendre et il ne semble pas que l'on ait songé à l'appliquer à l'air avant Isaac Beeckman. Celui-ci écrit en 1614 : "L'air, de la même manière que l'eau, pousse sur toutes choses."

Jusque-là, la façon dont les fluides remplissent toutes les cavités, le fonctionnement des pompes "aspirantes" en particulier, s'expliquait toujours par le principe aristotélicien : l'horreur du vide. Beeckman affirma qu'il n'en était rien et que "l'eau élevée par succion est [en réalité] poussée par la pression que l'air exerce sur elle". Et Simon Stevin donna l'interprétation moderne du principe d'Archimède, en termes de pression : celle-ci, dans un fluide, augmente avec la profondeur puisqu'elle représente en fait le poids de fluide sus-jacent, et c'est précisément le surcroît de pression entre le bas et le haut d'un objet plongé dans le fluide qui explique la poussée d'Archimède (dirigée de bas en haut). Le fait que cette différence de pression soit égale au poids du fluide déplacé, intuitivement plausible, est tout à fait démontrable rigoureusement.

Baromètres et machines pneumatiques démontrent l'erreur d'Aristote : non, la nature n'a pas horreur du vide !

Plus tard, au XVIIe siècle, Torricelli mit au point le "baromètre", grâce auquel la pression atmosphérique peut être mesurée. Le nom de cet instrument – d'après le grec *baros* (poids) – fut trouvé par Robert Boyle, de la Royal Society, lorsqu'il en introduisit l'usage en Angleterre : les baromètres "pèsent l'atmosphère". Galilée lui-même avait réfléchi et écrit sur le phénomène, maintes fois constaté par les fontainiers ou puisatiers, qui veut que les siphons ou les pompes sont incapables de fonctionner lorsque la hauteur d'eau à élever dépasse 18 coudées (10 mètres à peu près) : l'eau "refuse" de monter plus haut dans les tuyaux. Il pensait que "la force d'attraction du vide" était insuffisante pour soutenir le poids de l'eau au-delà de cette hauteur. Cela montre que, pour toute la modernité de son génie, Galilée – ainsi d'ailleurs que son contemporain Descartes – avait du mal à se défaire des idées aristotéliciennes.

Les expériences sur "l'équilibre des liqueurs" n'étaient pas des plus aisées avec des barriques et des conduites

Evangelista Torricelli, l'inventeur du baromètre à mercure qui "pèse l'atmosphère", dont on le voit faire ici la démonstration, était un élève de Galilée et fut son secrétaire lorsque celui-ci devint aveugle à la toute fin de sa vie. Il succéda brièvement à son maître comme "mathématicien" à la cour de Florence avant de mourir, trop jeune, à l'âge de trente-neuf ans.

d'eau en cuivre de plus de 10 mètres de haut, accrochées à la façade comme des gouttières, et vers 1644 Torricelli décida de conduire ses propres expériences de laboratoire avec des récipients en verre et des fluides plus denses (il essaya le miel…), choisissant finalement le mercure, presque quatorze fois plus pesant que l'eau.

Une colonne de mercure de 2 coudées de long dans un tube en verre qu'on tient bouché avec le pouce après l'avoir rempli, qu'on renverse et dont on plonge l'extrémité inférieure dans un récipient lui-même plein de mercure, loin de s'y vider lorsqu'on y débouche le tube, ne redescend guère et se stabilise à un peu plus de 1,5 coudée environ au-dessus du niveau du liquide dans la cuvette : tout comme une épaisseur verticale de 10 mètres d'eau, c'est une épaisseur verticale de mercure presque quatorze fois moindre qui équilibre la pression atmosphérique s'exerçant sur la surface de mercure ouverte à l'air : l'atmosphère, exactement comme une colonne de mercure de 76 centimètres de hauteur ou une couche d'eau de 10 mètres, quatorze fois plus haute, pèse environ 1 kilogramme par centimètre carré (au niveau de la mer).

Le mercure, en redescendant dans le tube à sa hauteur d'équilibre de 76 centimètres au-dessus de son niveau dans le récipient ouvert, laisse le haut fermé du tube... plein de vide, si l'on peut dire. La "présence" de vide* au-dessus du mercure dans le haut du tube étanche de Torricelli fut naturellement contestée par les savants aristotéliciens, notamment le père jésuite Athanase Kircher. Ces débats étaient anciens, ayant occupé dès le XVIe siècle des naturalistes et mathématiciens comme Gerolamo Cardano ; ils avaient déjà eu lieu à propos du contenu énigmatique de la cavité étanche pareillement évacuée par les colonnes d'eau au-dessus de 10 mètres ; mais on avait remarqué, sans trop se l'expliquer, que la surface de l'eau dans cette cavité était en ébullition ! Les partisans du vide avaient tenté de prouver sa présence avec une clochette préalablement enfermée dans la cavité, dont on n'entendait plus qu'un son très affaibli lorsqu'on l'agitait ; leurs adversaires n'avaient pas été convaincus.

Il faudra attendre, pour mettre un terme à cette controverse sur l'"existence" du vide, les machines pneumatiques

* Ce que l'on dit pour parler du vide est toujours un peu paradoxal. La logique, comme Aristote et le bon sens, en a horreur.

Deux hémisphères en métal appliqués l'un contre l'autre avec un simple joint d'étanchéité ne peuvent plus être détachés l'un de l'autre lorsqu'on a fait le vide à l'intérieur (en pompant l'eau dont on les avait préalablement remplis). Pour les détacher, il suffit de laisser entrer de l'air par le robinet. Les expériences publiques de Guericke frappèrent les imaginations en montrant spectaculairement la force de la pression atmosphérique et surtout la réalité du vide, l'erreur d'Aristote : non, la nature n'a pas horreur du vide !

d'Otto von Guericke, bourgmestre de Magdebourg passionné de science physique, qui démontrèrent définitivement, dans les années 1650, la possibilité du vide, et la puissance étonnante de la pression atmosphérique (1 kilogramme par centimètre carré, cela fait 10 tonnes par mètre carré !), capable de résister à la traction de plusieurs attelages de chevaux.

Guericke expérimenta également une "machine atmosphérique", capable de soulever des poids énormes, grâce à un piston mû par la pression de l'air quand on faisait le vide dans le cylindre où il coulissait ; et le génie hollandais Christiaan Huygens exposera à Colbert un "moteur" du même genre, où le vide était créé par l'explosion d'une petite charge de poudre (le premier moteur à explosion !). Un des assistants de Huygens, Denis Papin, devait plus tard être à l'origine de l'utilisation de la condensation de la vapeur d'eau pour faire le vide dans ce genre de dispositifs. Comme nous le verrons plus loin dans ce livre, ce sont ces "machines atmosphériques" qui allaient enclencher la révolution industrielle au XVIIIe siècle.

Blaise Pascal enfonce le dernier clou dans le cercueil des aristotéliciens

Entre-temps, en Hollande, René Descartes (après avoir été à Amsterdam le précepteur des jeunes frères Huygens), rendu perplexe par les expériences de Torricelli, et resté tout autant influencé par les préjugés d'Aristote que Galilée, continuait à récuser qu'il puisse y avoir d'espace vide en aucun endroit de l'Univers. Ayant fréquenté Stevin, il avait néanmoins admis que la pression dans les fluides augmente avec la profondeur, et envisagé qu'en conséquence la pression de l'air puisse diminuer avec l'altitude dans l'atmosphère. Lors d'un voyage en France en 1647, il avait, écrit-il au père Mersenne, "averti M. Pascal d'expérimenter si le vif-argent [le mercure d'un baromètre de Torricelli] monte aussi haut [dans le tube] lorsqu'on est au-dessus d'une montagne que lorsqu'on est tout en bas".

Pascal, qui avait travaillé à Rouen sur ces questions, fit réaliser l'expérience dès l'année suivante par son beau-frère, le mari de sa sœur. Celui-ci, Florin Périer, magistrat conseiller à la Cour des aides en Auvergne, s'émerveilla en constatant que la hauteur de la colonne de mercure d'un baromètre emporté en excursion sur le puy de Dôme diminuait effectivement avec l'altitude – jusqu'à 3 pouces de moins au sommet que dans le couvent des Minimes dans la plaine –, et revenait à son niveau initial en redescendant la montagne. Périer signala à son beau-frère qu'une différence sensible apparaissait déjà si l'on comparait le niveau du mercure entre la base et le sommet de la cathédrale de la ville de Clermont-Ferrand.

Pascal refit publiquement cette dernière expérience à Paris dans le clocher de l'église Saint-Jacques-de-la-Boucherie (la tour Saint-Jacques ; c'est la raison pour laquelle vous pouvez y voir aujourd'hui une statue de lui, érigée en 1856 alors que les ruines de l'église elle-même étaient rasées), et en donna l'explication correcte. Il mettait ainsi Aristote au musée, définitivement, à l'aide du genre d'argument imparable qu'on maniait avec art à l'époque : "La pression de l'air est la seule cause de cette suspension du vif-argent et non l'horreur du vide puisqu'il est bien certain qu'il y a plus d'air qui pèse en bas qu'en haut [de la tour], au lieu qu'on ne saurait dire que la nature abhorre le vide au pied plus qu'au sommet."

L'immortel *Traité de l'équilibre des liqueurs et de la pesanteur de la masse de l'air* qu'il rédigea ne fut publié que plus tard, en 1663 ; après sa mort. Trente ans auparavant, Galilée avait été jugé et condamné à Rome pour avoir pareillement provoqué les jésuites en soutenant le système héliocentrique de Copernic contre les aristotéliciens. Blaise Pascal, avec sa sœur Jacqueline et ses amis jansénistes de l'abbaye de Port-Royal, n'échappa pas davantage à la vindicte de la Compagnie de Jésus. (Mais les positivistes anticléricaux qui exaltèrent la gloire de "martyr de la Science" de Galilée au XIXe siècle ne reconnurent guère celle de l'auteur des *Provinciales* et des *Pensées*, trop littéraire et mystique à leur goût.)

Un peu plus tard, Edmond Halley en Angleterre, ayant réussi à peser un volume d'air (un exploit !), calculera, en 1686, qu'étant donné cette pesanteur spécifique de l'air – "qui est à celle de l'eau comme 1 est à 800" –, l'épaisseur d'atmosphère équilibrant 10 mètres d'eau serait d'environ 8 kilomètres (800 x 10 mètres) "si l'air était partout d'égale densité comme est l'eau". Ainsi que le montre cette dernière remarque, Halley comprenait fort bien que, l'air étant compressible, l'atmosphère devait être de moins en moins dense, de plus en plus raréfiée, au fur et à mesure que la pression décroît lorsqu'on s'élève en altitude (contrairement à la mer, milieu incompressible qui garde une densité quasi constante quelle que soit la profondeur et la pression). Par conséquent, raisonna Halley, l'atmosphère terrestre devait s'étendre sans doute bien plus haut que huit kilomètres. (Au sommet de l'Everest, à plus de 8 kilomètres d'altitude, il reste encore, en fait, environ un tiers de la pression atmosphérique du niveau de la mer.)

Comment le baromètre est devenu un altimètre…

Non seulement ces expériences et ces raisonnements avaient vérifié avant la fin du XVIIe siècle la théorie de la pression atmosphérique (tout montre qu'elle correspond bien au poids de l'air sus-jacent), mais on avait là le moyen de mesurer l'altitude.

Un projet pour relever précisément la décroissance de la pression atmosphérique en fonction de l'altitude (tentative effectuée à l'instigation du grand physicien et chimiste irlandais Robert Boyle sur le pic du Teide, dans l'île de Ténériffe) fut toutefois abandonné en cours de route, et ce n'est pas avant la seconde moitié du XVIIIe siècle que le naturaliste suisse Jean-André Deluc et son frère, un baromètre à mercure dans leur sac à dos, réussirent à effectuer sur les pentes des Alpes des mesures de ce genre – difficiles, il fallait que des assistants munis de théodolites mesurent leur ascension par triangulations, ce que le beau-frère de Pascal avait déploré n'avoir pas eu "assez de loisir et de commodité" pour faire, et la raison pour laquelle les Anglais de la Royal Society aux Canaries, perdus dans les nuages, avaient renoncé. Deluc, relevant ainsi de façon empirique la loi de décroissance de la pression avec l'altitude, fit le premier du baromètre un "altimètre".

Un peu plus tard, c'est Pierre Simon de Laplace qui donna la théorie mathématique rigoureuse de cette loi immuable, lorsqu'il publia en 1799 les équations différentielles liant la pression à l'altitude, en tenant compte des effets sur le poids spécifique de l'air non seulement de la diminution de sa densité avec celle de la pression, mais aussi des variations de la température et de la gravité (qui diminuent également lorsqu'on s'élève).

Les altimètres des avions fonctionnent toujours selon le principe de Pascal et les équations de Laplace, déduisant leur altitude (et assurant notre sécurité) à partir de la mesure de la pression atmosphérique*. Il faut savoir toutefois que l'altitude ainsi déterminée est celle qu'aurait l'avion dans une atmosphère théorique "standard", où – par convention et étalonnage des graduations des altimètres – la pression au niveau de la mer serait exactement 760 millimètres de mercure, soit 1 013,25 millibars (appelés encore hectopascals), et où la température décroîtrait régulièrement de 6,5 °C tous les 1 000 mètres. Les avions, en se maintenant à une lecture altimétrique constante, c'est-à-dire à une pression donnée, montent et descendent en réalité avec les fluctuations de l'atmosphère réelle autour de ces valeurs standards ; mais, à proximité les uns des autres, ils le font tous ensemble de la même manière, ce qui ne porte pas à conséquence. (Près du sol, les pilotes ne font guère confiance à la pression atmosphérique et ont recours à d'autres façons d'évaluer l'altitude de l'appareil, y compris, à l'occasion, à leurs yeux…)

… et un indicateur du beau et du mauvais temps

Les baromètres montrent, outre la diminution régulière de la pression avec l'altitude, de petites variations irrégulières de la pression atmosphérique avec le "temps" en un point donné, qu'avait déjà relevées Torricelli, l'air se montrant suivant les jours, écrivait-il, "tantôt léger et subtil, tantôt plus lourd et grossier". On continua longtemps à attribuer ainsi les variations de la pression

* Les altimètres aéronautiques, bien que mesurant toujours la pression atmosphérique, n'utilisent pas, bien sûr, un tube au mercure : le physicien français Lucien Vidie avait mis au point dans les années 1840, puis l'inventeur américain Paul Kollsman perfectionna dans les années 1930, des baromètres "anéroïdes" – c'est-à-dire sans air –, capsules souples en métal où l'on a fait le vide et qui s'enfoncent plus ou moins selon la pression qui s'exerce sur elles, ce qui se lit sur l'aiguille d'un cadran ou, aujourd'hui, sur un affichage digital.

atmosphérique à celles du "poids" de l'air. En fait, comme on le montra bien plus tard et ainsi que nous le verrons dans un prochain chapitre, les basses pressions correspondent aussi à des masses d'air ascendantes, et les hautes pressions à des masses d'air descendantes.

On avait toutefois très vite remarqué qu'une baisse du niveau du mercure correspondait à l'arrivée du "mauvais" temps, et une hausse de ce niveau au retour du "beau" temps. Ainsi que Robert Hooke – chef expérimentateur de la Royal Society – commença à le pratiquer en Angleterre, une aiguille pivotante reliée à un flotteur dans le tube à mercure indiquait ces conditions météorologiques sur un cadran. D'innombrables baromètres à mercure de ce genre furent commercialisés au XVIIIe et au XIXe siècle, souvent dans de magnifiques ouvrages en bois doré qui décoraient – et parfois décorent toujours – les salons nobles, puis bourgeois. Inutile de dire que les indications portées sur les cadrans de ces instruments ("tempête, variable, très sec") ne montrent, au mieux, que le temps qu'il fait dehors et n'avaient guère de valeur prédictive, encore que sous nos latitudes une *baisse* rapide du baromètre soit le signe de l'arrivée d'une "dépression" (comme son nom l'indique), en général accompagnée de pluie et de vent.

C'étaient les marins qui avaient le plus intérêt à garder un œil sur le baromètre mais, l'emploi du mercure en bateau étant pour le moins hasardeux, ils utilisèrent longtemps des instruments plus frustes – comme le baromètre dit "à bec de théière", d'origine hollandaise, ou le "sympiézomètre" inventé par le fameux artisan écossais Alexander Adie –, qui ont l'inconvénient d'être sensibles à la température mais se révélaient néanmoins utiles pour signaler l'imminence des dépressions.

Observations de marées et de houles atmosphériques

Lorsque les savants commencèrent à emporter des baromètres dans leurs voyages d'exploration du globe, ils découvrirent encore d'autres particularités de la pression atmosphérique. Ce fut le cas tout d'abord des académiciens français qui, sous Louis XV, étaient partis au "Pérou" pour mesurer la longueur d'un degré de méridien sur l'équateur afin de trancher la controverse sur l'aplatissement du globe terrestre. Pierre Bouguer (*cf.* p. 473 et suivantes) nota qu'aux basses latitudes on observait un phénomène de "marée barométrique", la pression atmosphérique présentant, comme le niveau des océans, une variation journalière (diurne) ; mais cette variation, contrairement aux marées océaniques (semi-diurnes) qui suivent plus ou moins le passage de la Lune dans le ciel du lieu et de son antipode, était calée sur l'heure solaire. Alexander von Humboldt, grand savant voyageur au début du XIXe siècle, montra qu'en fait cette marée diurne était présente partout où il allait ; sous nos latitudes, nota-t-il, elle y est seulement plus faible et masquée par des oscillations irrégulières dont il est difficile de la dégager. Par la suite, on rechercha vainement une influence lunaire sur la marée barométrique, et on finit par conclure qu'elle est d'origine purement thermique, c'est-à-dire qu'elle est due au chauffage quotidien par le Soleil.

Outre les changements de temps – successions de hautes pressions et de dépressions – et la marée diurne, les baromètres montrent aussi que des sortes de houles internes se propagent parfois dans l'atmosphère. Elles se manifestent par de lentes et minuscules oscillations du niveau de mercure.

Avant la mise au point des baromètres anéroïdes enregistreurs, jusqu'aux années 1880, les baromètres d'observatoires étaient des baromètres à mercure perfectionnés, dont on relevait le niveau sur de fines graduations à l'aide d'une loupe ou d'un petit microscope. J'ai personnellement mis en œuvre un tel instrument lors d'une école d'été de physique de l'atmosphère pour les étudiants de l'université de Constantine, en Algérie en 1973, et j'en ai gardé un bon souvenir.

Cela se passait au cœur du Sahara, à Tamanrasset dans le massif du Hoggar, sans beaucoup de moyens. Nous avions réussi à nous procurer ce baromètre antique et, entre autres travaux pratiques, j'avais demandé aux étudiants de se relayer pour relever le niveau du mercure au dixième de millimètre près (tous les quarts d'heure, pendant huit jours…). Ils firent consciencieusement ce travail fastidieux et c'est avec beaucoup d'intérêt que nous avons tracé et analysé, au bout de la semaine, les variations de la pression atmosphérique, dont les colonnes de chiffres initialement notés n'étaient guère parlantes. La moyenne nous permit de calculer notre altitude (1 400 mètres, à peu près celle du puy de Dôme). Une petite dépression correspondait à un passage nuageux que nous avions remarqué. La marée diurne ressortait très clairement.

Tout cela était attendu. Ce qui l'était moins était la présence dans les relevés, un certain jour, d'une légère oscillation isolée plus rapide, de l'ordre de l'heure, dont la brusque apparition et le lent amortissement en moins d'une demi-journée pouvaient s'interpréter, selon le cours théorique que je leur avais fait, rappelai-je aux étudiants, comme une "onde de gravité interne", houle atmosphérique qui avait dû être déclenchée par un choc thermique quelque part à la surface de la Terre. "Mais c'est quoi, m'sieur ? – Ah, mais je ne sais pas, une éruption volcanique peut-être, ou l'explosion d'une grosse météorite, quelque chose comme ça." Le soir même, avant le repas, un étudiant me tendit le journal, qui nous arrivait avec quelque retard. "Le voilà, m'sieur, ton choc thermique." Il me montrait un titre sur trois colonnes : "La Chine, puissance thermonucléaire". Nous vérifiâmes les dates, les heures ; pas de doute : avec notre vieux baromètre de derrière les fagots, nous avions détecté, de l'autre côté de la Terre, l'essai aérien d'une bombe H chinoise, un des plus puissants (Lob Nor, 26 juin 1973, équivalent TNT 2 à 3 mégatonnes) ! Les étudiants algériens qui avaient pris des quarts nuit et jour pour relever le niveau du mercure étaient très impressionnés. Moi aussi.

Air chaud, air froid

Le cadran des baromètres de salon d'antan était le plus souvent surmonté d'un thermomètre à alcool occupant le haut de l'appareil, cachant le tube à mercure attaché au dos, et donnant la température de la pièce où il était pendu (si l'on prenait la précaution de le protéger des rayons du Soleil).

Le thermomètre, qui indique la température ambiante en mesurant la dilatation d'un liquide sous l'effet de la chaleur, avait été inventé à Florence un peu avant le baromètre, quand le grand-duc Ferdinand II de Médicis et son frère Léopold mettaient les meilleurs artisans toscans au service de leur passion pour les choses de la science. Il avait été mis au point par un médecin, Santorio, encore que Galilée auparavant, et même un certain Philon de Byzance dans l'Antiquité, en aient utilisé le principe avec leurs "thermoscopes".

Mais les unités de mesure de la température ne furent pas standardisées avant le début du XVIIIe siècle, tout d'abord par Ole Rømer, un Danois, et Gabriel Fahrenheit, un Hollandais. Rømer était allé travailler à l'Observatoire de Paris où il s'était illustré en réussissant à mettre en évidence pour la première fois la vitesse de la lumière, grâce à l'étude des "inégalités" des éclipses des satellites de Jupiter. Rentré au Danemark, il avait été nommé chef de la police (pourquoi pas ?), ce qui ne l'empêcha pas de poursuivre ses enquêtes scientifiques.

Fahrenheit, lui, avait mis au point à Amsterdam le thermomètre à mercure (dont l'avantage est que le mercure bout à une température plus élevée que les autres liquides, la difficulté étant que, dans un tube de verre étroit, le mercure colle à la paroi si elle n'est pas parfaitement propre). Il inventa également le thermomètre "à minima et maxima" (où la surface du mercure dans le tube balade un petit aimant repoussant des repères en fer coulissant à l'extérieur). Fahrenheit était tellement content de cette dernière invention qu'il en tira l'échelle de température portant son nom : son degré était la quatre-vingt-seizième partie (8 x 12…) de l'intervalle entre la plus basse (0 °F, soit environ – 18 °C) et la plus haute température (96 °F, environ 35 °C) qu'il avait relevées dans son jardin !

René Antoine de Réaumur, après Robert Hooke, avait de son côté mis au point une échelle pour le thermomètre à alcool (alcool qui bout à une température plus basse que l'eau) mais c'est finalement Anders Celsius, astronome à Uppsala en Suède, qui proposa plus tard pour les thermomètres l'échelle “centigrade”, comptant 100 degrés entre le point d'ébullition (100 °C) et le gel (0 °C) de l'eau (pure) au niveau de la mer ; c'est nettement plus reproductible et, même dans les rares pays comme la Grande-Bretagne et les États-Unis où l'on continue d'utiliser l'échelle Fahrenheit, on étalonne les thermomètres à l'aide de l'échelle Celsius, universellement adoptée (tout comme le système métrique) pour les applications techniques et scientifiques.

Le froid glacial de la haute atmosphère

Le fait que la température de l'atmosphère décroisse (en général) avec l'altitude était évidemment connu depuis toujours, et mis à profit depuis longtemps par les troupeaux (et les classes aisées) pour passer l'été au frais à la montagne. On a tendance à sous-estimer cette forte influence de l'altitude sur la température de l'air : elle baisse en moyenne d'environ deux tiers de degré centigrade tous les 100 mètres (l'atmosphère “standard”). Dans les grands déserts du globe par exemple, qui ont la réputation d'être brûlants, il fait en réalité souvent très froid dès que le Soleil se couche, parce qu'on est en montagne ou sur de hauts plateaux (où, en outre, l'air sec favorise le refroidissement nocturne) ; à l'inverse, les endroits les plus chauds du globe sont les dépressions du relief (quelquefois bien au-dessous du niveau de la mer) comme l'oasis de Tourfan dans le Xinjiang, au Nord-Ouest de la Chine, la mer Morte en Palestine, le Tanezrouft en Algérie ou la Death Valley dans le Sud-Ouest des États-Unis.

En haute montagne, la température moyenne de l'air descend aux environs de 0 °C et l'on ne trouve plus guère de végétation au-dessus de 2 000 ou 3 000 mètres, du moins aux latitudes tempérées. Et la température de

En 1748, Alexander Wilson et Thomas Melville avaient expérimenté l'usage de cerfs-volants pour essayer de relever la température en l'air, mais les premières mesures à haute altitude furent effectuées à la main en ballon, par Jacques Charles dès 1783, puis en 1804 par Louis Joseph Gay-Lussac et Jean-Baptiste Biot, représentés sur cette gravure.

l'atmosphère continue à décroître plus haut, comme on peut le constater en contemplant les "neiges éternelles" sur les plus hauts sommets, ou comme le mesurèrent les courageux aéronautes, munis de thermomètres et de baromètres (et de cache-nez), qui s'aventurèrent les premiers en ballon à plusieurs kilomètres dans le ciel à la fin du XVIIIe siècle.

Alors que la pression diminue toujours quand on monte, selon les lois mathématiques strictes qu'avait calculées Laplace (ce qui permettait dorénavant aux aéronautes, munis d'un baromètre, de connaître leur altitude), la température de l'air, elle, dépendant de processus physico- et photochimiques complexes qui ne furent élucidés que plus tard, ne décroît pas uniformément et indéfiniment. Si l'on constate qu'en général la température diminue avec l'altitude, il peut arriver, lorsqu'un courant d'air froid rampe au sol, ou qu'un flux d'air chaud s'installe en hauteur, ce qu'on appela une "inversion de température", c'est-à-dire que localement et temporairement la température augmente avec l'altitude ; de telles inversions de température, comme nous le verrons au chapitre 6, fonctionnent comme une sorte de couvercle aérien piégeant les pollutions à proximité du sol.

Au-dessus d'une certaine altitude, cependant, la température finit par remonter pour de bon, et l'existence d'une mystérieuse couche relativement tiède, trait permanent de l'air raréfié de la très haute atmosphère glacée, fut soupçonnée dès la fin des années 1830. Ce n'était pas, bien sûr, grâce à des mesures directes à ces niveaux, alors inaccessibles. Voici comment les choses se passèrent.

C'était, figurez-vous, pendant les cérémonies du couronnement de la jeune reine Victoria. Au moment où la couronne impériale fut posée sur sa tête dans la cathédrale de Westminster, une salve de vingt et un coups de canon commença à Londres. À cet instant précis, les troupes britanniques étaient figées au garde-à-vous dans toutes les garnisons du Royaume-Uni. Or il s'avéra peu à peu, par un bouche-à-oreille informel, que certaines unités, même loin de la capitale, avaient distinctement perçu la salve, alors que d'autres, même plus proches, n'avaient rien entendu du tout. Un officier du Service hydrographique s'intéressa à ce phénomène ; il organisa un recueil systématique des témoignages auprès des chefs d'unité et dressa la carte des endroits où les coups de canon avaient été audibles ou inaudibles. Le résultat était spectaculaire, dessinant des zones concentriques autour de la capitale : une "figure d'interférence" typique. Cet officier se livra à toutes sortes de calculs et en tira la conclusion que, outre la propagation directe à la surface du globe du bruit de la canonnade, il avait dû y avoir "réflexion" de ce bruit par une couche chaude de la haute atmosphère située à environ 50 kilomètres d'altitude : le son se propageant d'autant plus vite que la température de l'air est plus élevée, il aurait recourbé sa trajectoire vers le bas. Pas mal, non* ?

Ces calculs furent confirmés et perfectionnés ultérieurement et la méthode utilisée par l'Anglais Francis Whipple après la Première Guerre mondiale, pendant laquelle on avait constaté également ces phénomènes avec le grondement des canons, hélas moins inoffensifs sur le front que lors de la cérémonie du couronnement. Whipple, dans les années 1920, utilisait les tirs d'essai d'artillerie de l'arsenal maritime de Woolwich, qu'il détectait avec un vaste réseau de microphones installés sur le territoire de toute l'Angleterre, afin de calculer la température de la haute atmosphère et ses variations. Dans la décennie suivante, on devait comprendre les causes photochimiques (dues au rayonnement ultraviolet du Soleil qui y est absorbé) responsables de la couche tiède "stratosphérique".

Air sec, air humide

Tout le monde sait que l'air peut être plus ou moins humide. Nous sommes d'ailleurs très sensibles à l'humidité de l'air parce que notre système de contrôle thermique, comme celui de la plupart des mammifères, utilise l'évaporation de notre transpiration : l'évaporation consomme de

* Cette histoire était racontée dans ses cours par mon patron de thèse, le professeur Yves Rocard, père de l'ancien Premier ministre Michel Rocard.

l'énergie et produit du froid*. Les éléphants d'Afrique, par exemple, à cause de leur grande masse, doivent disposer d'une surface de transpiration particulièrement importante pour rafraîchir leur sang ; c'est le rôle de leurs grandes "oreilles", en réalité des radiateurs qu'ils remuent dans l'air sec pour y activer l'évaporation : "l'effet éventail" produit par le courant d'air accélère la dissipation de l'air chargé de vapeur d'eau et son remplacement par de l'air plus sec, plus capable d'absorber l'humidité. (Les énormes plaques osseuses poreuses, très vascularisées, qu'arboraient sur leur dos certains reptiles géants de la famille des dinosaures – et qui ont inspiré la galerie des écailles dorsales des "dragons" mythiques – jouaient le même rôle de radiateur pour évacuer leur chaleur interne.)

Dans un air sec et chaud, l'évaporation est particulièrement efficace (il faut boire beaucoup). On peut le constater avec une "gargoulette" sur la table – ou une outre en toile ou en peau de chèvre sur le capot de la Land Rover –, qui garde l'eau bien fraîche même en plein soleil (mais ça marche d'autant moins que l'air est plus humide). Ou encore avec l'expérience du "thermomètre mouillé" mise au point en 1815 par Gay-Lussac : la température donnée par un thermomètre dont on enrobe le bulbe d'un coton mouillé descend, grâce à l'évaporation, d'autant plus que l'air ambiant est plus chaud et plus sec, d'une quinzaine de degrés centigrades parfois. À l'inverse, plus l'air est froid, et plus il contient déjà de vapeur d'eau, moins il est capable d'en absorber, moins l'évaporation est efficace, moins la température du thermomètre mouillé diffère de celle du thermomètre sec.

Dans un air saturé d'humidité, l'évaporation s'arrête ; si en outre il fait chaud, la transpiration, inefficace, dégouline désespérément. C'est pour cela qu'un temps chaud

* C'est ainsi que fonctionnent les réfrigérateurs, évaporant à l'intérieur de leur serpentin un fluide spécial, naguère le fréon – un CFC (chlorofluorocarbone) aujourd'hui interdit (*cf.* p. 185).

et humide est pénible à supporter : l'organisme ne parvient plus à se refroidir ; quand la température ambiante y dépasse 37 °C, on a littéralement de la fièvre. Et c'est sans doute la raison pour laquelle la température du corps humain a cette valeur-là, réglée par les mécanismes de l'évolution biologique au niveau maximum habituellement atteint en été*.

Un thermomètre mouillé couplé à un thermomètre normal est de fait un "hygromètre", c'est-à-dire un instrument de mesure du taux d'humidité de l'air. Ce taux s'exprime en pourcentage par rapport à la saturation : 100 % d'humidité (la température indiquée par le thermomètre mouillé est la même que celle du thermomètre sec) signifie que l'air est saturé, incapable d'absorber plus de vapeur d'eau, celle-ci ayant alors tendance à se condenser, comme l'a analysé le premier, en 1751, le chimiste Charles Le Roy : on dit que le *point de rosée* est atteint. La pression de vapeur saturante augmente exponentiellement avec la température, comme l'ont montré un siècle plus tard Clausius et Clapeyron : plus il fait chaud, plus l'atmosphère peut se charger d'humidité sans provoquer de condensation (et plus la condensation, si elle se produit, est abondante ; c'est une des raisons pour lesquelles il pleut autant dans les pays chauds).

Il existe bien d'autres types d'hygromètres, en général fondés sur l'utilisation de matériaux "hygroscopiques", c'est-à-dire qui se déforment ou prennent du poids en absorbant l'humidité de l'air. En Chine, dès le IIe siècle avant notre ère, on pesait du charbon de bois. Nicolas de Cues au XVe siècle et Léonard de Vinci au XVIe utilisaient de la

* Si ma conjecture est fondée, on peut peut-être ajouter qu'à l'époque où cette évolution s'est figée dans nos gènes, la température à la surface terrestre était inférieure à celle qui règne aujourd'hui, où la température ambiante maximale est bien supérieure à 37 °C, du moins en Afrique. Peut-être pourrait-on utiliser la température du corps des différentes espèces animales à sang chaud comme thermomètre des époques du passé lointain de la planète, quand leur mécanisme de contrôle thermique a cessé d'évoluer ?...

laine, des éponges ; Torricelli et Hooke, au XVIIe siècle, des barbes d'avoine sauvage et Horace de Saussure, des crins ou des cheveux, qui s'allongent ou frisent. Il n'y a pas si longtemps, on trouvait des appareils folkloriques censés dire le temps, actionnés par de telles fibres hygroscopiques (des boyaux de chat ?), qu'on consultait avant de sortir de chez soi : un petit bonhomme émergeait plus ou moins de sa cachette suivant le taux d'humidité de l'air, soit d'un côté habillé en bleu avec un parapluie, soit de l'autre côté habillé en rouge, sans chapeau. C'était pratique, avant la radio ou l'Internet, afin de savoir comment s'habiller et s'équiper pour affronter les éléments extérieurs.

Où l'on découvre que l'air est un mélange de gaz

Outre la *vapeur d'eau*, on savait déjà, à l'époque de Descartes, que l'air peut contenir toutes sortes de substances à l'état de traces, certaines colorées, visibles, d'autres détectables à leur odeur. Mais le premier gaz naturel incolore et inodore identifié avait été, en 1610, le "gaz sylvestre" du Hollandais Jan Baptist Van Helmont ; il s'agissait de ce qu'un étudiant en médecine d'Édimbourg, Joseph Black, qui entreprit vers 1750 des expériences sur la dissolution des calcaires par des acides (en cherchant à soigner les calculs de la vessie…), appellera plus tard l'"air fixé". Lavoisier devait montrer peu après que cet air fixé est en fait une combinaison de carbone et d'oxygène, dénommée ensuite *dioxyde de carbone* ou tout simplement *gaz carbonique*, le CO_2.

C'est quelque peu à tort que ce gaz carbonique a acquis la réputation d'être toxique ; en réalité il est relativement inerte, on peut le respirer sans dommage (à condition d'aspirer également assez d'oxygène, et contrairement à l'oxyde de carbone [CO] qui, lui, est potentiellement mortel). Le gaz carbonique est utilisé depuis longtemps pour rendre l'eau "gazeuse" (eau de Seltz), qu'il acidifie légèrement lorsqu'il s'y dissout. Peut-être sa mauvaise réputation vient-elle de la "grotte du chien", anecdote qu'on racontait dans les classes de physique-chimie de ma jeunesse : le chien d'un spéléologue aurait été asphyxié au ras du sol de la grotte par l'accumulation de gaz carbonique, dont le poids est plus élevé que celui de l'oxygène... L'histoire ne paraît pas tout à fait crédible, nous verrons pourquoi (voir p. 52). (Une trop grande quantité de gaz carbonique injectée ou confinée dans l'air peut toutefois s'avérer létale, comme lors de la catastrophe du lac Nyos au Cameroun en 1986, où une "avalanche" naturelle de dioxyde de carbone d'origine volcanique, chassant l'oxygène de l'air, provoqua l'asphyxie de près de deux mille personnes en aval.)

Les molécules de vapeur d'eau et de gaz carbonique sont des composantes très mineures, et variables, de l'atmosphère terrestre, même si l'on devait découvrir au XIXe siècle qu'elles y jouent un rôle tout à fait important (l'effet de serre !), et l'air est essentiellement composé de deux gaz très majoritaires, l'azote et l'oxygène. C'est le charmant, riche et intelligent couple Lavoisier qui fit en 1785, dans son hôtel particulier parisien du Petit Arsenal entre la Bastille et la Seine, les expériences cruciales le démontrant.

On avait compris, depuis Buffon et les études des chimistes anglais et écossais, que les combustions "consomment de l'air". De même, au contact de l'air, beaucoup de matériaux subissent des modifications qui les transforment, bien moins rapidement certes qu'un morceau de charbon enflammé mais apparemment du fait de la même cause. Les métaux notamment, s'ils ne sont pas protégés de l'air par de la graisse ou des vernis, se couvrent à la longue d'une couche terne blanchâtre ou grisâtre (zinc, étain, plomb), voire noire (argent*), ou poudreuse et colorée (vert-de-gris du cuivre, rouille du fer). Et la chaleur favorise ces altérations (rouille du mercure).

Antoine Lavoisier et sa ravissante jeune femme Marie-Anne, en faisant ainsi "cuire" à feu doux du mercure dans

* Mais la chimie de l'argent est compliquée, comme le montrent ses propriétés photosensibles (à l'origine de la photographie), et la couleur noire de son altération dans l'air est plutôt due au soufre qu'à l'oxygène atmosphérique.

une sorte de baromètre, observèrent que la pression diminuait dans la cloche de verre étanche au fur et à mesure que se formait une couche de poudre rouge à la surface du métal liquide : l'air était partiellement consommé en "oxydant" le mercure. Mais au bout d'une semaine il ne se passait plus rien. Le volume de l'air dans la cloche s'était réduit d'un cinquième environ, et l'air restant n'avait plus la faculté de permettre la combustion ou la respiration : une bougie allumée s'y éteignait, un petit oiseau (le pauvre) y mourait.

Ayant recueilli la poudre rouge de la rouille de mercure, et la chauffant vivement dans un récipient en verre fermé et où avait été fait le vide, les Lavoisier virent du mercure brillant se déposer sur les parois tandis que la pression augmentait à l'intérieur du récipient ; et, s'ils introduisaient dans ce récipient une allumette, elle brûlait avec un éclat bien plus vif que dans l'air ordinaire ; des souris y gambadaient comme prises d'ébriété.

Antoine raisonna que la poudre rouge était donc une "combinaison", formée par la cuisson lente, du mercure et d'un gaz actif de l'atmosphère, lesquels étaient dissociés et restitués à leur état initial par une forte chaleur ("rien ne se perd, rien ne se crée"). Il en conclut que l'air était un mélange de deux gaz principaux : un volume de ce gaz actif (qu'il nomma *oxygène*, mais que Scheele en Suède et Priestley en Angleterre avaient déjà isolé et étudié auparavant) – consommé dans la combustion, la respiration et l'oxydation des métaux – pour quatre volumes d'un gaz inerte (que le chimiste dijonnais Guyton de Morveau nomma *a-zote*, c'est-à-dire impropre à la zootie, la vie animale).

C'était vraiment très bien vu. Lavoisier, chimiste amateur de génie, était malheureusement, grâce à son beau-père Paulze qui lui faisait partager sa charge, un "fermier général" professionnel (collecteur d'impôts pour le compte de la couronne), et il le paya tragiquement en finissant sous la guillotine quelques années plus tard… Sa femme le pleura beaucoup.

La vie de la belle Marie-Anne Paulze "fut un opéra, écrit Nicolas Witkowski dans *Une histoire sentimentale des sciences* (Seuil, 2003). Elle avait épousé Antoine Lavoisier à l'âge de quatorze ans, incarné la femme des Lumières, capable de recevoir dans un salon comme de tenir un cahier de laboratoire, devint une victime de la Terreur quand sa famille [son père, son mari] fut décapitée sous ses yeux, et publia un grand traité de chimie avant de se remarier avec un physicien-espion américain à la solde des Anglais [Benjamin Thompson, comte Rumford]." Elle fit en fin de compte à ce second mari une vie impossible et il déclara, avant de divorcer, que "Lavoisier avait eu bien de la chance d'être guillotiné" ! Rumford n'avait pas été le seul à convoiter la veuve de Lavoisier : un autre de ses soupirants, éconduit, alla trouver fortune en Amérique où il fonda une industrie chimique florissante ; il s'agissait de Dupont de Nemours. Cent cinquante ans plus tard, ses descendants, richissimes, rachetèrent aux Chazelles, eux-mêmes descendants de la nièce de Marie-Anne Paulze, la collection, conservée dans un château en Auvergne, des instruments du laboratoire de Lavoisier (dont leur ancêtre avait été l'élève) et en firent don au musée des Arts et Métiers de Paris, où l'on peut les admirer.

Les successeurs de Lavoisier découvrirent que l'azote n'est pas aussi inerte qu'il l'avait imaginé. Ce gaz intervient dans de nombreuses réactions chimiques, notamment les réactions des nitrates, catalysées par des bactéries, qui fertilisent les sols (et polluent les nappes phréatiques), ou qui se manifestent à l'occasion, heureusement plus rarement, dans des explosions catastrophiques, par exemple celles de stocks d'engrais (nitrate d'ammonium), comme à Toulouse en 2001 ou au Texas en 2013.

Pendant presque cent ans après Lavoisier, l'azote, l'oxygène, la vapeur d'eau et le gaz carbonique furent considérés comme les seuls constituant permanents de l'atmosphère, jusqu'à ce qu'à la fin du XIXe siècle soient découverts dans l'air d'autres gaz qui, eux, sont vraiment inertes chimiquement : les gaz dits "rares", ou "nobles*". Ces "gaz rares" furent détectés principalement par des moyens optiques (la spectroscopie) : Lord Rayleigh identifia le plus abondant, l'*argon* (l'"inactif") – pas si rare que cela puisqu'il est vingt à trente fois plus abondant que le gaz carbonique –, et William Ramsay le *néon* (le "nouveau"), le *krypton* (le "caché") et le *xénon* (l'"étranger"). Ramsay à Cambridge avait également identifié un autre gaz rare, particulièrement léger, initialement détecté spectroscopiquement dans l'atmosphère du Soleil par Jules Janssen en France et Norman Lockyer en Angleterre, et nommé pour cette raison l'*hélium* (le "solaire") par ce dernier.

Friedrich Dorn à Halle en 1900 et Ernest Rutherford à Cambridge devaient découvrir un gaz rare supplémentaire, également comme l'hélium produit de la radioactivité

* "Il convient ici de se demander si tous les nobles sont vraiment inertes, et tous les inertes, nobles", note l'écrivain italien Primo Levi, qui raconte ses souvenirs d'ingénieur chimiste dans un petit livre étonnant, *Le Système périodique*.

naturelle des roches, mais lui-même radioactif. Nommé initialement "émanation du radium", ce gaz très lourd reçut plus tard le nom de *radon*.

Il y a aussi dans l'atmosphère une concentration variable de gaz d'origines volcanique, biologique ou industrielle (le méthane, les oxydes d'azote ou des composés soufrés) ; nous y reviendrons.

Ballons et fusées sondent les couches atmosphériques supérieures

Robert Boyle, au XVIIe siècle, ne comprenait pas "pourquoi le gaz azotique, plus léger, ne forme pas une strate distincte au-dessus du gaz oxygène plus lourd" (comme l'oxygène au-dessus du gaz carbonique dans la grotte du chien...). Par la suite, on calcula qu'en effet la "pression partielle" de chacun des gaz de l'air devait décroître avec l'altitude selon sa propre loi de Laplace, c'est-à-dire d'autant plus rapidement que son poids spécifique est plus élevé ; c'est ce qu'on appelle l'"équilibre diffusif" de l'atmosphère, censé la stratifier en décantant les gaz gravitationnellement, comme l'huile monte flotter sur l'eau. Mais vers 1800 Horace de Saussure, lors de sa première ascension au mont Blanc à plus de 4 000 mètres (c'était la troisième de l'histoire), puis Gay-Lussac et Biot en ballon à 6 500 mètres, y ayant prélevé des échantillons d'air qu'ils analysèrent en laboratoire, constatèrent que la composition de l'atmosphère était en réalité constante jusqu'à ces altitudes. C'était, raisonnèrent-ils, à cause de la turbulence qui brasse l'air, mélangeant efficacement les gaz et s'opposant à l'installation de l'équilibre diffusif.

L'exploration de la haute atmosphère en ballon fut l'une des grandes aventures du XIXe siècle. Les records d'altitude se succédaient, non sans quelques tragédies. Glaisher et Coxwell en Angleterre faillirent bien y laisser leur peau en 1862, et en 1875 les équipiers de Gaston Tissandier, Crocé-Spinelli et Sivel, atterrirent dans l'Indre morts de froid et d'asphyxie au fond de la nacelle de leur ballon après avoir sans doute dépassé 10 000 mètres et – 70 °C.

Dix ans après les expériences pionnières de Gustave Hermite et Georges Besançon en 1891 avec un ballon de baudruche gonflé à l'hydrogène, un riche amateur – Léon-Philippe Teisserenc de Bort –, à partir de l'observatoire météorologique qu'il avait installé dans sa propriété de Trappes dans la région parisienne, rendit opérationnel et routinier l'envoi de "ballons-sondes" munis d'appareils enregistreurs récupérables. Robert Bureau et Pierre Idrac devaient commencer dès 1927 à les équiper d'émetteurs radio. Ces ballons-sondes atteignaient 30 kilomètres d'altitude, niveau où la pression n'est plus que de 1 centimètre de mercure et où la température (60 °C au-dessous de zéro…) a commencé à remonter, confirmant les conclusions tirées de la propagation du son.

C'est Teisserenc de Bort qui donna leur nom à ces couches de l'atmosphère dont ses sondages avaient montré le contraste : la *troposphère*, au-dessous d'une dizaine de kilomètres (du grec *tropos*, connotant la notion de tourner, brasser), à travers laquelle la température décroît avec l'altitude et, au-dessus, là où la température remonte et, pensait-il à tort, la turbulence cesse et les gaz de l'air, en équilibre diffusif, se décanteraient gravitationnellement, ainsi qu'on pensait depuis Boyle qu'ils devraient le faire, et se stratifieraient (d'où le nom qu'il attribua à cette couche supérieure et qui lui est resté : la *stratosphère*). La troposphère représente les cinq sixièmes de la masse de l'atmosphère.

Des lancements de fusées-sondes que je faisais avec le Centre national d'études spatiales au début des années 1970 avaient pour but de mesurer, jusqu'à quelques centaines de kilomètres d'altitude, la composition de la haute atmosphère en y envoyant des analyseurs de gaz, des "spectromètres de masse", dont les relevés étaient transmis en direct par télémétrie. Ces appareils ne fonctionnent que si la pression est suffisamment basse, disons au-dessus de 100 kilomètres, niveau qui en fait se trouve être à peu près celui où la turbulence de l'air devient effectivement inopérante et où s'installe enfin l'équilibre diffusif.

Nos mesures mettaient clairement en évidence la décantation gravitationnelle si longtemps postulée : au fur et à mesure qu'on s'élève dans la couche extérieure extrêmement raréfiée de l'atmosphère – baptisée la *thermosphère* parce que la température de l'air (après être passée par un minimum absolu vers 80 kilomètres d'altitude) y remonte fortement et s'y stabilise à une valeur très variable mais toujours très élevée, de l'ordre de 1 000 °C –, l'azote et l'oxygène moléculaires cèdent la place comme gaz dominants à des gaz de plus en plus légers, ainsi que l'avaient envisagé Boyle, Laplace puis Teisserenc de Bort : l'azote et l'oxygène atomiques (c'est-à-dire dont les molécules ont été dissociées en atomes par le rayonnement ultraviolet solaire), puis l'hélium et enfin le plus léger de tous, l'*hydrogène* (ce dernier provenant de la dissociation des molécules d'eau).

Où finit l'atmosphère terrestre ? À partir d'une certaine altitude (de l'ordre de 1 000 kilomètres, niveau qui monte et descend avec la température de la thermosphère) elle est si raréfiée, la pression continuant à décroître, que chacun des atomes et molécules de l'air a toute la place pour lui tout seul : ils ne se cognent plus les uns aux autres et suivent les trajectoires balistiques de particules lancées dans le vide interplanétaire. La plupart retombent mais les plus légers, qui sont aussi les plus rapides (puisqu'ils sont tous dotés de la même énergie cinétique), dépassent la vitesse de libération de l'attraction terrestre et s'échappent ; l'hydrogène de l'atmosphère en particulier, le gaz le plus léger, dont les molécules sont les plus véloces, se dissipe ainsi en quelque sorte dans l'espace.

Ce phénomène de dissipation de l'hydrogène atmosphérique a été observé optiquement sur d'autres planètes, et même récemment sur des planètes extrasolaires, autour d'autres étoiles.

Comprendre le fonctionnement de l'atmosphère comme filtre et comme serre

En 1904, l'ingénieur italien Guglielmo Marconi, après avoir conduit les premières expériences de transmissions radioélectriques sur des distances courtes (le golfe de Naples) et moyennes (la Manche), réussit contre toute attente à transmettre un signal radio entre la Cornouailles et Terre-Neuve, par-dessus l'Atlantique. Le signal franchissait non seulement des milliers de kilomètres mais aussi le mur d'océan de 160 kilomètres de hauteur entre ces deux sites, exploit qui était en désaccord flagrant avec la théorie très exacte de la propagation (en ligne droite), ou même de la "diffraction" par la surface terrestre, des ondes électromagnétiques.

Marconi, dont l'exploit eut un énorme retentissement – notamment à cause de la perspective qu'il ouvrait de permettre la communication avec les navires en haute mer, jusque-là totalement isolés* –, venait en fait de mettre indirectement en évidence l'existence d'une couche conductrice de l'électricité dans la haute atmosphère raréfiée. Kennelly aux États-Unis (un ancien assistant de Thomas Edison qui enseignait à Harvard), Heaviside en Grande-Bretagne et Nagaoka au Japon, indépendamment les uns des autres, fournirent l'explication correcte de l'expérience de Marconi en postulant la présence d'électrons libres dans l'air vers une centaine de kilomètres d'altitude, capables de réémettre les ondes radio en oscillant à leurs fréquences.

Ces développements ouvrirent la voie à la diffusion mondiale, inattendue, de la TSF (la télégraphie sans fil : la "radio"). En fait, il semble que Marconi se soit un peu illusionné, ou qu'il ait triché, dans son expérience pionnière ; mais il n'aurait fait là qu'anticiper un petit peu sur une réalité qui fut ultérieurement largement confirmée, ce qui lui valut le prix Nobel en 1927, après que la compagnie d'équipement radioélectrique qu'il avait fondée l'eut rendu milliardaire.

* "Il y a trois sortes d'hommes, écrivait Platon : les vivants, les morts, et ceux qui naviguent sur les mers."

Sydney Chapman parvint à expliquer l'origine de "la couche de Kennelly-Heaviside" en faisant l'hypothèse, vérifiée par la suite, que les gaz de la haute atmosphère terrestre soumis à l'irradiation du rayonnement ultraviolet du Soleil (qui dissocie en leurs atomes constituants les molécules d'azote, d'oxygène et de vapeur d'eau) étaient partiellement "ionisés", ces rayonnements étant assez énergétiques pour détacher des électrons des atomes et molécules. Les électrons ainsi libérés par l'ultraviolet solaire finissent par revenir à leur place en se recombinant avec les *ions* (les atomes et molécules ayant perdu un électron), restituant l'énergie d'ionisation en émettant de la lumière ; c'est là une des sources de la faible luminescence du ciel nocturne, lequel n'est pas vraiment noir, mais légèrement phosphorescent.

La haute atmosphère ionisée prit le nom d'*ionosphère* et ses fluctuations incessantes firent l'objet pendant plus d'un demi-siècle de recherches approfondies, destinées à prévoir et à améliorer les transmissions radioélectriques autour du globe. Il faut se souvenir que jusqu'au milieu des trente glorieuses, jusqu'à l'époque de la mise en œuvre du premier câble *téléphonique* sous-marin transatlantique (1956) – et des premiers satellites de télécommunication, à peine quelques années plus tard (1962) –, on ne pouvait correspondre à travers les océans que par télégrammes, grâce aux câbles *télégraphiques** (en morse !) ou alors, ainsi que le

* Les câbles télégraphiques intercontinentaux, qui commencèrent à être immergés dès le milieu du XIXe siècle, consistaient en un simple fil de cuivre de forte section enrobé de gaines isolantes (en gutta-percha). Les câbles téléphoniques, eux, qui doivent offrir une bande passante bien supérieure, sont des câbles "coaxiaux" et nécessitent l'usage d'amplificateurs répéteurs immergés à distances régulières ; le projet du premier câble téléphonique transatlantique TAT 1 (par la compagnie américaine ATT, American Telephone and Telegraph) s'étendit sur plus de dix années après la Seconde Guerre mondiale. Aujourd'hui, les communications intercontinentales (téléphone,

faisaient les "radio-amateurs", en "phonie", par radio, mais *via* l'ionosphère. Pendant la Seconde Guerre mondiale, par exemple, Churchill et Roosevelt, sauf à se rencontrer, ne purent se parler directement qu'après l'installation d'une telle liaison ionosphérique sécurisée entre le Cabinet War Room dans le sous-sol de Whitehall à Londres, derrière Downing Street, et la Maison-Blanche à Washington, ligne radiotéléphonique unique dont les équipements, installés par les Bell Laboratories de la compagnie ATT, occupaient plus de place (sans compter les antennes) que tout l'état-major de guerre !

Aurores boréales et orages magnétiques comme effets des éruptions solaires

L'atmosphère de la Terre, dans le vide spatial, n'est pas seulement irradiée par la lumière ultraviolette du Soleil, mais aussi bombardée par des "rayons cosmiques" et, comme on le sait depuis l'exploration de l'environnement terrestre à l'aide de satellites, par les particules électriquement chargées du "vent" et des éruptions solaires. Ces particules chargées suivent des chemins compliqués lorsqu'elles rencontrent le champ magnétique terrestre, qui courbe leur trajectoire. Suivant leur énergie, leur vitesse, elles peuvent y être piégées, constituant les *ceintures de radiation* de la Terre. Certaines se trouvent précipitées dans l'atmosphère à l'intérieur de l'entonnoir que constituent pour elles les pôles magnétiques du globe, excitant la luminescence de l'air vers 100 kilomètres d'altitude, dans de vastes zones ovales fluctuant vers les latitudes des cercles polaires (là où la surface interne de l'entonnoir magnétique pénètre un air suffisamment dense), ondulant dans la nuit polaire comme des sortes de gigantesques enseignes "au néon*".

Ces *aurores boréales* (*aurorae borealis*, nom forgé par Pierre Gassendi en 1623), caractéristiques fréquentes et attraction majeure des paysages arctiques nocturnes,

Internet) sont transmises essentiellement sous la forme de signaux numériques infrarouges par des câbles sous-marins en fibres optiques qui ont remplacé les câbles coaxiaux à partir du TAT 8, en 1988 (*cf.* note p. 361).

* On peut voir sur Internet de magnifiques vidéos d'aurores boréales.

quelquefois (mais très rarement) visibles de nos latitudes, étaient restées longtemps mystérieuses. Le capitaine Cook, en 1773, fut le premier à rapporter que des phénomènes similaires avaient lieu de l'autre côté de la Terre, au-dessus du cercle polaire austral. Leur nature avait été soupçonnée dès la fin du XVIIe siècle par Edmond Halley, qui les attribuait déjà à des "effluves magnétiques" ; hypothèse confirmée en 1740 à Uppsala par Celsius lorsqu'il découvrit que l'apparition de ces féeries lumineuses dans le ciel suédois était corrélée avec l'occurrence de fluctuations microscopiques de la direction de l'aiguille aimantée (fluctuations remarquées antérieurement par un horloger de Londres nommé Graham).

Le "prince des mathématiciens" (le roi des harmoniques sphériques…) Carl Friedrich Gauss, après avoir, avec Wilhelm Weber, fait installer un réseau d'observatoires géomagnétiques à travers l'Europe, suggéra en 1839 à Göttingen que ces *orages magnétiques*, ainsi qu'on en vint à les appeler, étaient dus à un système de courants électriques circulant en altitude (*cf.* p. 478).

L'exploration spatiale de l'environnement terrestre dans la seconde moitié du XXe siècle, en satellite *in situ* et par radar du sol, associa ces courants ionosphériques aux soubresauts de la *magnétosphère* de la Terre sous l'effet des éruptions solaires. C'est la raison pour laquelle la très haute atmosphère raréfiée, exposée aux irradiations solaires et à ces courants électriques, est portée à une température élevée (qui peut largement dépasser 1 000 °C). Cette thermosphère est d'autant plus chaude et dilatée que le Soleil est plus "actif", selon son cycle propre de onze années, comme on le remarqua tout d'abord en constatant que les satellites artificiels en orbite basse sont plus freinés par l'air au maximum d'activité solaire.

La haute atmosphère, en tout cas, assure ainsi une protection efficace à notre planète contre les rayonnements solaires dangereux, qu'elle absorbe. Elle fonctionne comme un filtre à étage, l'ionisation au-dessus de 100 kilomètres d'altitude prélevant les rayonnements solaires les plus énergiques, presque tout le reste des ultraviolets étant absorbé plus bas en dissociant les molécules formées de deux, ou trois (l'*ozone*), atomes d'oxygène, ce qui explique la température relativement élevée de la stratosphère (peu de dizaines de degrés au-dessous de 0 °C) par rapport aux couches très froides (de l'ordre de – 100 °C) entre lesquelles elle est située : c'est le filtre qui fonctionne.

Ozone, étoiles filantes et noctiluques

La couche d'ozone dans la stratosphère fut tout d'abord détectée optiquement par Charles Fabry en 1913, puis par des ballons-sondes. Cette concentration dans l'air de l'ozone stratosphérique entre 20 et 50 kilomètres d'altitude résulte d'un équilibre délicat entre sa production et sa destruction par diverses réactions photochimiques, élucidées notamment par l'aéronome belge Marcel Nicolet. Elle est très faible (à peine quelques parties par million) ; mais la quantité d'ozone est suffisante pour intercepter presque tout l'ultraviolet solaire restant. Elle est aujourd'hui étroitement surveillée, grâce à des mesures optiques par satellites, depuis la découverte de sa récente diminution marquée pendant l'été antarctique.

L'apparition de ce "trou dans la couche d'ozone" fut attribuée à un effet catalytique des atomes de chlore diffusés jusque dans la haute atmosphère par l'utilisation des chlorofluorocarbones dans les bombes à aérosols et les machines réfrigérantes (utilisation désormais interdite par le protocole de Montréal de 1987, *cf.* p. 185). L'explication de cet effet potentiellement dangereux – par le Mexicain Mario Molina, travaillant au laboratoire de Sherwood Rowland à l'université de Californie (tous deux reçurent un prix Nobel de chimie pour ces travaux) – fut à la fois la première constatation de l'impact des émissions anthropogéniques sur les équilibres atmosphériques et à l'origine du premier effort international coordonné pour en limiter les dégâts. Ainsi, les décennies de recherches sur la physico-chimie de la haute atmosphère raréfiée, dont on se demandait si on n'en faisait pas un peu trop, s'avéraient en fin de compte utiles.

Entre les couches chauffées par l'absorption de l'ultraviolet solaire – la thermosphère (l'ionosphère), au-dessus, et la stratosphère (la couche d'ozone), au-dessous – se situe le minimum absolu de température dans l'atmosphère, vers 80 kilomètres d'altitude ; et ce minimum est encore plus froid (– 120 °C) en été qu'en hiver. C'est une zone très difficile à explorer.

C'est là que commencent à être portées à incandescence, par le frottement de l'air résiduel, les poussières cosmiques que rencontre la Terre avançant sur son orbite, à quelques dizaines de kilomètres par seconde, formant les "étoiles filantes*". Ces innombrables traînées météoriques, repérables par des mesures optiques, furent utilisées comme traceurs des caractéristiques de l'atmosphère à ces altitudes par Dobson et Lindemann (chercheur qui devait devenir le conseiller scientifique de Churchill), à Oxford, puis après la Seconde Guerre mondiale au radar par Spizzichino et Revah en France. Finalement, les spectromètres de masse en fusées-sondes** montrèrent la présence à ce niveau, à la base de l'ionosphère, outre les couches d'ions métalliques provenant de la vaporisation des poussières météoriques, de grosses molécules principalement constituées d'ions d'hydrogène hydratés, preuve de la présence de vapeur d'eau et des processus physicochimiques de condensation responsables de la formation des *nuages noctilucents*, les nuages les plus élevés qu'on puisse voir dans l'atmosphère terrestre.

* C'est un peu plus bas que les satellites artificiels de la Terre en fin de vie, où les engins de rentrée des astronautes, arrivant en général à des vitesses plus faibles que les poussières cosmiques, sont, tout comme elles, brutalement chauffés (et freinés) par le frottement de l'air.

** Ceux d'un laboratoire de la marine américaine. Les spectromètres de masse à ces altitudes, compte tenu de la pression encore relativement élevée qui y règne, doivent être pompés, ce qui rend leur emploi en fusée-sonde particulièrement difficile : les miens n'y marchèrent jamais...

Ces "noctiluques", qui intriguaient depuis longtemps, ne sont visibles chez nous qu'aux hautes latitudes pendant les nuits d'été, en général sur l'horizon nord où ils sont éclairés par le soleil de minuit.

Pourquoi le ciel est bleu et la Terre douillette

Si au XXe siècle on a découvert, comme nous venons de le voir, que la haute atmosphère est essentiellement le siège des interactions de l'air avec les rayonnements ultraviolets du Soleil, au XIXe siècle on avait déjà compris que la basse atmosphère, quant à elle, est essentiellement le siège de l'interaction entre l'air et le rayonnement infrarouge (thermique) de la surface terrestre.

La majeure partie de l'énergie rayonnante du Soleil – cette lumière qui nous éclaire le jour et qu'un prisme, comme l'avait montré Newton au XVIIe siècle, décompose entre le rouge et le violet avec un maximum de luminosité quelque part dans le vert – traverse en effet toute l'épaisseur de l'atmosphère sans autre interaction que d'être éventuellement réfléchie (par les nuages) et diffusée (par les molécules de l'air et les aérosols).

La diffusion de la lumière solaire par les molécules d'air, montra Lord Rayleigh, varie comme l'inverse de la quatrième puissance de la longueur d'onde de cette lumière ; cela signifie que les plus petites longueurs d'onde du spectre lumineux (le violet surtout, le bleu), environ deux fois plus courtes, sont une dizaine de fois plus diffusées que les plus grandes à l'autre bout du spectre (l'orange, le rouge) : l'atmosphère se comporte ainsi comme un diffuseur, un verre dépoli, pour les premières, mais comme une vitre transparente pour les secondes (ainsi que le calcula Albert Einstein en octobre 1910).

C'est pour cela que le Soleil haut dans un ciel clair, sa lumière affaiblie dans la composante bleue de son rayonnement diffusée par les molécules d'air, nous paraît jaune (alors qu'en réalité, dans le vide, comme le voient les astronautes, il serait plutôt blanc-vert) et que notre ciel en revanche est bleu (et non pas noir, comme dans l'espace en l'absence de diffusion). Lorsque le Soleil est bas sur l'horizon, sa lumière doit traverser une beaucoup plus grande épaisseur d'air, augmentant ces effets de la diffusion, et tout se décale vers le rouge*.

L'évolution biologique a parfaitement adapté la sensibilité de notre rétine à la fenêtre de transparence maximale de l'atmosphère, et c'est pour cela que nous ne voyons pas l'ultraviolet et l'infrarouge résiduels, les deux ailes du "spectre" solaire respectivement diffusée et absorbée par l'atmosphère**.

Nous captons cependant ces rayonnements résiduels invisibles par d'autres senseurs que nos yeux, situés dans notre peau : l'ultraviolet (UV) fait bronzer les peaux blanches et provoque à la longue des "coups de soleil", voire des cancers (mais, puisque l'UV est très diffusé par l'air, c'est tout le ciel dont il faut se protéger, et pas seulement la lumière directe du Soleil), bien que sur le moment nous y soyons insensibles ; en revanche, l'absorption de l'infrarouge par la peau est immédiatement ressentie comme une sensation de chaleur (qui disparaît dès qu'on est "à l'ombre", puisque ce rayonnement n'est pratiquement pas diffusé par l'atmosphère). Mais nous commettons souvent l'erreur de croire que c'est cette sensation de chaleur qui est signe d'une "brûlure" et qu'à l'ombre du soleil direct nous en serions quittes, alors que nous

* Le "rayon vert" qui apparaît parfois très brièvement (et qu'on peut photographier) lorsque le Soleil se couche, ou se lève, sur un horizon marin clair et dégagé, est principalement dû au fait que la réfraction atmosphérique disperse un peu le spectre solaire, comme pourrait le faire un prisme : le Soleil rouge orangé, si l'on peut dire, se couche ainsi légèrement avant, ou se lève légèrement après, le Soleil jaune-vert. Le Soleil bleu-violet, lui, trop diffusé par l'atmosphère, est quasiment invisible du sol.

** Puisque ce sont des constituants mineurs du gaz atmosphérique (l'ozone, le gaz carbonique et la vapeur d'eau) qui absorbent ces rayonnements, on pourrait peut-être trouver le témoignage de leur concentration passée dans l'étude paléogénétique de leur sensibilité dans la rétine des espèces animales. On sait que certains insectes, comme les abeilles, voient un peu d'ultraviolet, distinguant par exemple des dessins sur les pétales de certaines fleurs là où nous ne voyons que du blanc.

continuons à y être irradiés par le bleu (et l'UV) du ciel (surtout si nous nous mettons à l'ombre après avoir transpiré, la sueur, qui rafraîchit le corps en s'évaporant, ayant l'inconvénient d'éliminer un film cutané protecteur naturel des UV).

Ce désormais fameux effet de serre

L'équilibre thermique de la surface de la Terre et de la basse atmosphère est une affaire compliquée qui ne fut bien comprise qu'à la fin du XIXe siècle, après la formulation des lois de la thermodynamique et l'élucidation – grâce à la spectroscopie et son interprétation – des interactions entre matière et rayonnement. Mais des pionniers comme Saussure, Fourier, Pouillet, Ebelmen ou Tyndall avaient commencé à dégrossir le problème dès le début des années 1800. Voici comment les choses se passent.

Ainsi que nous venons de le voir, sauf à être réfléchi par des nuages, pratiquement tout le rayonnement solaire visible traverse l'atmosphère, véhiculant jusqu'au niveau du sol la majeure partie de l'énergie émise par le Soleil et interceptée par la Terre. Cette énergie est donc absorbée par la surface terrestre (terre ou mer), ce qui n'échauffe celle-ci que modérément car elle se refroidit en rayonnant elle-même dans l'infrarouge "lointain" (c'est-à-dire de grande longueur d'onde), comme tout corps à cette température modérée. Cependant, l'atmosphère n'est pas très transparente pour ce dernier rayonnement : les gaz polyatomiques (ceux dont les molécules sont constituées de trois atomes ou plus, comme la vapeur d'eau, le gaz carbonique, le méthane, l'ozone) ont en effet des modes de vibrations à ces fréquences de l'infrarouge lointain, se traduisant par des "bandes d'absorption".

Ces gaz mineurs interceptent donc le rayonnement thermique de la surface terrestre, l'absorbant et le rediffusant, le renvoyant notamment vers le bas et diminuant ainsi la capacité de la Terre à se refroidir. Bien que présents en très petites proportions dans l'air au sein de la grande quantité d'azote, d'oxygène et d'argon, gaz transparents à l'infrarouge, ces gaz polyatomiques mineurs jouent ainsi un rôle de couette et gardent la Terre au chaud. Cet effet – qu'on appelle (assez improprement) l'"effet de serre" (que penseriez-vous de l'"effet de couette" à la place ?) –, dont on a calculé que sans lui la température moyenne à la surface terrestre serait plus basse d'une douzaine de degrés, fut décrit par le Suédois Svante Arrhenius*, en 1898, pour expliquer les ères glaciaires et interglaciaires par les variations de la quantité de gaz carbonique dans l'atmosphère au cours des âges (mais Saussure avait déjà utilisé le terme de "serre chaude" un siècle auparavant).

Ce sont du même coup les gaz polyatomiques, ces gaz dits "à effet de serre", en absorbant le rayonnement infrarouge de la surface terrestre (la "chaleur obscure", comme l'avait appelé Joseph Fourier), qui chauffent l'air de la basse atmosphère, et c'est d'ailleurs précisément parce que la basse atmosphère est ainsi chauffée *par en dessous*, par la Terre, que la température décroît avec l'altitude – jusqu'au froid glacial du sommet de la troposphère, vers 10 kilomètres en moyenne (environ 8 aux pôles, 15 à l'équateur) – jusqu'à la stratosphère où l'absorption de l'énergie ultraviolette solaire par l'ozone la réchauffe.

La vapeur d'eau, le plus abondant mais aussi le plus variable des gaz à effet de couette, joue un rôle essentiel dans ces phénomènes et sa variabilité influe de manière évidente sur la température au sol : quand l'air est sec, il absorbe beaucoup moins l'infrarouge, la couette est trop légère et le sol se refroidit vite ; un beau ciel clair en automne et vous avez les premières gelées nocturnes.

* Arrhenius fut un savant qui exerça ses talents et son autorité dans des domaines divers – il fut notamment l'auteur de la théorie dite "de la panspermie", selon laquelle les germes de la vie auraient eu une origine extraterrestre – mais pas toujours sympathiques : ses thèses sur la "biologie raciale" entraînèrent en Suède la stérilisation forcée d'une centaine de milliers de personnes handicapées.

À l'inverse, un air humide forme une couette épaisse qui peut rendre la température étouffante en été, même de nuit (puisque c'est la surface terrestre qui est la source de chaleur) et, nous allons voir comment, provoquer orages, cyclones et typhons.

2

BROUILLAMINI ET TINTAMARRE

> LE MAÎTRE DE PHILOSOPHIE. – *Est-ce la physique que vous voulez apprendre ?*
> MONSIEUR JOURDAIN. – *Qu'est-ce qu'elle chante cette physique ?*
> LE MAÎTRE DE PHILOSOPHIE. – *La physique est la science qui nous enseigne les causes de tous les météores, l'arc-en-ciel, les feux volants, les comètes, les éclairs, le tonnerre, la foudre, la pluie, la neige, la grêle, les vents et les tourbillons.*
> MONSIEUR JOURDAIN. – *Il y a trop de tintamarre là-dedans, trop de brouillamini.*
>
> MOLIÈRE, *Le Bourgeois gentilhomme*

Les *météores* qu'énumère le maître de philosophie de Molière sont "les choses qui se passent dans le ciel" étudiées par Aristote dans sa *Meteorologia*. Parmi ces météores – ces phénomènes lumineux auxquels nous sommes si sensibles parfois : l'aurore "aux doigts de rose", les halos, l'arc-en-ciel, les couchers de Soleil –, il mettait aussi, tant qu'à faire, des apparitions que nous savons aujourd'hui bien plus lointaines : les étoiles filantes, les comètes même, ces "astres chevelus" dont, à l'époque de la Renaissance encore, on ne savait pas s'ils orbitaient au sein de notre "monde sublunaire" ou au-delà…

Il subsiste toujours dans notre façon de nous exprimer quelques vestiges des conceptions aristotéliciennes, comme lorsque nous parlons d'"affronter *les éléments*". Et nous restons même souvent assez proches d'une attitude prélogique, animiste, anthropomorphique, à l'égard des "caprices" du temps, à moins que nous ne cédions à une contemplation rêveuse devant la splendeur du monde, ou à une terreur religieuse face à la méchanceté d'une nature "aveugle".

En fait, autant la pression atmosphérique, le spectre solaire ou la composition de l'air sont des concepts – parce qu'ils échappent à notre perception immédiate et nous restent intuitivement étrangers – qui échouent le plus souvent à éveiller l'intérêt du commun des mortels, autant les météores atmosphériques nous sont en général tellement familiers que, tout en restant assez imprévisibles, tout en nous émerveillant ou nous terrifiant de temps en temps, ils ne nous paraissent pas spécialement mystérieux. La science, si habile depuis Pascal, Newton et Lavoisier à analyser les premiers, dont nous n'avons en général rien à faire, a longtemps peiné pour expliquer les seconds – les nuages, la pluie, les éclairs –, phénomènes tout à fait habituels dans notre vie mais complexes et difficiles à appréhender, qu'elle reste totalement incapable de contrôler et même quelquefois impuissante à prévoir.

Et pourtant, malgré le poids des superstitions et des traditions, il y a bien longtemps que des esprits curieux et ingénieux, comme Aristote, se penchent sur les causes de tous ces phénomènes. Au Moyen Âge par exemple, Shen Kuo en Chine, ainsi qu'un moine chrétien du nom de Théodoric en Europe, remarquèrent chacun de leur côté qu'un récipient de verre sphérique plein d'eau, vu sous un certain angle, renvoyait la lumière en la colorant de manière variée lorsqu'on bougeait la tête – du violet au rouge en passant par le bleu, le vert, le jaune et l'orangé, phénomène analogue à celui des "feux" d'un diamant taillé à facettes. Ils suggérèrent que l'arc-en-ciel résultait d'un effet semblable, dû aux renvois parallèles de la lumière solaire par d'innombrables gouttes d'eau en suspension dans l'atmosphère. Descartes, plus de trois siècles après, prouvera la justesse de la conjecture, calculant la réfraction et la dispersion de la lumière à l'entrée et, après qu'elle s'est réfléchie sur le fond, à la sortie d'une goutte sphérique, démontrant ainsi pourquoi la direction sous laquelle on voit l'arc-en-ciel fait toujours le même angle avec celle d'où proviennent les rayons solaires (cône de cette ouverture, ce qui en explique la forme circulaire). C'était une très belle démonstration, l'un des plus jolis parmi les rares résultats corrects de la science cartésienne, impressionnant le philosophe et opticien professionnel Baruch Spinoza au point qu'il rédigea un *Traité de l'arc-en-ciel.*

Un peu plus tard au XVIIe siècle, l'abbé Edme Mariotte, botaniste, membre de l'Académie des sciences nouvellement créée, connu pour ses travaux sur la physique des gaz – et, ainsi que nous le verrons, sur le cycle de l'eau dans la nature –, donna une explication des halos qu'on peut parfois observer autour du Soleil ou de la Lune, les interprétant comme l'effet d'un voile de minuscules cristaux de glace flottant en altitude. Ce n'était pas mal vu non plus, mais cela restait spéculatif…

Les astronomes Jean-Dominique Cassini et, avant lui, Johannes Kepler s'étaient par ailleurs intéressés aux flocons de neige qui exhibent, comme les kaléidoscopes, une étonnante gamme de variations sur le thème géométrique de l'angle de 60 degrés*.

Les pluviomètres, inventés par Ottaviano Castelli en 1639 et perfectionnés par Richard Townley en 1680, font partie depuis lors de la panoplie des instruments météorologiques ; mais s'ils permettent de mesurer la quantité d'eau

* Kepler, toujours à la recherche des structures mathématiques cachées du monde, était fasciné par l'hexagonalité des flocons : le nombre 6 (comme chacun sait) est le premier nombre "parfait", c'est-à-dire égal à la somme de ses diviseurs (1 + 2 + 3). Quand vous aurez du mal à vous endormir, vous pourrez chercher les nombres parfaits suivants : 7 n'en est pas un (1 + 7), 8 non plus (1 + 2 + 4), etc. Je vous assure que vous finirez par en trouver (et par vous endormir).

Au début du XXᵉ siècle, un Américain du Vermont, du nom de Wilson Bentley, choisit comme hobby la macrophotographie des cristaux de neige, qu'il pratiqua pendant plus de quarante ans. Il les recueillait et les présentait sur du velours noir réfrigéré, comme de petits bijoux dont il publia en 1931 un étonnant catalogue. Ce spécialiste, connu dans le voisinage comme *Mister Snowflakes*, était d'avis qu'il n'y en avait pas deux pareils…

tombée du ciel, d'en assurer la comptabilité statistique et d'établir cartes et calendriers de la pluviométrie moyenne, ils ne fournissent que très peu d'indices sur les mécanismes provoquant ces précipitations, restés longtemps mystérieux.

Bien que de nombreuses théories anciennes, d'Anaxagore à Descartes, de Halley à Saussure, aient traité de la formation des nuages et de la pluie, elles étaient toutes fondées sur l'idée erronée selon laquelle la vapeur d'eau serait constituée de gouttelettes liquides ou de bulles d'eau très fines "remplies de feu", comme de microscopiques montgolfières, ainsi que le décrivait le jésuite Urbano d'Aviso en 1666 (et c'était encore l'opinion d'un savant de la classe d'un Augustin Fresnel au début du XIXᵉ siècle). Urbano pensait que les bulles de vapeur d'eau montent dans l'air aussi longtemps que celui-ci est d'un poids supérieur au leur ; quand elles arrivent au niveau où l'air est aussi léger qu'elles, elles s'arrêtent. Ce n'était pas idiot.

Au cours de la seconde moitié du XVIIIe siècle, le chimiste français Charles Le Roy, ayant conduit, comme on l'a vu, des expériences sur la condensation de la vapeur d'eau et découvert le principe de la "saturation", s'imaginait que l'eau était dissoute dans l'air et se "précipitait" lorsque cette saturation était atteinte, tout à fait comme des sels dont on chargerait une solution liquide. Ce n'était pas idiot non plus, et c'est d'ailleurs de Le Roy que date le mot *précipitations*, qui a survécu à sa théorie pour décrire les chutes de pluie ou de neige.

La théorie des nuages

À l'issue du Siècle des lumières, vers 1800, bien que de nombreux travaux aient permis d'élaborer certains des concepts physico-chimiques qui devaient finir par en percer les mystères, la compréhension scientifique des phénomènes atmosphériques responsables de la formation des nuages, de la pluie, de la neige ou de la grêle restait confuse. L'intérêt pour les sciences de la nature s'était toutefois tellement répandu que d'innombrables amateurs se livraient à des observations et à des expériences sur ces questions. C'est à l'un de ces amateurs éclairés que l'on doit un travail fort connu et utile en météorologie, mais presque paradoxal dans sa candeur poético-scientifique : il réussit à classer et dénommer les différentes sortes de nuages. Un écrivain français Stéphane Audeguy (bibl.) a récemment évoqué dans un beau roman ce personnage étonnant : Luke Howard, entrepreneur londonien, était botaniste, chimiste, pharmacien – toutes activités faisant un large appel aux ressources de la dénomination et du classement –, et il appliqua ses talents d'observateur méthodique à ces objets impalpables, éphémères, les nuages, "les merveilleux nuages", qu'il contemplait longuement en les peignant dans des aquarelles.

À l'époque où le style romantique naissant se plaisait à représenter et à idéaliser la nature, où l'on aimait les paysages de Constable et leurs ciels admirables, Luke Howard, dont on voit ici un croquis de cumulus, inventa le système de dénomination des nuages toujours en usage aujourd'hui.

Howard présenta en 1803 au club naturaliste dont il faisait partie – la Société askésienne, ancêtre de la London Geological Society – le résultat de ses réflexions pour définir une nomenclature des nuages. À vrai dire, ce travail n'était pas entièrement novateur : Jean-Baptiste de Monet, chevalier de Lamarck, au Jardin du roi à Paris (le Jardin des Plantes), l'avait précédé dans cette voie – et dans sa fascination poétique pour les nuages : lui aussi les contemplait longuement, tout en jouant du violoncelle… Lamarck avait en effet le premier proposé un classement de la forme des nuages : "en voile, attroupés, pommelés, en balayure" ; mais cette typologie, pas très éloignée de celle de Howard, n'avait pas fait école. Peut-être le succès de Howard fut-il dû à l'usage du latin, jadis langue internationale de la science, comme l'est devenu l'anglais depuis ? Toujours est-il que ses dénominations, particulièrement simples et pratiques, furent adoptées universellement – bien que tardivement à vrai dire, à partir du milieu du siècle.

Howard avait distingué essentiellement quatre archétypes de nuages : les légères boucles apparemment très élevées qu'il appela *cirrus* (cheveux) ; les volutes bourgeonnantes qu'il appela *cumulus* (amoncellement) ; les nappes vaporeuses qu'il appela *stratus* (couche) ; et enfin les nuées sombres qu'il appela *nimbus* (pluie). À partir de ces quatre racines, il composait des formes hybrides supplémentaires – comme les *cirrostratus* (les ciels voilés qui rendent la Lune "mouillée") ou les *stratocumulus* (les ciels "pommelés") –, ce qui lui permettait de décrire à peu près toutes les sortes de nuages qu'il avait observées. On a complété par la suite la classification de Howard en ajoutant quelques adjectifs qualificatifs comme par exemple *alto* (haut). Les cumulus peuvent ainsi être du genre *humilis* (petits nuages cotonneux de beau temps) ou *congestus* (en choux-fleurs), avant de se transformer éventuellement en *cumulonimbus*, l'imposant nuage d'orage.

De nombreuses méthodes d'observation furent par la suite appliquées à l'étude des nuages, comme le "néphoscope", inventé par le Suédois Fineman en 1830, qui permettait la mesure de leur taille et de leur vitesse de déplacement. Mais c'est l'usage de la photographie* qui permit de répondre à la question de savoir si leurs différentes formes étaient les mêmes sous tous les climats et toutes les latitudes. La réponse était oui, comme le montrèrent les vues rapportées de ses voyages par Ralph Abercromby vers 1880, contrairement à l'avis d'André Poey, dont les dessins avaient tenté de prouver l'inverse. De très beaux atlas photographiques des nuages furent publiés au début du XXe siècle, et en 1923 Philippe Schereschewsky organisa une "Semaine internationale des nuages" où des

* *Cf.* le très intéressant article de Luce Lebart, "Les archives du ciel", dans la revue *Études photographiques* de la Société française de photographie, novembre 1996.

centaines de correspondants devaient photographier le ciel plus ou moins simultanément ; cinquante ans plus tard, les satellites allaient permettre de recueillir de telles images synoptiques de la couverture nuageuse de la Terre en continu.

Les causes des nuages : la macrophysique de la condensation

À l'époque où Luke Howard classait les nuages, son ombrageux compatriote John Dalton, dont les travaux solitaires préfigurèrent la théorie atomique des gaz, comprit le premier que l'eau, en s'évaporant, perd sa nature de liquide et devient bel et bien un gaz ; il précisa les notions d'humidité relative et de saturation de l'air, les exprimant en termes de pression partielle exercée par les molécules de vapeur d'eau, expliquant ainsi pourquoi l'air chaud est capable d'en contenir une plus grande quantité que l'air froid avant condensation (phénomène que devaient par la suite quantifier les formules dites "de Clausius-Clapeyron").

D'une manière générale, donc, la vapeur d'eau atmosphérique se condense, et devient visible sous forme de brouillard ou de nuages, lorsqu'un air humide se refroidit. C'est tout à fait comparable à ce qui se produit par exemple, à température plus élevée, à la sortie d'une bouilloire : le jet d'air brûlant est transparent car l'eau évaporée y est à l'état de gaz mais, dès qu'il se refroidit au contact de l'air ambiant, elle se condense en un nuage de fines gouttelettes (que nous appelons à tort "vapeur").

Dans l'atmosphère, le refroidissement de l'air provoquant la condensation de la vapeur d'eau est le plus souvent dû au fait qu'en montant, il voit sa pression baisser ; c'est ce qu'en termes savants on appelle une "détente adiabatique", c'est-à-dire sans échange de chaleur avec l'environnement. Au milieu du XIXe siècle, ces phénomènes thermodynamiques étaient correctement analysés et en 1867 Pierre-Charles Peslin pouvait affirmer : "Le refroidissement par détente adiabatique dans les mouvements [ascendants] de l'air est le seul paramètre responsable de la formation des nuages." Cette affirmation n'est pas tout à fait exacte car dans certains cas – comme celui de la formation de brouillards – l'air peut aussi être refroidi en arrivant au contact d'un sol glacé, ou encore la vapeur d'eau s'évaporant d'une masse d'eau tiède peut se condenser dans un air sus-jacent plus froid (on voit souvent des pièces d'eau "fumer" ainsi en automne ou en hiver).

Un cas particulier intéressant de la condensation de l'humidité de l'atmosphère provoquée par une ascendance est celui des nuages et des précipitations "orographiques", c'est-à-dire liés aux reliefs terrestres. Lorsque le vent rencontre une pente ascendante du sol, l'air est soulevé et refroidi par sa détente adiabatique, ce qui peut condenser la vapeur d'eau qu'il contient. C'est en partie pourquoi, par beau temps, le "vent de mer" se levant l'après-midi, aspiré par des collines chauffées au soleil, ramenant les plaisanciers de leur promenade au large, produit les cumulus qui envahissent souvent le ciel sur les reliefs de la côte au cours de la journée. Les îles montagneuses exposées au flux régulier des alizés, comme Tahiti par exemple, sont ainsi presque toujours surmontées de nuages qui les rendent repérables de très loin ; et sur les chaînes côtières soumises aux vents d'ouest océaniques, comme au Maroc, en Californie du Nord ou au Chili, le temps en bord de mer est fréquemment couvert par des "entrées maritimes" soulevées par les reliefs. C'est aussi le cas de certaines configurations locales : dans les Corbières, petit massif montagneux entre Narbonne et Perpignan, le vent "marin" provoque localement un ciel couvert alors même que, dans les plaines voisines du Roussillon ou du Languedoc, brille un beau soleil.

Les versants "au vent" des reliefs sont donc régulièrement plus nuageux, plus susceptibles d'être arrosés par la pluie et par conséquent plus verts, que les versants "sous le vent". Ces derniers à l'inverse – où l'air en redescendant, ayant été auparavant déchargé de sa vapeur d'eau, se réchauffe de surcroît sous l'effet de sa compression adiabatique – peuvent être très arides. Par exemple, les immenses volcans de l'archipel d'Hawaii ont des versants au vent des alizés luxuriants, tandis que leurs pentes sous le vent sont désertiques.

Les vents secs et chauds descendant ainsi de crêtes couronnées de nuages stationnaires en forme de rouleaux ont reçu des noms spécifiques dans différentes régions du globe où ils soufflent régulièrement : le *foehn* dans certaines vallées des Alpes, le *chinook* au Québec, les *vents de Santa Ana* redoutés en Californie du Sud où ils favorisent les incendies. Dans certaines configurations, l'air dévalant la pente, soudainement réchauffé, a tendance à remonter avant de descendre de nouveau après s'être refroidi, enclenchant des oscillations qui se propagent loin sous le vent des reliefs et produisent des stries de nuages parallèles semblables aux crêtes d'une houle ou, comme quelquefois le mistral en Provence, des nuages "lenticulaires" ressemblant à des escadrilles de soucoupes volantes.

L'effet des reliefs n'est pas seulement local et se manifeste aussi à grande échelle. C'est notamment le cas des vastes zones semi-désertiques créées sous le vent d'est des alizés, par exemple sur la côte pacifique de l'Amérique du Sud, au pied des Andes, de l'Équateur au Chili ; le cas également des zones arides sous les vents d'ouest dominants des latitudes tempérées à l'est des cordillères orientées nord-sud, par exemple la suite des Andes vers le sud de l'Argentine, ou la sierra Nevada dans l'Ouest des États-Unis. Ces effets sont également la cause du climat "méditerranéen" qui règne tout le long des côtes espagnoles, françaises et italiennes – de la Costa Brava à la Riviera –, sous le vent des Pyrénées orientales, de la Montagne Noire, des Cévennes et des Préalpes. Nous verrons (p. 105) que de tels effets à grande échelle ont même été, dans le passé lointain de la Terre, responsables des profondes différences entre les morphologies des côtes ouest et est des continents.

La convection et la théorie calorique des orages

Tout le monde sait que l'air chauffé monte, parce qu'en se dilatant sous l'effet de la chaleur un volume d'air devient moins dense que l'air ambiant – c'est le principe d'Archimède. Un feu dans la cheminée s'auto-entretient dans une certaine mesure en "aspirant" de l'air frais pour remplacer l'air chaud qui s'envole (le "tirage"). Un incendie attire ainsi à lui un tel flux d'air qu'il peut provoquer localement une véritable bourrasque de vent, et nous allons voir que cette constatation est en fait à l'origine de la première théorie des tempêtes.

L'atmosphère en temps normal, qui près du sol est habituellement plus chaude qu'en altitude, est pourtant en équilibre stable : l'air chaud du bas n'a aucune tendance spontanée à s'élever. On a compris au XIXe siècle que c'est parce que la décroissance de la température avec l'altitude – contrôlée, comme nous l'avons vu, par l'effet de serre, c'est-à-dire l'absorption, par la vapeur d'eau et le gaz carbonique, du rayonnement thermique infrarouge de la surface terrestre – est moins forte que celle que l'air ascendant subirait à cause de sa détente adiabatique avec l'altitude : l'air chaud du bas n'a donc en général aucune raison de s'élever puisqu'il deviendrait plus froid, et par conséquent plus dense, que l'air des niveaux supérieurs.

Il n'en est pas de même, cependant, lorsqu'un volume d'air est chauffé par une cause externe (non adiabatique), auquel cas, telle une montgolfière, il va monter, comme l'air dans la cheminée au-dessus de l'âtre ; c'est ce qu'on appelle la *convection*. En l'absence de relief, le cas le plus simple et le plus général de la convection dans l'atmosphère est celui des bulles d'air qui s'élèvent au-dessus des surfaces chaudes (une clairière ou un champ labouré, un hangar ou un parking, le lagon d'un atoll ou un courant tiède dans l'océan) et qui ont reçu le nom de *thermiques*.

Quand l'air est sec, les thermiques – ressentis par les planeurs comme un courant ascendant ou par les avions comme de la turbulence par ciel clair – sont invisibles. Si l'air est humide, en revanche, la vapeur d'eau qu'il contient tend à se condenser à partir d'une certaine altitude sous l'effet du refroidissement adiabatique, formant les petits cumulus de beau temps (*"de chez humilis"*, ainsi que les appelait le Cours de navigation de l'école de voile des Glénans) – vite dissipés lorsqu'un vent léger les éloigne des zones chaudes du sol au-dessus desquelles ils se sont formés ; leur durée de vie n'est parfois que de quelques minutes, mais on a rarement la patience de les suivre du regard aussi longtemps. Souvent ces cumulus ont une base tout à fait plate, tous au même niveau : cela correspond à la hauteur précise où, la température baissant avec l'altitude, le point de rosée est atteint.

La condensation de la vapeur d'eau produit de la chaleur – c'est l'effet inverse de la réfrigération par évaporation – et, lorsque l'air est très humide, l'ascension convective peut s'autoentretenir, voire s'accélérer : plus l'air chauffé, refroidi par son ascension, condense de vapeur d'eau, plus il se réchauffe, plus il se dilate et plus il monte : la convection devient instable. Beaucoup des phénomènes de la machinerie atmosphérique, délicate, somptueuse ou effrayante, qui se déploie au-dessus de nous, et notamment la formation des orages, sont dus à ces effets, amorcés par la convection, des changements d'état de l'eau contenue dans l'air sous forme de vapeur. Pratiquement toute l'énergie des averses, des rafales de vent, des tempêtes, des trombes, cyclones et typhons provient, par l'intermédiaire de ces effets, de la chaleur "latente" (cachée), stockée et transportée par la vapeur d'eau, correspondant à l'énergie (solaire) qui avait été consommée lors de son évaporation initiale et qui est restituée lors de sa condensation.

C'est ainsi que l'on voit bourgeonner des cumulus *(de chez congestus)*, ces volutes bordées d'un liseré d'or obscurcissant le soleil l'été en fin d'après-midi et qui secouent l'avion les traversant. Les lobes turbulents de ces beaux nuages sont la conséquence des bouffées de chaleur aériennes provoquées par une condensation massive de la vapeur d'eau atmosphérique. Lorsque l'air est particulièrement chaud et chargé d'humidité, ces phénomènes peuvent provoquer les violents courants ascendants et les puissantes chaudières convectives des nuages d'orage, les *cumulonimbus* redoutés des pilotes qui les évitent systématiquement.

Cette théorie calorique des orages fut développée dès les années 1830, aux États-Unis, par un certain James Pollard Espy, amateur de météorologie qui entreprit de populariser ses réflexions dans des conférences publiques lui valant une grande notoriété et le surnom de *Storm King* (Roi des Tempêtes). Après une tournée en Europe – où il fut chaleureusement félicité par Arago à Paris lors de sa prestation devant l'Académie des sciences ("l'Angleterre a Newton, la France Cuvier, les États-Unis ont Espy"…) –, il publia *The Philosophy of Storms* en 1841 et devint le premier météorologiste des forces armées américaines, avant de rejoindre la Smithsonian Institution. Nous verrons cependant que la belle et originale théorie d'Espy, si elle rend bien compte de la formation d'une "cellule" orageuse – un cumulonimbus –, est tout à fait insuffisante pour décrire les "lignes de grains", et *a fortiori* les tempêtes et ouragans. Ceux-ci sont en effet constitués de multiples cellules du genre de celles qu'il décrivait, dont la genèse et l'organisation relèvent de phénomènes à bien plus grande échelle que la simple cheminée ascendante, aspirant les vents vers elle, qu'il avait considérée, phénomènes qui ne furent élucidés que bien plus tard.

Et puis, à vrai dire, il manquait toujours quelque chose dans les théories des nuages et des tempêtes à cette époque : on ne comprenait pas comment exactement se forment la pluie, la neige ou la grêle, ni même pourquoi, en répétant en laboratoire les expériences de Le Roy, la condensation de la vapeur d'eau n'avait pas forcément lieu lorsque l'air était saturé d'humidité.

Le secret des précipitations : la microphysique de la condensation

Un pharmacien, Paul-Jean Coulier, commença en 1875 à résoudre cette énigme en se livrant à des essais systématiques de formation de brouillards en laboratoire : refroidissant de manière répétée de l'air humide dans un récipient fermé, il provoquait la condensation de gouttelettes finissant par se déposer sur les parois, gouttelettes qui s'évaporaient lorsqu'il réchauffait le récipient. Mais il nota que ce processus ne se reproduisait pas indéfiniment : au bout d'un certain nombre de cycles, il avait beau refroidir l'air, plus rien ne se passait ; en revanche, s'il laissait entrer de l'air "neuf" dans le récipient, la formation de brouillard reprenait. Il raisonna que l'air devait apporter avec lui en suspension quelque chose d'invisible facilitant la formation de gouttelettes, quelque chose qui se déposait avec elles sur les parois du récipient mais y demeurait lorsqu'elles s'évaporaient, les salissant petit à petit. Ayant observé que la condensation ne se produisait plus s'il filtrait préalablement l'air, il vérifia qu'il s'agissait bien de poussières très fines, prouvant que la présence de *noyaux de condensation* est nécessaire à la formation de précipitations. Bien vu.

L'air ne transporte pas que des oiseaux, des insectes* et des poussières ; l'atmosphère de la Terre n'est pas constituée que de molécules gazeuses. Un Écossais, John Aitken, vers 1880, parvint à observer, mesurer et identifier au microscope les innombrables noyaux de condensation postulés par Coulier et qui portent aujourd'hui

* Les insectes sont souvent portés à la surface de ce qu'on appelle – par analogie entre le flux d'air sur le sol et le déplacement en sens inverse d'un objet au sein d'un fluide – la *couche limite* planétaire. Cette couche d'atmosphère a une épaisseur variable entre quelques mètres et plusieurs centaines de mètres ; c'est là que s'organise la transition entre la turbulence de l'air freiné au contact du sol et l'écoulement laminaire en altitude. On peut souvent voir l'épaisseur de la couche en question en observant la hauteur où chassent les hirondelles.

son nom *(noyaux d'Aitken)*. Il montra qu'il ne s'agit pas des poussières visibles (dans un rayon de soleil traversant une pièce sombre), gros aérosols comme le pollen, par exemple, mais d'innombrables particules bien plus petites – de taille inférieure à 0,2 micron (millième de millimètre) –, constituées de débris météoriques descendus des traînées d'étoiles filantes, de bactéries, de cendres volcaniques et de produits de combustions (les suies du gazole !) ou de réactions photochimiques ; il y en a des milliers dans chaque dé à coudre d'air… (Ces particules fines sont ce qui salit vos cheveux, vos ongles ; si leur concentration est suffisante, comme dans les villes ou les abords d'autoroutes pollués par les moteurs diesel, elles se voient parfois sous forme d'une brume de beau temps et peuvent être dangereuses pour la santé, pénétrant profondément dans les poumons avec l'air qu'on respire.)

Vers 1900, un autre physicien écossais, Charles Wilson, ayant repris des expériences de formation de brouillard dans son laboratoire de Cambridge, mettra en évidence un autre genre de noyaux de condensation : l'ionisation de l'air par les rayonnements mystérieux qu'on venait de découvrir (radioactivité, rayons X). En fait, il mettait au point ce qu'on a appelé une *cloud chamber* ou *chambre de Wilson*, permettant de visualiser ces particules ou rayonnements énergétiques, invention qui lui valut le prix Nobel et resta, avec le compteur Geiger, pratiquement le seul outil pour les détecter, et le seul moyen de les étudier (jusqu'à la mise au point bien ultérieure de nouveaux et plus efficaces détecteurs de particules, la *chambre à bulles* de Donald Glaser ou la *chambre multifils* de Georges Charpak, également nobélisés). Wilson ouvrait du même coup un nouveau champ d'investigation, préfigurant la physique des particules élémentaires, celui des “rayonnements cosmiques” que son appareil mettait en évidence ; mais cela est une autre histoire…

Il y a cependant une différence considérable de taille entre, d'un côté, les légères gouttelettes minuscules, formées de molécules d'eau coagulées sur les noyaux d'Aitken ou les ions de Wilson, en suspension dans l'air – constituant le brouillard, les nuages, voire le "crachin" –, et, de l'autre côté, les gouttes de pluie qui, elles, sont des milliers voire des millions de fois plus volumineuses et lourdes, et tombent… On présumait que les premières devaient simplement s'agglomérer à leur tour d'une façon ou d'une autre pour former les secondes, mais le déclenchement soudain des averses restait un phénomène assez mystérieux.

Le 27 juillet 1850, les aéronautes français Barral et Bixio, dans un ballon gonflé à l'hydrogène parti de l'Observatoire de Paris, avaient traversé à 6 000 mètres d'altitude, par – 39 °C, un banc de cirrus dont ils avaient constaté qu'il était formé de paillettes de glace fines comme des aiguilles. "Cette découverte, écrit l'abbé Moreux*, venait confirmer de façon éclatante les théories du célèbre abbé Mariotte sur les couronnes et les halos. Arago entrevit là toute une série d'hypothèses sur la formation de la grêle pendant les orages. Si l'on s'en rapporte à ses paroles enthousiastes, c'était la plus brillante découverte dont les météorologistes pouvaient se réclamer depuis bien des années."

Quelques années plus tard, le naturaliste Boussingault qui, après Humboldt, escalada les plus hauts sommets des Andes, y avait traversé à pied un nuage où se formaient des cristaux de glace. Il rapporta : "À 5 000 mètres le temps était magnifique. On dominait une masse de nuages accumulés sur la pente abrupte de la montagne et dans laquelle nous entrâmes, pour opérer notre descente, par la partie supérieure. Il tonnait. Bientôt nous reçûmes une grêle de grains très menus d'abord, mais qui grossissaient à mesure que nous descendions. Toutefois

* Dans son ouvrage *L'Océan aérien* (bibl.).

ces grêlons tombaient avec une telle lenteur qu'en nous atteignant ils ne causaient aucune douleur. À l'altitude de 4 300 mètres la masse de vapeur devint si épaisse que j'eus de la peine à lire les graduations du baromètre. Au-dessous de ce point la grêle redoubla et la sensation que nous éprouvions lorsqu'elle nous frappait la figure et les mains devint douloureuse*."

Malgré ce genre d'observations, montrant à l'évidence la formation puis la chute de cristaux de glace dans l'air en altitude, l'idée persistait que la pluie résultait de la coagulation des gouttelettes d'eau en suspension dans les nuages, et que la neige ou la grêle étaient de la pluie congelée (ce qui n'était guère logique : en tombant à des altitudes plus basses, la pluie aurait tendance à se réchauffer plutôt qu'à refroidir).

C'est le grand météorologiste allemand Alfred Wegener – dont nous aurons l'occasion de reparler – qui élabora vers 1910 une description plus juste des phénomènes physiques complexes à l'origine des précipitations. Il avait remarqué d'une part que, tout comme l'eau demeure à l'état de vapeur en l'absence de noyaux de condensation, même si la température descend bien au-dessous du point de rosée ou de 0 °C, des gouttelettes d'eau restent liquides – en "surfusion" – : elles ne cristallisent à l'état solide qu'au contact d'objets solides et froids, notamment de la glace. (Dès 1863, le physicien Nouel avait expliqué ainsi les "pluies verglaçantes".) D'autre part, démontra Wegener, lorsque des gouttelettes liquides et des cristaux de glace sont tous les deux présents dans l'air, les premières ont tendance à évaporer leurs molécules au profit des seconds qui les captent. Ainsi les cristaux de glace sont-ils susceptibles de spontanément grossir dans les nuages aux dépens des gouttelettes liquides surfusées en suspension, leur poids les entraînant vers le bas, collectant de plus en plus de

* *Ibid.*

gouttelettes qui givrent à leur contact, jusqu'à ce que l'élévation de la température les fasse éventuellement fondre. Ce serait donc la pluie qui proviendrait de la neige ou de la grêle, et non l'inverse.

Comme toute idée nouvelle – et tout particulièrement les idées de Wegener, personnage hors du commun, par ailleurs, ainsi que nous le verrons, auteur de la théorie de la dérive des continents –, cette théorie de la genèse de la pluie ne convainquait pas, jusqu'à ce qu'elle soit reprise dans les années 1920 par un chercheur de la célèbre école norvégienne de Bergen, Tor Bergeron. Celui-ci avait remarqué que lorsqu'un brouillard gèle, et que du givre se forme au sol et sur les arbres, l'air s'éclaircit. C'était bien, concluait-il, le processus décrit par Wegener : la glace cristallise sur des germes solides à partir et aux dépens des fines gouttelettes liquides en suspension dans l'air. En 1933 (trois ans après la mort de Wegener – dans la neige et la glace – lors d'une expédition au Groenland, *cf.* p. 294), Bergeron publia une description assez complète et plausible du processus des précipitations.

Tout commencerait donc avec la formation de noyaux de glace à haute altitude, là où la température descend plus bas que – 10 °C environ, soit dans les cirrus – d'où on les voit littéralement tomber : c'est ce qui donne à ces nuages très élevés, se déplaçant souvent vite, la forme de barbes en virgules, les "balayures" de Lamarck –, soit en haut des bancs épais de nimbus, ou encore au sommet des cumulus, lorsqu'ils atteignent plusieurs kilomètres d'épaisseur et que, vu de dessous, le ciel devient noir ("ça va tomber…"). Les gouttelettes d'eau en surfusion cristallisent alors très rapidement sur ces noyaux de glace, d'abord en paillettes fines puis en une sorte de léger grésil, comme l'avait observé Boussingault. Les cristaux de glace, en descendant, ont tendance à se réchauffer ; mais, s'il fait froid, ils peuvent grossir en flocons et atteindre le sol intacts : il neige ;

s'il fait tiède, ils fondent en cours de route et ce sont des gouttes qui tombent : il pleut ; s'il fait très chaud, il se peut que ces gouttes s'évaporent dans l'air (comme les paillettes de glace des cirrus) avant même d'atteindre le sol et dans ce cas on peut voir, comme parfois en été, accrochées sous des nuages noirs, des traînées grises de pluie disparaissant à mi-chemin. La plupart du temps, quand il fait très chaud et qu'il commence à pleuvoir, seules les plus grosses gouttes parviennent jusqu'à terre où elles claquent en s'écrasant, les plus petites s'étant évaporées en cours de route ; mais l'évaporation de ces dernières refroidit l'air, et bientôt les gouttes de toutes tailles peuvent atteindre le sol avant de s'évaporer : c'est l'averse.

Les radars météorologiques modernes sont capables de détecter cette formation des cristaux de glace et leur fonte au sein des formations nuageuses, et ont confirmé la justesse de la théorie de Wegener-Bergeron, du moins sous nos climats.

Car, si cette théorie fait encore autorité pour les précipitations des latitudes moyennes, on s'est aperçu, après que de courageux pilotes américains ont exploré dans les années 1940 – c'était pendant la guerre du Pacifique – moussons, cyclones et typhons aux latitudes tropicales, qu'elle ne marche pas dans ces cas-là, représentant pourtant les plus fortes chutes de pluie à la surface du globe. Ces mesures aéroportées montrèrent en effet que la température, même à plusieurs kilomètres d'altitude, n'y est pas assez basse pour que l'eau cristallise en glace. Les mêmes mesures montrèrent en revanche que les particules de sel marin diffusées dans l'air par les embruns *(oceanic spray)* jouent un rôle comparable à celui des cristaux de glace comme attracteurs de la vapeur d'eau et déclencheurs des précipitations. Il existe cependant de grandes différences entre les deux processus, ainsi d'ailleurs qu'entre cumulus continentaux et cumulus maritimes (on en apprendra sans doute plus à l'aide des radars météorologiques prévus pour être embarqués sur un programme de satellites américano-japonais).

Grêle, trombes et tornades

La grêle, quant à elle, se formerait dans les nuages d'orage particulièrement turbulents où, comme nous allons le voir, de puissants courants ascendants et descendants peuvent agglomérer de nombreux cristaux de glace au cours de circuits pareils à de gigantesques "grands huit" où, dans certains cas, ils gèlent et fondent successivement de manière répétée, ce qui expliquerait la structure en couches, comme des oignons, de certains grêlons. Compte tenu des dégâts considérables qu'elle cause aux cultures (se chiffrant en milliards d'euros annuellement), la grêle a fait l'objet d'une attention particulière de la part des spécialistes des précipitations – et aussi de tous les inventeurs qui se sont imaginé pouvoir influer sur les phénomènes météorologiques.

Depuis longtemps des cérémonies – les "charivaris" – tentaient (en vain) de neutraliser ou éloigner les orages de grêle, mais, hélas, bien qu'en général tout aussi bruyantes, les tentatives modernes pour obtenir ce résultat ne réussirent guère mieux : on tira le canon, on envoya des fusées, on ensemença les cumulonimbus avec des particules d'iodure d'argent dont la structure cristalline était censée favoriser le rôle glaciogène et précipiter l'averse avant la formation de grêle, mais on eut toujours le plus grand mal à savoir si ça marchait ! La moindre des raisons n'étant pas que les conclusions de ces expériences ne pouvaient être que statistiques, que les campagnes devaient par conséquent s'étendre sur des années d'observations et couvrir des territoires étendus, avec des résultats difficiles à interpréter : comment savoir ce qui se serait passé sans intervention ? Malgré les efforts considérables consacrés à ces tentatives, il faut bien reconnaître que leurs résultats ne sont guère concluants, ce qui n'est peut-être pas étonnant lorsqu'on mesure l'ampleur des énergies et des quantités de matière que véhicule et transforme un simple orage de grêle : des millions de tonnes d'eau, par exemple.

Un aspect encore plus statistique et terrifiant des violences météorologiques – bien que, compte tenu de leur échelle réduite, elles ne ciblent en général que relativement peu de victimes par rapport aux cyclones ou aux blizzards (sauf, occurrence exceptionnelle, lorsqu'elles traversent des zones densément habitées) – est le phénomène des trombes. Ces entonnoirs effilés se forment sous les nuages d'orage lorsque leur air froid descendant survole des surfaces d'où un air chaud remonte, les courants inverses s'enroulant en un monstrueux aspirateur où le vent tourbillonne à quelques centaines de kilomètres par heure. Les trombes terrestres aspirent la terre jusqu'à des altitudes de plusieurs centaines de mètres, les trombes marines, l'eau de mer. Mais ces dernières rivalisent rarement en violence avec les premières.

Les *tornadoes* sont les trombes terrestres atteignant une forte intensité, qui peuvent présenter un réel danger pour les habitations (on a vu voler des voitures, un piano à queue…). Particulièrement fréquentes et dangereuses dans les plaines centrales des États-Unis où, chaque année, des bâtiments agricoles sont volatilisés, elles peuvent faire de nombreuses victimes en quelques minutes : au printemps 2013, l'une d'elles a traversé une zone pavillonnaire en Oklahoma, rasant tout sur son passage et laissant des dizaines de morts derrière elle.

Les éclairs et l'électricité atmosphérique

Nous avions laissé le nuage d'orage, le cumulonimbus, au stade préliminaire où la violence des ascendances provoquées par la chaleur issue de la condensation massive de la vapeur d'eau atmosphérique lui donne son extension verticale maximum. Vue de loin, cette imposante formation nuageuse de plusieurs kilomètres de diamètre, qui, sous nos latitudes, s'est le plus souvent développée dans la touffeur d'un après-midi d'été, magnifiquement éclairée par le soleil déclinant, prend la forme d'une gigantesque tour turgescente dont le sommet s'aplatit et s'effiloche à la base de la stratosphère, à une dizaine de kilomètres d'altitude*. Si vous êtes directement dessous, le ciel, où se sont amassées des nuées menaçantes, s'assombrit de plus en plus ; un vent frais bientôt se met à souffler et voilà la pluie. "Entends-tu le tonnerre qui gronde en approchant ? Voici l'éclair qui luit."

Nous avons vu comment on a expliqué le déclenchement de l'averse d'orage typique. Il restait à comprendre pourquoi le déroulement de ces processus s'accompagne de violentes explosions électriques, manifestation la plus impressionnante des événements orageux, toujours associée à la formation de particules de glace en altitude et, le plus souvent, de précipitations au sol.

À vrai dire, bien que des pilotes habiles et courageux soient parvenus à relever la distribution de l'électricité, c'est-à-dire des charges électriques, au sein des cumulonimbus, et bien que plusieurs théories aient été formulées pour l'expliquer, on n'a pas encore vraiment compris comment le déclenchement des averses orageuses se double d'un processus de séparation de charges électriques positives et négatives, et de migration de ces charges en vastes régions de signe électrique opposé. Ces processus de séparation des charges (par effet thermoélectrique, par induction ?) sont en tout cas très certainement provoqués par les mouvements violents et les collisions des grains de glace et des gouttes d'eau dans les massifs nuageux les plus turbulents, les tensions électriques créées par leur polarisation pouvant atteindre très rapidement des dizaines de millions de volts.

* On dit en général qu'on reconnaît ces nuages à leur "forme d'enclume". Certes, mais les jeunes de nos jours voient plus souvent des cumulonimbus que des enclumes, et bien souvent ne savent pas ce qu'"enclume" veut dire...

Charles Wilson fut parmi les premiers à s'intéresser spécifiquement à ces questions dans un article intitulé "Atmospheric Electricity", publié en 1903 (où à vrai dire il traite davantage des rayonnements cosmiques), mais c'est dès le XVIe siècle que des naturalistes amateurs avaient commencé à s'amuser avec les phénomènes mystérieux de l'électricité, qui éveillaient le plus grand intérêt. On savait depuis l'Antiquité que l'ambre, une résine fossilisée, lorsqu'elle est frottée, devient susceptible d'attirer de petits objets légers comme des fétus de paille. William Gilbert, vers 1600, avait montré qu'en réalité beaucoup de matières (certaines pierres précieuses, le cristal de roche, le soufre) possèdent cette propriété, et avait utilisé le terme "électriques" – dérivé du mot grec qui désigne l'ambre, *élektron* – pour les désigner.

Un siècle plus tard, on avait observé, après l'invention du baromètre par Torricelli, que, lorsqu'on en secouait le tube, des éclairs de lumière apparaissaient parfois dans la cavité vide de son extrémité supérieure, et Hauksbee en Angleterre fit l'hypothèse que cela résultait de l'électrification du verre par le frottement du mercure ; il mit au point diverses méthodes, déjà expérimentées par Guericke à Magdebourg (lequel frottait des boules de soufre pour en activer les propriétés électriques), afin d'amplifier ces effets même dans l'air et, au début du XVIIIe siècle, on perfectionna ses machines à manivelle pour produire de la "triboélectricité" par frottement de cylindres ou de disques de verre tournants, machines dont on parvenait à tirer (avec le doigt !) des étincelles de plus en plus belles.

On pensait que l'électricité (statique) ainsi produite "s'évaporait", et un amateur ecclésiastique poméranien, Ewald von Kleist, essaya de la stocker dans l'eau d'une bouteille fermée. Pieter Van Musschenbroek, à Leyde, améliora grandement l'expérience de Kleist, jusqu'à ce qu'en janvier 1746 il écrive, affolé, à son collègue parisien l'abbé Nollet pour le mettre en garde : ayant, en actionnant énergiquement la manivelle de son générateur triboélectrique, chargé le dispositif (connu par la suite sous le nom de “bouteille de Leyde”, dont le verre était revêtu extérieurement d’une armature métallique, en fait le premier condensateur électrique), “au moment où je voulus tirer une étincelle du montage, ma main fut tout à coup choquée si violemment que tout mon corps en fut secoué, comme frappé par la foudre… J’en fus affecté d’une manière si atroce que je ne peux la décrire : en un mot je crus que c’en était fait de moi*”…

Naturellement, comme le montre ce commentaire de Van Musschenbroek après la châtaigne qu’il s’était prise, on voyait bien l’analogie avec les éclairs des étincelles électriques de plus en plus effrayantes qu’on arrivait à produire. En 1749, l’académie de Bordeaux mit au concours la question de la *Cause des éclairs et de la foudre*, et l’année suivante un de ses membres – Jacques de Romas, magistrat – présenta un mémoire où il documentait leurs ressemblances avec l’électricité. À Philadelphie, Benjamin Franklin suivait la même piste ; ayant repris les expériences du Suisse Jallabert montrant le “pouvoir des pointes” pour décharger cette électricité, il préconisa d’élever dans les airs des tiges métalliques pointues mises en contact avec le sol pour laisser s’écouler celle des nuages et éviter la foudre. Alors que la Royal Society à Londres faisait le plus mauvais accueil à cette recommandation – l’invention du paratonnerre –, Buffon à Paris, comprenant l’intérêt des travaux de Franklin, y intéressa le physicien Dalibard, lequel réalisa les premières expériences consistant à tirer des étincelles des nuages d’orage eux-mêmes (le 10 mai 1752, dans le jardin de sa maison à Marly).

* Cité dans James Bryant Conant, *Harvard Case Histories in Experimental Science*, vol. 2, Harvard University Press, 1957.

Jacques de Romas et Benjamin Franklin perfectionnèrent l'expérience de Dalibard en utilisant des cerfs-volants et multiplièrent avec enthousiasme les démonstrations de ce genre. Ces expériences étaient dangereuses : si le curé de Marly, qui avait participé aux premiers essais, en fut quitte pour "une meurtrissure au bras comme celle qu'aurait pu occasionner un coup de fouet", raconte l'abbé Moreux (ajoutant que "ceux qui l'entouraient constatèrent avec stupeur qu'il répandait une forte odeur de soufre, ce qui fut regardé comme un bien mauvais signe pour un ecclésiastique"), un physicien de grand renom, membre de l'Académie de Saint-Pétersbourg, Richmann, y perdit la vie, foudroyé en août 1753.

Un siècle et demi plus tard, les travaux des physiciens (Ampère, Faraday, Henry, Maxwell, Hertz, Crooks) et des ingénieurs et inventeurs (Morse, Edison, Branly, Tesla, Marconi, De Forest) avaient abouti à domestiquer les phénomènes électromagnétiques et à mettre les bienfaits de la “fée électricité” – du télégraphe à l’éclairage, des moteurs à la radio – à la disposition d’un large public. Mais, si les recherches des météorologues avaient permis de comprendre beaucoup de choses sur la formation des orages, l’éclair restait presque aussi mystérieux qu’à l’époque de Buffon et Franklin.

Ce n’est qu’au cours du XXe siècle, avec le besoin de protéger de la foudre les réseaux d’installations électriques, puis ceux des télécommunications – considérablement développés –, qu’on fut conduit à étudier expérimentalement les éclairs en les simulant (à l’aide des bobines de Nikola Tesla, lointaines descendantes des machines de Van Musschenbroek, produisant des étincelles monumentales) ou, plus tard, en provoquant de véritables éclairs artificiels en envoyant dans les nuages d’orage une petite fusée déroulant derrière elle un fil métallique connecté aux installations à foudroyer (plus tard, on utilisera de puissants rayons de lasers ionisant l’air de leur faisceau pour guider ainsi la foudre).

C’est l’étude *photographique* des éclairs qui permit, dans les années 1920, d’observer en détail la façon dont ils se produisent naturellement. Il était facile de les photographier la nuit : on laissait l’obturateur ouvert jusqu’à ce qu’un éclair se produise dans le champ de l’appareil. Pour “filmer” le déroulement du processus, quasiment instantané, des dispositifs spécialisés, connus sous le nom de *Boys cameras*, utilisaient deux objectifs en rotation très rapide devant la plaque, de l’ordre de 1 000 tours par seconde ; les étapes du coup de foudre, qui se succèdent en moins d’un millième de seconde, s’étalent alors sur le support sensible en images successives juxtaposées en rond.

Voici le déroulement typique que l’on vit se déployer au ralenti sur ces photographies “stroboscopiques” : un *précurseur* – sorte d'étincelle peu lumineuse résultant d'une avalanche d'ionisation dans l'air sous l'effet de la tension électrique entre un nuage d'orage et le sol – trace la voie de l'éclair, progressant vers le bas de manière aléatoire par bonds extrêmement rapides, séparés par de très brèves pauses ; chaque bond franchit quelques dizaines de mètres en bien moins d'un millième de seconde, laissant derrière lui un conduit d'air conducteur. En général, le précurseur descend ainsi du nuage à la rencontre d'un précurseur de charge opposée progressant moins rapidement en montant à partir du sol. La longueur totale de tels conduits, qui souvent serpentent et se ramifient, peut atteindre des kilomètres…

Dès que la connexion s'établit entre les précurseurs descendant et ascendant, la foudre frappe, c'est-à-dire qu'un intense courant électrique fait littéralement exploser le conduit d'air conducteur.

Les photographies ultra-rapides contemporaines montrent que ce processus se déploie plusieurs fois en une fraction de seconde, en général précédé de toutes sortes de cheminements. Le courant principal de l'éclair, constitué le plus souvent de charges positives (ions) précipitées vers le haut et de charges négatives (électrons) vers le bas – mais ces particules chargées, percutant les molécules neutres de l'air, ne parcourent qu'un millimètre à peine, l'onde électrique seule se propageant “à la vitesse de l'éclair” sur la totalité du parcours –, peut atteindre des milliers d'ampères. L'épaisseur d'un éclair n'est pas très grande, quelques centimètres de diamètre tout au plus, comme un gros bambou, mais la température de l'air y est portée, par les multiples collisions entre molécules neutres inertes et atomes chargés électriquement violemment accélérés, jusqu'à 20 000 ou 30 000 °C – plusieurs fois la température de la surface du Soleil ! –, déclenchant une cascade de réactions photochimiques et d'émissions électromagnétiques, dont la production d'ozone (l'“odeur de soufre”), le flash de lumière aveuglante et des “parasites” radioélectriques qu’on entend fort bien avec un récepteur en modulation d’amplitude (AM). Il paraît que les éclairs émettent même des rayons gamma représentant un réel danger pour les passagers aériens ; il paraît. (Cela signifierait-il que des réactions nucléaires y ont lieu ?)

La brutale expansion de l’air sous l’effet de la chaleur intense le long de l’éclair engendre une onde de choc propulsée à la vitesse du son, dont l’arrivée sur notre tympan est perçue comme le fracas du tonnerre : un éclair proche produit un bruit d’explosion ou un violent craquement, plus loin un déchirement, plus loin encore un roulement ou un grondement ; ces effets acoustiques sont dus à la façon dont les ondes sonores issues de toute la longueur de l’éclair se propagent dans l’atmosphère, éventuellement diffractées ou réfléchies par des obstacles terrestres. La vitesse du son dans l’air est d’environ 350 mètres par seconde, et il est bien connu que la mesure de l’intervalle de temps entre la perception (quasi instantanée) de l’éclair lumineux et l’arrivée du bruit de tonnerre correspondant permet d’estimer la distance du phénomène : 1 kilomètre pour 3 secondes à peu près.

Le défilement dans le ciel de la partie inférieure d’un nuage d’orage chargée négativement est accompagné au sol du défilement d’une “ombre” de charges positives, et les précurseurs issus du sol remontent le plus souvent au passage de cette ombre électrostatique *via* les structures élevées conductrices existantes, d’extrémité effilée et bien enracinées dans la terre, un paratonnerre par exemple ou tout simplement un arbre, où s’abattra la foudre. Le courant intense de l’éclair peut faire fondre une tige métallique, et bouillir la sève d’un tronc qui explose alors et éventuellement prend feu (d’où le danger d’y chercher refuge).

Les éclairs, connectant des régions de charge électrique opposée, peuvent aussi éclater entre deux nuages, ou à l’intérieur même d’un nuage (le cas le plus fréquent), par exemple entre le haut et le bas d'un cumulonimbus. Ces derniers types d'éclairs, illuminant le ciel, sont parfois visibles à de très grandes distances, là où il fait (encore) beau, trop loin pour être entendus : c'est ce qu'on appelle, assez improprement, des "éclairs de chaleur".

On a découvert récemment une autre forme d'éclairs, bien moins connue, qui affecte l'atmosphère supérieure raréfiée, entre le sommet de certains cumulonimbus et l'ionosphère. Observées initialement par des astronautes en orbite, ces immenses décharges électriques silencieuses prennent des formes diverses appelées *jets géants* (bleus), *elfes* (anneaux lumineux de centaines de kilomètres de diamètre) ou *farfadets* (lueurs rouges chevelues). Elles sont spectaculaires, mais difficiles à observer du sol, où l'on peut les filmer de loin au-dessus des orages. On ne sait pas quel rôle ces phénomènes insaisissables jouent dans la chimie de la haute atmosphère, ni dans le circuit électrique global de la Terre.

La Terre comme machine électrique

Les tensions électriques dans l'atmosphère ne se résument pas aux événements orageux. Les gens étaient depuis longtemps effrayés, et les savants intrigués, par les *feux de Saint-Elme* et autres mystérieuses lueurs, aigrettes lumineuses ou étincelles qui ornent parfois certains objets, voire les corps animaux. Même par beau temps se manifeste le phénomène du crépitement en air sec : "J'ai connu une dame, jeune à l'époque, rapporte sans rire l'abbé Moreux, qui avait la propriété d'électriser le linge qu'elle portait. Que de fois son mari m'a raconté que sa femme conviait parfois à son petit coucher plusieurs de leurs amis intimes. La dame se déshabillait alors, toutes lumières éteintes, et lorsqu'elle enlevait son dernier vêtement, c'était une pluie d'étincelles"... Pas mal, monsieur l'abbé.

Saussure en escaladant le mont Blanc, et Gay-Lussac et Biot lors de leur ascension en ballon de 1804, avaient constaté, en montant dans un ciel bleu de plus en plus foncé, une augmentation de l'électricité négative. Il est difficile de savoir ce qu'ils mesuraient là, mais des observations soigneuses ont montré par la suite qu'en réalité, le potentiel électrique au-dessus du sol par beau temps augmente d'environ 100 volts tous les mètres – de moins en moins cependant au fur et à mesure que l'on s'élève –, ce qui fait qu'entre la surface de la Terre et la haute atmosphère, toutes les deux bonnes conductrices de l'électricité, il existe en permanence une différence de potentiel de plusieurs centaines de milliers de volts ! L'orientation de ce champ électrique de beau temps correspond à une charge négative au sol et positive en haut de l'atmosphère, comme le théorisa Georg Adolf Erman dès le début du XIXe siècle et comme le confirma expérimentalement Jean-Charles Peltier en 1842, lequel mesura directement la charge négative à la surface terrestre avec l'*électromètre* qu'il avait mis au point.

"S'il y a 175 volts entre vos souliers et vos cheveux, écrit Richard Feynman dans son fameux *Cours de physique* (1957), vous devez vous demander pourquoi vous ne prenez pas une décharge quand vous mettez le nez dehors." En fait nous, nos bâtiments, nos installations – comme tout ce qui est "à la terre" – restons tout entiers au même potentiel électrique que le sol. C'est ce qui fait d'ailleurs que les centaines de milliers de volts entre le sol et la haute atmosphère sont inexploitables (c'est comme essayer de se mordre une oreille...).

Les sphères conductrices emboîtées de la surface terrestre d'une part et de la haute atmosphère ionisée d'autre part, séparées par l'épaisseur isolante de la basse atmosphère, forment ainsi comme une gigantesque bouteille de Leyde, ou encore, si l'on veut, sont comme les pôles d'une batterie chargée. La basse atmosphère, cependant, n'est pas un isolant parfait – ainsi que l'avait découvert Charles de Coulomb en étudiant la déperdition des charges électriques dans l'air – et, sous l'effet du champ électrique atmosphérique de beau temps, un (très faible) courant transporte en permanence des charges positives vers la Terre ; ces charges sont véhiculées par des aérosols électrifiés, ainsi que par les molécules ionisées toujours présentes dans l'air (dues notamment aux gerbes d'ionisation produites par l'impact des rayons cosmiques dans l'atmosphère, comme l'avaient montré Charles Wilson et étudié notamment Pierre Auger). Cette (faible) conductivité atmosphérique augmente avec l'altitude, du fait de la diminution de la pression accroissant la mobilité des ions parmi les molécules de l'air au fur et à mesure de sa raréfaction, ce qui explique la diminution progressive du champ électrique lorsqu'on monte (et sans doute les mesures de Biot et Gay-Lussac).

Bien que le courant électrique atmosphérique de beau temps (la descente dans l'air de charges positives) ait une intensité pratiquement négligeable en tous lieux, au total cependant, pour l'ensemble de la surface terrestre où règne le beau temps, on a mesuré qu'il représente tout de même quelque 2 000 ampères ; et l'on calcule que ce courant devrait décharger la batterie atmosphérique en une demiheure à peine, annulant la charge négative de la Terre et la différence de potentiel avec la haute atmosphère. Et pourtant celles-ci subsistent en permanence. Cela signifie qu'il y a un mécanisme rechargeant constamment la Terre en électricité négative pour compenser le courant de retour atmosphérique de beau temps qui la décharge.

Ce mécanisme, c'est naturellement la séparation des charges dans les nuages d'orage : presque chaque fois qu'un éclair frappe le sol, il apporte son lot de charges négatives à la Terre. Au cours d'une seule journée orageuse en France, il peut y avoir des milliers d'éclairs qui frappent le sol. Et sur toute la Terre il y a en moyenne quelques centaines d'orages tous les jours, principalement dans la zone équatoriale ; ces innombrables éclairs rechargent continuellement la batterie atmosphérique que décharge le courant de retour associé au beau temps régnant en permanence sur la plus grande partie de la surface terrestre.

La charge de la batterie terrestre n'est pas constante : elle fluctue avec le nombre et l'intensité des orages à la surface du globe, qui la maintiennent. La moyenne d'un grand nombre de mesures montre une variation diurne régulière de la différence de potentiel atmosphérique par beau temps au niveau de la mer : elle baisse chaque jour de 120 volts par mètre environ vers 19 heures temps universel (heure de Greenwich, TU), jusqu'à moins de 90 volts par mètre vers 4 heures TU. C'est parce que les orages ont tendance à se produire surtout au voisinage de l'équateur, sur les continents plutôt que sur les océans, plutôt dans l'après-midi et la soirée que tard la nuit ou au cours de la matinée. Si la batterie atmosphérique est un peu surchargée à 19 heures TU et un peu déchargée à 4 heures TU, cela est donc dû au fait que, la Terre tournant, il s'agit là des moments où l'activité orageuse sur l'ensemble du globe atteint, respectivement, son maximum (c'est le début de l'après-midi en Amérique du Sud, la fin de l'après-midi en Afrique équatoriale, le soir en Asie du Sud-Est) et son minimum (l'après-midi et la soirée sur le Pacifique).

La machine électrique terrestre globale, décrite pour la première fois par Chalmers en 1947, développe une puissance de l'ordre du millier de mégawatts (400 000 volts x 2 000 ampères). Pour les raisons expliquées plus haut, cette source d'énergie (renouvelable) est inexploitable. Ce qui n'est pas le cas d'une autre sorte d'énergie atmosphérique globale – d'une autre machine terrestre, thermique celle-là –, utilisée depuis bien longtemps par les marins et les meuniers : le vent ou, comme on l'appelle maintenant, l'énergie éolienne.

3

LES GÉOGRAPHES DU VENT ET DES TEMPÊTES

Qui a vu le vent ?
Ni vous ni moi.
Mais quand les arbres s'inclinent
C'est qu'il passe.

CHRISTINA ROSSETTI

Dans les anciennes mythologies, où la foudre est en général l'apanage du roi des dieux, le vent est un personnage multiple, ambigu, bien- ou malfaisant, utile ou néfaste. En Inde, par exemple, le dieu du vent, Vayu, est le père de Bhima, représentant la force brute et la stupidité dans le conte épique du *Mahabharata*, mais aussi celui de Hanuman, le roi des singes, l'ardeur et l'astuce personnifiées dans le *Ramayana*.

Dans la Grèce antique, chaque vent, caractérisé par la direction d'où il soufflait, était l'affaire d'une petite divinité différente : Borée au nord, Zéphyr à l'ouest, etc. (la "tour des vents" qu'on peut encore voir à Athènes avait huit faces) ; et toutes ces divinités appartenaient à l'écurie du dieu Éole.

Ce sont évidemment les marins au long cours qui portaient le plus d'attention aux vents car leurs lourds vaisseaux aux voiles carrées étaient bien obligés de faire route "au portant". Même avec les voiles latines – qui permettent dans une certaine mesure de "remonter" au vent – ou la propulsion mécanique – à l'aviron, puis plus tard au moteur –, on préfère "les allures portantes" : naviguer "au près" (c'est-à-dire vers une direction proche de celle d'où souffle le vent) reste toujours inconfortable et coûteux. Et puis il y a bien évidemment les dangers des tempêtes ; l'odyssée d'Ulysse, entre autres, en est pleine.

Aristote traite naturellement de la question des vents dans sa *Meteorologia*, mais c'est pour dire qu'il trouve absurde la suggestion d'Hippocrate selon laquelle l'air qui nous environne se transformerait en vent simplement quand il se met en mouvement. Aristote pensait en effet que les courants d'air, comme les cours d'eau, coulant par intermittence, quelquefois lentement, d'autres fois avec furie, "avaient leur source quelque part" (les outres d'Éole ?). Il est vrai que le comportement des vents – le vent fripon, le vent maraud, le vent mauvais – a de quoi défier l'entendement, et il n'est pas surprenant qu'on n'ait commencé à en comprendre les ressorts que très progressivement et tardivement.

Les vents "réglés" de la zone torride : moussons et alizés

Malgré le caractère fantasque et imprévisible du temps, et notamment du gros temps, certains traits permanents des vents, présentant une grande régularité saisonnière, étaient bien établis. "Quelque inconstant que paraisse le cours des vents, il est assujetti à certaines lois : l'air a un mouvement réglé sous la zone torride", écrit par exemple d'Alembert en 1746 dans les *Réflexions sur la cause générale des vents*. On connaissait en effet – depuis au moins le Ier siècle de notre ère, où on les trouve décrits dans le *Périple de la mer Érythrée* de l'Alexandrin Hippalos – les renversements saisonniers des vents dominants dans la mer d'Oman qu'exploitaient, avant les Portugais puis les "Compagnies des Indes" hollandaise, française et anglaise, les navigateurs et commerçants arabes (*mousson* vient du mot signifiant "saison" dans la langue de ces derniers) ; ces vents saisonniers permettaient l'aller-retour entre l'Afrique orientale et les côtes de Malabar ou de Coromandel au sud de l'Inde.

On connaissait aussi, bien sûr, les alizés, qui vous transportent directement de Cadix aux Canaries et à la mer des

Antilles, ainsi que l'avaient expérimenté les Espagnols – le pilote Pigafetta et les équipages de Christophe Colomb puis, après eux, ceux des conquistadors. (Le voyage de retour des Amériques est moins facile : il faut aller chercher dans l'Atlantique nord des vents d'ouest dominants qui sont beaucoup plus irréguliers en force et en direction.) Les mêmes alizés tropicaux soufflent, toujours vers l'ouest, dans le Pacifique, et notamment le Pacifique sud qu'ils firent traverser à l'expédition de Magellan après qu'il eut dû, pour y accéder, négocier en Patagonie les féroces tempêtes, venant de l'ouest celles-là, qui soufflent encore plus au sud ; ces dernières avaient en revanche aidé antérieurement Vasco de Gama à doubler vers l'est la pointe de l'Afrique – le cap de Bonne-Espérance, alors appelé "cap des Tempêtes" – afin d'atteindre l'océan Indien.

Le premier planisphère de ces mouvements réguliers et plus ou moins permanents de l'atmosphère fut celui que publia en 1686 Edmond Halley, l'un des principaux fondateurs des sciences de la Terre, que nous rencontrerons encore souvent dans la suite de cette histoire. Il avait fait en 1676-1678 le voyage de l'île de Sainte-Hélène dans l'Atlantique sud, où il devait entre autres choses cartographier le ciel austral. Au cours de son long périple océanique, à l'aller comme au retour, il releva systématiquement – outre l'orientation du champ magnétique terrestre, dont on espérait qu'elle fournirait une méthode de mesure de la longitude (*cf.* note p. 478) – la direction des vents rencontrés. Il avait ainsi bien vu que les alizés convergent, de part et d'autre de l'équateur, vers les "calmes équatoriaux", cette zone intertropicale surchauffée et orageuse, où l'air et les nuages s'élèvent en altitude. Mais la raison qu'il donnait de la dérive vers l'ouest des alizés – ils suivent, expliquait-il, la course diurne du Soleil dans le ciel – n'était pas vraiment pertinente.

Pas plus d'ailleurs que ne l'était la théorie développée plus tard par d'Alembert dans ses *Réflexions sur la* *cause générale des vents* déjà citées – ouvrage primé par l'Académie de Berlin qui avait mis ce sujet au concours (sujet dont d'Alembert estime au demeurant avec prescience que, compte tenu de la difficulté du problème, "une théorie complète de la matière est peut-être l'ouvrage de plusieurs siècles"). Le grand mathématicien et petit encyclopédiste* attribuait en effet les alizés à une forme de marée – à l'action, croyait-il, de l'attraction lunaire sur l'atmosphère –, après avoir écarté l'avis des auteurs "ayant attribué ces vents à la chaleur que le Soleil produit dans l'atmosphère [et à] l'élévation des vapeurs et des nuages, [ou ayant] prétendu que l'air qui se meut avec la Terre d'occident en orient devait sous l'équateur tourner moins vite que la Terre". Mais il avait tort et eux avaient raison.

La circulation générale de l'atmosphère et ses effets

C'était l'avocat londonien George Hadley – frère du futur vice-président de la Royal Society et inventeur du sextant John Hadley – qui avait formulé en 1735 cette explication, tout à fait correcte mais incomprise par d'Alembert, de la direction dans laquelle soufflent les alizés (vers le sud-ouest dans l'hémisphère nord, le nord-ouest dans l'hémisphère sud) : l'air chaud ascendant au-dessus de l'équateur, avait suggéré Hadley, se dirige ensuite en altitude vers les pôles comme les jets d'une fontaine et, se refroidissant, retombe vers le sol aux latitudes du tropique du Cancer au nord et du tropique du Capricorne au sud ; de là il revient à basse altitude pour remplacer l'air qui s'élève à l'équateur, formant les alizés ressentis au niveau de la mer, ainsi que l'avait décrit Edmond Halley (voir la figure p. 118). George Hadley raisonna avec perspicacité que, puisque l'air équatorial est entraîné par la rotation terrestre (d'ouest en est) et conserve cette vitesse fort rapide en s'éloignant de l'équateur en altitude, il gagnera de plus en plus vers l'est en se dirigeant vers les latitudes élevées que la rotation de la

* Sa contribution à l'*Encyclopédie* de d'Alembert et Diderot fut fort mince.

Terre entraîne moins vite ; à l'inverse, après être retombé et freiné, l'air à son retour, rejoignant l'équateur au niveau de la mer avec la vitesse de rotation plus lente des tropiques, perdra du terrain par rapport à la surface terrestre équatoriale se déplaçant plus vite, et se trouvera donc entraîné vers l'ouest. Bien pensé.

On chercha par la suite à observer le courant retour des alizés en altitude, le "contre-alizé", et on en prouva la réalité en remarquant la direction vers laquelle se dirigent les vents dominants, ou les panaches élevés des éruptions volcaniques, sur les hauts sommets des îles Canaries et des Andes : en sens opposé des alizés au niveau de la mer.

On s'aperçut plus tard que les "cellules de Hadley" – le circuit de l'air subtropical forme comme les surfaces de deux chambres à air aplaties de part et d'autre de "l'équateur météorologique" (*cf.* fig. page 118) – expliquaient schématiquement d'autres choses que les alizés. L'*équateur météorologique* – cette zone intertropicale de convergence (ZIC) où l'air chaud et humide s'élève et se condense, provoquant orages et pluies abondantes (l'arrosoir des forêts équatoriales d'Asie du Sud-Est, d'Amérique du Sud et d'Afrique, le "pot au noir" des aviateurs de l'Aéropostale entre le Sénégal et le Brésil, le chargeur de la batterie électrique terrestre) –, traçant autour du globe le parallèle où le Soleil est le plus vertical vers midi, se déplace en latitude avec le cours des saisons jusque vers les tropiques (latitudes 23,5°), qu'il atteint aux solstices alternativement au nord (fin juin) et au sud (fin décembre).

Cet équateur météorologique traverse donc l'équateur *géographique* deux fois par an aux équinoxes (fin septembre et fin mars). C'est pourquoi sur Terre, comprit-on alors, aux environs de l'équateur géographique – comme par exemple en Guyane – il y a en général deux saisons des pluies, en automne et au printemps (quand passe et repasse l'équateur météorologique). À une vingtaine de degrés de latitude nord ou sud en revanche – comme à la Guadeloupe ou à la Réunion –, il n'y a qu'une seule saison des pluies, en été, et une longue saison sèche en hiver lorsque l'équateur météorologique est dans l'autre hémisphère.

Dans ces configurations solsticielles, les vents alizés changent de direction en traversant l'équateur géographique pour rejoindre la zone de convergence intertropicale dans l'autre hémisphère, et c'est une variation sur le thème de ce phénomène global, modifié par l'influence perturbatrice de l'énorme continent montagneux et désertique au nord, qui est la cause des moussons asiatiques de l'océan Indien (lesquelles se font aussi sentir à travers l'Afrique jusqu'au golfe de Guinée) : pendant l'été de l'hémisphère nord, le sud de l'Asie est abondamment arrosé, alors qu'en hiver le temps reste sec.

Aux latitudes plus élevées, d'une trentaine de degrés nord ou sud, où l'air des contre-alizés, débarrassé de son humidité par les précipitations équatoriales, retombe, réchauffé et donc "asséché" par la compression adiabatique, deux ceintures de calme et de beau temps plus ou moins continu règnent autour du globe. Sur les continents, c'est là que sont situées les zones désertiques de la surface terrestre (aujourd'hui visibles en permanence de l'espace puisqu'elles ne sont pratiquement jamais masquées par des nuages, et dont on voit les teintes ocre et rougeâtres sur toutes les photographies de la "planète bleue") : le Sahara au nord, le Kalahari et le Namib au sud de l'Afrique, le nord du Mexique et l'Atacama chilien aux Amériques, l'Arabie et l'Asie centrale, la plus grande partie de l'Australie.

Dans l'Atlantique, c'est le fameux "anticyclone des Açores" – la gigantesque "bulle" d'air chaud qui l'été gouverne souvent le temps en Europe de l'Ouest, soit en s'y installant (canicule), soit en restant au large et déviant sur nous les dépressions (été pourri) –, autrement dit les sinistres *horse latitudes*, ainsi nommées par les navigateurs anglo-américains du XVIIIe siècle car les voiliers qui s'y laissaient piéger, encalminés en route vers le Nouveau Monde, finissaient par jeter à la mer les chevaux qu'ils y transportaient, une fois le fourrage épuisé, ou quand l'eau douce risquait de manquer…

Dans les océans Pacifique et Indien, il existe pareillement des zones anticycloniques permanentes – ces *gyres* découverts lors des expéditions océanographiques d'Albert Ier de Monaco (*cf.* p. 242) – où s'accumule comme dans une nasse tout ce qui flotte à la surface de l'eau (les *horse latitudes* étaient aussi connues comme "la mer des Sargasses" à cause des algues dérivantes qu'on y trouvait en abondance). De nos jours, ces gyres sont de véritables continents maritimes flottants, constitués des innombrables déchets non biodégradables, principalement de plastique, que l'humanité déverse dans les océans et qui déciment les albatros, les tortues de mer, voire les mammifères marins, tentant de s'en nourrir.

C'est en tout cas à cette circulation générale de l'atmosphère (qui, nous le verrons, entraîne celle des courants maritimes), transportant chaleur et humidité, qu'est due la distribution – plus ou moins modifiée par le relief ou la plus ou moins grande proximité des côtes – des zones climatiques et des espèces végétales (et animales) correspondantes sur Terre : forêts humides équatoriales, déserts subtropicaux, et aussi forêts caduques des latitudes tempérées, taïgas et toundras subarctiques.

Il en a vraisemblablement toujours été ainsi, mais il faut bien garder à l'esprit le fait que cette structure climatique globale de l'atmosphère a été, au cours des ères géologiques, un trait bien plus permanent de la géographie de notre planète que celle de ses mers et de ses continents, qui s'est beaucoup modifiée. La distribution géographique des climats en latitude est essentiellement liée à l'axe de rotation de la Terre – quasiment immuable, à la précession des équinoxes près qui lui fait décrire un cône dont l'ouverture oscille aux alentours de 23,5 degrés, son inclinaison sur le plan de l'orbite terrestre, inclinaison elle-même responsable des saisons et des "supersaisons" (les ères glaciaires) ; elle est peu liée à la géographie des terres. C'est donc en les déplaçant lentement parmi cette organisation atmosphérique fixe que la dérive des continents a fait se modifier de manière répétée le climat des régions continentales, transportant par exemple en plusieurs dizaines de millions d'années l'Inde de la zone polaire sud au nord de l'équateur en passant par une très longue "traversée du désert" aux environs du tropique du Capricorne, avec les conséquences que l'on imagine sur la flore et la faune forcées d'évoluer pour rester adaptées.

Une autre conséquence, plus subtile, de la circulation atmosphérique globale concerne la diffusion à la surface du globe de tout ce qui est véhiculé par l'air, par les vents : les poussières (et la pollution chimique : le Japon, sous le vent de la côte industrialisée de la Chine, se plaint d'en recevoir les effluves, lesquels atteignent parfois jusqu'à l'ouest des États-Unis), le pollen, les bactéries, les insectes, les oiseaux, et aussi… les bateaux (à voiles). On sait par exemple que les Mascareignes – l'île Maurice et la Réunion – étaient inhabitées lorsqu'elles furent découvertes par des marins français au XVIIIe siècle et il n'est pas difficile, compte tenu de la direction des vents dominants, de comprendre pourquoi ; de la même manière, on peut sans doute expliquer comment les Malgaches, ainsi que l'a montré une étude génétique récente, descendent tous de l'arrivée à Madagascar, il y a seulement mille deux cents ans et sans doute accidentelle, d'un très petit nombre d'Indonésiens, et non d'un peuplement progressif. La circulation atmosphérique avait laissé ces îles, depuis les débuts des pérégrinations de l'humanité, à l'écart des routes maritimes de l'océan Indien.

Nous verrons dans la troisième partie de ce livre un effet encore plus surprenant de la circulation générale de l'atmosphère, qui, lorsqu'il fut compris par les géographes, vers la fin du XIXe siècle, conduisit Élisée Reclus à l'étonnante conclusion suivante dans *La Terre* (bibl.) : "C'est par les mouvements de l'atmosphère qu'il faut expliquer la forme des côtes des continents" (*cf.* p. 283) !

Mesurer du vent

Les savants florentins et anglais du XVIIe siècle, qui ont inventé les baromètres et les thermomètres, les hygromètres et les pluviomètres, avaient également mis au point les premiers "anémomètres", ces appareils servant à mesurer le vent, complétant ainsi l'arsenal des instruments météorologiques de base. On trouve déjà dans les carnets de Léonard de Vinci le dessin de dispositifs de ce genre très simples, dessins qui permettent de lui en attribuer l'invention même si, comme souvent avec lui, on ne sait pas s'il la réalisa et l'utilisa : une sorte de gouvernail aérien pivotant sur un axe vertical selon la direction d'où vient le vent (la girouette) et un volet mobile qu'il soulève plus ou moins, selon sa force, sur un axe horizontal. Robert Hooke reprit ce concept, l'améliorant en graduant la course du volet sur le support vertical en quart de cercle ; mais ces graduations ne donnaient qu'une mesure relative de la force du vent (et les rafales en un point donné sont de toute façon tellement désordonnées que les indications d'un anémomètre de ce genre sont difficilement lisibles et utilisables).

Il fallut un siècle de plus pour qu'un ingénieur civil du nom de John Smeaton mette au point la première "échelle" normalisée et opérationnelle de mesure de la vitesse moyenne du vent, fondée sur une méthode ancestrale : l'observation de ses effets (fétus, feuilles ou brindilles qui bougent ou s'envolent, branches d'arbres qui s'agitent, se plient ou cassent) ; c'était à l'intention des meuniers britanniques, afin de les aider à adapter la voilure de leur moulin. Un ami de Smeaton, Alexander Dalrymple, devenu hydrographe de la flotte marchande de l'East India Company et plus tard – après que les intérêts commerciaux de cette compagnie l'eurent transformée en fer de lance de l'impérialisme anglais – le premier chef du Service hydrographique de la marine britannique, faisait usage en 1780 d'une échelle du même type, adaptée aux conditions maritimes, pour ses relevés météorologiques dans la mer d'Arabie et le golfe du Bengale. Et c'est à l'un des officiers de marine assistants de Dalrymple que revient le mérite considérable d'avoir amélioré, formalisé et popularisé une telle méthode de mesure et de description du vent en mer, progressivement et en fin de compte universellement adoptée au cours de la première moitié du XIXe siècle.

Francis Beaufort, qui devait succéder à Dalrymple comme *Naval Hydrographer* et devenir un amiral fort respecté pour ses cartes marines et ses instructions nautiques, publia en 1806 un remarquable manuel où il décrivait les effets d'une force moyenne croissante du vent, en douze niveaux, du plus calme au plus violent. Par exemple, au large, le niveau 3 est atteint lorsque les moutons commencent à apparaître sur la crête des vagues ; le niveau 6 lorsque le vent commence à leur arracher des embruns ; le niveau 9 lorsque les plus grosses vagues se mettent à déferler (*cf.* p. 248).

Grâce au manuel de Beaufort, n'importe qui pouvait désormais relever la force moyenne du vent aisément et précisément, simplement en regardant un espace dégagé autour du bateau, sans même avoir besoin d'un instrument ; et surtout le faire d'une façon absolument standard, permettant des comparaisons quantitatives entre points ou moments éloignés. L'usage généralisé de l'échelle de Beaufort, que l'on a depuis lors calibrée en unités de vitesse du vent en "nœuds*" ou en kilomètres par heure

* Un "nœud" est la vitesse de 1 mille nautique (1 mille correspondant à 1 minute d'arc de latitude) par heure, soit environ 1,9 kilomètre par heure. Le terme vient des *lochs*, systèmes de mesure de la vitesse des navires sur l'eau, sortes d'ancres flottantes qui dévidaient une ligne munie à intervalles

– à la suite de la mise au point par l'astronome irlandais Thomas Robinson des anémomètres enregistreurs rotatifs à coupelles –, allait à la longue aboutir à un progrès considérable dans la connaissance statistique des vents, ouvrant des horizons nouveaux à l'art de la navigation et à celui de la prévision du temps. Mais pendant longtemps cela résulta moins d'une volonté institutionnelle organisée et coordonnée que des efforts individuels de quelques personnes dispersées, animées, comme l'avait été Francis Beaufort, d'un bon sens, d'un talent et d'une persévérance hors du commun.

Laplace avait estimé que la science météorologique, compte tenu de l'extrême variabilité de ses données, ne pourrait être que probabiliste, ce qui dissuada peut-être pendant longtemps les savants de s'y intéresser davantage (à l'exception, nous le verrons, de statisticiens comme Adolphe Quételet ou Francis Galton), et c'est encore à des officiers de marine – ce qui n'est sans doute pas surprenant – que l'on doit les premières statistiques utilisables concernant la météorologie.

Matthew Maury, lequel devait jouer un rôle éminent dans l'histoire de cette science (et, nous le verrons, dans celle de l'océanographie également), était un garçon d'une famille pauvre du sud des États-Unis ; son ancêtre était un huguenot chassé de France. Brillant élève pendant ses études, il parvint à intégrer la marine de guerre et servit quelque temps, des côtes d'Amérique du Sud aux îles Marquises, comme enseigne sur l'un des navires de la petite flotte des jeunes États-Unis, jusqu'à ce qu'un malheureux accident de diligence, au retour d'une permission passée en Virginie chez ses parents, le laisse handicapé. Il fut finalement affecté au Dépôt des cartes et instruments

réguliers de nœuds dont on chronométrait le défilement entre les doigts après leur mise à l'eau.

Matthew Fontaine Maury, officier de marine américain, fut l'un des principaux fondateurs des sciences météorologique et océanographique. Quand on constate le nombre de huguenots – on en rencontrera d'autres dans la suite de ce livre – qui, en Angleterre, en Hollande, en Prusse, en Russie, au Nouveau Monde ou ailleurs, ont réussi à se faire un nom ou une position éminente après que leurs ancêtres se sont exilés à partir de 1685, à la suite de la révocation de l'édit de Nantes, on mesure à quel point la myopie sectaire de Louis XIV, lorsqu'il fut tombé sous l'influence de la Maintenon, béké (née à la Martinique) bigote et bornée, a été une catastrophe à long terme pour la France, la privant d'un grand nombre de ses familles les plus brillantes et entreprenantes. Cette catastrophe n'est pas sans rappeler celle, bien plus grave encore, qui avait frappé l'Espagne après que les rois catholiques en eurent chassés les musulmans et les juifs.

de la Navy à Washington. Un autre que lui aurait été désespéré de voir la glorieuse carrière d'officier qu'il avait imaginée échouer sur une telle voie de garage, mais pas

Maury : c'est dans le bric-à-brac des archives de cette institution qu'il trouva sa véritable vocation.

C'est là en effet, découvrit-il, qu'étaient, entre autres choses, déposés les journaux de bord de toutes les missions effectuées par les marins américains, comme celui qu'il avait lui-même soigneusement tenu pendant des mois dans l'Atlantique sud et le Pacifique. En feuilletant ces volumes, qui prenaient la poussière ficelés par paquets de dix, il se rendit compte qu'il disposait là d'une inestimable mine de données statistiques sur les conditions météorologiques régnant en mer, et en particulier sur les vents.

Fouillant dans les archives placées sous sa responsabilité, il était tombé également sur les travaux d'un certain commandant Becher, de la Royal Navy, lequel avait en quelque sorte mis en œuvre en 1831 le précepte de Laplace, publiant un atlas constellé de "roses des vents" indiquant simplement, là où il existait suffisamment d'observations, la fréquence et la force (selon l'échelle de Beaufort) avec lesquelles ils soufflaient en provenance des points cardinaux. Maury reprit plus ou moins le schéma utilisé par Becher et publia à son tour dans les années 1840 un atlas océanique, beaucoup plus détaillé, cartographiant la statistique des vents relevés dans les journaux de bord de la marine américaine.

Malgré la quantité somme toute restreinte des sources – la flotte de guerre des États-Unis, à cette époque, ne dépassait pas quelques dizaines d'unités et les appels de Maury à la marine marchande n'avaient suscité aucune offre de coopération de la part d'armateurs privés, méfiants à l'égard de l'État –, ses *pilot charts* rencontrèrent un succès phénoménal après que le bruit se fut répandu qu'en s'appuyant sur leurs indications pour tracer leur route, des navires avaient réussi à gagner jusqu'à trois semaines de temps de parcours entre New York et la Californie (*via* le cap Horn et Valparaiso… c'était l'époque de la ruée vers l'or).

Nous allons bientôt retrouver Maury – dont le succès assura la réputation internationale (il reçut la Légion d'honneur à Paris) et la promotion, puisqu'il fut nommé *Superintendent* du Naval Observatory à Washington –, lequel allait plus tard être chargé de transmettre par télégraphe l'heure officielle dans tout le territoire de l'Union. Sa brillante carrière ne sera interrompue que par la guerre civile – la guerre de Sécession – où, fidèle à ses origines, il se rangera du côté des sudistes après avoir démissionné de la marine fédérale. (Maury était cependant un progressiste qui avait activement, mais vainement, milité pour l'abolition de l'esclavage… au Brésil.)

L'invention des cyclones

Parallèlement aux efforts de Maury pour rassembler des données statistiques sur les vents et les publier sous forme pratique, d'autres officiers de marine avaient, de leur côté, porté attention aux plus grosses tempêtes, phénomènes exceptionnellement violents qui constituent la menace la plus redoutée des marins, ravageant aussi les îles et les côtes des continents, notamment dans les zones tropicales, remontant à l'occasion jusqu'à l'est de la Chine ou des États-Unis.

L'idée que les tempêtes se déplacent n'était pas courante au XVIIIe siècle. On était plutôt sous l'impression qu'elles étaient des phénomènes essentiellement locaux, même si elles étaient susceptibles d'affecter des zones étendues : on pensait qu'en un lieu donné le vent tout à coup forcissait, les éléments se déchaînaient sur place, et puis, après un temps plus ou moins long, tout rentrait dans le calme*.

Benjamin Franklin, l'illustre et fécond Américain des Lumières, en guettant les orages, avait eu parmi les premiers l'intuition que les tempêtes pouvaient en réalité parcourir de grandes distances, et que par exemple le même

* C'est, semble-t-il, l'impression que conservent la plupart des gens aujourd'hui encore au sujet du temps : on dit qu'il a "fait" beau, ou mauvais, la semaine dernière ou l'été passé, sans vraiment se rendre compte que le mauvais temps est toujours là quelque part et, tout en subissant de grandes variations d'intensité, ne fait que se déplacer plus ou moins à la surface du globe.

mauvais temps d'octobre 1743 qu'il avait subi à Philadelphie – et qui l'avait empêché d'observer une éclipse de Lune – pouvait être celui qui avait sévi le lendemain à Boston où, apprit-il, on avait pu voir l'éclipse la veille. Mais, nota-t-il aussitôt, le vent avait soufflé *du* nord-est et non *vers* le nord-est comme il aurait dû pour pousser les nuages de Philadelphie à Boston ; si son intuition était juste, c'était donc, comme il l'écrivit ultérieurement, que la direction du vent résulte d'un mécanisme *à l'intérieur même de la bourrasque*, indépendamment de son déplacement. C'était assez bien vu (en réalité les deux se combinent).

Également sur la côte est des États-Unis, quelques décennies plus tard, un certain William Redfield, arpentant à pied tout son Connecticut natal après qu'un ouragan monstrueux venu de l'océan eut balayé la Nouvelle-Angleterre, comme cela arrive parfois, nota systématiquement la façon dont gisaient des centaines d'arbres déracinés ; il fit la remarque que les troncs situés les plus à l'extérieur, en bordure de la zone dévastée, étaient tombés parallèlement à la trajectoire suivie par l'ouragan, mais dans des sens opposés de part et d'autre de cette trajectoire, comme si celui-ci avait été un gigantesque tourbillon de vents de l'ordre d'une centaine de kilomètres de diamètre, tournant dans le sens contraire des aiguilles d'une montre, tout en avançant “avec une relative lenteur” vers l'intérieur des terres.

Pendant des années, par la suite, Redfield, établi comme transporteur fluvial sur l'Hudson, recueillit autant de témoignages qu'il put sur tous les ouragans de l'Atlantique et de la mer des Antilles auprès de collègues armateurs et publia en 1831 les résultats de ces recherches bénévoles, qui confirmaient ses premières observations.

À cette époque, un officier du génie britannique en poste aux Caraïbes, le lieutenant-colonel Reid, après avoir été affecté à la Barbade pour y diriger des travaux de reconstruction à la suite de l'une des fréquentes catastrophes dues aux tempêtes tropicales, s'intéressait également à ces puissants ouragans qui dévastent périodiquement les îles antillaises et les côtes du golfe du Mexique (le mot *hurricane*, ouragan, vient du nom d'un dieu maya du Yucatán, Huracan). Ayant lu l'ouvrage de Redfield, il lui proposa sa collaboration. Reid profita ensuite d'affectations ultérieures sous les tropiques, dans l'océan Indien (l'île Maurice), où sévissent les "typhons" (du chinois *taifong* ou du japonais *toifou*, "grand vent"), pour élargir le champ de ses observations et, en 1838, il présenta le résultat de leurs travaux à la British Association for the Advancement of Science.

Parmi les lecteurs de Redfield et Reid, un certain Henry Piddington, ex-capitaine au long cours devenu fonctionnaire de l'East India Company à Calcutta, alors petite ville anglaise au Bengale, avait lui-même accumulé de nombreuses observations sur les typhons. Dans l'hémisphère sud, les vents, avait-il également noté, tournent dans le sens des aiguilles d'une montre, à l'inverse de ceux qui sévissent dans l'hémisphère nord. C'est lui qui inventa le nom de *cyclones* pour ces tempêtes tropicales*. Tout comme Reid, qui cherchait les moyens de donner l'alerte aux populations afin qu'elles aient le temps de se préparer au pire, Piddington était surtout motivé par un souci pratique : instruire les navigateurs de la meilleure course à suivre à l'approche d'un typhon. Dans son manuel, *The Horn-Book*, il montrait comment, à partir de la direction des vents, s'orienter pour fuir et éviter de se retrouver piégé dans l'"œil du cyclone" d'où l'on ne pouvait qu'attendre le pire.

Également dans l'hémisphère sud, un Français de l'île de la Réunion se livrait aux mêmes genres de constatations,

* L'échelle de 1 à 5 de la force des cyclones tropicaux en fonction de l'intensité des vents et de l'ampleur des dégâts qu'ils peuvent causer n'a été introduite que bien plus tard, en 1969 seulement, par un ingénieur civil de Floride, William Saffire, à la demande de l'ONU. On se demande à l'heure actuelle s'il ne conviendrait pas d'ajouter un ou deux degrés à cette échelle...

qui donnèrent lieu à une correspondance avec les académiciens Arago et Chevreul à Paris.

La théorie des tempêtes, suite

Ces observations, ainsi que les analyses de Redfield, allaient à l'encontre de la théorie calorique d'Espy (*cf.* p. 79), lequel était resté persuadé que les vents aspirés par la cheminée ascendante d'une dépression devaient converger vers son centre, et non tourner autour. Les rapports entre Redfield et Espy prirent vite un tour acrimonieux, qui ne devait plus cesser jusqu'à leur disparition.

Entre-temps, l'explication qualitative par Hadley de la déviation des alizés vers l'ouest sous l'effet de la rotation terrestre avait trouvé en France une expression mathématique rigoureuse dans les théorèmes du polytechnicien et ingénieur des Ponts et Chaussées Gustave Coriolis. Celui-ci, après une théorie mathématique du jeu de billard, avait étudié en 1835 le problème général des forces s'exerçant dans un référentiel en rotation, démontrant en particulier que le déplacement libre d'un mobile parti de la surface terrestre – un obus par exemple, Polytechnique était une école militaire – est dévié vers la droite dans l'hémisphère nord, vers la gauche dans l'hémisphère sud. Les formules de Coriolis n'intéressaient pas que les officiers d'artillerie et allaient trouver un champ d'application fécond dans l'explication des mouvements de l'atmosphère, des marées et des courants marins.

Heinrich Dove, directeur de l'Institut prussien de météorologie (surtout connu comme fondateur, après Humboldt, et avant Köppen, de la "climatologie"), avait été le premier, avec Arago et Chevreul en France, à noter, après avoir correspondu avec Redfield, l'importance du fait que les cyclones tournent en sens inverse dans les hémisphères nord et sud, auquel le travail de Coriolis pouvait apporter une explication. Et puis, en 1855, un professeur de physique de l'université d'Utrecht, Christophorus Buys-Ballot – de son vrai nom Hendrik Diederik –, soumit à l'Académie des sciences française une communication intitulée *Note sur le rapport de l'intensité et de la direction des vents avec les écarts simultanés du baromètre.* Dans cette note, il faisait état d'observations météorologiques effectuées en Hollande, montrant effectivement que dans l'hémisphère nord, ainsi que l'avait prétendu Redfield, le vent tourne toujours dans le sens contraire des aiguilles d'une montre autour des zones dépressionnaires (on en était venu à désigner ces zones du terme général de "cyclones"). En revanche, le vent tourne dans le sens inverse autour des zones de haute pression – les *anticyclones*, ainsi que les baptisera Francis Galton, l'excentrique neveu de Darwin (et théoricien du racisme...), qui publiera un peu plus tard sa *Meteographica*, atlas de cartes météo quotidiennes du mois de décembre 1861 où il reconnaît et nomme ainsi ces hautes pressions.

La "loi" de Buys-Ballot s'exprimait de façon simple : avec le vent de face, on a les basses pressions à droite et les hautes pressions à gauche. Elle s'explique en termes savants : on dit qu'il y a "équilibre géostrophique entre le gradient de pression et la force de Coriolis"...

Espy n'avait certes pas tort en disant que le moteur des tempêtes était l'ascension autoentretenue de l'air dans une dépression (due, ainsi que nous l'avons vu, au dégagement de la chaleur latente de la vapeur d'eau atmosphérique lorsqu'elle se condense), aspirant les vents vers l'intérieur ; mais, dans l'hémisphère nord, la force de Coriolis dévie ces vents vers la droite – comme l'obus des artilleurs – et en fin de compte ils tournent autour du centre de basse pression dans le sens inverse des aiguilles d'une montre, ainsi que l'avaient bien remarqué Redfield et autres, et mesuré Buys-Ballot. Dans une haute pression, au contraire, l'air descendant chasse les vents vers l'extérieur mais, déviés également vers la droite, ils tournent dans le sens des aiguilles d'une montre.

En fait, sans que cela se sache en Europe, c'était un amateur américain autodidacte, William Ferrel, simple instituteur en milieu rural dans le Tennessee à l'époque, qui avait utilisé le premier, au début des années 1850, les techniques mathématiques de Laplace et Coriolis pour donner une interprétation correcte de tous ces phénomènes atmosphériques. Ses remarquables travaux, publiés dans l'obscur *Memphis Journal of Medecine* – tribune bien moins connue et respectée que l'Académie parisienne –, passèrent initialement inaperçus à côté de ceux de Buys-Ballot ; mais cela ne l'empêcha pas de faire par la suite la brillante carrière de météorologiste et de spécialiste des marées que son génie méritait, et il figure aujourd'hui parmi les plus grands fondateurs de la science météorologique.

Alors que les zones subtropicales étaient relativement peu affectées par la force de Coriolis – les basses latitudes du globe tournant avec la Terre comme un quasi-cylindre et celle-ci se contentant d'infléchir vers l'ouest les alizés convergeant vers l'équateur météorologique, ainsi que l'avait qualitativement décrit Hadley –, la circulation atmosphérique générale postulée par Ferrel aux latitudes plus élevées, lesquelles, du fait de la rotondité de la Terre tournant davantage comme un plateau, l'était bien davantage ; et cela pouvait expliquer, sous l'effet de la "conservation du moment angulaire" par l'air en mouvement (autre expression de la "force" de Coriolis déviant les trajectoires à la surface de la Terre en rotation), pourquoi la ceinture dépressionnaire des latitudes moyennes, contrairement à celle de l'équateur météorologique qui "bouillonne" sur place, s'organise en un défilement de vortex cycloniques successifs*.

* On peut facilement faire une expérience qui reproduit approximativement la formation de vortex cycloniques sous l'effet de la rotation terrestre : une bougie allumée dans un récipient transparent (un photophore) élève une fumée droite (tant que la turbulence ne l'agite pas) ; mais si vous placez le tout sur le plateau d'un tourne-disque, la bougie disposée près du bord, vous verrez la fumée s'élever en spirale quand le plateau tourne. Faites attention de ne pas vous brûler.

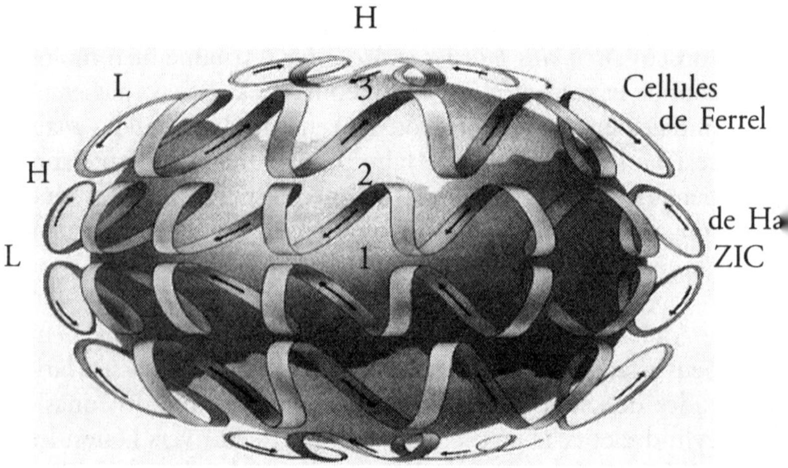

1. Équateur météorologique (zone intertropicale de convergence des alizées)
2. Hautes pressions tropicales (horses latitudes)
3. Dépressions du front polaire (vents d'ouest dominants)

William Ferrel émit vers 1850 l'hypothèse que, dans l'hémisphère nord comme dans l'hémisphère sud, d'autres cellules de Hadley, d'autres tores aplatis cerclant la Terre, où l'air circulait en sens inverse de la première – descendant également vers la surface terrestre dans les hautes pressions tropicales mais remontant en altitude à des latitudes plus élevées tout en étant dévié vers l'est (et expliquant ainsi les vents d'ouest dominants et la ceinture dépressionnaire des zones tempérées) –, succédaient aux latitudes moyennes à la circulation subtropicale, vers l'ouest, des alizés.

Dans le schéma ci-dessus, seule l'hémisphère nord est légendée. L'ensemble de la circulation générale de l'atmosphère représentée oscille avec les saisons de part et d'autre de l'équateur géographique au cours de l'année.

Dans le schéma proposé par Ferrel, une troisième cellule, aux latitudes élevées, venait boucler le tout, et laissait prévoir que les régions des pôles Nord et Sud seraient le siège de conditions anticycloniques plus ou moins permanentes. Cette conjecture ne fut vérifiée que bien plus tard – vers 1900, lors des premières explorations arctiques et antarctiques – et représente une des plus remarquables prévisions globales de la science atmosphérique, ou du moins le signe que, dans la seconde moitié du XIXe siècle, elle était enfin en train d'arriver à maturité.

Si les beaux travaux de Ferrel, globalisant ceux de Hadley et de Buys-Ballot, fournissaient une explication cohérente à la circulation atmosphérique générale, c'est-à-dire à la distribution géographique des calmes et des vents dominants décrite statistiquement dans les *pilot charts* – et à l'organisation des formations nuageuses telles qu'on peut les voir de nos jours sur les photographies de la Terre vue de l'espace –, la question de l'origine des tempêtes (les plus basses pressions ou cyclones) restait toutefois quelque peu confuse.

On pouvait concevoir qu'aux basses latitudes, les tempêtes tropicales prennent naissance à la fin de l'été, lorsque l'air chargé d'humidité s'élève au-dessus des vastes étendues marines surchauffées du Pacifique, de l'océan Indien ou de l'Atlantique nord (on n'en observe pas dans l'Atlantique sud, je ne sais pas pourquoi). En revanche, on avait du mal à comprendre la logique des dépressions qui se succèdent irrégulièrement d'ouest en est aux latitudes tempérées, et notamment dans l'hémisphère sud où ces tempêtes répétées, soufflant librement toujours dans le même sens sur les vastes étendues liquides continues des océans Atlantique, Indien et Pacifique, cerclant le globe sans qu'aucun continent vienne briser l'énergie des houles, engendrent les mers monstrueuses des *roaring forties* que l'on rencontre passé l'un des trois caps marquant l'extrémité australe des continents.

Au sud du cap de Bonne-Espérance, du cap Leeuwin – la pointe sud de l'Australie – et du cap Horn (ces deux derniers caps sont en fait des îles), les grosses mers des *quarantièmes (et cinquantièmes) rugissants* de l'hémisphère sud ont testé les qualités de tous les navires et marins "circumnavigateurs", des voyages d'exploration des Vasco de Gama, Magellan, Drake, Bougainville, Cook, Dumont d'Urville, jusqu'aux records des grands clippers commerciaux du XIXe siècle, des exploits des premiers navigateurs solitaires, comme Joshua Slocum et Bernard Moitessier, jusqu'aux records des coureurs océaniques comme Éric Tabarly, Titouan Lamazou ou Ellen MacArthur.

Le front polaire et la structure tridimensionnelle de la guirlande des dépressions cycloniques

Après Ferrel, il devait s'écouler encore pas loin d'un demi-siècle avant qu'une nouvelle théorie ne vienne compléter son schéma et expliquer la nature et la structure exacte de ces dépressions qui défilent de manière plus ou moins permanente entre les 40 et 60 degrés de latitude nord et sud. Cette nouvelle théorie fut l'œuvre de la brillante école norvégienne de météorologie, qui marqua les premières décennies du XXe siècle et dont les résultats vinrent couronner le siècle de progrès théoriques presque ininterrompus qui avait commencé avec Brandes et Dove.

En 1914, au début de la guerre, Vilhelm Bjerknes dirigeait l'Institut de météorologie de Leipzig, où il acquit une expérience pratique considérable après avoir été sollicité par l'armée impériale pour contribuer aux prévisions que réclamait l'état-major. (Pendant la Grande Guerre, l'Allemagne ne disposait pas des relevés météorologiques – couverts par le secret militaire – concernant la Grande-Bretagne, la France ou l'Italie, à l'ouest, d'où venait le temps, et dut multiplier et raffiner les observations sur les territoires qu'elle contrôlait pour essayer de remédier à cette déficience d'information.)

Les goûts et la formation de Bjerknes, cependant, le portaient moins vers les tâches opérationnelles que vers la recherche. En 1917, il rentra en Norvège et s'installa

Le Norvégien Vilhelm Bjerknes, dont le père était un physicien spécialisé dans la mécanique des fluides, s'était intéressé à la météorologie dès ses études universitaires ; élève notamment d'Henri Poincaré à Paris et de Heinrich Hertz à Leipzig, il était pénétré d'un idéal et d'un enthousiasme scientifique sans bornes. Après la Première Guerre mondiale, pendant laquelle il avait travaillé pour l'Allemagne, il réunit autour de lui, à Bergen, une remarquable équipe de chercheurs, dont les travaux aboutirent très rapidement à des percées spectaculaires fondant une grande partie du savoir météorologique moderne, du moins en ce qui concerne nos latitudes tempérées.

à Bergen où se créaient une université et un Institut de géophysique dont on lui offrait la direction. La principale découverte de l'école de Bergen fut en particulier la notion de "front", le long duquel s'affrontent des "masses" d'air, terminologie aujourd'hui familière mais neuve à l'époque – et qui porte quelque part la mémoire des tranchées de 14-18...

Jusqu'à la guerre, les relevés barométriques, faute en particulier d'une grille assez serrée d'observations au sol et de sondages en altitude, ne mettaient en évidence que les grands traits des structures cycloniques et anticycloniques qu'avaient notamment décrites les cartes de la *Meteographica* de Francis Galton, ou les relevés de Buys-Ballot, sans montrer toute la complexité que révélèrent les mesures fines mises en place par Bjerknes sur le modèle des observations militaires allemandes.

Grâce à ces mesures fines, Jacob Bjerknes, son fils et assistant, s'aperçut tout d'abord que non seulement la pression atmosphérique, mais aussi la température, l'humidité, la direction du vent et les précipitations subissaient de brusques changements au cours du passage d'une dépression. Ces discontinuités intervenaient en général à deux reprises, comme à la traversée de frontières – qu'il nomma "fronts" – entre lesquelles on semblait baigner dans un air différent, plus chaud. Le plus souvent, sur les cartes météo synoptiques, on voyait les deux fronts converger en faucille au nord, vers le cœur de la dépression, là où le baromètre est au plus bas et où les vents soufflent le plus violemment. Les mesures par ballons-sondes montraient par ailleurs que ces surfaces de discontinuité étaient inclinées, s'écartant l'une de l'autre en altitude comme si, en fait, une vaste offensive "en soc de charrue" d'air chaud venu du sud pénétrait et submergeait la masse froide d'air polaire. C'est au voisinage des fronts, là ou les masses d'air chaudes et froides entraient en contact, que se concentraient les précipitations.

Toutes ces structures cycloniques vastes et complexes (de la taille de la Scandinavie, voire de l'Europe) se déplaçaient en général d'ouest en est et, en un lieu donné, la succession des nuages et des précipitations s'organisait en une séquence dépressionnaire type, qu'on connaît bien en

France, par exemple (bien que son déroulement soit rarement aussi schématique que ce cas d'école) : précédé par des cirrus très élevés, puis par des altostratus qui voilent le ciel, le bord d'attaque d'un système pluvieux, poussé par des vents en général de sud-ouest, est chargé de nimbus de plus en plus épais, générateurs de pluies continues ; au bout d'une période plus ou moins longue de ce temps "bouché", au passage du "front chaud", une éclaircie plus tiède s'installe où le vent vire à l'ouest ; l'arrivée du front froid est alors caractérisée par une "ligne de grains", éventuellement orageuse, accompagnée d'averses et de rafales ; enfin, dans un air rafraîchi et comme nettoyé, un beau "ciel de traîne" défile dans un vent plus régulier établi au nord-ouest.

Quelquefois, le charruage d'air chaud se trouvait soulevé très au-dessus du sol tandis que les fronts se reconnectaient derrière pour former ce qui fut appelé un "front occlus". Et puis un autre collaborateur de Bjerknes, Halvor Solberg, qui dirigeait la collecte des données, nota par la suite que, souvent, des dépressions successives ne semblaient pas indépendantes : la ligne de grain d'un premier cyclone se prolongeait à l'arrière pour devenir éventuellement le bord d'attaque du suivant. À partir de cette observation, l'équipe de Bergen élabora la notion plus générale de *front polaire* : les dépressions se forment tout autour du globe comme des ondulations de la surface où s'affrontent l'air froid polaire et l'air chaud des tropiques ; sous l'effet de la rotation terrestre, ces ondulations, ainsi que l'avaient pressenti Ferrel, Buys-Ballot et Galton, deviennent les vortex alternés des cyclones et anticyclones qui défilent d'ouest en est*.

* Le même genre de configurations, beaucoup plus spectaculaires, apparaît dans l'atmosphère de la planète Jupiter, plus vaste et tournant près de trois fois plus vite que la Terre, ce qui fait qu'elle ne se divise pas en seulement trois cellules de Hadley-Ferrel pour chaque hémisphère mais en

Plus tard encore, Tor Bergeron devait préciser la notion de masses d'air, montrant qu'il en existe plus de deux sortes – polaire et tropicale, mais aussi maritime et continentale – et comment elles peuvent évoluer, notamment en se réchauffant ou en se refroidissant, tout en conservant leur identité. Corrélativement, il peut se former d'autres fronts que le front polaire, et ces fronts secondaires peuvent également se creuser en zones dépressionnaires, sièges de nébulosités et de précipitations.

Enfin, un Suédois, Carl Rossby, après en avoir simulé expérimentalement la possibilité, développera une théorie des "courants-jets", ces flux d'air rapides qui circulent en altitude au-dessus des fronts et dont le tracé devint parfois utilisé comme complément ou substitut à celui des "isobars", les courbes d'égale pression atmosphérique, dans les cartes météorologiques.

Au milieu des années 1920, l'école de Bergen avait produit ses principaux résultats, mais comme d'habitude il fallut qu'une génération s'écoule avant que la justesse et l'importance de ses résultats ne s'imposent. L'équipe s'était dispersée : tandis que Vilhelm enseignait la physique à Oslo, Jacob était parti en Californie, et Rossby au MIT, le Massachusetts Institute of Technology, près de Boston, d'où il rejoindra en 1939 la Météo américaine comme responsable des recherches.

Mais auparavant, plusieurs visiteurs étaient revenus de Bergen avec la conviction que des progrès considérables des techniques de prévision météorologique pouvaient être attendus. Parmi ces visiteurs, un pilote américain dont nous reparlerons, Francis Reichelderfer, qui prendra en

une demi-douzaine, dont on peut distinguer quelques-unes – les "bandes équatoriales" – avec un télescope même modeste. L'atmosphère de Vénus, planète tournant très lentement sur elle-même, ne montre en revanche qu'une seule cellule de l'équateur au pôle.

main le développement de ces techniques aux États-Unis, et aussi un mathématicien et météorologue britannique, Lewis Fry Richardson, lequel devait fonder la modélisation mathématique de l'évolution du temps en appliquant les équations de la mécanique des fluides aux conditions initiales fournies par les relevés météorologiques. Richardson, écrit Pauline Halford*, "se prit à rêver d'une « usine à prévisions » où des milliers de comptables installés dans une salle en forme de globe calculeraient la situation à venir, chacun pour une petite portion de l'atmosphère. Cette vision allait se réaliser un demi-siècle plus tard, mais avec des calculateurs électroniques plutôt que des calculateurs humains".

* Dans un livre magnifiquement documenté, *Storm Warning* (bibl.), auquel je dois beaucoup des histoires racontées dans ce chapitre et le suivant.

4

MALHEURS ET TRIOMPHES DES PRÉVISIONNISTES

Tout le monde ici se plaint du mauvais temps mais personne ne fait jamais rien.

MARK TWAIN

Il nous est facile d'imaginer que les hommes ont toujours cherché à prévoir le temps ; il s'agit sans doute là, de notre part, d'un anachronisme. Le concept même de prévision implique que la nature, plutôt qu'aux volontés capricieuses d'êtres surnaturels, obéit à des lois intelligibles comme celles que cherchaient et trouvèrent Hadley, Ferrel ou Bjerknes, celles qu'appliquaient les calculs de Coriolis ou de Richardson, et il est clair que cette confiance dans l'intelligibilité de la nature et les pouvoirs de la raison n'a commencé à se répandre que depuis l'époque des Lumières.

Du sacrifice d'Iphigénie aux amulettes protectrices de la foudre, des danses de la pluie aux innombrables ex-voto des marins et aux bénédictions de curés bretons, l'humanité s'en est bien plus longtemps et plus souvent remise à sa foi, ou du moins son espérance, dans la sollicitude de puissances célestes convenablement amadouées, plutôt qu'aux prétendues capacités de la philosophie naturelle et de la physique mathématique à expliquer, sans parler de prévoir, les lubies manifestement irrationnelles du temps.

La généalogie des prophéties météorologiques remonte néanmoins assez loin : les oracles et devins de l'Antiquité, *Les Signes du temps* de Théophraste, l'astrométéorologie carolingienne, la longue litanie des dictons et proverbes depuis Hésiode et Virgile jusqu'aux almanachs de toute sorte (et à la grenouille sur sa petite échelle dans le bocal).

Dès les instruments de mesure scientifiques mis au point au milieu du XVIIe siècle, de premières cartes météorologiques (nébulosité, pression, température, humidité, direction et force du vent) avaient certes pu être relevées, en Toscane sous le patronage de Ferdinand II de Médicis, le mécène de Torricelli, et un peu plus tard en Angleterre sous la direction de Robert Hooke, chef expérimentateur de la Royal Society ; mais ces cartes ne servirent jamais à grand-chose, surtout pas aux prévisions. Ce n'était pas seulement faute de savoir à l'époque les interpréter, mais elles étaient toujours caduques : il fallait beaucoup trop de temps afin de les établir – c'est-à-dire recueillir, acheminer (à cheval…) et mettre au propre les données recueillies sur le terrain – pour qu'elles puissent montrer ce qui se passait, fût-ce le temps de la veille.

On comprend ainsi que la possibilité de prévisions météorologiques fondées sur un réseau de stations d'observations ait dû attendre la mise au point, dans la seconde moitié du XIXe, de météorographes enregistreurs et, surtout, de l'usage du télégraphe, en attendant la radio au XXe siècle. Ce sont les moyens de transmission à la vitesse de la lumière qui permirent de centraliser, sinon instantanément du moins dans des délais raisonnables, des mesures effectuées sur un vaste territoire terrestre, puis maritime.

Certes, un peu auparavant, vers le début des années 1840, le chemin de fer avait déjà permis d'acheminer des données météorologiques suffisamment rapidement pour qu'un journal londonien (on était en plein essor de la presse) commence à publier quotidiennement un bulletin consacré au temps qu'il faisait ailleurs dans le Royaume-Uni, information appréciée des lecteurs. Et dès 1847, à l'initiative de l'astronome et aéronaute James Glaisher, le *London Daily News* recevait ces informations par le télégraphe électrique. Mais c'est une chose de rapporter le temps qu'il fait ailleurs, et tout autre chose de prédire le temps qu'il va faire plus tard : la publication de prévisions météorologiques dut donc patienter encore longtemps après le début de la parution d'informations météorologiques dans la presse.

En effet, l'utilisation routinière des méthodes scientifiques en météorologie nécessitera de surcroît, outre la puissance des réseaux de transmission modernes, celle de moyens de calcul informatiques. Lorsque, au XXe siècle, les premiers modèles physico-mathématiques de l'atmosphère commencèrent à permettre d'essayer le calcul prévisionnel de l'évolution du temps à partir de la centralisation des relevés d'une situation initiale, là encore les délais nécessaires, compte tenu de la quantité de données à traiter et de la lenteur des computations (manuelles), rendaient illusoire toute utilisation opérationnelle : dans les années 1930, il fallait six semaines de travail à l'équipe de Lewis Richardson, pionnier de ces méthodes, pour calculer l'évolution sur vingt-quatre heures ! Ses efforts ne pouvaient donc servir initialement qu'à tester la validité de ses modèles (et lui montrèrent d'ailleurs qu'elle laissait fort à désirer...).

Pourtant, les premières tentatives de prévision scientifique du temps remontent au XVIIIe siècle. Antoine Lavoisier, Robert de Lamanon (qui devait disparaître dans l'archipel des Tonga-Samoa lors du naufrage de l'expédition de La Pérouse) ou le père Cotte (prêtre oratorien défroqué pendant la Révolution) en furent les précurseurs. Lamarck, au tout début du XIXe siècle, publia ce qui est sans doute le premier traité de météorologie, mais le peu de crédit que recueillait cette nouvelle science est tristement illustré par la manière dont la salua le jeune empereur des Français, ainsi que le raconte Arago : Napoléon, lors d'une visite à l'Institut (dont il se flattait de faire lui-même partie), se vit offrir par Lamarck son dernier ouvrage. "Ah, fait l'empereur, c'est votre absurde Météorologie, cet ouvrage dans lequel vous faites concurrence à Mathieu Laensberg*, cet annuaire *[sic]* qui déshonore vos vieux jours ; je ne le prends que par respect pour vos cheveux blancs", et il passe le livre à un aide de camp tandis que le pauvre Lamarck, ainsi humilié publiquement, fond en larmes...

Pendant le siècle qui sépare le développement du télégraphe de celui de l'informatique, les efforts pour prévoir le temps vont se multiplier, avec un succès variable mais qui ira croissant. Comme nous l'avons vu au chapitre précédent, de nombreux individus – pour beaucoup des amateurs automandatés, ou du moins des dilettantes aux intérêts on ne peut plus variés – avaient contribué avant le milieu du XIXe siècle à jeter les bases des connaissances scientifiques sur l'atmosphère, non sans aboutir quelques fois à des règles utiles, comme par exemple les conseils de Piddington aux navigateurs pour échapper aux typhons et ouragans. Beaucoup de gens, et pas seulement des marins (des médecins, des instituteurs, des ecclésiastiques), tenaient un journal quotidien du temps qu'il faisait**. Certains acquirent une renommée de bon aloi, comme Guillaume Godart à Verviers ou le baron de Poederlé aux Pays-Bas autrichiens, qui correspondaient avec le père Cotte à la Société royale de médecine à Paris.

* "Le Laensberg" était une publication de Liège ancienne et fort connue, almanach périodique prétendant prédire la pluie et le beau temps, et prophétiser les événements qui allaient se produire dans l'année. "De nombreux auteurs le citent, dont Voltaire et Alexandre Dumas, comme émanation de l'obscurantisme" (Wikipédia).

** J'ai vu que les Archives nationales possèdent par exemple six cents cartons (!) renfermant les observations et travaux, jamais encore exploités, d'un météorologue amateur du début du XIXe siècle.

Heinrich Brandes en Prusse, astronome et mathématicien, publie en 1820 *Beiträgen zur Witterungskunde (Contributions à la météorologie)*, où l'on trouve des cartes montrant pour la première fois des "isobars" – lignes d'égale pression atmosphérique –, ce qui fait qu'on le considère comme le fondateur de la *météorologie synoptique* : l'établissement et l'utilisation des cartes barométriques. Les relevés des "Éphémérides de Mannheim", comme le seront un peu plus tard les *pilot charts* de Maury, étaient fondés sur la fourniture gratuite d'instruments à des observateurs bénévoles ainsi que sur une ébauche de codage standardisé des mesures.

Officiers de marine et astronomes

La prise en charge institutionnelle des premiers développements d'une météorologie opérationnelle, à l'époque de la reine Victoria et de Napoléon III, fut surtout le fait de deux corps de fonctionnaires : des militaires – notamment, pour des raisons évidentes, des officiers de marine* – et des astronomes. Certains, comme Matthew Maury aux États-Unis ou Ernest Mouchez en France, marins météorologues qui furent nommés directeurs d'observatoires astronomiques, se trouvèrent cumuler les deux fonctions ; à l'inverse, des astronomes d'origine se spécialisèrent en météorologie : James Glaisher à Londres, par exemple, ou Hippolyte Marié-Davy à Paris (et plus tard Alfred Wegener en Allemagne).

Les liens entre la marine et l'astronomie remontaient loin, puisque les techniques de navigation (les méthodes de mesure de la longitude) avaient été parmi les plus exigeantes et les plus fécondes des motivations du progrès de la science astronomique aux XVIIe et XVIIIe siècles. En outre, les astronomes officiels cultivaient des raisons bien à eux pour se préoccuper de météorologie.

Bien entendu, le souci de planifier des nuits de travail trop souvent reportées ou gâchées par des nuages avait suscité chez eux une sensibilité professionnelle sur la

* Sur la première chaîne de télévision italienne, il n'y a pas si longtemps, c'étaient des officiers de marine qui donnaient les informations météo.

question. Mais une raison plus pointue jouait son rôle : les visées optiques des astronomes professionnels depuis le milieu du XVIIe siècle, dans la tradition de celles de Tycho Brahé à l'œil nu, et contrairement à ce qui se passera plus tard, ne concernaient guère la nature physique des astres ou l'évolution de l'Univers ; elles portaient essentiellement sur des mesures de plus en plus précises de leur position dans le ciel (catalogues des coordonnées célestes des étoiles et relevés de la course de la Lune et des planètes sur le fond de ces repères), afin de développer et perfectionner les mesures de longitude, la géodésie et la mécanique céleste*. Or, l'une des principales corrections à apporter aux relevés bruts des instruments astrométriques d'observatoire est celle de l'effet de la *réfraction atmosphérique*, distorsion du ciel plus ou moins permanente par une sorte de mirage qui fait paraître les astres plus haut qu'ils ne sont en réalité, et ce d'autant plus qu'ils sont plus proches de l'horizon (c'est ce qui donne sa forme aplatie au Soleil couchant) : le ciel étoilé tourne derrière une lentille déformante !

La nécessaire correction de cette réfraction atmosphérique, omniprésente dans le travail des observateurs astrométriques – initialement corrigée, comme l'avait fait Tycho Brahé de manière empirique, en relevant une fois pour toutes la déformation des constellations à leur lever ou leur coucher –, avait été améliorée dès le début du XVIIIe siècle, selon une méthode expérimentée auparavant par Christiaan Huygens, en la calculant quotidiennement à partir de tables ou d'algorithmes faisant intervenir les paramètres de l'air traversé (pression, température, humidité), qui varient de jour en jour. Isaac Newton, en particulier, développa les outils mathématiques pour ce faire.

Les observatoires, procédant systématiquement à la mesure de ces paramètres, furent ainsi les premières institutions à entretenir un petit service "météorologique"

* *Cf. Le Ciel dans la tête*, *op. cit.*

opérationnel*. La loi de création du Bureau des longitudes par la Convention en 1795, par exemple, charge cet organisme, qui reçoit la tutelle de l'astronomie française sous la Révolution, de publier ses observations météorologiques. C'est une des raisons pour lesquelles les principaux astronomes officiels du milieu du XIXe siècle – les directeurs de l'Observatoire de Paris, François Arago puis Urbain Le Verrier, mais aussi celui de l'Observatoire de Greenwich, George Airy, et naturellement Matthew Maury, surintendant du Naval Observatory à Washington, ou encore Adolphe Quételet, directeur de l'Observatoire royal de Bruxelles – se trouvèrent fortement impliqués dans les premières tentatives d'établissement de services de prévisions météorologiques.

Les astronomes, au demeurant, restèrent longtemps sceptiques et prudents sur le sujet des prévisions météorologiques, et les scrupules qu'ils entretenaient à cet égard n'étaient pas dépourvus de justifications – sans même compter la crainte compréhensible de se ridiculiser publiquement, tel le pauvre Lamarck sous les sarcasmes de Napoléon. Nous l'avons noté : Laplace déjà avait émis l'opinion que, compte tenu de l'extrême variabilité de ses données, une science météorologique ne saurait être que statistique. À Greenwich, George Airy, bien conscient du gouffre séparant la richesse des données à traiter des carences théoriques pour les interpréter, et de la pauvreté des méthodes pour le faire, renchérissait : "Aucune discipline n'est autant submergée par des faits mal digérés que la météorologie" ; et François Arago était allé jusqu'à affirmer que jamais des savants dignes de ce nom et soucieux de leur réputation ne se hasarderaient à prédire le temps !

* Les archives des observatoires constituent de ce fait le témoignage le plus précis dont on dispose sur l'évolution du climat depuis le début du XVIIIe siècle. Ce sont le plus souvent ces archives qui sont citées lorsqu'on vous parle des valeurs record atteintes par tel ou tel paramètre météorologique "depuis qu'on a commencé à le relever".

Si elles s'appuient sur les mêmes mesures, les exigences et la temporalité de la recherche scientifique, d'un côté, et de la prévision opérationnelle, de l'autre, n'ont pas grand-chose à voir : tandis que le prévisionniste, pressé de recueillir et d'interpréter les observations du jour, doit sans tarder passer au lendemain, les chercheurs demandent du temps pour réfléchir à des situations et des évolutions qui sont nécessairement celles du passé. C'est un peu comme le fossé qui sépare les journalistes des historiens…

Et puis il faut bien voir que les premiers efforts sérieux pour prévoir le temps scientifiquement – tout comme ceux des journalistes qui, grâce au télégraphe, commençaient alors à rendre compte d'une actualité lointaine au jour le jour – allaient non seulement se trouver confrontés à des difficultés logistiques considérables, mais se heurter à des lourdeurs et des rivalités bureaucratiques de toute sorte, sans parler des conflits et des guerres nationalistes ou coloniales qui, alors même qu'ils avivaient les besoins, découpaient les territoires selon des logiques sans rapport avec les nécessités du recueil des informations.

À vrai dire, chez les premiers météorologues, la méfiance et les frictions étaient moins fortes entre les deux côtés des Alpes, du Rhin, de la Manche ou de l'Atlantique qu'au sein des institutions nationales elles-mêmes, entre savants et opérationnels, ou entre civils et militaires ; mais même les initiatives pour développer une coopération internationale provoquaient la circonspection, soulevant les soupçons ou suscitant les intrigues.

C'est pourquoi l'organisation des premiers services météorologiques s'avéra une affaire compliquée, confuse. C'est sans doute aussi pourquoi les toutes premières prévisions météorologiques systématiquement réussies ne furent pas le fait des services spécialisés officiels, dont les créations se multiplièrent dans les années 1860-1870, mais, bizarrement, d'autodidactes isolés comme par exemple, à Cuba, le père jésuite Benito Viñes – *"Father Hurricane"* – qui parvenait seul, grâce à un travail acharné d'observation et d'analyse des témoignages qu'il avait recueillis, à interpréter tous les indices permettant l'annonce précoce de l'arrivée des cyclones tropicaux, réussissant ainsi à plusieurs reprises à sauver de nombreuses vies dans la mer des Antilles et le golfe du Mexique.

La première conférence météorologique internationale

Au milieu du XIXe siècle, un certain nombre d'embryons de services ou bureaux météorologiques existaient ici ou là et s'efforçaient de tester les diverses méthodes de prévision du (mauvais) temps. Buys-Ballot en Hollande, avec quatre stations d'observations, fut en fait le premier à oser émettre un "avis de tempête" ; Joseph Henry, aux États-Unis, avait fédéré sous la coupe de la Smithsonian Institution les observations des bénévoles d'Espy, du réseau des hôpitaux de l'armée et des phares canadiens, tandis qu'Elias Loomis, professeur dans l'Ohio, développait les méthodes de *storm tracking* (suivi des tempêtes) entrevues par Franklin au siècle précédent, essayant de les appliquer notamment aux *tornadoes* qui représentaient un vrai danger pour les fermes et les agglomérations des plaines centrales des États-Unis en train d'être colonisées par les *yankees*, cette immense "prairie" où ces trombes peuvent prendre naissance et se propager comme sur un océan, avec une violence bien pire.

En Angleterre, après la publication en 1849 d'un second livre du colonel Reid, *The Progress in the Development of the Law of Storms*, et à son instigation, son supérieur hiérarchique à la tête des troupes du génie de l'armée britannique – le major-général Burgoyne – avait organisé, parmi ses postes disséminés à travers le monde, un réseau d'observations météorologiques ; en 1851, pour compléter ce réseau, il fut conduit à rechercher la coopération du gouvernement des États-Unis et sa lettre finit par arriver, au Naval Observatory, sur le bureau de Matthew Maury. Celui-ci – qui n'était pas parvenu à se coordonner avec Henry au Smithsonian et son réseau terrestre – vit tout de suite le parti qu'il y avait à tirer de la proposition de Burgoyne. Il milita pour la réunion d'une conférence internationale destinée à promouvoir la coopération, espérant généraliser les méthodes qu'il avait mises en œuvre pour élaborer ses *pilot charts*, et ce projet fut assez rapidement mis sur rails.

La conférence, bien que finalement convoquée par Adolphe Quételet, un savant et un civil, ne réunit à Bruxelles pratiquement que des officiers de marine, à part la délégation britannique, instruite de "veiller aux intérêts de la Grande-Bretagne mais de ne rien signer qui engage la moindre dépense", rapporte Pauline Halford.

Les recommandations de la conférence, fortement influencées par celui qui en avait pris l'initiative et avait déjà une certaine expérience de la question, portèrent essentiellement sur une standardisation du recueil et du formatage des données, destinée à favoriser leur utilisation rapide sans avoir à passer par les délais inhérents aux "traductions" de langues ou d'unités de mesure différentes, sans parler des modalités de leur organisation logistique (instrumentation, grille géographique, fréquence, etc.).

Le désastre de Balaklava et ses conséquences

C'est la convergence fortuite des suites de la conférence de Bruxelles de 1853, de la disponibilité nouvelle du télégraphe électrique à l'international* et d'un événement dramatique en novembre 1854, dont nous allons maintenant parler, qui allait précipiter les choses et créer les circonstances favorables au véritable essor, laborieux mais inexorable, des prévisions météorologiques. Tout comme dans le cas de l'astronomie scientifique à la suite des désastres de l'Invincible Armada espagnole sur les côtes irlandaises en 1588, puis de la flotte britannique aux Scilly en 1707

* Le télégraphe électrique avait été mis au point par Samuel Morse dans les années 1830. Son installation se développa très rapidement, y compris avec la pose de premiers câbles sous-marins à partir de 1850 (câbles sous-marins dont nous verrons de nouveau l'importance pour les sciences de la Terre dans les deuxième et troisième parties de ce livre).

– désastres qui donnèrent une extraordinaire impulsion à la recherche astronomique* –, c'est également à une catastrophe de la marine de guerre que l'on doit cet essor.

La guerre de Crimée avait été déclenchée par une offensive russe menaçant, en même temps que leurs propres intérêts, le statu quo aux frontières de l'Empire ottoman, que les puissances occidentales s'étaient engagées à défendre ; la France et la Grande-Bretagne, pour une fois du même bord (Napoléon III avait été éduqué en Angleterre), envoyèrent une expédition militaire dans la Méditerranée orientale, qui passa "les détroits" – les Dardanelles et le Bosphore – et entra en mer Noire début novembre 1854. Les corps expéditionnaires débarqués sur la côte de la péninsule s'apprêtaient à prendre leurs quartiers d'hiver lorsqu'une épouvantable tempête s'abattit sur la flotte franco-britannique au mouillage dans le golfe de Balaklava, lui infligeant des dégâts considérables, coulant de nombreuses unités et notamment le navire amiral français – le *Henri IV* –, ainsi que plusieurs vaisseaux transportant les équipements nécessaires à l'hivernage des troupes terrestres.

À Paris – où, à la suite du coup d'État de Louis Napoléon Bonaparte, une administration "impériale" avait succédé à la brève Deuxième République –, Urbain Le Verrier, encore tout auréolé de sa spectaculaire découverte de la planète Neptune sept ans auparavant et chaud partisan du nouveau régime, venait d'être nommé directeur de l'Observatoire ("impérial") après la mort d'Arago en 1853. Faisant le ménage – et la chasse aux républicains –, Le Verrier avait entrepris de réorganiser ses services (sans prendre le temps de participer à la conférence de Bruxelles où, à vrai dire, il n'avait même pas été invité), et les nouvelles du désastre en Crimée tombèrent à pic

* *Cf. Le Ciel dans la tête", op. cit.*

pour lui permettre d'imprimer sa marque aux activités météorologiques qu'Arago avait développées, mais dont il ne savait trop quoi faire. Il convoqua Emmanuel Liais, embauché comme responsable de ces activités l'année précédente, et, examinant ensemble les données que celui-ci recevait de ses différents correspondants étrangers, ils constatèrent que la tempête du 14 novembre, avant de frapper Balaklava, avait progressé d'ouest en est à travers la Méditerranée centrale et les Balkans. Le Verrier se rendit compte que l'emploi du télégraphe aurait à coup sûr permis d'avertir la flotte et d'éviter la catastrophe, et le rapport qu'il rédigea esquissait des recommandations dans ce sens, qu'il chargea Liais de mettre en œuvre.

Emmanuel Liais, cependant, devait poursuivre sa carrière scientifique comme astronome et naturaliste au Brésil, où il s'était rendu à l'occasion d'une éclipse totale de Soleil et où, pas fâché d'avoir échappé à l'autoritarisme tatillon et à la partialité politique de Le Verrier, il resta et vécut de nombreuses années avant de revenir dans sa ville natale, Cherbourg, dont il fut élu maire. Son remplaçant à l'Observatoire ne fit pas grand-chose et c'est seulement en 1862 que Le Verrier demanda à Hippolyte Marié-Davy de "tirer parti des documents météorologiques qui s'accumulaient inutilement" depuis le départ de Liais. L'année suivante, l'Observatoire impérial commença à rendre disponibles des cartes météorologiques du jour, mais ces cartes ne paraîtront dans la presse française qu'à partir de 1876.

En Grande-Bretagne, les suites de Bruxelles et de Balaklava avaient abouti, non sans mal, à la création d'un Meteorological Department interministériel et à la nomination de son premier responsable. C'est le candidat d'Edward Sabine, président de la Royal Society, qui l'emporta contre l'astronome royal George Airy, lequel n'avait au demeurant pas fait preuve d'un grand enthousiasme pour le poste. Sabine (un colonel) avait été d'avis que ce poste devait revenir, plutôt qu'à un homme de science, à quelqu'un capable d'organiser et de diriger, d'en imposer à des commandants de bord, quelqu'un bien au fait des arcanes de l'Amirauté, et le commandant Fitzroy, marin de carrière et *fellow* de la Royal Society, lui paraissait l'homme de la situation.

Le sort dramatique du premier prévisionniste officiel

De vieille aristocratie anglaise (descendant d'un bâtard royal, ainsi que son nom en portait le souvenir), Fitzroy avait servi pendant ses années de jeunesse dans le Service hydrographique sous Beaufort, cartographiant les côtes de Patagonie ; son voyage le plus mémorable avait été ensuite celui du même modeste brigantin de la flotte qu'il avait déjà commandé là-bas et qu'il ramena pour une campagne de relevés de cinq années le long des rivages et des îles d'Amérique du Sud, des Malouines aux Galápagos, puis de Polynésie, et retour en Angleterre *via* la Nouvelle-Zélande et l'océan Indien. Fitzroy avait embarqué pour ce périple, comme naturaliste (et pour lui tenir compagnie pendant les très longues soirées d'hiver), un jeune étudiant en géologie et paléontologie de Cambridge qui payait son voyage. Le nom du navire était le *Beagle*, et celui du jeune naturaliste, Charles Darwin.

Ses années de voyage avec ce dernier ne devaient pas les empêcher de se brouiller après la publication de *L'Origine des espèces*, la foi chrétienne de Fitzroy, contrairement à celle de Darwin, devenu professeur à Cambridge, ayant viré avec l'âge au fondamentalisme religieux le plus obtus. (Fitzroy et Darwin s'étaient déjà heurtés, lors du voyage du *Beagle*, notamment sur le sujet de l'esclavage auquel le jeune naturaliste était résolument opposé.) La révulsion de Fitzroy à l'égard de la théorie de l'évolution devait se manifester spectaculairement à l'occasion de la fameuse conférence de 1860 à Oxford, où Thomas Huxley – le "rottweiler de Darwin", comme l'appelaient ses détracteurs – fit face à l'interpellation de l'archevêque anglican Wilberforce qui lui demanda si c'était "par sa mère ou par son père" qu'il descendait du singe…

À cinquante ans, Robert Fitzroy avait sa carrière d'officier de marine derrière lui. Avant de faire valoir ses droits à la retraite, il était retourné dans l'hémisphère sud comme gouverneur de la Nouvelle-Zélande, dont il avait été rappelé sous la pression des colons après avoir pris le parti des Maoris. Puis, rendu à la vie civile, il avait été élu à la Royal Society grâce à l'appui de l'amiral Beaufort et de Darwin.

Après la réponse cinglante de Huxley, des femmes dans l'assistance s'évanouirent et, au milieu de la confusion qui s'ensuivit, on vit Fitzroy se dresser et éclater en imprécations, brandissant une bible au-dessus de sa tête.

Fitzroy, promu contre-amiral, s'acquitta de la nouvelle tâche qui lui était confiée dans des conditions difficiles (il ne disposait que d'un maigre budget dont l'utilisation était soumise à l'autorisation de plusieurs tutelles civiles et militaires...), avec toute la détermination et le sens du devoir qui le caractérisaient. Gardant à l'esprit le souvenir récent de retentissantes catastrophes maritimes – Balaklava, le naufrage de la frégate française *La Sémillante* aux îles Lavezzi en 1855, qui fit sept cents victimes*, puis, en 1859, la perte du *Royal Charter* et de plus de quatre cent cinquante marins et passagers (ce paquebot anglais avait pris la mer juste avant l'arrivée d'une violente tempête) –, Fitzroy considéra que l'objectif essentiel à atteindre était la mise en place d'un système d'alerte avertissant les ports de l'imminence du gros temps, et utilisa le terme *forecast* – toujours employé dans les pays anglo-saxons et sans guère d'équivalent en français (pronostic ?) – pour décrire le genre de prévision dont il s'agissait, à mi-chemin entre prophétie et avertissement.

Fitzroy fit établir dans quinze stations maritimes britanniques un système de signalisation par sémaphore des alertes transmises par télégraphe depuis Londres. Il est difficile aujourd'hui d'évaluer si ce fut un échec ou une réussite, mais le service était connu – on trouve dans Jules Verne *(De la Terre à la Lune)*, au moment du lancement du Columbiad, la description d'"une tempête que n'avait pu prévoir l'amiral Fitz-Roy" – et apprécié (il fut utilisé par la marine française à partir de 1863).

Cependant, les efforts de Fitzroy ne furent jamais encouragés par ce qu'on appellerait aujourd'hui la "communauté scientifique" : il eut à souffrir des piques de Glaisher, de Galton et du fameux John Herschel, ainsi que des réserves peu diplomatiques de Le Verrier. Le seul qui aurait pu le soutenir était Matthew Maury aux États-Unis, mais celui-ci, dès le début de la guerre de

* *La Sémillante* se rendait de Toulon en Crimée, transportant des renforts et des ravitaillements à l'armée. Elle fut prise dans une tempête d'une rare violence et heurta un écueil dans les bouches de Bonifacio. Ce naufrage, le plus grand désastre maritime de la Méditerranée, a fait la mauvaise réputation du passage entre la Corse et la Sardaigne, et l'objet d'un livre d'Alphonse Daudet.

Sécession, avait démissionné de ses fonctions et rejoint les rangs des sudistes dont il s'efforça d'armer la marine, réussissant notamment à l'équiper de torpilles redoutables.

Au bout de plusieurs années d'un travail acharné, au cours desquelles il avait tenu son service à bout de bras, Fitzroy était épuisé par les tâches qui lui incombaient, débordé par le rythme infernal des *forecasts* quasi quotidiens et blessé par les critiques incessantes qui lui étaient adressées. C'est dans ces conditions qu'il reçut la visite de Maury, lequel terminait une tournée en Europe, au cours de laquelle il avait vainement plaidé la cause des Confédérés sudistes et pour une fin honorable de la guerre civile américaine (tout en négociant l'achat de navires de guerre).

On n'a jamais su exactement ce que Maury dit à Fitzroy, mais il lui fit sans doute part de son scepticisme (justifié...) au sujet de la validité des conceptions théoriques sur lesquelles l'amiral fondait ses prévisions, et celui-ci rentra chez lui le soir dans un état d'agitation extrême, devait témoigner sa femme. Le lendemain, Maury s'embarquait pour son voyage de retour vers les Amériques. Ce matin-là, Robert Fitzroy se leva de bonne heure, il embrassa sa petite fille qui dormait encore, puis il alla dans la salle de bains et se suicida en se tranchant la gorge avec son rasoir.

Ainsi finit, le 30 avril 1865, à l'âge de cinquante-neuf ans, l'homme qui pendant sa jeunesse avait emmené Charles Darwin pour le long voyage d'où était issue la théorie de l'évolution ; l'homme qui, dans son âge mûr, avait créé et dirigé le premier service opérationnel de prévisions météorologiques au monde. La voie de la ville d'Exeter où le Meteorological Office britannique a son siège porte aujourd'hui son nom (Fitzroy Road), et sa mémoire mérite bien, me semble-t-il, d'être ainsi honorée*.

* Le nom de Fitzroy a également été donné à l'un des plus hauts sommets des Andes au sud du Chili, dans l'ouest de la Patagonie. Et sa vie

Maury n'apprit la mort de Fitzroy que très tardivement. Il ne devait en effet retourner aux États-Unis que des années après son départ de Londres, car lors de l'escale à Cuba, ayant été averti que le général Grant avait reçu la reddition des Confédérés, il résolut de ne pas rentrer chez lui et de se réfugier au Mexique, où il se mit au service de l'empereur Maximilien. Quelques années plus tard, toutefois, il retournera en Virginie, après y avoir accepté un poste universitaire.

Services nationaux et coopération internationale

La disparition de Fitzroy ne sonna pas le glas des *forecasts*, bien que la décision de les interrompre ait été actée dès 1866 par les autorités de tutelle ; mais cette décision provoqua une telle avalanche de protestations de la part des ports et marins britanniques qu'il fallut dare-dare rétablir le service ! Tant que Fitzroy était là, on n'avait entendu que les critiques ; disparu, on s'aperçut qu'il n'était pas facile de poursuivre la tâche que, somme toute, il avait tant bien que mal réussi à mener à bien.

C'est en 1866 également qu'un "service d'avertissement aux ports" est fondé en France, non sans provoquer un violent conflit entre Le Verrier et Marié-Davy, lequel, en 1872 (après la destitution de Le Verrier en 1870), sera nommé directeur de l'observatoire du parc Montsouris, où lui succédera Ernest Mouchez. Bien que la France n'ait pas été représentée à la conférence de Bruxelles, le ministère de la Marine en avait reçu le compte rendu et c'est le lieutenant de vaisseau Mouchez qui avait été chargé d'en mettre en œuvre les recommandations. Des années plus tard, Mouchez, ayant multiplié les expéditions scientifiques – notamment à l'occasion du passage de la planète Vénus devant le Soleil en 1874 – et devenu

a inspiré plusieurs auteurs britanniques, notamment Harry Thompson *(This Thing of Darkness)* et Pauline Halford *(Storm Warning)*. Le Meteorological Office britannique, bien que rattaché au ministère de la Défense entre la Première Guerre mondiale et 2011, conserva son nom jusqu'à aujourd'hui. Il a été imité en cela par ceux de plusieurs nations du Commonwealth.

amiral, prendra la direction de l'Observatoire de Paris après la mort de Le Verrier (lequel avait été lui-même rétabli à son poste après le décès accidentel de son rival et premier successeur, Delaunay).

En 1878 est créé à Paris le Bureau central météorologique, qui sera dirigé par Mascart, puis Angot. Le caractère quelque peu artisanal du fonctionnement de ce Bureau, installé rue de l'Université – sur un terrain proche de la tour Eiffel (terrain aujourd'hui vendu à la Russie pour y construire une cathédrale orthodoxe...), où furent aménagés après la Libération des bâtiments modernes que les météorologues français ne devaient quitter que récemment pour s'installer à Saint-Mandé –, est décrit dans ces termes par l'abbé Moreux, au début du XXe siècle : "Dès le matin de chaque jour, la situation atmosphérique est télégraphiée [au Bureau central] où l'on reçoit une soixantaine de dépêches des principaux postes de France et d'Algérie. Dans chaque département ce sont des commissions météorologiques, grâce au zèle des instituteurs, des gardes forestiers et des agents des Ponts et Chaussées, qui centralisent les données avant de les communiquer [à Paris où l'on] dresse la carte générale servant à la prévision du temps pour le lendemain*."

Les méthodes qu'utilisaient alors les prévisionnistes (mémoire de situations analogues dans le passé, ou "exercices de géométrie isobarique", ainsi que les décrivait l'un d'entre eux) étaient elles-mêmes plutôt artisanales et n'offraient une bonne fiabilité, à l'échéance de quelques jours, que dans certaines situations typiques comme l'installation d'un anticyclone ou l'arrivée d'une perturbation pluvieuse bien caractérisée.

Les graves troubles qui avaient agité la France au début des années 1870 (le siège de Paris par les Prussiens, la Commune, les débuts difficiles de la Troisième

* In *L'Océan aérien* (bibl.).

République) expliquent qu'elle ait été encore absente aux conférences internationales de Leipzig en 1872 et de Vienne l'année suivante. Et c'est celle de Rome, en 1879, qui verra la naissance de l'Organisation météorologique mondiale permanente, l'OMM.

Aux États-Unis, plusieurs initiatives, telles la fondation d'une Western Meteorological Association par Cleveland Abbe et la création du Weather Service de l'armée – lequel avait repris le réseau de la Smithsonian en 1874 et fonctionnait militairement sous la direction d'un général –, devaient converger pour aboutir en 1891 au Weather Bureau, placé sous la tutelle du ministère de l'Agriculture.

L'irruption de l'aviation stimule la recherche météorologique

Après les astronomes et les marins du XIXe siècle, ce sont les aviateurs qui vont venir jouer un rôle de premier plan dans les progrès de la météorologie au cours de la première moitié du XXe siècle. C'est en effet pour beaucoup l'essor du transport aérien qui entraînera le développement moderne des prévisions météorologiques, en partie à cause des besoins beaucoup plus exigeants de l'aviation, et en partie grâce aux modes de mesure *in situ* inédits qu'elle permettait de mettre en œuvre. Avec l'avion, en effet, la troisième dimension, l'altitude, prenait tout son sens, comme le montreront les travaux des équipes de Bjerknes, en Prusse puis en Norvège.

En France, après la Première Guerre mondiale, un Office national météorologique regroupa en 1920 les moyens civils et militaires. Cet Office deviendra la Météorologie nationale à la Libération, puis Météo-France en 1993, organismes longtemps rattachés à la direction de l'Aviation civile du ministère des Transports

Outre-Atlantique, la figure emblématique de Francis Reichelderfer illustre bien le rôle-clé joué par l'aéronavale au XXe siècle. Cet ancien pilote de la Première Guerre mondiale conduisit le Weather Bureau d'une main de maître jusqu'au seuil de l'époque actuelle, tant dans l'informatisation de ses activités de prévision que dans le développement de ses moyens de recherche – de l'usage du radar et des exploits des pilotes américains spécialisés dans l'étude des typhons, pendant et après la guerre du Pacifique, jusqu'au lancement du premier satellite météorologique *TIROS 1* en 1960.

Après une brillante carrière comme "aérologue" dans la marine, où il avait piloté des avions et des dirigeables, et un stage en Norvège où il s'était initié aux découvertes de l'école de Bergen, Francis Reichelderfer fut nommé, fin 1938, à la tête du Weather Bureau américain. Trois ans plus tard, l'entrée en guerre des États-Unis à la suite de l'attaque japonaise sur la base de Pearl Harbor, à Hawaii, allait marquer sans doute la première prise en compte des prévisions météo comme impératif stratégique mondial, affectant les décisions concernant des quantités inouïes d'hommes et de matériel, et Reichelderfer fut l'homme de la situation.

Francis Reichelderfer devint à partir de 1951 le président de l'Organisation météorologique mondiale (OMM). Et c'est seulement après qu'il eut pris sa retraite que le Weather Bureau américain fut scindé, en 1970, entre le National Weather Service, chargé des tâches opérationnelles de prévision météorologique, et la National Ocean and Atmosphere Administration (NOAA), agence chargée de la recherche.

En Russie, l'importance du gel et du dégel des eaux (voire des routes) pour les transports fluviaux et maritimes (voire terrestres) donna un poids particulier au rôle économique des prévisions : le Service hydro-météorologique de l'URSS fut doté, après la victoire sur l'Allemagne nazie, de moyens considérables et, à l'époque de la guerre froide, étendit ses compétences à l'exploration de la haute atmosphère terrestre et des profondeurs de l'océan*.

Après les avions, les satellites ; et les ordinateurs

Au début des années 1960, les premières images de la Terre vue de l'espace, ou plus exactement de sa couverture nuageuse, furent une sorte de révélation. Il n'y avait pourtant rien là de particulièrement nouveau pour les spécialistes qui, depuis la popularisation des travaux de Ferrel et de l'école de Bergen, s'étaient déjà très bien familiarisés avec tout ce que l'on pouvait y distinguer : la zone de convergence intertropicale, les cyclones tropicaux, la guirlande des dépressions des fronts polaires. Néanmoins – il faut voir comment la Terre vue de loin était représentée auparavant dans des "vues d'artiste" : sans nuages, ou avec de petits flocons ici ou là –, tout se passa comme si ces photographies apportaient du nouveau. C'était certainement le cas pour les téléspectateurs – à l'époque où

* Le Service hydro-météorologique de l'URSS était, dans les années 1970, équipé de deux splendides navires océanographiques de plus de 140 mètres de long, qui pouvaient lancer des fusées-sondes jusqu'à plus de 100 kilomètres d'altitude, mouiller des lignes et prélever des échantillons jusque dans les fosses les plus profondes des océans du globe, et tracer leur route à travers les banquises polaires. L'auteur de ce livre a traversé l'Atlantique sur l'un d'eux, le *Professeur Zoubov*, et en garde un excellent souvenir.

le parc des téléviseurs ne cessait de croître et de se coloriser (et où le journal de 20 heures avait remplacé l'angélus) –, lesquels s'habituèrent à regarder quotidiennement une séquence accélérée de ces "images satellites", plus parlantes et authentiques que les animations météo, même si elles ne montraient que la situation du jour ou de la veille.

Certes, la visualisation de l'arrivée des dépressions au-dessus des vastes étendues maritimes où l'on ne disposait auparavant que de quelques stations d'observations (les "frégates météo" stationnées dans l'Atlantique nord, par exemple) apporta immédiatement un secours considérable aux prévisionnistes. Mais les véritables apports de la météorologie spatiale dépassèrent rapidement la simple imagerie des systèmes nuageux, au fur et à mesure que les satellites météorologiques purent être équipés, outre de leurs caméras, de systèmes de télédétection permettant le relevé rapide sur toute la surface du globe des températures, de l'humidité, voire de la vitesse du vent, tout cela souvent à plusieurs niveaux dans l'atmosphère et avec une définition et une précision qui ne cessèrent de s'améliorer au cours des années.

Le dispositif de base des satellites météo a été, dès que les lanceurs comme *Ariane* eurent atteint la puissance nécessaire, l'utilisation de l'"orbite géostationnaire" : à six rayons terrestres, soit 36 000 kilomètres d'altitude, les satellites lancés là tangentiellement en chute libre parcourent cette orbite équatoriale circulaire en vingt-quatre heures, c'est-à-dire qu'ils restent positionnés au-dessus du même point au sol, comme s'ils étaient au sommet d'un immense pylône. Trois de ces satellites, placés à environ 120 degrés de longitude les uns des autres, peuvent ainsi fournir une couverture globale presque permanente de la quasi-totalité de l'atmosphère terrestre. La coopération internationale s'assure depuis maintenant un demi-siècle qu'il en est bien ainsi.

Des satellites sur une orbite basse (quelques centaines de kilomètres d'altitude), polaire (c'est-à-dire passant au-dessus des pôles), orbite stable dans l'espace sous laquelle la Terre tourne, que la gravité plus élevée à cette altitude leur fait parcourir en chute libre beaucoup plus rapidement que l'orbite géostationnaire (en une heure et demie environ), fournissent également, de manière plus proche et précise – un zoom –, une couverture de la totalité de la surface terrestre, renouvelée toute les demi-journées.

Ce sont ces mesures satellitaires qui alimentent aujourd'hui en continu les puissants ordinateurs venus relayer les calculateurs manuels de Lewis Richardson pour mettre en œuvre la modélisation numérique de l'évolution de l'atmosphère, à partir de conditions initiales constamment remises à jour. Modélisation qui devait révéler quelques surprises, comme par exemple le fameux "effet papillon" décrit par le météorologiste Edward Lorenz en 1972 ("Un battement d'ailes d'un papillon au Brésil peut-il provoquer une tornade au Texas ?") ; il s'agit en fait d'une des premières constatations de la sensibilité des systèmes déterministes aux conditions initiales, après celle d'Henri Poincaré concernant la stabilité des orbites planétaires, problème épistémologique qu'on a tenté de formaliser sous le nom de "théorie du chaos", et qui fixe des limites insurmontables aux prévisions au-delà d'une semaine ou deux.

Les mathématiciens pionniers de l'informatique – John von Neumann sur l'ENIAC (Electronic Numerical Integrator Analyser and Computer) à l'Aberdeen Proving Ground dans le Maryland, et Alan Turing, ce génie mathématique anglais que le harcèlement subi pour son homosexualité finit par conduire au suicide – avaient travaillé sur de tels programmes, parmi les plus complexes jamais élaborés, dès le début des années 1950. En France, le premier grand ordinateur dont s'est équipée la Météorologie nationale date de 1960 ; il est à peu près contemporain du premier satellite météo, mais n'avait guère plus de rapidité et de capacité de mémoire que nos vulgaires téléphones portables. On mesurera le chemin parcouru en notant qu'aujourd'hui les supercalculateurs s'approchent du *million de milliards* d'opérations par seconde et, nourris par les données satellitaires, parviennent à modéliser mathématiquement l'évolution des conditions météorologiques selon une grille tridimensionnelle d'à peine quelques kilomètres de maille jusqu'à plusieurs jours à l'avance, ainsi que les météorologues britanniques commencèrent à le faire de manière opérationnelle dans leur centre de recherches de Reading avant la fin du XXe siècle.

L'accès aux prévisions météorologiques

Mais ce n'est pas seulement à cause de l'apport des satellites et des ordinateurs à la qualité des prévisions et des alertes que la météorologie contemporaine a fortement progressé depuis plusieurs décennies. Aujourd'hui, la diffusion des informations météo, grâce notamment au développement des moyens de communication interactifs, s'est considérablement ramifiée et la prévision météo est devenue un *business* diversifié.

Je me souviens qu'au début des années 1990, époque où le public n'avait encore accès aux bulletins météo que par les moyens traditionnels de la presse et de la radiotélévision*, j'avais réuni pour un déjeuner de travail informel chez le ministre de la Communication, au cabinet duquel j'appartenais, deux anciens collègues à moi qui ne se connaissaient pas l'un l'autre : André Lebeau, alors patron de la Météorologie nationale, et Alain Bernard, ancien ingénieur de l'armement qui avait été le principal promoteur du projet Minitel à la direction générale des Télécommunications et, passé au privé, développait pour le groupe de presse Hersant des services payants d'information par téléphone. Les projets du second – commercialisation d'infos météo personnalisées dont la matière première, insistait-il, devait être mise à sa disposition gratuitement – étaient visionnaires dans la perspective des services vidéo

* La difficile lecture quotidienne de la "météo marine" était alors un exercice classique pour les jeunes journalistes de France Inter.

interactifs (l'Internet, encore dans les limbes), mais choquaient le normalien à la tête de ce qui n'était pas encore Météo-France et qui, comme beaucoup de hauts fonctionnaires français à l'époque, n'était pas loin de considérer la dérégulation et la mondialisation d'inspiration néolibérale comme de sinistres complots ourdis par les Anglo-Saxons pour liquider nos glorieux services publics "à la française".

Ils avaient sans doute un peu raison tous les deux, et à l'heure actuelle l'interprétation et la mise en forme des masses de données moulinées par les grandes institutions météorologiques publiques se ramifient – grâce à de multiples petites sociétés et officines – en quantité de services spécialisés répondant, notamment *via* l'Internet, à toutes sortes de besoins très spécifiques.

En France, par exemple, on estime que plus des deux tiers des acteurs économiques sont touchés par les effets du temps sur leurs résultats ou leur chiffre d'affaires, et sont des clients potentiels de ces services. Les industries agroalimentaires et de la grande distribution, en particulier, sont de plus en plus dépendantes des prévisions météo pour adapter leur production ou leur approvisionnement, lancer des promotions ou éviter des ruptures de stocks (comme lors de la canicule de 2003), et deux sociétés – Metnext (filiale de Météo-France) et Climpact – leur fournissent des conseils de plus en plus élaborés, "au produit près et au marché près", jusqu'à trois semaines à l'avance, pour un coût d'abonnement pouvant atteindre plusieurs dizaines de milliers d'euros par mois.

Aux États-Unis, l'administration fédérale diffuse toutes les deux heures, à partir du centre spécialisé pour l'aviation civile de Kansas City, une mise à jour de la situation météorologique détaillée à l'intention des cinquante mille vols quotidiens qui sillonnent le territoire national et, toutes les six heures, de la situation mondiale. La fiabilité des prévisions à sept jours est maintenant considérée par cet organisme comme comparable à celle des prévisions à trois jours d'il y a une douzaine d'années.

Quand on voit avec quelle facilité, aujourd'hui, n'importe qui obtient en quelques secondes sur son téléphone portable des prévisions météo, en général fiables, plusieurs jours à l'avance, pour quasiment n'importe quel point du globe, on peut mesurer les progrès stupéfiants réalisés en un siècle et demi, depuis les premiers *forecasts* télégraphiés à quelques ports britanniques par l'équipe du malheureux Robert Fitzroy ; même si cela nous paraît aller de soi et ne nous empêche pas, à l'occasion, de continuer à nous plaindre, comme à l'époque, non seulement du temps, mais des prévisionnistes !

5

LES HISTORIENS DU CLIMAT

Mais où sont les neiges d'antan ?

François Villon*

Le souvenir d'époques révolues, où les conditions climatiques auraient été différentes de celles qui règnent depuis, semble planer sur l'histoire ancienne de l'humanité. Il est difficile de savoir si ces histoires – le Déluge en particulier – correspondent à quelques réalités du passé lointain, ou relèvent de la pure fantaisie d'imaginations mythiques ; les deux, sans doute. Mais peu de géoscientifiques sérieux accordent de nos jours un quelconque intérêt aux récits qu'on trouve dans les textes les plus anciens en tant que témoignages de faits réels, et les tentatives quelque peu fantaisistes de rares érudits contemporains – comme par exemple Immanuel Velikovsky – pour y voir, dans la tradition des exégètes et des chronologistes bibliques de jadis, un matériau historique sur lequel s'appuyer pour retracer le passé de la Terre, voire du Système solaire, ont excité l'indignation plutôt que la curiosité des géo- et astrophysiciens. De toute façon, le passé historique en question ne remonterait guère au-delà d'une demi-douzaine de millénaires, intervalle de temps tout à fait négligeable au regard des durées considérables que

* *Ballade des dames du temps jadis*, 1461. Ce poète vivait à l'époque d'un réchauffement connu aujourd'hui sous le nom d'"optimum climatique du Moyen Âge".

la science (pas celle des créationnistes) a attribuées à notre planète.

La difficile enquête concernant les ères géologiques et leur climat

C'est dans la troisième partie de ce livre que sera racontée la longue et passionnante enquête qui a révélé et détaillé l'incroyable passé géologique de la Terre mais, sans trop anticiper, il est nécessaire, pour les besoins du présent chapitre sur les anciens climats, d'évoquer les grands traits de cette histoire, du moins tels qu'on se les figurait au moment où la paléontologie – la science des fossiles –, dans la première moitié du XIXe siècle, en esquissait le cours. Il faut savoir qu'à l'époque, puisqu'on ne savait pas dater les roches, pratiquement tout le savoir sur le passé lointain provenait en effet des fossiles (ces restes d'une vie ancienne qu'on avait longtemps considérés, justement, comme les vestiges du Déluge : comment expliquer autrement la présence d'arêtes de poissons et de coquillages marins dans les montagnes* ?).

La succession des ères géologiques que les paléontologues du début du XIXe siècle ont distinguées dans les strates fossilifères (*cf.* p. 427) porte la trace de cette source de leurs données, retraçant en réalité les étapes de l'histoire des êtres vivants sur la Terre. Ce qu'ils avaient considéré comme l'ère "primaire" est celle où la vie se développa dans les océans et où s'épanouirent les végétaux, l'ère "secondaire" celle des grands reptiles sur les continents, l'ère "tertiaire" celle où les mammifères prirent le dessus et l'ère "quaternaire" celle de l'essor de l'humanité.

On a mesuré depuis lors que ces ères, du quaternaire actuel à la très vieille ère primaire, ne divisent pas le temps en durées égales, loin de là : elles sont de plus en plus longues en remontant dans le passé – les datations

* Les premières tentatives pour trouver aux fossiles alpins une explication non diluvienne paraissent aujourd'hui plutôt cocasses : Voltaire, par exemple, était d'avis qu'il pouvait s'agir des restes des victuailles consommées par les croisés partant pour la Terre sainte au Moyen Âge, ou de coquillages-souvenirs tombés du chapeau des pèlerins allant de Saint-Jacques-de-Compostelle à Rome par le Mont-Cenis…

Les paléontologues de la première moitié du XIXe siècle n'étaient pas, pour la plupart, des "transformistes", c'est-à-dire n'adhéraient pas aux thèses sur l'évolution des espèces que Lamarck avait, le premier, formulées, et que Geoffroy Saint-Hilaire soutenait contre le "fixisme" de Georges Cuvier. Ce dernier (représenté ici), particulièrement conscient de l'extrême complétude de chaque espèce et donc de l'impossibilité d'évoluer de l'une vers l'autre, était d'avis qu'il y avait eu plusieurs "créations", après chacune des grandes catastrophes qu'il avait repérées dans les strates fossilifères ; catastrophes ayant, pensait-il, supprimé à chaque fois la vie sur Terre.

C'est la notion d'ancêtres communs, d'arbre généalogique ou d'"embranchements" qui éclairera et finira par faire triompher les thèses transformistes, mais les extinctions d'espèces par branches entières, à plusieurs reprises, restent un facteur essentiel et toujours controversé de l'évolution. Il est vraisemblable, quels qu'en aient été les facteurs déclenchants, qu'il s'est agi de catastrophes climatiques.

modernes les faisant commencer il y a respectivement à peu près 2, 65, 235 et 540 *millions* d'années –, ce qui reflète en partie la rareté de plus en plus grande des fossiles avec l'âge et, corrélativement, l'obscurité dans laquelle s'enfonce "la nuit des temps". On supposait que ces quatre ères avaient été précédées d'une ère primitive, le *Précambrien**, sur laquelle on ne savait pas grand-chose et dont on a fini par s'apercevoir qu'elle était bien plus longue encore (presque dix fois) que toutes les autres réunies, lorsque Clair Patterson a réussi (en 1955 seulement) à dater l'âge de la Terre d'un peu plus de 4 500 millions (4,5 *milliards*) d'années (*cf.* p. 443).

L'articulation des âges géologiques (et atmosphériques) sur les étapes du vivant est au demeurant loin d'être sans signification, compte tenu du fait, apparu peu à peu, que la vie a joué un rôle considérable dans les transformations des couches externes de notre planète. La vie, notamment, comme nous le verrons dans la troisième partie de ce livre, est largement intervenue dans la formation des strates de roches calcaires par la sédimentation des résidus organiques au fond des mers ; elle a aussi, ainsi que nous allons le voir, provoqué une profonde évolution de la composition de l'atmosphère.

Les césures nettes dans la succession des fossiles, marquant notamment le début des ères primaire, secondaire et tertiaire, correspondent aux profonds bouleversements dans la flore et la faune notés par Cuvier et sur lesquels il fonda ses convictions catastrophistes ; il était loin d'avoir tort car il s'agit bien d'extinctions massives d'espèces dominantes, laissant place au foisonnement de

* Le Cambrien est la première époque de l'ère primaire, celle de l'"explosion" de la vie marine dont témoigne par exemple la faune fossile à coquille ou carapace des "schistes de Burgess", découverts au Canada au XXe siècle, où apparaissent déjà, il y a un demi-milliard d'années, certains des grands embranchements des espèces vivantes actuelles, ainsi que d'autres embranchements disparus depuis. Le développement de la vie sur les continents sera beaucoup plus tardif et progressif (*cf.* p. 171).

nouvelles espèces, comme par exemple la disparition des ammonites et des dinosaures à la fin du secondaire, il y a soixante-cinq millions d'années, suivie par l'essor des oiseaux et des mammifères actuels. Ces bouleversements de la biosphère sont d'ailleurs aujourd'hui en général attribués, comme nous allons le voir également, à de brutales variations climatiques, dont les causes restent très discutées et l'une des principales énigmes de l'histoire ancienne de la Terre (*cf.* chapitre 17).

Le terme *climat* vient du mot grec signifiant "inclinaison" et se réfère à celle des rayons du Soleil (ou, ce qui revient au même, à la latitude géographique). Jusqu'au XVIIIe siècle, en fait de climats, on distinguait surtout une "zone torride" au sud, où le Soleil culmine près du zénith toute l'année, une région tempérée avec des saisons bien contrastées, et une zone polaire où pendant des semaines il fait nuit en hiver et où le Soleil ne se couche pas en été, division tout à fait explicable en fonction des variations de l'inclinaison du Soleil au-dessus de l'horizon, dues à l'obliquité fixe de l'axe de la Terre sur le plan de l'orbite qu'elle parcourt annuellement autour de lui.

Mais le terme reste assez malaisé à définir précisément. C'est une notion à deux dimensions au moins : une dimension spatiale relevant de la géographie (comme lorsqu'on parle de climat continental, méditerranéen, ou de "microclimats" ici ou là), pour laquelle on utilise en général des classifications dérivant de celle proposée par Wladimir Köppen au début du XXe siècle, et une dimension temporelle (comme lorsqu'on parle du climat à l'époque carbonifère, ou de réchauffements climatiques).

Les données de la climatologie ne sont en fait que les données météorologiques (températures, précipitations, etc.) moyennées sur de plus ou moins grandes régions ou périodes ; toutefois, la problématique, les méthodes et même le vocabulaire des climatologues se distinguent assez nettement de ceux des météorologistes, ce qui n'a pas été sans créer quelques difficultés entre eux, s'agissant des périodes récentes. Ce sont en fait la flore et la faune qui sont peut-être les meilleurs indicateurs des climats, dans la mesure où elles intègrent, sûrement mieux que ne peuvent le faire des statisticiens, toutes les fluctuations de la température et de l'humidité, les effets du vent ou du gel. Et de fait ce sont les modifications dans la flore et la faune, actuelles ou fossiles, qui sont les plus sûrs témoins des changements climatiques.

Nous avons déjà eu l'occasion de remarquer (p. 106) que beaucoup de ces changements, tels qu'on les reconstitue à partir des archives de la Terre, sont dus à la très lente dérive des continents parmi la structure plus ou moins immuable des climats et de la circulation générale de l'atmosphère axée sur la rotation de la planète. Mais il y a néanmoins des variations globales du climat terrestre, plus rapides à l'échelle des temps géologiques, qui relèvent d'autres mécanismes. C'est le cas par exemple des âges glaciaires.

Découverte et théories des âges glaciaires

La première suggestion de grands changements intervenus dans les climats du passé avait été avancée au XVIIIe siècle, lorsqu'on eut identifié des fossiles de rhinocéros et d'éléphants sous nos latitudes tempérées. Comme nous venons de le rappeler, on devait finalement interpréter cela, bien plus tard, comme l'effet de la dérive des continents. Mais c'est bien évidemment l'invention des ères glaciaires qui a marqué la prise de conscience de l'ampleur des véritables changements climatiques ayant affecté la Terre pendant la préhistoire.

À l'époque où Luke Howard à Londres classait les nuages, les Suisses Ignaz Venetz et Jean de Charpentier, premiers naturalistes à mener des études systématiques des restes de glaciers alpins – à la suite du guide et chasseur de chamois Louis Perraudin –, notaient dans les vallées

Dès les années 1760, le naturaliste genevois Horace de Saussure, explorant le massif du Mont-Blanc, remarqua qu'il y avait eu indiscutablement des glaces anciennement plus hautes et plus étendues qu'elles ne le sont aujourd'hui.

helvétiques des traces morphologiques rocheuses (dépôts en terrasses, blocs erratiques, rocs rayés) d'anciennes formations glaciaires disparues, ce qui confirma que la glace, ainsi que l'avait noté Saussure, avait été par le passé beaucoup plus présente qu'aujourd'hui.

Louis Agassiz, brillant naturaliste originaire du Jura, après avoir été encouragé, à Paris, à s'intéresser à la zoologie et la géologie par Humboldt et Cuvier, reprit à son compte les conclusions de Venetz et Charpentier (ou se les appropria… ils se brouillèrent !) et les développa en une surprenante théorie, formulée en 1837 dans un discours marquant à Neuchâtel, qui affirmait que la Suisse avait jadis été totalement recouverte de glaces. Cette théorie fut loin, initialement, de faire l'unanimité, jusqu'à ce que la multiplication d'indices, voire de preuves d'une glaciation massive (striations de surfaces rocheuses, vestiges de moraines, vallées et lacs d'origine glaciaire, dépôts alluviaux de fontes, en Prusse, en Écosse, en Irlande et enfin au Nouveau Monde), finisse par emporter l'adhésion. Agassiz – qui était entre-temps devenu un grand spécialiste de la zoologie et de la paléontologie des poissons, auxquelles il avait été initié par Cuvier –, installé aux États-Unis et nommé professeur à Harvard, prit rang parmi les grandes figures des sciences de la Terre et de la vie*.

Par la suite, l'étude détaillée, dans les vallées périalpines, des vestiges de moraines frontales – le mur de débris rocheux qu'un glacier repousse devant lui en avançant et laisse en place lors de sa fonte – devait montrer que la couverture glaciaire n'avait pas eu en une seule fois l'étendue que prétendait Agassiz et que c'était en fait toute une série d'"âges glaciaires" qui s'étaient succédé au cours de l'ère quaternaire. Et puis les traces de glaciations bien plus anciennes furent identifiées en Sibérie, en Australie, en Afrique, en Amérique du Sud, au Sahara, près de l'équateur même, ce qui resta une énigme jusqu'à ce que cela soit invoqué par Wegener comme un indice (peu accepté au demeurant) du déplacement des pôles et/ou d'une dérive des continents.

Les géologues Albrecht Penck et Eduard Brückner donnèrent aux glaciations les plus récentes les noms

* Louis Agassiz, à l'instar de son contemporain anglais Francis Galton, devait malheureusement mettre son autorité scientifique au service d'une sensibilité et d'une morale profondément racistes. Cet adversaire de l'égalité entre les êtres humains et militant de la séparation stricte et d'une hiérarchisation entre les "races" a par ailleurs violemment combattu la théorie de l'évolution.

des affluents du Danube dans les vallées desquels ils les avaient identifiées : Günz, Mindel, Riss et, la dernière en date (il y a environ vingt mille ans), Würm. Par chance, ces noms se rangent dans l'ordre alphabétique, qui fut conservé lorsqu'on identifia encore deux glaciations chronologiquement antérieures, nommées Biber et Donau (Danube). Une autre nomenclature a été adoptée au Nouveau Monde (Nebraskan, Kansan, Illinoisan, Wisconsinan), mais de toute façon des recherches récentes plus détaillées, principalement par forage des fonds sous-marins, ont montré qu'en réalité un beaucoup plus grand nombre de glaciations s'étaient produites, dont les traces sur les continents ont été effacées par les épisodes les plus sévères, mais qu'on parvient fort bien à détecter dans les fossiles de traceurs biologiques de la température superficielle des océans, comme les planctons.

Avant même la réalité de ces anciennes ères glaciaires attestée (expliquant, entre autres choses, la disparition des mammouths, dont un premier exemplaire plus ou moins intact avait été retrouvé dans le permafrost sibérien de l'estuaire de la Léna dès 1799), et alors même qu'elles confortaient les thèses catastrophistes de Cuvier, on s'était posé la question de savoir quelles avaient pu en être les causes.

Charles Lyell, l'un des "papes" de la géologie au milieu du XIXe siècle, envisagea des modifications de la géographie des continents, expliquant comment, suivant que l'équateur avait été plutôt marin ou terrestre, le globe aurait eu tendance à se refroidir ou à se réchauffer. Mais le mathématicien français Joseph-Alphonse Adhémar, dans un ouvrage intitulé *Révolutions de la mer*, avait émis en 1842 une autre hypothèse, qui s'avéra perspicace : la *précession des équinoxes*, c'est-à-dire l'effet de la lente rotation de l'orientation de l'axe terrestre en plus de vingt mille ans, connue depuis l'Antiquité, couplée à l'ellipticité de son orbite qui éloigne quelque peu la Terre du Soleil tous les six mois, pouvait se traduire par de lentes variations périodiques de l'ensoleillement de l'hémisphère nord, entraînant des refroidissements et des réchauffements climatiques cycliques à la surface des continents.

Un Écossais autodidacte, James Croll, développa l'hypothèse d'Adhémar en prenant en compte l'influence des variations à long terme de toutes les caractéristiques orbitales de la Terre – y compris celles de l'excentricité et de l'inclinaison de son axe –, telles qu'elles avaient été calculées par les "mécaniciens célestes" Laplace, Lagrange et, plus récemment, Le Verrier, fonction des subtiles interactions gravitationnelles entre les astres du Système solaire, qui viennent perturber la régularité approximative des "lois" de Kepler régissant les révolutions planétaires.

La théorie de Croll, faute d'avoir été validée par les tentatives de datation des dernières glaciations (stratigraphie des dépôts glaciaires, recul des chutes du Niagara), fut cependant discréditée et pratiquement oubliée, et le Suédois Svante Arrhenius, à la toute fin du XIXe siècle, ayant compris le rôle de l'effet de serre dans l'équilibre thermique de la surface et de l'atmosphère terrestres, attribua pour sa part les glaciations aux fluctuations de la quantité de gaz carbonique dans l'atmosphère au cours des âges. Cependant, même si, comme nous allons le voir, on a depuis lors montré qu'effectivement, par le passé, la température et la concentration en gaz carbonique ont fluctué de concert, la relation de cause à effet entre les deux restera une question complexe, voire un sujet de controverse (*cf.* le chapitre suivant, p. 205).

Bien que discréditée, la théorie de Croll fut tirée de l'oubli au début du XXe siècle par un mathématicien serbe, Milutin Milanković. Celui-ci reprendra inlassablement ses calculs pendant les décennies suivantes, mettant en évidence deux types de périodicité : des périodes longues, comprises entre 400 000 et 100 000 ans, et des périodes

En 1864, l'Écossais autodidacte James Croll (alors concierge dans un lycée...), dans une correspondance avec Lyell, parvint à donner une démonstration convaincante du fait que les ères glaciaires pouvaient effectivement trouver leur origine, comme les saisons, dans des causes astronomiques : les lentes variations des paramètres orbitaux de la Terre provoqueraient des "supersaisons".

Son idée principale était qu'une baisse de l'ensoleillement hivernal favorise l'accumulation de neige, ce qui entraîne une rétroaction positive : il fut le premier à remarquer que le renvoi de l'énergie solaire incidente par la réflexion due à la couverture neigeuse ou glaciaire pouvait amplifier l'effet des variations, somme toute minimes, de l'ensoleillement causées par les cycles de l'inclinaison de l'axe de la Terre et de l'excentricité de son orbite. Son article fondateur, *Climate and Time in their Geological Relations*, date de 1875 et lui valut d'être élu à la Royal Society.

plus courtes, d'environ 40 000 ans et 20 000 ans. Ce travail reçut le soutien de l'éminent climatologue Wladimir Köppen, et Milanković l'amitié du gendre de ce dernier, Alfred Wegener, dont la disparition en 1930 dans les glaces du Groenland devait l'affecter profondément.

Ingénieur diplômé de l'Université technique de Vienne, c'est après avoir été nommé professeur de mathématiques appliquées à Belgrade, puis mobilisé et fait prisonnier dès le début de la Première Guerre mondiale, que Milanković commença à travailler (en captivité en Autriche) sur le problème des mécanismes climatiques liés aux variations des conditions astronomiques d'ensoleillement, défrichés par Croll.

Bien que Köppen ait tenté, avec un certain succès, de corréler les cycles de Milanković et les périodes glaciaires de Penck et Brückner (qu'on ne savait pas bien dater auparavant), la théorie de Croll-Milanković ne trouvera finalement une validation expérimentale déterminante qu'après la Seconde Guerre mondiale, grâce aux forages effectués dans les sédiments océaniques par Cesare Emiliani et d'autres chercheurs, qui parvinrent à reconstituer la succession des périodes chaudes, au cours desquelles se déposent les restes d'une profusion de planctons *Globorotalia menardii*, et des périodes froides, où ils se raréfient.

La théorie astronomique des glaciations allait être confirmée à partir de la fin des années 1970 par André Berger, de l'université de Louvain-la-Neuve, lequel montra notamment l'excellente corrélation des cycles astronomiques calculés avec les variations de température qui venaient d'être déduites de la méthode du "thermomètre isotopique" (voir p. 168), permettant de reconstituer la température atmosphérique sur des centaines et des centaines de milliers d'années. Les cycles de Milanković, conséquences climatiques des variations orbitales de la Terre, peuvent en fait être observés à pied sec dans de nombreux endroits du monde, sous la forme des strates alternées visibles dans des falaises ou des coupes de terrains sédimentaires accumulées au fond d'anciennes mers.

Les multiples indices des climats anciens

Les climats sont en fait sujets à de grandes variations, avec des cycles qui vont de quelques années à peine (le phénomène "El Niño" par exemple, dont nous reparlerons) à quelques dizaines de milliers d'années (comme les grandes glaciations), voire bien plus.

Les méthodes modernes d'étude des climats du passé déploient aujourd'hui une impressionnante panoplie de moyens, adaptés à des époques de plus en plus lointaines. Pour les âges les plus récents, on dispose de témoignages directs, comme les photographies qui attestent l'ampleur de la désertisation des zones arides, au Moyen-Orient, en Afrique sahélienne et à un moindre degré sur les continents américain et australien. (Cette évolution est due au moins en partie à l'explosion démographique humaine, entraînant une détérioration des équilibres écologiques locaux des sols et de la végétation par l'homme et ses troupeaux, dégradation qui avait, à vrai dire, commencé à affecter la Mésopotamie dès le Néolithique et à s'étendre dans l'Antiquité gréco-romaine à tout le pourtour de la Méditerranée.)

Les documents historiques – archives des observatoires, des paroisses, dates de toutes sortes de célébrations saisonnières comme l'éclosion des fleurs de cerisier au Japon, les vendanges ou la récolte des olives en Méditerranée – ne permettent guère de remonter à plus d'un millier d'années, sauf pour certains événements météorologiques exceptionnels notés dans les annales de la Chine ancienne. C'est néanmoins ainsi qu'on mit en évidence le "petit âge glaciaire" sous le règne de Louis XIV, au cours duquel les glaciers alpins descendaient en altitude nettement plus bas qu'aujourd'hui ; le planétologue américain John Eddy a expliqué ce refroidissement par une très légère baisse de l'énergie émise par le Soleil, due à un affaiblissement temporaire de son cycle d'activité : on n'a pas retrouvé, en effet, le témoignage d'observations de taches solaires abondantes – signes d'un Soleil actif – pendant plusieurs dizaines d'années après la décennie où elles avaient été remarquées pour la première fois, peu après l'invention, en 1610, de la lunette astronomique ; c'est un astronome de Greenwich, Edward Maunder, qui s'en était avisé tardivement après avoir constaté dans les archives des observateurs la reprise, au cours du XVIIIe siècle – avant sa découverte au XIXe –, du cycle de onze ans de cette activité solaire.

On a également noté l'"optimum climatique du Moyen Âge", période de relative prospérité de l'Europe agricole due à un réchauffement pendant lequel, notamment, la côte est du Groenland reçut son nom de "terre verte" (ce qu'elle est en train de redevenir) par les Vikings qui la colonisèrent.

Les datations absolues par la chimie isotopique et le raffinement des calculs astronomiques

Les traces biologiques directes, comme la mesure des anneaux de croissance des troncs d'arbres (dendrochronologie), l'étude des coraux vivants ou fossiles, des fossiles de plantes et de pollens, permettent dans une certaine mesure de relever, ou du moins de corréler, certaines fluctuations climatiques de ce genre jusqu'à plusieurs milliers d'années.

L'observation au fond de l'Atlantique de dépôts de poussières venues d'Afrique a aussi permis de repérer les époques (comme l'époque actuelle) où le Sahara s'est désertifié, époques entre lesquelles un climat plus humide y régnait, ainsi qu'en témoignent notamment les peintures rupestres préhistoriques qu'on y trouve, représentant une faune quasi tropicale. On a ainsi pu retracer sur des dizaines de milliers d'années l'alternance, fréquente au Sahara, de zone verte à désert. Encore d'autres dépôts marins, comme par exemple les débris rocheux que laissent tomber des icebergs en fondant, ont fourni des indications sur certains épisodes climatiques extrêmes du passé.

Les méthodes stratigraphiques, c'est-à-dire l'étude des strates sédimentaires, ne donnent cependant en général qu'une échelle de temps relative, sans datation absolue, c'est-à-dire l'ordre de succession des événements sans fournir d'âge précis. En revanche – de la même manière qu'avec la méthode du carbone 14 pour les pièces archéologiques (et aussi pour les coraux ou les anneaux de croissance des arbres) –, on dispose aujourd'hui d'une vaste gamme de "marqueurs isotopiques" (*cf.* chapitre 14, p. 443) qui permettent non seulement de dater des échantillons, mais aussi de déterminer certains paramètres d'âges reculés, comme la température atmosphérique. Le carottage du fond des mers et des glaces antarctiques a ainsi permis de remonter loin dans la reconstitution des conditions climatiques passées.

Le glaciologue Claude Lorius raconte dans *Voyage dans l'Anthropocène* (bibl.) que c'est en 1965, non loin de la base antarctique Dumont d'Urville en terre Adélie, "au soir d'une journée de carottages particulièrement ratée et pénible", buvant un whisky avec un collègue australien, qu'il eut "la brusque intuition que la glace pourrait contenir les archives de l'atmosphère" : les glaçons dans son verre venaient "du fond de ce maudit forage à une centaine de mètres de profondeur. Ils devaient avoir des milliers d'années. Or les glaçons de profondeur, très compressés, sont particulièrement pétillants, au point de donner au whisky des allures de champagne…" Ces bulles de gaz emprisonnées dans le glacier allaient en effet se révéler de l'air fossile, témoin de l'atmosphère du passé, mais, ajoute Lorius, "il nous faudra attendre plus de vingt ans pour que cette intuition débouche sur une réalité avec les campagnes de forages profonds" (notamment à la base soviétique Vostok) et la mise au point des techniques d'analyse.

En 1987, Jean Jouzel et Claude Lorius publient, avec James Hansen, la corrélation observée sur cent soixante mille ans entre la température et la concentration du gaz carbonique déduites de ces mesures. Mesures par la suite étendues à quatre cent mille ans (et à l'évaluation du niveau des océans), puis à la plus grande partie de l'ère quaternaire, soit environ deux millions d'années.

À l'heure actuelle, la confiance dans le mécanisme du "forçage" du climat global par la mécanique céleste (théorie de Croll-Milanković) est telle que Jacques Laskar à l'Observatoire de Paris, ayant repris et amélioré le calcul des variations orbitales de la Terre par Lagrange et Le Verrier, qu'il a porté à une précision et une fiabilité nouvelles grâce à la puissance des moyens de calcul contemporains (et aussi grâce à notre connaissance améliorée des masses planétaires), peut se servir de ces données astronomiques pour caler dans le temps, avec exactitude, la chronologie stratigraphique relative – selon la démarche qu'avait adoptée Köppen pour essayer de dater les glaciations de Penck et Brückner d'après les calculs de Croll, mais jusqu'à des époques bien plus anciennes. C'est ainsi qu'on parvient aujourd'hui à reconstituer sur une échelle de temps absolue l'évolution de la température atmosphérique issue du thermomètre isotopique jusqu'à plus de cinquante millions d'années.

Pour les époques plus anciennes, les paléoclimatologues sont en général confrontés à un gigantesque puzzle temporel d'indices souvent épars et incomplets : les fossiles, de plus en plus rares, et leur stratigraphie, de moins en moins fiable, mais aussi tous les événements dont les géologues sont parvenus à reconstituer la succession, et quelquefois l'ancienneté : la formation des montagnes, les régressions et transgressions marines (montées et descentes du niveau de la mer), l'ouverture des océans, les dérives et collisions des continents, toutes choses dont il sera question dans la troisième partie de ce livre.

Concernant le climat global ancien de la planète, on estime qu'antérieurement, depuis quelque cinq cents millions d'années, il a été en général plus chaud qu'aujourd'hui – à l'exception des successions de glaciations intervenues récemment pendant les ères tertiaire et quaternaire. Pendant une bonne partie de la fin de l'ère primaire et toute l'ère secondaire, le niveau des océans était, semble-t-il, bien plus élevé*. Des mers peu profondes, grouillantes de vie, baignaient une partie des continents, y déposant les épaisses couches de sédiments calcaires et les fossiles qu'elles renferment.

On dispose en revanche de très peu d'évidence directe avant l'ère primaire, c'est-à-dire pour le Précambrien, soit,

* Comme on présume que la quantité totale d'eau sur Terre n'a pas sensiblement varié, cela implique qu'à ces époques, les volumes océaniques (largeur et profondeur des océans) étaient plus restreints qu'aujourd'hui.

rappelons-le, les quatre premiers milliards d'années de la Terre. Toutes sortes de déductions tirées de l'étude minéralogique, paléomagnétique et isotopique de dépôts variés laissent cependant soupçonner l'existence de très longues phases glaciaires, nourrissant l'hypothèse que l'eau de la Terre ait pu être totalement gelée – thèse appelée *"Snowball Earth"* par Joe Kirschvink du Caltech (California Institute of Technology) en 1992 et ardemment défendue par le géologue de Harvard Paul Hoffman. Mais une argumentation simple montre qu'une telle Terre "boule de neige" est plutôt improbable : il est très difficile, en effet, de comprendre comment cette situation aurait été réversible, ne serait-ce qu'à cause de la réflectivité (l'*albedo*) élevée de la surface blanche qui aurait renvoyé la plus grande partie de l'énergie solaire dans l'espace, surface condamnée ainsi, incapable de se réchauffer, à rester définitivement glacée ; sauf à imaginer que de puissants phénomènes volcaniques aient inondé l'atmosphère de gaz carbonique, provoquant un brutal réchauffement climatique par effet de serre. On aurait ainsi eu de grandes alternances entre phases "glacière" et phases "serre" du climat terrestre. Mais il ne s'agit là pour l'instant que d'intéressants scénarios.

Quant à l'atmosphère terrestre primitive, on en est également réduit à des scénarios plus ou moins crédibles. Carl Friedrich von Weizsäcker avait montré, en 1931, que l'argon pouvait être dû au dégazage d'un sous-produit de la désintégration radioactive d'une variété du potassium dans les roches, et dans les années d'après-guerre on considéra que toute l'atmosphère primitive de la Terre, vapeur d'eau et gaz carbonique notamment, avait pu être, de même, le résultat d'un dégazage précoce du globe lorsqu'il s'est refroidi, selon le modèle de la bouteille d'eau gazeuse dans le congélateur. Par la suite, au fur et à mesure que se développaient les théories de la formation du Système solaire et que s'accumulaient les évidences cosmochimiques déduites de l'analyse des météorites et des roches lunaires, l'idée que les enveloppes fluides de la Terre (hydrosphère et atmosphère) avaient pu être, en fait, acquises pendant des épisodes de bombardements intensifs par les comètes, résidus de la nébuleuse originelle, gagna du terrain. L'étude de certains des plus anciens minéraux terrestres (des zircons de plus de quatre milliards d'années) semble en tout cas montrer qu'il y avait déjà des océans lorsque la Terre n'avait que peu de centaines de millions d'années au compteur.

Naturellement, la question de l'eau, de la température et de la composition de l'atmosphère sur la Terre primitive est surtout intéressante dans le cadre des recherches sur l'origine de la vie. Il est généralement admis que l'oxygène est apparu tardivement, il y a plus de deux milliards d'années, avec la photosynthèse à partir du gaz carbonique des cyanobactéries et des premières algues marines (et que le masquage de l'ultraviolet solaire grâce à la transformation photochimique de cet oxygène en ozone dans la stratosphère a favorisé le développement ultérieur de la vie sur les continents). Par la suite, la vie animale océanique consomma également une importante part du gaz carbonique primitif, stockant le carbone sous la forme de carbonate de calcium dans les squelettes et coquilles qui se déposaient au fond des océans en strates calcaires.

Ce qui est certain c'est que la vie, une fois apparue, devenait capable de profondément transformer l'environnement de la planète, la composition de l'atmosphère et de la lithosphère superficielle et probablement le climat. Conclusion sur laquelle nous reviendrons à la fin de ce livre, mais qui n'est pas sans lien avec le sujet du chapitre suivant, consacré au réchauffement climatique dû à l'activité humaine, sujet qui restera sans doute, avec l'arme nucléaire et les OGM, l'un des plus profonds débats d'origine scientifique depuis les époques de Galilée et de Darwin.

6

UN RÉCHAUFFEMENT INÉVITABLE ?

À côté de l'évidence des variations périodiques et des violentes perturbations globales que l'atmosphère terrestre a subies le plus naturellement du monde au cours des âges géologiques, les savants spécialistes des sciences de la Terre ont eu quelque mal à se persuader de l'importance de sa modification *anthropogénique* récente, c'est-à-dire provoquée par des émissions de gaz d'origine humaine, importance dont la réalité n'a été (presque) universellement reconnue qu'au début du XXIe siècle. !

L'accroissement de l'effet de serre, entraînant un réchauffement climatique, n'est apparu comme un enjeu géopolitique majeur et n'est devenu une certitude scientifique que très progressivement au cours du siècle précédent. Les gaz à effet de serre étaient la forêt restée longtemps cachée derrière les arbres des autres risques environnementaux, pollutions et dégradations de toute sorte contre lesquelles le mouvement écologique avait commencé à mobiliser dès les années 1960.

Dans le volume de l'"Encyclopédie de la Pléiade" consacré à la Terre, publié en 1959, il y a bien, par exemple, une rubrique "Modification du climat par action humaine", mais on n'y trouve guère mentionnée que la légère augmentation de la température et la pollution de l'air dans les grandes villes par rapport aux campagnes environnantes. Dans un volume sur *La Terre*, paru chez Larousse en 1978, si l'on parle des retombées radioactives des essais nucléaires, des pluies acides, du fréon et de l'amiante, il n'y est que vaguement question d'une "modification de l'équilibre des températures susceptible de provoquer *un réchauffement ou un refroidissement*" – *sic*, mais c'est ce qu'avait mentionné le rapport préparatoire à la Conférence des Nations unies sur l'environnement de 1972 (*cf.* p. 16).

Les quelques chercheurs lucides qui avaient tenté de tirer le signal d'alarme au sujet d'un effet de serre anthropogénique susceptible de prendre un caractère menaçant prêchèrent longtemps dans le désert ! Il faut dire que cette menace globale restait quelque peu abstraite, sans effets aussi effrayants ou raison aussi facile à comprendre que le déversement flagrant de poisons dans l'air, l'eau ou la terre.

Naissance du mouvement écologique

Beaucoup de gens ont connu (et connaissent encore) les effets délétères dans l'air de l'activité humaine : le légendaire *fog* dans les cités britanniques (dû à l'emploi domestique du charbon et en partie responsable de la faible espérance de vie de la classe ouvrière à l'époque de la révolution industrielle) ou le "nuage brun" des fumées issues d'un milliard de foyers du Sud surpeuplé de l'Asie, qui voile les images satellites ; et encore les poussières disséminées par le gazole brûlé des moteurs diesel ou les composés soufrés et l'oxyde nitreux rejeté par les moteurs à essence, qui rendent l'atmosphère des plus grandes villes du monde souvent irritante, voire toxique, et sont responsables de beaucoup d'affections respiratoires des citadins, c'est-à-dire aujourd'hui la plus grande partie de la population du globe*.

* L'Organisation mondiale de la santé estime que la pollution de l'air urbain est responsable de 1,3 million de décès par an dans le monde, et un rapport de l'OCDE avertit qu'elle deviendra la principale cause environnementale de mort prématurée en 2050 si aucune action n'est entreprise pour améliorer la qualité de l'air. Le palmarès de la pollution de l'air urbain met en tête les grandes villes iraniennes, Téhéran et Ispahan (en partie à cause de la mauvaise qualité de l'essence), Mexico (en partie à cause de l'altitude), Pékin, Shanghai, Harbin (en grande partie à cause

Ce genre de pollution est considérablement aggravé par certaines conditions météorologiques locales et, notamment, les inversions de température. Lorsque, pour une raison ou pour une autre, une *couche d'inversion* se forme dans la basse atmosphère, c'est-à-dire une couche où la température augmente avec l'altitude au lieu de diminuer comme c'est presque toujours le cas, cette couche se comporte comme un couvercle imposant à l'air une grande stabilité et empêchant la diffusion et la convection des polluants. Dans de telles conditions, les villes sont particulièrement exposées et la situation, si elle se prolonge, peut provoquer une véritable crise réclamant la diminution temporaire de l'activité.

La généralisation d'une sensibilité "écologique" avait été amorcée par une prise de conscience ancienne de la part de visionnaires comme Vernadsky (*cf.* p. 545) et plus tard de hérauts véhéments comme Rachel Carson, mais c'est surtout dans les années 1970 que se développa une réelle préoccupation au sujet de l'"environnement".

Des tragédies comme celle de la maladie de Minamata, due à la pollution d'une baie japonaise par le mercure, et qui affecte même les descendants des victimes, rejoignaient celle des bombardements nucléaires d'Hiroshima et Nagasaki pour provoquer crainte et dégoût à l'égard des risques chimiques et nucléaires.

Surfant sur la grande vague de critiques de la société de consommation et de contestation du capitalisme industriel et du progressisme communiste par la génération du *baby-boom*, c'est-à-dire née en Occident dans l'immédiat après-guerre, la popularité du mouvement écologique

de l'usage intensif du charbon), et Bangkok. Mais Delhi, Bombay et Calcutta, où les maladies respiratoires font des ravages, ne font guère mieux, tout comme Le Caire ou São Paulo. Et les grandes villes françaises ne sont pas très bien placées non plus, notamment à cause des suies du diesel.

Rachel Carson était une biologiste marine dont les œuvres de vulgarisation et le combat courageux, longtemps solitaire, contre les lobbies des industries productrices d'herbicides et de pesticides, notamment le DDT, préfigurèrent et contribuèrent à lancer le mouvement écologique. Mais son succès fut largement posthume : elle est morte d'un cancer à cinquante-six ans, en 1964.

arriva à temps pour apporter une sérieuse correction, sinon mettre un terme, à l'irresponsabilité d'un productivisme débridé destructeur – dénoncé notamment par René Dumont –, qui se révélait particulièrement catastrophique dans le monde communiste et ce qu'on appelait encore le "tiers-monde".

Le Club de Rome, créé en 1968, publia en 1972 le célèbre rapport Meadows *(Halte à la croissance ?)*, qui prépara les esprits à la nécessaire prise en charge des problèmes environnementaux aux niveaux nationaux et supranational, avant même que le rapport Brundtland (*Notre futur commun*, 1987) ne mette à la mode les notions de "ressources renouvelables", de "développement durable" ou d'"empreinte écologique". La Conférence de Stockholm, organisée par l'ONU cette même année 1972, officialisa l'importance qu'on allait dorénavant attacher à une gouvernance mondiale des problèmes d'environnement.

Il se trouva que la popularité du mouvement écologique, notamment dans la jeunesse (c'était l'époque des hippies et des babas, celle où l'on partait élever des moutons en Lozère), coïncidait avec les "chocs pétroliers", la fin des trente glorieuses, et l'on se souviendra peut-être que même le président français de l'époque (Valéry Giscard d'Estaing), devant le brusque ralentissement de l'économie, reprenait à son compte le slogan "croissance zéro", tel ce personnage des *Mariés de la tour Eiffel* de Jean Cocteau décidant *in petto* : "Puisque ces mystères nous dépassent, feignons d'en être l'organisateur"...

Le nouveau credo "environnementaliste" était fondamentalement sain mais, à s'en prendre à la croissance, en diabolisant certaines technologies spécifiques comme le nucléaire, et avec une foi naïve dans les vertus des modes de production "alternatifs" et des énergies "vertes", renouvelables et prétendues propres, les écologistes – enfants gâtés et culpabilisés du progrès à la mode occidentale –, pour tout leur généreux militantisme, n'apportaient guère de solutions aux problèmes monumentaux que posait le développement du tiers-monde. Tiers-monde représentant les quatre cinquièmes de l'humanité, en voie d'émancipation de l'ère coloniale et dont les gouvernants, devenus indépendants et pressés de rattraper leur sous-développement, étaient *a priori* peu enclins à pénaliser l'essor économique au nom de la nouvelle religion environnementaliste des pays riches (préférant en général le faire tout seuls par la corruption et l'enrichissement personnel).

La Chine de Deng Xiaoping, à partir de 1978, devait choisir de privilégier le développement par les voies les plus rapides et d'ignorer les risques pour l'environnement. Avec succès : elle le paie aujourd'hui, après trois décennies de croissance à deux chiffres en moyenne, par un air irrespirable, une eau imbuvable, et un coût de toutes ces pollutions pour son économie qui est estimé à près de 10 % de son produit intérieur brut, sans parler de l'effet sur la santé de la population. (On peut faire porter le blâme au régime politique chinois ; mais l'Inde démocratique, qui allait suivre le même chemin avec le tournant pris en 1991 par le Premier ministre Manmohan Singh, économiste libéral, n'a pas fait mieux.)

Les succès remportés par la mobilisation contre certaines pollutions spécifiques comme la dioxine ou les CFC (voir p. 185) donnaient l'impression peut-être fallacieuse qu'il suffisait de se mettre d'accord au niveau politique local, régional ou international pour aboutir à des solutions réglementaires efficaces. Si, dans certaines contrées, les pollutions avaient en effet pu être combattues avec succès (par exemple, l'obligation d'équiper les voitures de pots catalytiques a eu rapidement raison du *smog* de Los Angeles), dans d'autres l'inertie, voire la collusion d'intérêts puissants, empêchaient d'agir. C'était le cas notamment en France – avec le scandale de l'amiante qui n'a été interdite qu'en 1997 alors que le danger était connu depuis longtemps –, où tout le monde encore aujourd'hui continue à se shooter au gazole, aucun gouvernement à ce jour n'ayant osé s'en prendre aux moteurs diesel alors que leurs émissions de suies submicroniques sont devenues un problème de santé publique majeur. Le diesel avait été, à partir de 1980, favorisé chez nous par une fiscalité avantageuse qui perdure encore en 2014 (de peur des conséquences pour l'industrie automobile nationale, le transport routier, le pouvoir d'achat des ménages et même l'égalité républicaine ! Aux États-Unis, le gazole coûte nettement plus cher que l'essence).

Organisations non gouvernementales et lobbies industriels commençaient à s'affronter dans des conflits souvent confus pour l'homme de la rue, et les experts scientifiques à se diviser suivant des clivages dont les motivations n'étaient pas toujours très claires. La polarisation du débat entre protection de l'environnement et priorité à la croissance économique allait s'installer durablement et revêtir de multiples aspects. Elle est encore à l'ordre du jour partout. Ce débat, à vrai dire, est légitime et pour ma part je récuse la caricature simpliste de gentils écolos (appuyés sur des savants compétents) contre de méchants industriels (et quelques traîtres stipendiés), ou d'ailleurs le contraire.

Le cynisme des milieux d'affaires est au demeurant assez visible et le mouvement écologique, de son côté, fut manipulé en sous-main par tellement d'intérêts puissants et bien installés que son influence se transforma rapidement en une nouvelle forme d'activité industrielle et commerciale, le *green business*, qui, loin de remplacer les autres, ne fit que s'y rajouter*. Enfin, l'action des groupes de pression environnementaux commença même à jouer parfois un rôle néfaste, n'améliorant les choses d'un côté que pour les aggraver par d'autres, à cause d'effets pervers imprévus. C'est ce qui allait se passer avec le réchauffement climatique, ainsi que devait le montrer l'histoire des CFC ou de la "transition énergétique".

Quoi qu'il en soit, la plus grande perturbation anthropogénique globale de l'atmosphère – le changement climatique attribuable à l'accroissement des émissions de gaz à effet de serre (et pas seulement du gaz carbonique) – n'a été en fait que tardivement et très incomplètement

* Certains militants écolos comprirent très vite que, tout comme auparavant la gauche caviar pour *Le Nouvel Observateur* et ses pubs de luxe ("Che Guevara, ça se vend plus"), il y avait là un "marché" à exploiter. Les plus idéalistes en revanche, qui n'avaient pas le sens des affaires mais voulaient "changer la vie", se firent élire dans des municipalités où on leur confia la gestion de trucs merdiques comme le tri des ordures, les égouts ou les crottes de chiens.

prise en compte, et semble bien devoir résister pour l'instant à tous les “y a qu'à”.

Pour avoir été un de ceux qui prévinrent le gouvernement français dès 1988 de l'importance géopolitique qu'allait prendre cet effet de serre – alors que j'appartenais à la délégation générale à l'Espace auprès du ministre Paul Quilès comme adjoint de Michel Petit, lequel allait être nommé représentant français au bureau du Groupe d'experts intergouvernemental sur l'évolution du climat (GIEC) avant d'y être remplacé par Jean Jouzel –, effet de serre dont il faut bien dire que très peu de gens à l'époque savaient de quoi il retournait mais sur lequel j'avais effectué l'un de mes premiers travaux de recherche aux États-Unis vers 1960*, j'ai suivi avec beaucoup d'intérêt, depuis plus d'un quart de siècle, l'évolution de ce qui a effectivement fini par devenir, à tort ou à raison, l'un des débats voire des enjeux majeurs du début du XXIe siècle.

Je n'ai pas toutefois, sur cette histoire embrouillée, une attitude partisane, et je vais m'efforcer de la raconter avec impartialité, appréciant les arguments des uns comme des autres, ce qui naturellement, compte tenu des animosités qu'a exacerbées ce débat, me fera des ennemis des deux côtés…

D'anciennes convictions, rares et peu pressantes

Une très légère augmentation de la proportion du gaz carbonique et du méthane dans l'atmosphère terrestre, due aux activités humaines, est sans doute un phénomène relativement ancien. Il n'est pas impossible qu'il remonte à l'époque moyenâgeuse où furent défrichées et brûlées des surfaces immenses de forêts dans l'hémisphère nord de la planète (comme aujourd'hui

* Il s'agissait alors de modéliser l'effet d'une lourde atmosphère de gaz carbonique autour de Vénus, pour voir si ce mécanisme pouvait expliquer la température que les radioastronomes venaient de mesurer à la surface de cette planète, dépassant 450 °C.

dans les régions équatoriales), puis développés à grande échelle le labourage et le pâturage ("les deux mamelles de la France") ; certains voudraient même faire remonter ce phénomène au début de l'agriculture, à l'âge néolithique… Au demeurant, nous savons que, dans un passé bien plus lointain, il y a eu d'importantes fluctuations (naturelles) de la teneur de l'atmosphère en gaz carbonés*, et que ces fluctuations étaient accompagnées de fluctuations parallèles de la température ; nous allons y revenir.

Les premières mesures directes d'une augmentation récente de la teneur de l'atmosphère en dioxyde de carbone ne datent que de la fin du XIXe siècle, et elle est généralement attribuée à la révolution industrielle.

En réalité, c'est surtout l'augmentation de la population à la surface du globe (elle-même due principalement aux progrès de l'hygiène, de la médecine et des protections sociales) et la multiplication corrélative des activités productives et de la consommation d'énergie (notamment le développement de l'agriculture et des transports) qui en sont responsables. Beaucoup d'écologistes militants récusent cette façon de penser, persuadés contre toute évidence que seule une petite minorité de riches sur-consommateurs et de méchantes multinationales est bien plus coupable que la grande majorité de l'humanité, constituée de pauvres arriérés, trop pauvres pour même polluer quoi que ce soit ; comme si la croissance économique avait été due uniquement à la consommation des plus riches ; comme si des milliards de gens n'étaient pas en train de sortir de la pauvreté ; comme si en fin de compte on devrait les y laisser ?…

* On a en particulier détecté dans les coquilles fossiles benthiques (carottages des fonds sous-marins) une brutale augmentation du contenu en carbone de l'atmosphère il y a cinquante-cinq millions d'années, qui mit quelque deux cent mille ans à se dissiper. Cet événement, dont on s'explique assez mal la cause, fut apparemment associé à une élévation de la température et de l'acidité de l'océan.

L'augmentation régulière de la teneur de l'air en gaz carbonique, ainsi que l'ont montré les mesures de Charles David Keeling de la Scripps Institution of Oceanography, à Big Sur en Californie, puis au sommet du Mauna Lea (Hawaii) depuis l'année 1958, a été en tout cas inexorable jusqu'ici et, faut-il le préciser, son origine est incontestée : après avoir fluctué pendant plus d'un million d'années entre 180 et 280 parties par million (ppm), elle est passée ces deux derniers siècles de moins de 300 à plus de 400 ppm (seuil franchi pour la première fois en 2013), suivant fidèlement l'accroissement de la consommation des combustibles de toute sorte, des bouses de vache séchées aux bois et charbons et, naturellement, aux produits pétroliers, voire à la "biomasse"*.

Si cette évolution inexorable n'a donné à ce jour aucun signe de ralentissement global, au contraire, et n'est contestée par personne, en revanche la réalité d'un réchauffement qui lui serait dû, c'est-à-dire la constatation d'une augmentation des températures moyennes – voire la validité de la notion même de température moyenne –, est restée longtemps contestée.

Les premiers modèles d'un réchauffement et les doutes de la communauté scientifique

Le scepticisme venait tout d'abord des météorologues et portait sur la détectabilité d'un réchauffement, qu'ils considéraient, pour de bonnes raisons, comme douteuse : ils étaient bien placés pour savoir que les températures varient énormément d'année en année, que les températures moyennées sur des régions plus ou moins vastes et des périodes de temps plus ou moins longues varient

* Une petite variation saisonnière due à la végétation fait légèrement baisser, au cours de tous les printemps, la teneur de l'air en gaz carbonique lorsque la photosynthèse de la masse végétale feuillue dans l'hémisphère nord en pompe des milliards de tonnes. L'élasticité de cette variation saisonnière permet d'estimer le temps de réaction de la température de l'atmosphère aux fluctuations de la concentration du gaz carbonique, qu'on calcule ainsi être plutôt lent. Ce qui fait craindre que, même si l'on stoppait la croissance de l'émission de gaz à effet de serre, le réchauffement climatique n'en soit pas pour autant interrompu.

également de manière plus ou moins aléatoire, et leurs données ne mettaient en évidence aucune augmentation systématique (et à vrai dire montraient même plutôt une diminution pour la décennie 1970...). La mode à l'époque – on était encore en pleine guerre froide – était d'ailleurs plutôt à craindre des refroidissements, à la suite de la popularisation, par des auteurs comme Carl Sagan ou Paul Crutzen, du risque d'"hiver nucléaire" (l'obscurcissement du ciel par des poussières et autres conséquences atmosphériques censées devoir aggraver le sort des survivants de l'emploi massif des forces de frappe stratégiques...). Même si nous observions une tendance nette au réchauffement, ajoutaient les météorologues, nous n'aurions aucun moyen de savoir s'il s'agit d'une évolution à long terme liée à un effet de serre accru ou d'une fluctuation à moyen terme due à d'autres causes et destinée à s'inverser, comme il y en a tant.

Pour d'autres experts – spécialistes des relations Soleil-Terre ou de l'influence des océans sur le climat, physiciens du globe ayant réfléchi aux mécanismes paléoclimatiques, ou tout simplement statisticiens familiers des méthodes pour traiter de longues séries de mesures –, les choses n'étaient pas non plus très évidentes.

Ainsi que le souligne pertinemment l'historien Christophe Bonneuil, en matière d'environnement "ce n'est pas grâce à la science « dernier cri » que la question [se pose]". La prise de conscience ne provient pas que des milieux scientifiques éclairés : "ce sont plutôt par tous les pores de la société qu'émergent, [comme] à chaque époque, des contestations, des alternatives, des « solutions » face aux dérèglements écologiques[*]".

* "Remettre l'histoire au cœur de la crise environnementale", interview de Christophe Bonneuil et Jean-Baptiste Fressoz par Stéphane Foucart, *Le Monde*, 7 novembre 2013.

→ l'événement Anthropocène (livre)

Et de fait, dans les années 1980, ce sont surtout des militants, écologistes politiques novices ou politiciens chevronnés (Al Gore déjà, alors sénateur à Washington), qui se firent l'expression d'une réelle inquiétude ; ils s'appuyaient sur les analyses de quelques chercheurs américains, tels Wallace Broecker dans un article de 1975 analysant la corrélation entre température globale et teneur en gaz carbonique, John Mercer avertissant en 1978 qu'un réchauffement global entraînerait la fonte des glaces antarctiques et l'élévation des mers (prédiction qui se révèle exacte un tiers de siècle plus tard mais fut très attaquée à l'époque), et surtout Jule Charney qui, dans un rapport de 1979 commandé par le National Research Council, donna la première estimation chiffrée (+ 3 °C) de l'effet d'un *doublement* de la concentration du gaz carbonique (estimation considérée aujourd'hui comme plutôt optimiste). Cela dit, à la même époque d'autres grands experts de l'atmosphère et des climats, Richard Lindzen par exemple, restaient encore très réticents à l'égard de ces conclusions, compte tenu notamment de la difficulté à intégrer le rôle complexe de la vapeur d'eau et des nuages dans le bilan thermique de la Terre.

Le gaz carbonique n'est pas le seul gaz "à effet de serre", et l'effet de serre n'est pas bien entendu, comme nous l'avons vu, le seul mécanisme à l'œuvre dans l'équilibre thermique à la surface terrestre, ce qui fait que les débats scientifiques sur les rapports entre eux restaient assez ouverts et devaient laisser par la suite une petite place aux arguments des "climato-sceptiques". Tous les gaz polyatomiques, c'est-à-dire dont les molécules sont constituées de plus de deux atomes liés, absorbent l'infrarouge, chacun dans des bandes de fréquences des "couleurs" spécifiques, et contribuent par conséquent à l'effet de serre. Certains de ces gaz, notamment le méthane, sont d'origine plus ou moins naturelle, biologique (par exemple, fermentations dans les tourbières et le système digestif des ruminants), ou associés à l'extraction des combustibles fossiles ; d'autres, comme les hydrofluorocarbures (HFC), sont d'origine purement industrielle. La vapeur d'eau est un gaz naturel à effet de serre particulièrement efficace (et abondant), mais son rôle dans l'équilibre thermique de la planète n'est pas, en revanche, à sens unique (plus de vapeur d'eau, donc plus d'effet de serre, donc plus d'évaporation des océans, etc.), car sa condensation sous forme de nuages diminue l'ensoleillement au sol, et les couvertures neigeuses aux hautes latitudes réfléchissent l'énergie solaire, tous effets qui tendent de leur côté à refroidir la surface terrestre, ce qui rend compte des difficultés rencontrées par les "modèles" de ces phénomènes sur lesquels travaillaient les climatologues.

Que les risques des gaz à effet de serre n'aient pas encore été véritablement pris au sérieux dans la décennie 1980 est montré à l'évidence par l'affaire de la couche d'ozone. Le protocole de Montréal signé en 1987, qui de fait avait abouti à mettre hors la loi les chlorofluorocarbones (CFC) destructeurs de l'ozone, fut considéré à juste titre comme une grande réussite de la mobilisation internationale contre une pollution globalement dangereuse. Malheureusement, on a dû déchanter ; si l'usage des CFC a été immédiatement interdit dans les pays occidentaux, le délai de dix ans accordé aux pays "émergents" s'est révélé bien trop laxiste : on n'avait pas prévu que ces pays "émergeraient" aussi vite ! Depuis l'interdiction de leur emploi dans les bombes aérosols et les machines réfrigérantes des pays occidentaux, l'usage des CFC par les systèmes de conditionnement d'air dans les pays émergents s'est développé avec une rapidité extrême – l'air conditionné étant un confort devenu, au même titre que la voiture, un signe de statut pour les nouvelles classes moyennes de plus en plus nombreuses dans tout le sud de l'Asie et en Afrique –, et la menace sur la couche d'ozone a persisté.

Mais, pire encore, faute d'avoir à l'époque pris assez au sérieux l'effet de serre, on avait négligé le fait que les réfrigérants qui allaient remplacer les CFC à partir de la fin des années 1990 (les HFC), s'ils ne présentaient plus de risque pour l'ozone, s'avéreraient en revanche des gaz à effet de serre bien plus efficaces que le gaz carbonique (pensez-y quand vous devrez renouveler le liquide de la climatisation de votre voiture...). Le temps qu'on s'en avise, la montée en charge de leur production pour alimenter le marché mondialisé des climatiseurs ne pouvait plus être stoppée, d'autant que les réfrigérants de troisième génération qu'on s'empressa de mettre au point, préservant l'ozone *et* n'aggravant pas l'effet de serre, sont inflammables et que les agences chargées de la sécurité publique ne sont pas prêtes à en autoriser l'emploi !

(À l'heure actuelle, une centaine de pays seraient d'accord pour mettre, après les CFC, les HFC à leur tour hors la loi dans le cadre du protocole de Montréal – ce sont les gaz à effet de serre dont les émissions augmentent le plus rapidement, de 10 à 15 % chaque année. Jusqu'à très récemment, les deux pays où leur utilisation croît le plus fortement, l'Inde et la Chine, s'y opposaient ; mais il semble que des progrès aient récemment été obtenus grâce à des accords bilatéraux avec les États-Unis et au bon exemple donné par l'Union européenne.)

Il faut aussi se souvenir qu'à l'époque du protocole de Montréal (à la fin des années 1980), les préoccupations écologiques portaient encore davantage sur les sales pollutions de toute sorte, les déchets et accidents chimiques ou nucléaires, que sur l'évolution du climat : on était encore sous le coup du *meltdown* de la centrale de Tchernobyl en 1986 et de la terrible catastrophe de Bhopal, causée par l'imprudence criminelle de la compagnie Union Carbide, dont l'usine de fabrication de pesticides avait répandu par accident, en 1984, sur la grande ville indienne un nuage empoisonné faisant des dizaines de milliers de victimes.

Néanmoins, les politiques (le G7), alertés (manipulés, prétendront les climato-sceptiques) par quelques savants alarmistes influents, et sous la houlette du Canadien Maurice Strong, ancien secrétaire général de l'ONU fort actif dans le domaine environnemental depuis qu'il avait organisé la Conférence sur l'environnement de Stockholm en 1972*, réussirent à imposer en 1988, sous l'égide de l'ONU (via l'OMM), la création d'un Groupe intergouvernemental d'experts du climat, le GIEC. Parmi ses membres fondateurs figurait Bert Bolin, conseiller du premier ministre suédois Olof Palme – l'intérêt de ce dernier pour la question étant peut-être motivé par sa volonté de muscler la production nucléaire d'électricité en Suède (Bert Bolin présidera le GIEC de 1988 à 1997). C'est le futur "Sir" John Houghton, météorologue britannique, qui avait convaincu Mme Thatcher, laquelle y vit une justification de sa guerre (et de sa victoire) contre les syndicats du charbon britannique. Une sécheresse exceptionnelle qui frappait les États-Unis, et à l'occasion de laquelle le Sénat américain avait auditionné quelques experts, dont le spécialiste de l'atmosphère James Hansen, devenu l'un des responsables scientifiques de la Nasa, joua aussi un rôle dans cette décision du G7 pour le moins singulière, mais rétrospectivement tout à fait pertinente.

La "Conférence de la Terre" à Rio de Janeiro en 1992 – qui confirma spectaculairement l'importance que les gouvernements occidentaux, et notamment européens (ralliez-vous à mon panache vert), accordaient dorénavant

* "Actuellement caché en Chine par suite de son implication dans le scandale de détournement de fonds dans le cadre du programme *Oil for Food*", lit-on dans Wikipédia fin 2013… C'est vrai, ça ? Il a pourtant participé de nouveau au deuxième Sommet de la Terre, à Rio en 2012.

aux enjeux environnementaux – adopta, à la suite du premier rapport du GIEC, une “Convention sur le climat” officialisant les risques liés à l'émission de gaz à effet de serre, dont la menace potentielle s'était rapidement popularisée. Le deuxième rapport du GIEC, en 1996, préparant le protocole de Kyoto (1997), devait conclure pour la première fois explicitement à “la responsabilité humaine dans le réchauffement climatique”.

Cependant, sur le plan scientifique, c'est à cette époque que de vives controverses entre experts éclatèrent à propos des courbes retraçant l'histoire de la température à la surface terrestre. La température moyenne semblait bel et bien être en train de remonter dans cette fin du XXe siècle, mais le calcul de la température moyenne ressort de cuisines statistiques dont les résultats restaient discutables… et discutés.

La “courbe en crosse de hockey” des températures depuis l'an 1000, publiée en 1998 par les Américains Mann, Bradley et Hughes, montrant une envolée de la moyenne au XXe siècle mais où n'apparaissent ni l'optimum climatique du Moyen Âge ni le petit âge glaciaire de l'âge classique – courbe qui devait être fréquemment brandie par les alarmistes dans les années qui suivirent (au premier rang desquels Al Gore) –, allait avoir un impact considérable. Évidemment, cette courbe médiatique fut dénoncée par les climato-sceptiques comme une manipulation des données, un manque de rigueur tout au moins, que devaient d'ailleurs confirmer ultérieurement, en 2006, des rapports du statisticien Edward Wegman et de l'Académie des sciences américaine, “même, ajoute cette dernière, si les conclusions sont justes”… (ce qui scandalisa le premier pour qui on ne prouve rien avec des méthodes fautives).

Nous avons vu, d'autre part, que la corrélation sur de très longues périodes entre les températures à la surface du globe et la concentration en gaz carbonique avait été mise en évidence à partir des carottages des glaces antarctiques (*cf.* p. 168). Il n'était toutefois pas évident de savoir quelle était la cause et quel était l'effet, d'autant plus que l'imprécision des datations pouvait laisser penser que les variations de température, au lieu de suivre celles du gaz carbonique, les précédaient, parfois de centaines d'années, ce qui était évidemment gênant pour ceux que leurs adversaires appelaient "l'équipe de hockey", bien qu'ils puissent trouver une explication dans la capacité des océans à absorber ou émettre ce gaz. (Et puis on devait s'apercevoir par la suite, dans les années 2010, qu'il y avait en fait un biais dans l'analyse des carottes glaciaires : le piégeage de l'air par la glace pouvait prendre longtemps, des siècles, et par conséquent le retard des variations du gaz carbonique par rapport à celles de la température était en réalité beaucoup plus faible qu'on n'avait pu initialement le prétendre, voire inexistant, ce qui prive les climato-sceptiques d'un de leurs meilleurs arguments.)

En l'an 2000, au-delà des polémiques partisanes, il y avait deux faits scientifiquement incontestables : l'augmentation croissante de la teneur de l'atmosphère en gaz carbonés et l'élévation (minime) du niveau des océans. Il y avait débat sur l'augmentation des températures moyennes, pourtant considérée comme une conséquence normale de la première et une des causes logiques de la seconde. Il y avait en revanche une grande incertitude sur le coût des conséquences d'un réchauffement et des mesures destinées à l'empêcher. Sur ces deux derniers points, il faudra attendre 2006, avec le rapport de Nicholas Stern, l'ancien économiste en chef de la Banque mondiale, pour disposer de premières évaluations chiffrées (à l'aide de modèles économiques à vrai dire bien plus contestables et contestés que les modèles d'atmosphère : la crise financière était sur le point d'éclater et les économistes, à une ou deux exceptions près, n'avaient rien vu venir). Néanmoins, un spécialiste américain des choix publics, William Nordhaus, s'appuiera sur ces modèles pour défendre une position qui s'apparente au pari de Pascal : mieux vaut agir pour empêcher un réchauffement même incertain que risquer une catastrophe climatique même improbable...

Les chassés-croisés entre l'opinion publique, celles de la communauté scientifique, des milieux d'affaires et des responsables politiques

Au passage du deuxième millénaire, un certain nombre d'indices laissaient penser aux plus alarmistes des climatologues que l'accroissement de l'effet de serre ne se traduirait pas seulement par une élévation de la température moyenne, somme toute peu convaincante, mais également – ce qui semblait plausible puisque c'est cet effet qui est en grande partie à l'origine du chauffage de la basse atmosphère et donc de la circulation atmosphérique – par des perturbations dynamiques accrues, beaucoup plus spectaculaires : des tempêtes particulièrement violentes aux latitudes tempérées (celles de décembre 1999, en particulier, qui ravagèrent les forêts françaises) et l'augmentation du nombre et de la force des cyclones sous les tropiques, venant s'ajouter à la contraction des glaciers alpins et à l'apparition de "trous d'eau" dans la banquise arctique, ainsi qu'aux premières observations de migrations d'espèces vers le nord, accrurent les certitudes des avocats de la thèse d'un changement climatique et les inquiétudes dans l'opinion : dorénavant, tout événement météorologique sortant de l'ordinaire (et il y en a souvent...) allait être attribué, à tort ou à raison, au réchauffement climatique*.

* L'augmentation apparente du nombre et de l'importance des catastrophes naturelles est une "illusion statistique", argumente le politologue Bruno Tertrais, parce qu'elles sont comptabilisées quand elles dépassent certains seuils. Or, nous sommes de plus en plus nombreux, de plus en plus riches, de plus en plus assurés contre les risques, et vivons de plus en plus dans des zones dangereuses, donc il y a de plus en plus de catastrophes qui sont comptabilisées ; mais le réchauffement climatique n'y est

Bien qu'on ne sache pas trop les modéliser quantitativement, il commençait en outre à être de plus en plus question de phénomènes suggérant l'imminence de rétroactions positives, c'est-à-dire d'effets du réchauffement qui tendraient à l'accélérer et à lui faire atteindre un point de non-retour : sécheresse transformant les forêts tropicales de puits en sources de gaz carbonique, dégagement du méthane piégé dans le pergélisol sibérien ou dans les hydrates de la couche superficielle des océans, fonte des banquises polaires diminuant l'albedo de la Terre (sa faculté de réfléchir une partie du rayonnement solaire incident), etc. + Zones Humides qui s'assèchent !

Le troisième rapport de synthèse du GIEC, en 2001 (où la crosse de hockey apparaît six fois), précisait ce qui constituerait un "changement climatique dangereux". Jusque-là, beaucoup des scientifiques se rangeaient toujours dans le camp des prudents, voire des sceptiques, attribuant les prétendus indices d'un réchauffement à des fluctuations sans signification certaine, jusqu'à ce que cette majorité change d'avis. La canicule européenne exceptionnelle d'août 2003, qui provoqua une trentaine de milliers de décès surnuméraires en Europe (mais dont les causes n'avaient à vrai dire rien à voir avec le réchauffement climatique), viendra opportunément ponctuer le revirement.

Personne n'a jamais effectué une étude objective de ce phénomène sociologique – ce qui fait que nous sommes bien incapables d'en analyser la logique (effet générationnel ? appât des financements ?) – mais en tout cas, en ce début des années 2000, la communauté scientifique dans son ensemble, obéissant à un tropisme grégaire dont l'histoire montre qu'elle en est assez coutumière, bascula massivement en faveur de la thèse du réchauffement climatique. Ce qui n'avait été pour beaucoup qu'une affaire

pas pour grand-chose, contrairement à ce que croient, ou veulent croire, beaucoup de gens.

d'opinion se transforma en une sorte de dogme auquel il devint risqué de s'opposer*.

Le triomphe des prophètes du changement climatique fut entériné en apothéose par l'attribution en 2007 du prix Nobel de la paix au GIEC – et à Al Gore, ex-futur président des États-Unis désormais homme d'affaires privé, qui n'avait pas ménagé ses efforts d'évangéliste du réchauffement, notamment avec un film présenté au Festival de Cannes et récompensé, également en 2007, par deux Oscars à Hollywood (ce qui représente, il faut bien le reconnaître, un exploit extraordinaire pour une œuvre de vulgarisation – de propagande, disaient les climato-sceptiques !).

Ces climato-sceptiques résiduels, devenus tout à coup ultraminoritaires face à la nouvelle orthodoxie, et promptement stigmatisés par ses porte-parole, se trouvèrent en outre fragilisés par le fait qu'ils étaient loin de former un parti homogène. On y rencontrait pêle-mêle des gens soupçonnés d'être à la solde des lobbies pétroliers que favorisait le gouvernement de George W. Bush, des mandarins non conformistes comme Freeman Dyson – physicien de grand renom – ou Claude Allègre – géochimiste réputé et ancien patron du Bureau de recherches géologiques et minières et de l'Institut de physique du globe de Paris, ministre français de l'Éducation nationale entre 1997 et 2000 –, ainsi que des chercheurs scientifiques scrupuleux, que gênaient toutes les imperfections des statistiques de température ou des modèles du climat.

Leurs différentes versions de scepticisme déclinaient une large palette d'opinions, de la négation de l'effet de serre

* Il y avait eu bien sûr des Cassandre (je sais, j'en faisais partie, mais je n'étais plus depuis quelque temps un chercheur professionnel). On retiendra les noms des océanographes, glaciologues et géochimistes Revelle, Broecker, Mercer, Lorius et Jouzel et, bien sûr, des atmosphéristes membres du GIEC comme Petit.

lui-même pour les plus obtus à celle du risque de réchauffement climatique, du doute sur le caractère anthropogénique de l'augmentation de la teneur de l'air en gaz carbonique à la dénonciation d'un alarmisme exagéré quant à ses conséquences (Allègre, par exemple, voulait bien admettre à la rigueur que l'acidification accrue des océans par le gaz carbonique pouvait être un problème).

Les plus activistes, bien organisés au sein des milieux conservateurs américains (le Heartland Institute) et bien relayés par la presse économique anglo-américaine (le *Wall Street Journal* notamment), réussirent néanmoins, en quelques années, à marquer des points en appliquant la règle connue selon laquelle la meilleure défense consiste à attaquer. Leurs offensives, pas toujours de bonne foi*, parvinrent à miner peu à peu les positions devenues consensuelles du GIEC, dont un audit – à la suite de la révélation de quelques erreurs dans ses rapports et de soupçons de fraudes et d'autocensure (dont il fut blanchi) – finit par recommander la réforme des procédures.

Ces attaques et contre-attaques faisaient mauvais effet ; elles jetaient un jour cru sur des aspects, pas toujours très clairs, de milieux scientifiques traditionnellement attachés à inspirer le respect et la confiance en s'efforçant de donner d'eux-mêmes une image empreinte de sérieux, d'honnêteté, de sérénité et d'unanimité. Mais à partir du moment où les scientifiques s'étaient trouvés impliqués dans les arcanes de la gouvernance mondiale, il n'était pas étonnant qu'ils se trouvent confrontés au genre de manœuvres qui la caractérisent (qu'ils ne maîtrisent

* Par exemple : les climato-sceptiques s'élevaient (avec quelques raisons) contre les calculs et même la notion de température moyenne tant que celle-ci augmentait ; lorsqu'elle a donné des signes de fléchissement, ils se sont empressés de l'invoquer à l'appui de leurs thèses… Cela dit, il est de fait que le réchauffement global semble avoir marqué une pause dans la première décennie des années 2000 ; mais il serait tout aussi erroné d'y voir la preuve de son inexistence qu'était fallacieuse la fameuse "courbe en crosse de hockey" montrant un décollage continu de la température moyenne.

d'ailleurs pas plus mal que d'autres), mais aussi à l'exposition médiatique de leurs pratiques professionnelles (à laquelle ils sont beaucoup moins habitués).

En fait, on a assisté depuis une génération à une sorte de chassé-croisé entre l'opinion de la communauté scientifique et l'opinion tout court (ce qui est un phénomène assez constant dans l'histoire des sciences, lesquelles se sont le plus souvent construites contre le sens commun). La montée de l'alarmisme climatique, qui avait abouti à la création du GIEC et au protocole de Kyoto, s'est effectuée à une époque où une bonne partie des scientifiques restaient prudents à l'égard de la réalité d'un réchauffement climatique. Par contre, depuis le début du XXIe siècle, alors que la communauté scientifique a massivement basculé dans l'alarmisme, les climato-sceptiques, désormais très minoritaires, ont accru leur audience dans l'opinion, laquelle semble de moins en moins préoccupée par les risques d'un réchauffement, de moins en moins sensible au rabâchage des "scénarios noirs" que les médias lui assènent depuis trop longtemps, et surtout de plus en plus soucieuse de la stagnation économique après la grande récession qui a suivi la crise financière de 2007-2008. Une peur exagérée des conséquences du réchauffement engendre moins la responsabilité que le fatalisme (par exemple, s'attendre à des perturbations climatiques extrêmes incite plutôt à l'achat d'un 4 x 4 que d'un véhicule électrique...), et le fait que les mêmes militants combattent à la fois l'émission de gaz à effet de serre et l'énergie nucléaire ne plaide pas pour la cohérence de leurs convictions auprès d'un public qui n'est pas prêt à réduire sa consommation d'électricité.

À l'inverse, un autre chassé-croisé est en train d'affecter l'attitude des industriels et des responsables politiques. Les premiers semblent avoir découvert récemment les risques économiques de l'inaction à l'égard d'un réchauffement climatique – soulignés dès 2006 par le rapport Stern – et commencent à se déclarer prêts à se mobiliser, comme on l'a entendu à Davos en janvier 2014 (les industries agroalimentaires comme Coca-Cola, par exemple, s'inquiétant des à-coups de leurs approvisionnements en eau pour des productions mondialisées). Les politiques en revanche, à l'instar de la Commission européenne, soucieux de ne pas pénaliser l'économie en temps de crise, tendent parfois à revenir sur leurs bonnes résolutions antérieures.

On essaie mais on n'y arrivera pas !

Toujours est-il qu'après avoir agité opinion, médias et gouvernements pendant bientôt un quart de siècle, la réduction des émissions de gaz à effet de serre, malgré le protocole de Kyoto de 1997, s'avérait impossible à mettre en œuvre globalement. Il est rare, de toute façon, que les problèmes résistent à l'absence de solution, et après l'accident nucléaire de Fukushima en 2011 il devint évident – vu le discrédit supplémentaire qui allait inévitablement stigmatiser cette source d'énergie, pratiquement la seule non génératrice de gaz à effet de serre* – que l'on ne s'acheminait pas vers une réduction globale des émissions de gaz carbonique, sans parler du méthane ou des HFC. (L'Agence internationale de l'énergie, par exemple, avait révisé ses projections dès 2011, et prévoit un accroissement inévitable du recours au charbon, le pire émetteur de gaz carbonique – et de composés soufrés responsables des pluies acides !)

Alors même que les gouvernements européens avaient résolument pris des mesures dirigistes pour diminuer les émissions de gaz à effet de serre, on a de plus en plus

* L'énergie hydroélectrique, en noyant la végétation en amont des barrages, génère d'importantes quantités de méthane. L'éolien ou le photovoltaïque requièrent le complément d'une source d'énergie qu'on peut allumer ou éteindre à volonté, c'est-à-dire thermique (charbon ou pétrole), sauf à stocker l'électricité produite, par exemple en l'utilisant pour pomper l'eau et remplir les retenues des barrages hydroélectriques. L'énergie des marées océaniques, la plus propre, reste très sous-exploitée (ainsi d'ailleurs que la géothermie).

recours aux centrales thermiques. La production d'électricité photovoltaïque et éolienne, qui s'était développée grâce à des subventions directes ou indirectes (lesquelles se tarissent), y contribue dans la mesure où l'emploi de ces énergies, renouvelables et non directement polluantes (mais chères), entraîne un emploi accru de centrales thermiques, quand il n'y a pas de vent ou pas de soleil*. L'hostilité au gaz de schistes, comme à l'énergie nucléaire, contribue également en Europe à l'emploi croissant du charbon et du fioul.

Aux États-Unis, la politique de laisser-faire a eu, tout aussi paradoxalement, pour résultat la substitution du gaz de schistes (dont la combustion est beaucoup plus propre, même si son extraction ne l'est guère) au charbon, dont le marché s'est effondré mais que les Américains continuent à extraire pour nous le vendre. (Après les crises ukrainiennes de 2009 et 2014, le feu vert va probablement être donné aux exportations américaines de gaz vers l'Europe pour faire pièce à celles de la Russie.)

Le pays qui s'était lancé avec le plus de détermination dans la "transition énergétique", l'Allemagne, ne témoigne pas de l'efficacité et des chances de popularité des recettes mises en œuvre jusqu'ici : les émissions de gaz à effet de serre n'y ont pas diminué (elles avaient encore augmenté en 2012), tandis que les tarifs de l'électricité y ont bondi de 30 % en cinq ans ! D'ailleurs, l'accent mis sur la transition énergétique – le changement des modes de production plutôt que des modes de consommation d'énergie – néglige par exemple le fait que la plus grosse part des émissions de gaz à effet de serre provient

* Un autre inconvénient de l'éolien, outre qu'il massacre les volatiles et gâche les paysages, est qu'il peut à l'occasion produire trop d'électricité, c'est-à-dire bien plus que le réseau local n'est capable d'en transporter, ce qui conduit à la sous-utilisation des investissements, une des causes de la cherté de cette source d'énergie. Et de nouvelles lignes à haute tension, comme en Allemagne pour l'éolien offshore de la Baltique, provoquent la contestation des *not in my backyard* ("pas de ça chez moi").

en fait des transports et de l'agriculture, pour lesquels les mesures décidées sont bien plus timides, voire inexistantes ; notamment en France, ainsi que l'a noté un récent rapport de la Cour des comptes. Les mécanismes, comme la taxe carbone, imaginés par les économistes n'ont de leur côté guère fait la preuve de leur efficacité, sans compter qu'ils ont offert de nouveaux terrains de jeu à la fraude, l'escroquerie et la corruption…

En attendant d'hypothétiques méthodes pour résorber le gaz carbonique et le méthane en les séquestrant sous terre ou en les injectant dans les océans*, voire d'autres méthodes de *geoengineering* comme la fertilisation du plancton océanique ou l'ensemencement de l'atmosphère en particules réfléchissantes – toutes méthodes loin d'être dépourvues de graves risques –, on en était de toute façon revenu plus ou moins explicitement, dès la conférence de Cancún en 2010 où un prétendu accord avait bel et bien vidé de son contenu le protocole de Kyoto, aux positions du statisticien écologiste danois Lomborg, qui s'était singularisé en affirmant qu'il valait mieux somme toute consacrer une partie de nos efforts à nous adapter à un changement climatique, sinon inéluctable du moins largement imprévisible et incontrôlable, que tenter désespérément de l'empêcher à tout prix.

* De nombreuses recherches ont été menées sur le sujet depuis celles, pionnières, de Cesare Marchetti en 1977 et Fred Koomanoff dans les années 1980. Bryan Lovell, ancien membre influent de la prestigieuse Société géologique de Londres (et du lobby du pétrole il était directeur chez British Petroleum), professe une thèse astucieuse et originale au sujet de la séquestration du gaz carbonique et du méthane : ce sont les compagnies pétrolières qui disposent du savoir-faire en la matière, et l'on devrait les financer pour qu'elles développent et mettent en œuvre les méthodes d'enfouissement des gaz carbonés dans les gisements épuisés d'hydrocabures. Bref, après qu'elles ont bien servi l'humanité et fait des bénéfices considérables en extrayant les formes fossiles du carbone du sous-sol, on devrait maintenant assurer leur avenir en les payant pour l'y remettre…

Cette opinion était également, dois-je l'avouer, la mienne ; depuis longtemps. J'ai toujours pensé en effet que c'est l'irrésistible développement de la vie elle-même – fût-elle la croissance économique tant désirée (ou tant décriée, c'est selon) – qui "pollue" la planète ; c'était déjà le cas au Précambrien lorsque la photosynthèse par la végétation primitive inonda l'atmosphère de ce gaz éminemment toxique et cancérigène, l'oxygène ! Et nous n'y pouvons pas grand-chose, sauf à nous arrêter de faire des enfants et de respirer (ce que, au demeurant, nous faisons tous à partir d'un certain âge...). Peut-être nous exagérons-nous les risques que courent nos descendants, et sous-estimons-nous leurs facultés d'adaptation ?

Les prévisions du GIEC, incorporant progressivement de nouveaux paramètres dans les modèles, sont sans doute de plus en plus fiables, mais il faut bien voir que les recommandations qui en découlent sont de plus en plus irréalistes. Comment imaginer en effet que l'on pourrait atteindre des objectifs comme une réduction globale des émissions de gaz à effet de serre de 50 % ou même de 20 % des niveaux actuels à l'horizon 2050 (nécessaire, affirment les modèles, pour limiter le réchauffement à 2 ou 3 degrés à l'échéance de la fin du siècle), alors que tous les indicateurs démographiques, économiques, sociaux pointent vers la poursuite d'une très forte croissance globale des besoins en énergie dans le monde et d'un recours toujours accru aux énergies fossiles, même si la tendance est au ralentissement de cette croissance ?

Ce serait certes une chose possible, et une bonne chose, que les pays les plus gaspilleurs d'énergie, comme le nôtre, deviennent plus économes et que les nouvelles économies, comme les cités futures, deviennent plus écologiques que les nôtres ne l'ont été (et ne le sont encore) ; c'est d'ailleurs la voie où l'on s'engage un peu partout, même en Chine, où l'État semble avoir enfin pris le problème, sinon encore en main, du moins en ligne de mire. Mais le gouvernement indien a clairement annoncé, de son côté, qu'il écartait toute possibilité de voir baisser, d'ici à 2050, les émissions de gaz carboné dans un pays où la priorité est de sortir de la pauvreté des centaines de millions de gens et de fournir de l'électricité à 20 % de la population qui n'y a pas accès pour l'instant. Selon toute probabilité, l'Inde devrait dépasser la Chine et les États-Unis comme principal émetteur de gaz à effet de serre.

Imagine-t-on que l'Afrique, dont la population va plus que doubler d'ici à 2050, et dont la consommation d'énergie par habitant est à l'heure actuelle quelque dix fois plus basse que la nôtre, va maintenir une contribution à l'effet de serre inférieure à celle des pays européens, quels que soient les progrès dont elle pourra bénéficier en matière de technologies propres par rapport à nos errements passés ? Ou que la contribution de pays asiatiques comme l'Indonésie – qui verront certes leur population se stabiliser, mais qui ont un taux de croissance de leur consommation d'énergie supérieur à 10 % par an (le Bangladesh, par exemple, importe massivement du charbon pour son ambitieux programme de construction de centrales thermiques) – restera inférieure à la contribution américaine à l'effet de serre ? Laquelle n'a que très légèrement diminué par rapport à 2005 – grâce à la récession économique, et aussi à la substitution du gaz de schistes au charbon –, le Congrès conservateur s'étant opposé à toute mesure législative sur le sujet ; le président des États-Unis a réaffirmé, à l'été 2013, l'objectif qu'il s'était fixé de porter cette diminution à 17 % à l'échéance de 2020, et a pris un certain nombre de décisions de nature réglementaire pour tenter d'y parvenir malgré les réticences des parlementaires. Et John Kerry, le secrétaire d'État de Barack Obama, depuis longtemps militant sur le sujet, s'efforce de laisser comme héritage un traité mondial sur le climat, négocié notamment avec la Chine et qui serait signé à Paris en 2015. On verra.

Il est cependant très vraisemblable que les recommandations et même les engagements visant à la réduction des émissions – comme ceux du protocole de Kyoto, que les conférences de Copenhague et suivantes ont désespérément cherché à préserver mais n'ont réussi qu'à repousser dans le futur – seront mis à mal. Par conséquent, si les prévisions des modèles sont correctes (et pour l'instant tout laisse penser qu'elles le sont), on devra pendant pas mal de temps – bien après que seront stabilisés les facteurs de croissance et éventuellement mises au point et en œuvre les techniques de capture et/ou de séquestration massives du gaz carbonique, du méthane et autres gaz à effet de serre – faire avec la poursuite d'un réchauffement. Et dans ces conditions le débat, et les négociations internationales sur le sujet, pourraient bien s'élargir (et s'envenimer), de la question de savoir comment empêcher ce réchauffement à celle de savoir comment s'y adapter, c'est-à-dire en fait comment financer cette adaptation et compenser les inégalités flagrantes des nations face aux coûts qu'elle entraînera. Surtout si, comme certains le craignent, le changement climatique a un impact négatif sur la production agricole, qui se traduirait notamment par une flambée du prix des céréales.

Comment gérer la plus forte transgression marine depuis la fin de la dernière glaciation ?

La menace à long terme la plus évidente liée à ce réchauffement climatique (dont, si sa réalité même ne peut plus être sérieusement mise en doute, l'ampleur des conséquences reste en revanche très difficilement prévisible) serait la hausse du niveau des océans, ainsi qu'en avait averti le glaciologue John Mercer dès 1978. À la dilatation de leur volume avec la température (seule prise en compte dans les projections initiales du GIEC) s'ajoutera bientôt – et cela semble bien être déjà le cas – le déclenchement de la fonte des glaces terrestres existantes. La fonte des banquises d'eau de mer, qui devrait par ailleurs s'accélérer (encore qu'on n'ait pas constaté d'aggravation en 2013, et que la situation soit très différente dans l'océan Arctique entouré de terres et le continent antarctique entouré d'eau ou même, en Antarctique, entre la mer de Ross et la mer de Bellingshausen), ne se traduira pas par une contribution à l'élévation du niveau de l'eau, contrairement à celle des glaces continentales : le niveau de votre pastis ne monte pas quand les glaçons fondent dans le verre, mais il monte si vous rajoutez l'eau d'un nouveau glaçon*.

Même si les glaces de montagne sont (presque) partout en train de régresser, la contribution des grandes chaînes comme les Alpes ou l'Himalaya sera relativement minime et ce sont surtout les glaciers continentaux du Groenland, voire de l'Antarctique, vastes calottes glaciaires de kilomètres d'épaisseur, dont la fonte représenterait le principal apport d'eau aux océans. Or, des mesures extrêmement précises du champ de gravité par satellite montrent déjà la diminution de l'épaisseur des glaces sur la périphérie du Groenland depuis plus d'une dizaine d'années, et en 2014 une dislocation irréversible des glaciers dans la cuvette de l'ouest de l'Antarctique a été confirmée.

Du taux actuel de quelques millimètres par an (dû en partie, nous le verrons, à la consommation d'eau pompée dans les nappes phréatiques continentales et en fin de compte rejetée à la mer), la vitesse d'élévation du niveau moyen des océans pourrait ainsi croître progressivement jusqu'à beaucoup plus de 1 mètre par siècle. Mais on ne sait pas bien modéliser les processus de fonte des glaciers, sauf à conclure que, si la totalité des glaces polaires disparaissait, les côtes actuelles du globe seraient noyées sous bien plus d'une dizaine de mètres d'eau supplémentaires, ce qui, dans certaines régions (les deltas des grands fleuves, en particulier le Nil, le Mékong, le Mississippi, mais aussi le Rhône et le Rhin), redessinerait complètement leur tracé, du moins pour quelques millénaires. La montée des eaux n'est cependant pas uniforme sur toutes

* En toute rigueur, la fonte des banquises (d'eau douce) provoque une légère augmentation du niveau de l'eau de mer à cause de la salinité de cette dernière, mais cet effet est tout à fait négligeable.

les côtes du globe, et de plus leur inondation peut être ralentie (ou accélérée) dans certaines régions par de lents mouvements verticaux du sol continental (*cf.* p. 284).

Ce serait de toute façon la plus forte transgression marine depuis la fonte de la glaciation de Würm il y a une quinzaine de milliers d'années (lorsque le niveau de la mer est remonté de dizaines de mètres, ainsi qu'en témoignent, par exemple, la grotte ornée de Cosquer dans les calanques de Marseille-Cassis, dont l'entrée est aujourd'hui sous l'eau à 35 mètres de profondeur, ou d'ailleurs la plupart des vallées des grands fleuves qui se prolongent encore aujourd'hui sous l'eau, selon le tracé qu'ils avaient jadis creusé à l'air libre dans ce qui est maintenant le plateau continental sous-marin). Que cette nouvelle transgression marine ait déjà commencé se voit, du reste, dans l'effet récent des ondes de tempête et des grandes marées qui envahissent et rongent les côtes avec une efficacité nouvelle.

Pour essayer de se faire une idée de ce qui nous attend, des chercheurs ont analysé, en bordure des côtes, à l'intérieur des terres, les indices des remontées du niveau de la mer dues aux fontes des glaces polaires pendant les réchauffements interglaciaires du passé : plages fossiles, restes de récifs coralliens. On a ainsi récemment pu montrer que, pendant l'épisode chaud (qui a duré plusieurs milliers d'années) précédant le dernier âge glaciaire, le niveau des mers, il y a quelques dizaines de milliers d'années, était en moyenne de 3 à 4 mètres plus élevé qu'aujourd'hui ; mais, à la fin de cette période, ce niveau est apparemment remonté d'encore 5 ou 6 mètres assez rapidement, en moins de mille ans. La durée exacte de cette montée supplémentaire, interprétée comme le déclenchement de la fonte des glaces du Groenland et/ou de l'Antarctique, n'a pas encore pu être déterminée ; toutefois, les auteurs de l'étude pensent avoir mis en évidence la relative soudaineté, géologiquement parlant, de l'événement, laissant entrevoir ce qui nous menace.

À l'échelle humaine, cependant, la montée des eaux serait en tout état de cause une évolution lente, laissant le temps de prendre les dispositions nécessaires. Certains pays prennent déjà leurs précautions : la Belgique, les Pays-Bas surtout, qui ont une grande expérience du contrôle de la mer et y consacrent depuis longtemps un budget conséquent, ainsi que le Bangladesh (que conseille la Hollande), doublement menacé par les eaux de la mousson et des fontes himalayennes lui arrivant *via* le Gange et le Brahmapoutre, et par la montée de celles du golfe du Bengale ; ou bien encore les nations atolls de l'océan Indien ou du Pacifique (comme certains territoires français), dont le sol est promis à l'engloutissement et qui ont commencé à acheter des terrains à l'étranger. Sans parler des villes comme Hambourg, Londres ou Venise (bientôt New York, Miami, Alexandrie, Singapour ?), déjà envahies depuis longtemps par les plus grandes marées ou les plus fortes tempêtes, et qui se sont équipées, s'équipent ou vont s'équiper de barrages protecteurs*.

Il faut quand même bien se représenter l'importance potentielle du problème : si ces menaces globales se concrétisaient, ce qui à l'heure actuelle reste probable, la population directement concernée, et notamment celle de la plupart des villes côtières (comprenant une bonne partie des villes du monde les plus peuplées), atteindrait à terme 2 milliards de personnes, et le coût économique de leur relocalisation et/ou de la protection ou

* Dans le cas de la Méditerranée (et de la mer Noire), on pourrait même envisager la construction d'une digue (avec écluses) barrant le détroit de Gibraltar, laquelle pourrait en outre fournir de l'électricité et de l'eau douce. Il serait intéressant de savoir si cela serait plus avantageux que de protéger tous les rivages menacés par la montée des eaux, mais un tel projet n'a jamais été sérieusement étudié ; peut-être parce que, comme me l'a dit un diplomate, un État totalitaire (l'Empire romain ?) aurait pu s'y lancer, mais des États démocratiques n'ont aucune chance d'y parvenir...

de la réfection des infrastructures, selon un rapport de l'ONU, avoisinerait 10 % du produit intérieur brut mondial : cet effort prendrait rang parmi les principales activités humaines d'ici à la fin du XXIe siècle ! On imagine bien que les enjeux économiques et politiques liés à un tel effort vont prendre une importance croissante dans les négociations, voire dans les conflits internationaux.

Mais, après tout, ne serait-il pas préférable de se consacrer ainsi à préserver le confort de l'humanité qu'à dépenser encore bien plus, comme on l'a fait si longtemps, à se conquérir les uns les autres, quand ce n'est pas à se massacrer mutuellement, ou même à se dissuader de le faire ? Est-il totalement irréaliste et naïf d'imaginer un effort coordonné et contrôlé pour transférer une part des budgets militaires vers un tel objectif ? Ne relève-t-il pas de la défense nationale contre une attaque menaçant l'intégrité des territoires et la sécurité des citoyens ?

Deuxième livre

L'EAU

Water makes the land.

Le photographe
Toshio Shibata

7

FLUIDE MIRACULEUX, GAZ OU CRISTAL

Je sais les cieux crevant en éclairs, et les trombes,
et les ressacs et les courants.

ARTHUR RIMBAUD, *Le Bateau ivre*

Le miroir lisse d'un lac reflète l'image de montagnes couvertes de neige dont les sommets se découpent sur un ciel où s'attardent de beaux nuages. Au bord de l'eau, un être solitaire contemple le paysage. Ce peut être une photographie de vacances, une gravure romantique ou une estampe orientale ; on peut aussi imaginer qu'il s'agit d'une scène de l'Antiquité, ou même de la préhistoire. Primordiale ou éternelle, cette scène nous est étrangement familière. Elle n'évoque pas seulement la proximité entre l'homme et la nature, elle connote l'importance du rôle que joue l'eau dans cette proximité. "J'ai toujours aimé l'eau passionnément, et sa vue me jette dans une rêverie délicieuse", écrivait dans les *Confessions* Jean-Jacques Rousseau, né sur la rive du lac de Genève au pied des glaciers des Alpes.

Cette scène illustre le rôle de l'eau comme créateur des paysages : non seulement les paysages tels que pouvaient les voir et les reproduire les artistes, mais aussi tels que se les représentent les savants, qui ont appris à y lire le résultat de la présence et de l'action, souvent ancienne et disparue, de l'eau sous toutes ses formes.

Une telle scène, plus subtilement, évoque aussi les métamorphoses incessantes – auxquelles nous ne prêtons guère attention, sauf peut-être en période de gel sévère ou de dégel brutal – entre les trois états dans lesquels cet "élément" si familier se rencontre simultanément sur la Terre : l'eau se métamorphose en effet sans cesse sur notre planète, tel un acteur changeant d'habit sur scène d'un tableau à l'autre, passant constamment de l'état liquide (auquel nous l'identifions le plus souvent) à l'état de vapeur (transparente, invisible sauf à se condenser en nuages, brouillards, rosées ou pluies) et à l'état solide (neige, givre et glaces).

L'eau est omniprésente sur la Terre, recouvrant ou imbibant, sous une forme ou une autre, en plus ou moins grande quantité, la quasi-totalité de sa surface. C'est d'ailleurs l'eau (liquide), épousant avec souplesse les sollicitations de la gravité et des autres forces lui donnant sa forme, qui définit l'altitude de référence de la planète : le "niveau de la mer".

L'eau est *le liquide* par excellence et, en réalité, il y a très peu de liquides naturels qui ne soient, comme la sève et le sang (ou le vin), fondamentalement de l'eau : tous les autres (alcools, essences, glycérine, etc.) sont largement artificiels, plus ou moins fabriqués par l'industrie humaine, hormis quelques rares huiles végétales ou pétroles fossiles, ou le mercure et le brome, encore plus rares.

Les *solides*, eux, ne manquent pas à la surface émergée des continents, mais de toutes les substances cristallines présentes à la surface de la Terre, y compris sur une partie de la mer, c'est encore la glace d'eau qui est la plus abondante. (La glace terrestre, formée par congélation de l'eau dans les conditions de pression et de température que nous connaissons, possède une structure cristallographique hexagonale, comme celle des flocons de neige ; mais on fabrique en laboratoire, et il existe dans l'Univers, d'autres types de glace d'eau, de structure cubique par exemple, ou amorphe, se formant à des températures beaucoup plus basses que celles qui règnent sur Terre.)

Quant à la *vapeur* d'eau, elle n'est certes présente qu'en très petite quantité dans l'atmosphère, mais nous avons vu quel rôle essentiel elle y joue, largement responsable du temps et des climats, tant par sa contribution à l'effet de serre que par le transport permanent d'énergie solaire sous forme de chaleur latente, sans compter les "précipitations" qui arrosent, abreuvent et parfois ravagent la vie sur les continents.

Lorsque les savants du XIXe siècle, à la suite des alchimistes d'antan, eurent compris qu'en fait *tous* les corps chimiques sont susceptibles, suivant la température et la pression auxquelles on les porte, de fondre ou s'évaporer quand on les chauffe, de se liquéfier ou se solidifier quand ils refroidissent et par conséquent, comme l'eau, de se trouver dans ces trois états (gazeux, liquide, solide), il ne leur fallut pas longtemps pour prendre conscience du fait qu'en revanche, l'eau est seule à faire cela naturellement à grande échelle dans les conditions de pression et de température somme toute limitées qu'on trouve à la surface de la Terre.

Plus tard, les chercheurs s'apercevront que ces pressions et températures terrestres, auxquelles nous sommes si bien adaptés et habitués, sont dans l'Univers – où se côtoient le vide des espaces infinis et la compression inimaginable de la matière stellaire, les millions de degrés et le froid quasi absolu – quelque chose de miraculeux, quelque chose d'unique ou, du moins, d'exceptionnel : s'il faisait un peu plus chaud sur Terre, toute l'eau se serait vaporisée, comme sur la planète Vénus ; un peu plus froid et toute l'eau serait congelée, comme sur Mars à l'époque actuelle.

Les savants du XXe siècle n'étant pas particulièrement portés à croire aux miracles, ils concluront (comme tout le monde en était persuadé depuis toujours) que l'eau liquide et la vie, du moins celle que nous connaissons, sont indissociablement liées. La vie a pu se développer sur notre planète, insistèrent-ils, précisément *parce que* l'eau y a subsisté à l'état liquide. Avec la chaleur qui règne sur Vénus, c'est le plomb qui est liquide ; avec le froid des environs de Saturne, c'est le méthane qui est liquéfié. Mais allez développer de la vie dans du plomb fondu, ou dans du méthane liquide (encore que, qui sait…).

On a longtemps pensé que l'eau avait été infusée sous forme de vapeur dans l'atmosphère terrestre par un volcanisme primitif, dégazée de l'intérieur du globe quand il s'était refroidi et solidifié, comme une bouteille de champagne expulse son gaz si vous l'oubliez dans le compartiment congélateur du frigo (expérience déconseillée). Depuis quelques décennies, on préfère croire que l'eau a été apportée sur la jeune Terre par les comètes congelées et autres résidus de la nébuleuse solaire primitive qui "pleuvaient" sur elle lors de la naissance du Système solaire. Allez savoir…

L'eau certes ne manque pas dans l'Univers, les astrophysiciens en ont maintes preuves aujourd'hui, mais pratiquement partout, dans les vastes nuées galactiques, sur les planètes et astéroïdes, ou dans les nuages de comètes qui entourent les systèmes stellaires, H_2O est à l'état de gaz ou de glace. Il n'y a guère que sur Terre ou, c'est probable, sur d'autres planètes plus ou moins semblables à la Terre autour d'autres étoiles plus ou moins semblables au Soleil – mais on sait maintenant qu'il en existe sans aucun doute des milliards dans notre Voie lactée, sans compter les centaines d'autres milliards de galaxies… – que l'eau liquide ruisselle, coule, stagne, et que donc, corrélativement, la vie telle que nous la connaissons peut proliférer*.

* Pour être précis, il faut mentionner que la planète Mars a apparemment connu des épisodes de fontes sauvages de ses glaces, des oueds et des lacs, et que l'on soupçonne aussi, dans le Système solaire, la présence d'un océan d'eau liquide à la surface d'un satellite de Jupiter, Europe, et d'un satellite de Saturne, Encelade, sous l'épaisse banquise craquelée qui les recouvre entièrement. Et puis on ne peut exclure *a priori* d'autres formes de vie,

Bien avant que les scientifiques n'aboutissent à toutes ces conclusions, les cosmogonies traditionnelles avaient déjà attribué à l'eau un rôle primordial, comme par exemple chez les Dogons du sud du Mali décrits dans le célèbre *Dieu d'eau* de l'ethnologue Marcel Griaule. Dans la plupart des sociétés humaines, les sources d'eau douce sont révérées (il n'est pas difficile de sentir pourquoi si vous en dépendez directement – comme dans notre bergerie des Corbières, alimentée en eau par le seul petit filet saisonnier sortant de la colline au-dessus, sous une roche battue par les vents, parmi une végétation plus verte que la garrigue alentour sur laquelle la vue s'étend au loin ; je n'ai jamais pu grimper là-haut, pour nettoyer le captage et vérifier l'état de la citerne enterrée, sans ressentir une sorte d'action de grâce à l'égard de je ne sais trop quel mystérieux esprit de la nature...).

Les sources et fontaines ont longtemps été des lieux de pratiques rituelles populaires, hantés par des nymphes ou des fées capables d'exaucer des vœux (la "fontaine de Jouvence"), anciennes superstitions païennes que les Églises tentèrent vainement d'étouffer avant de se résoudre à les orienter vers leurs propres cultes (l'eau bénite...). L'eau, présente ou représentée par sa symbolique, dans les mythologies comme dans la liturgie et l'art, a été en tout cas sacrée par toutes les grandes religions : l'eau des ablutions, l'eau du baptême (le Jourdain), l'eau qui lave et purifie (le Gange), l'eau qui soigne et guérit (Lourdes).

Parmi les systèmes de mesure et de représentation construits par la science il y a deux ou trois siècles, l'eau occupe de la même manière une place centrale. Dans le système métrique, l'unité de poids a été fondée

fondées sur d'autres chimies que celle du carbone, par exemple sur le silicium, thème classique des auteurs de science-fiction. (Certains prétendent d'ailleurs qu'une vie fondée sur le silicium existe déjà sur Terre avec les ordinateurs et l'intelligence artificielle, et que nous ne serions en fin de compte que les gènes de nos machines...)

historiquement sur la densité de l'eau : le *kilogramme* fut défini par la Commission des poids et mesures de la Convention comme *le poids d'un décimètre cube d'eau.* L'unité de température, on le sait, avait été également fondée sur les propriétés de l'eau : le *degré centigrade* est, depuis Celsius, *la centième partie de la différence entre la température de l'eau (pure) bouillante et celle de la glace fondante* (à la pression atmosphérique du niveau de la mer).

Les propriétés très spéciales de l'eau

Toutes sortes de particularités physiques ou chimiques de l'eau lui confèrent, ont remarqué depuis longtemps les physico-chimistes, ses bien utiles propriétés. Par exemple, la glace est moins dense que l'eau liquide et flotte dessus, ce qui est une sorte d'anomalie : la plupart des corps augmentent de volume quand ils fondent (c'est le cas, nous le verrons, des roches), au contraire de l'eau qui en perd en devenant liquide ; cette propriété d'être plus dense à l'état liquide a comme conséquence providentielle de préserver le plus souvent les réservoirs d'eau terrestres d'un gel complet lorsque la température ambiante descend longtemps au-dessous de 0 °C : l'eau liquide s'isole du froid de l'atmosphère grâce à la couche solidifiée qui flotte à sa surface. Si la glace coulait au fond au fur et à mesure qu'elle se formait (comme les roches en "prenant" dans un magma qui refroidit), rien n'empêcherait l'eau des lacs, des rivières ou même des mers de se solidifier tout entière dans sa masse (c'est plus ou moins ce qui s'est passé, nous le verrons, pour les roches du globe terrestre après qu'il a fondu).

L'augmentation de volume accompagnant la réfrigération et la solidification de l'eau à l'approche de 0 °C se fait avec une force considérable, cause, quand il gèle, de l'éclatement des roches poreuses humides, des effets désastreux de la gelée sur beaucoup de tissus végétaux ou animaux et de la rupture des récipients ou des conduites (une forme de fracturation hydraulique !). L'eau se dilate cependant aussi lorsque la température augmente*, et sa densité est en fait maximale vers 4 °C, ce qui fait que le fond des océans reste presque partout, ainsi que nous le verrons, aux environs de cette température.

L'eau liquide est incompressible, comme un solide. Guericke, le bourgmestre physicien de Magdebourg, démontrait cela à grands coups de masse sur des sphères métalliques creuses : vides, elles s'aplatissaient ; pleines d'eau, elles n'étaient pas le moins du monde déformées, comme si elles étaient faites d'acier massif, telles des boules de pétanque. C'est cette incompressibilité des liquides – alliée à leur fluidité à travers toute espèce de cavités ou de tuyauteries – qui permet la transmission des pressions analysée par Blaise Pascal, lequel avait du même coup inventé la presse hydraulique – sorte de levier souple gagnant en force ce qu'il perd en ampleur du mouvement –, dont l'utilité a été déclinée par la suite dans toutes sortes de puissantes machines aux multiples applications.

L'incompressibilité de l'eau est aussi la cause de sa faculté à propager les ondes de compression du son sans beaucoup d'atténuation, tel un solide, propriété qui est mise à profit par les animaux marins comme les dauphins ou les baleines pour communiquer, par les militaires pour repérer navires et sous-marins et les pêcheurs les bancs de poissons, ainsi que par les savants pour l'étude des fonds océaniques par sondages acoustiques. En revanche, l'eau, comme tous les liquides, ne propage pas les ondes de cisaillement (cette propriété des liquides de ne pas transmettre ce genre de vibrations joue un grand rôle dans la science de la sismologie).

L'eau, même propre, n'est pas aussi transparente à la lumière qu'on pourrait le croire. Tout à fait opaque

* C'est, nous l'avons noté, une des causes de l'élévation du niveau de la mer sous l'effet du réchauffement climatique.

à l'ultraviolet, elle a sans doute joué un rôle de protection de la vie océanique primitive avant l'apparition de la couche d'ozone. Et l'on sait qu'avec la profondeur sous la mer on s'enfonce dans une nuit permanente (et froide) qui n'est pas pour rien dans la répulsion qu'on a longtemps éprouvée pour le (prétendu) "monde du silence" des abîmes sous-marins.

La "puissance élastique de la vapeur" : les pompes "atmosphériques", les premiers "moteurs" et les centrales électriques

Les changements de phases de l'eau, son évaporation et sa condensation, jouent, nous l'avons vu, un rôle météorologique et climatique essentiel, mais l'exploitation et la maîtrise de ces phénomènes par les ingénieurs du XVIIIe siècle entraîneront des conséquences extraordinaires pour l'humanité. Ces phénomènes ont été, en effet, le médium d'une des plus grandes révolutions après l'invention de l'agriculture et de l'écriture, et avant la médecine et l'essor des applications de l'électricité et de l'électronique : la révolution industrielle. Voyons comment.

L'un des huguenots français qui émigrèrent en Angleterre après la révocation de l'édit de Nantes avait travaillé à Paris avec le jeune génie hollandais Christiaan Huygens sur son moteur atmosphérique (*cf.* p. 33), puis repris ces travaux dans l'atelier de Robert Boyle à Londres, expérimentant la "force élastique" de la vapeur d'eau ; son nom était Denis Papin – l'inventeur de la cocotte-minute (qu'il appelait pour sa part "machine à ramollir les os"...). À la toute fin du XVIIe siècle, Papin fit devant la Royal Society la démonstration d'un dispositif utilisant la vapeur d'eau pour mouvoir un piston dans un cylindre métallique : en faisant bouillir de l'eau dans le cylindre, la vapeur élevait le piston, que la pression atmosphérique faisait ensuite irrésistiblement redescendre lorsqu'on laissait se refroidir le dispositif, la vapeur d'eau se condensant sur les parois du cylindre et y faisant en quelque sorte le vide. On voyait bien que cette machine, utilisant de la chaleur et du froid afin de produire un mouvement mécanique cyclique *via* la vaporisation et la condensation de l'eau, pouvait être utilisée pour soulever des poids ou faire osciller des leviers comme ceux d'une pompe à bras.

Plusieurs autres engins de ce genre, connus sous le nom de “pompes à feu”, furent proposés en Angleterre (par Lord Somerset, par Thomas Savery), mais le premier “moteur” vraiment opérationnel fut celui qu'un chaudronnier, Thomas Newcomen, mit au point au début du XVIIIe siècle et qui fut utilisé pour pomper l'eau des galeries d'une mine de charbon près de Birmingham. Cette machine, dont des milliers d'exemplaires allaient être construits et installés, pompant l'eau de la Tamise et d'autres rivières, ou de puits, oscillant dans les champs miniers d'Europe pour vider les galeries (l'une d'elles fonctionnait encore en 1915), est généralement citée comme marquant le début de la révolution industrielle. Elle était d'une taille et d'une puissance bien supérieures au dispositif de Papin (dont on ne sait pas s'il l'inspira).

Roger Lamouline, chez qui j'ai trouvé ma documentation sur ce sujet, remarque toutefois dans *L'Horreur du vide* (bibl.) que, contrairement aux véritables moteurs à vapeur développés un peu plus tard, ce type de machine “tire toute sa force de la pression atmosphérique… la vapeur n'étant là que pour se laisser condenser et faire le vide ; elle n'aide que de façon marginale à pousser le piston” (ce dont se chargeait, par l'intermédiaire de la poutre-bielle, le poids de la tige plongeant dans le puits de mine jusqu'à la pompe, tige que faisait remonter la pression atmosphérique s'exerçant sur le piston pour le faire redescendre lorsque la vapeur se condensait dans le cylindre).

Les premières véritables “machines à vapeur” furent mises au point après que James Watt eut amélioré le modèle de Newcomen en y ajoutant un “condenseur” séparé, maintenu froid. L'idée lui était venue, écrivit-il, que, la vapeur étant un corps parfaitement élastique, si une communication était établie entre le cylindre et un récipient vide, elle s'y précipiterait d'elle-même et pourrait y être

La pompe de Newcomen, première machine "à vapeur", fut mise en service dès 1712. Elle ajoutait au dispositif expérimenté par Denis Papin à la fin du siècle précédent une chaudière séparée, pour produire la vapeur, et un réservoir d'eau froide, pour aller la condenser. L'accès de ces conteneurs externes au cylindre était commandé par des robinets alternativement ouverts ou fermés.

Je me souviens qu'un de mes professeurs de lycée nous avait fait un jour l'éloge de la paresse créative en nous racontant comment le garçon chargé de la tâche ennuyeuse et fatigante consistant à ouvrir et fermer ces soupapes juste au bon moment, et qui préférait aller pêcher à la ligne, inventa de les attacher à la bielle actionnée par le piston, afin de les faire manipuler par le cycle de la machine elle-même. Ce paresseux génial s'appelait H (non, pas Harry, Humphrey) Potter…

condensée sans qu'on ait à refroidir tout le cylindre. Ce schéma, qui augmentait considérablement l'efficacité de la machine et diminuait la consommation de combustible, devait encore être amélioré par Richard Trevithick et Oliver Evans (un Américain) : ceux-ci osèrent utiliser la pression de la vapeur elle-même pour repousser le piston, la portant à une dizaine de fois la pression atmosphérique, ce que l'ingénieur de Watt, Richard Stephenson, craignant les risques d'explosion, s'était initialement retenu de faire. Avec la puissance et les cadences atteignables grâce à ces moteurs améliorés, locomotives, bateaux et usines allaient dorénavant pouvoir marcher "à la vapeur".

Les machines à vapeur (d'eau) furent l'âme de la révolution industrielle, mais il ne faut pas croire qu'irrémédiablement désuètes, elles aient aujourd'hui disparu. Si elles semblent avoir été partout remplacées par des moteurs diesel, à explosion, ou électriques, il faut savoir que les centrales qui produisent, en faisant tourner des alternateurs, la plus grande part de l'électricité consommée dans le monde sont fondamentalement des turbines à vapeur. (Et même si la source de chaleur faisant bouillir l'eau est souvent de nos jours un réacteur nucléaire, il est de fait que, dans la majorité des centrales électriques, la vapeur continue à être produite en brûlant du charbon*...)

Le solvant universel

Lorsqu'on lit les articles sur l'eau des encyclopédies ou traités anciens, on est frappé par le fait qu'est mise en avant la diversité "des" eaux, comme s'il s'agissait à chaque fois d'un nouvel élément. Il y avait l'eau "simple" ("corps sans couleur, transparent, volatil, insipide, inodore, qui a la propriété de mouiller tout ce qu'il touche... propre à apaiser la soif, à préparer les aliments, à blanchir le linge**"). Et puis il y avait toutes sortes d'eaux "composées" : les eaux thermales, minérales, ammoniacales, vitrioliques, alcalines, salées, savonneuses, bitumineuses, etc.

* Quant au reste de l'électricité produite dans le monde aujourd'hui, une bonne partie provient également de l'eau : les turbines gravifiques des barrages hydroélectriques. La fabrication de turbines pour les centrales électriques constitue l'une des principales activités de la société Alstom, que convoitait General Electric en 2014.

** *In* Jacques-Christophe Valmont de Bomare, *Dictionnaire raisonné d'histoire naturelle*, Bruysset frères, 1791.

Les propriétés chimiques de l'eau ne sont pas moins étonnantes que ses propriétés physiques et ce sont elles qui font de l'eau ce solvant universel capable de se charger intimement de tant de “matières étrangères”. Mais, à la fin du XVIIIe siècle, on découvrit que l'eau pure est elle-même composée : en 1784, Antoine Lavoisier présenta à l'Académie des sciences un *Mémoire tendant à prouver par la décomposition de l'eau que ce fluide n'est point une substance simple, & qu'il y a plusieurs moyens d'obtenir en grand l'air inflammable qui y entre comme principe constituant.*

Après Priestley et Cavendish en Angleterre, Lavoisier avait déterminé la composition chimique de l'eau et, à la fin de cette même année, il en réussit à son tour la synthèse à partir de la combustion de cet “air inflammable” (le gaz *hydro-gène*, c'est-à-dire “qui engendre l'eau”) dans de l'oxygène. En février 1785, il mit en scène à Paris, avec son assistant Jean-Baptiste Meusnier (et à l'aide d'un montage fabriqué dans l'atelier de son fournisseur Mégnié le Jeune), une grande démonstration publique de cette brillante manip : l'analyse et la synthèse de l'eau. Faisant passer un jet de vapeur d'eau sur du fer incandescent, ils la décomposaient en ces deux gaz, l'hydrogène et l'oxygène, qu'ils recueillaient dans deux récipients différents ; puis ils la recomposaient dans un ballon de verre, où les deux gaz étaient mélangés et enflammés par une étincelle électrique, sous forme de gouttelettes qui se condensaient sur les parois. (Quand j'étais jeune adolescent à Paris, je m'amusais dans ma chambre à tenter la synthèse de l'eau avec l'oxygène de l'air en fabriquant de l'hydrogène comme je l'avais vu faire en classe de chimie, et comme l'avait fait Cavendish en 1766, en versant de l'acide sur du métal ; j'ai réussi à tout faire exploser, sans trop de dommages mais causant à ma mère une frayeur bien compréhensible qui me valut d'être sévèrement grondé.)

Au XIXe siècle, la chimie quantitative établira la formule précise de l'eau (H_2O, c'est-à-dire deux atomes d'hydrogène pour un atome d'oxygène), et plus tard la physico-chimie expliquera les propriétés de la molécule d'eau en termes des "liaisons hydrogènes" intermoléculaires rendues possibles par son dipôle électrique permanent. Cette molécule a une structure triangulaire, les atomes d'hydrogène étant disposés de part et d'autre de l'atome d'oxygène en formant un angle de, très précisément, 104,5 degrés. C'est là, quelque part, que trouvent leur origine les jolies symétries hexagonales des flocons de neige et la solidité de la glace lorsque, la température baissant, les molécules d'eau, s'agitant moins, peuvent se verrouiller en structures cristallines stables.

Dans l'eau à l'état liquide, les liaisons hydrogènes restent disponibles. "Le couple oxygène-hydrogène n'est pas si uni qu'il y paraît, écrit joliment Érik Orsenna dans *L'Avenir de l'eau* (bibl.). Pour être plus précis (et tout à fait indiscret), l'oxygène est attiré plus que de raison par ces petites bêtes volages et négatives qu'on appelle électrons. Cette attirance déstabilise l'hydrogène, dont la tendance serait plutôt d'aller vers le positif. Or chacun sait qu'un couple qui bat de l'aile représente un danger pour les autres couples. Quand on ne se satisfait pas tout à fait l'un de l'autre, on ne résiste pas toujours à la tentation d'aller voir ailleurs… L'eau sépare, pousse au divorce, mais c'est pour mieux remarier : changez de partenaire, dit-elle, essayez donc une autre cavalière, et vous verrez, votre vie s'en trouvera relancée."

C'est ainsi en tout cas que la vie fut lancée dans l'eau. Et c'est aussi pourquoi l'eau, ce fluide miraculeux, s'entremettant parmi leurs constituants, ne cesse de remanier les enveloppes externes de la Terre, dissolvant gaz et roches, recomposant atomes et molécules, et fécondant les matières, tandis qu'elle-même est entraînée dans la ronde sans fin de ses changements d'état.

8

LA LENTE ÉLUCIDATION DU CYCLE DES EAUX TERRESTRES

L'eau est au monde ce que le sang est à notre corps et sans doute davantage ; elle circule selon des règles fixes tant à l'intérieur qu'à l'extérieur de la terre ; elle tombe en pluie et en neige, elle jaillit du sol, elle s'écoule en rivière, puis elle s'en retourne vers les vastes réservoirs que sont les océans et les mers qui nous cernent de toute part.

LÉONARD DE VINCI

Dans l'un de ses trois cent cinquante petits essais, Stephen Jay Gould, incontournable amateur (et professeur) d'histoire des sciences, explique comment *La Joconde* n'est pas seulement le remarquable portrait d'un modèle au sourire énigmatique, mais exprime la conception qu'un homme de la Renaissance comme Léonard de Vinci, avant Athanase Kircher et à la suite de Paracelse, se faisait de l'organisation cosmique. Le paysage du fond du tableau ne serait pas là pour embellir la scène, ni même seulement destiné à évoquer la nature comme environnement du sujet. D'après l'historien de l'art Martin Kemp, l'arrière-plan de *La Joconde* représenterait le "macrocosme" avec lequel le corps humain – le "microcosme" – entretiendrait une étroite correspondance*. Cette correspondance

* Selon l'anthropologue de la nature Philippe Descola, une même "transfiguration *in situ*" du corps humain par les montagnes se retrouve dans la conception du monde d'après les sociétés andines précolombiennes.

serait en particulier affichée dans le parallélisme suggéré par le peintre entre les écoulements des fluides, celui des eaux terrestres chutant sur les méandres de la rivière et

Le paysage peint par Léonard de Vinci derrière son modèle a fait récemment l'objet d'une controverse entre critiques d'art : Carla Glori, d'un côté, défendant l'hypothèse que la jeune femme est Bianca Giovanna Sforza, la fille du duc de Milan, croit reconnaître dans la vallée représentée les abords de la petite ville de Bobbio sur la Trebbia, en Lombardie (dont l'abbaye servit de modèle à Umberto Eco pour celle de son roman *Le Nom de la rose*). Martin Kemp, de son côté, le spécialiste de Léonard de Vinci, est convaincu que le portrait est très certainement celui de Lisa del Giocondo, de Florence, et que le paysage est une pure invention du peintre destinée à représenter de façon archétypale "le corps de la Terre".

celui des humeurs corporelles symbolisées par la cascade des mèches de cheveux rejoignant les plis souples des étoffes. Admettons.

Ce qui est certain, c'est que, parmi bien d'autres talents – d'anatomiste notamment –, Léonard de Vinci était un grand spécialiste de l'eau (un hydrologue, dirions-nous aujourd'hui) : il fut l'un des premiers à conduire des expériences destinées à comprendre le fonctionnement des cours d'eau, comme par exemple la mesure de la vitesse du courant (à l'aide du chronométrage de flotteurs) ou le calcul de l'effet des pentes. Au tout début du XVIe siècle, il fit les plans d'une retenue de l'Arno destinée à protéger Florence des crues de ce fleuve, lequel – depuis qu'au Moyen Âge on avait coupé les forêts des collines avoisinantes pour faire notamment du bois de charpente et de chauffage, dénudant les sols et favorisant le ruissellement – envahissait périodiquement les bas quartiers de la ville autour de l'église Santa Croce. Le projet de barrage de Léonard, comme la plupart de ses inventions, ne vit jamais le jour ; aussi Florence fut-elle de nouveau inondée dès 1547 (cette inondation fit une centaine de morts), et les crues centennales de l'Arno continuèrent, jusqu'à celle de 1966 qui reste encore dans les mémoires (trois douzaines de victimes humaines, sans compter les dégâts non moins irréparables aux trésors inestimables des réserves des musées et bibliothèques de la ville).

Léonard de Vinci – lequel, fort près de découvrir la circulation du sang, fut le premier anatomiste à remarquer que le cœur comportait quatre chambres – avait apparemment bien saisi, comme le suggère la citation en exergue de ce chapitre, le principe de la circulation de l'eau sur la Terre. C'était une esquisse de réponse à une vieille interrogation qu'on trouve déjà formulée dans le prologue de l'Ecclésiaste : "Tous les torrents vont à la mer, et pourtant la mer ne monte pas." ("C'est à cause des éponges", suggérera plus tard Alphonse Allais.)

Cette ancienne interrogation avait été abondamment discutée, par Hérodote, Lucrèce et les Pères de l'Église*, et avait donné lieu depuis l'Antiquité à de nombreuses spéculations qu'on peut classer *grosso modo* selon deux conceptions rivales : celle adoptée par Platon (dans le *Phédon*), selon laquelle toutes les eaux du globe communiquent avec "le Tartare", réservoir situé au centre de la Terre, d'où elles remontent avant d'y retourner, et celle d'Aristote (dans sa *Meteorologia*), qui préférait voir dans les sources d'eau douce le résultat d'une sorte de distillation souterraine de l'eau de mer imbibant les profondeurs, due à la chaleur interne du globe.

De telles spéculations, purement théoriques et devenues livresques, étaient loin de satisfaire les esprits occupés de considérations pratiques, qui, à l'époque de la Renaissance, rejetaient la stérile scolastique moyenâgeuse. Après Léonard de Vinci, c'est Bernard Palissy, dans son *Discours admirable de la nature des eaux et des fontaines* (1580), qui exprimera le plus clairement l'idée que le cycle de l'eau sur Terre passait par les nuages : "Quand j'ai eu bien longtemps et de près considéré la cause des sources… enfin j'ai connu directement qu'elles ne procédaient ni n'étaient engendrées sinon des pluies", conviction qu'à vrai dire on trouve déjà, sous une forme voisine, dans le traité d'architecture de l'ingénieur romain Vitruve, au Ier siècle avant Jésus-Christ : "Nous voyons en effet les eaux de pluie s'amasser sur le haut des montagnes… [lesquelles] conservent la neige pendant fort longtemps et, lorsqu'elle vient à fondre peu à peu, s'écouler insensiblement par les veines de la terre : c'est cette eau qui, parvenue au pied des montagnes, y produit des sources."

* *Cf.* l'article de Yann L'Hôte paru en 1990 dans *Hydrol. continent.*, vol. 5, n° 1, article où j'ai trouvé la matière de cette section et dont l'auteur déplore en conclusion que "l'accès à un texte ancien est d'une grande difficulté dans nos bibliothèques, y compris la Bibliothèque nationale [et l'on est obligé] parfois de se référer à des traductions anglaises de textes d'origine française".

Bien qu'il y ait dans Hérodote, Théophraste, Aristote et leurs traducteurs et commentateurs en latin ou en arabe de vagues mentions d'une "élévation de l'eau par le Soleil", il leur était difficile de se faire une idée de l'importance de l'évaporation de l'eau de mer, alors qu'on ignorait la nature du processus d'évaporation et qu'on évaluait encore bien mal la surface liquide considérable représentée par les océans. Ainsi, malgré les travaux de certains hydrologues chinois et indiens (Varahamihira avait précédé Léonard de Vinci d'un bon millier d'années), ou les thèses d'Urbano d'Aviso (*cf.* p. 70), il y avait dans l'idée qu'on se faisait du cycle de l'eau, de l'Antiquité à la Renaissance, un chaînon manquant : la façon dont l'atmosphère se charge de vapeur d'eau.

L'abbé Edme Mariotte, cet académicien du XVIIe siècle que nous avons déjà rencontré (p. 69), fut le premier à montrer que c'était bien l'évaporation – de l'eau de mer essentiellement, mais aussi des eaux douces sur terre et même de la transpiration des plantes (Mariotte était botaniste) – qui refermait dans l'atmosphère le circuit dont on avait déjà compris auparavant qu'il menait des nuages et de la pluie aux océans *via* les cours d'eau terrestres. Mariotte et son collègue académicien Pierre Perrault (l'architecte de la grande colonnade du Louvre et de l'Observatoire de Paris, le frère de Charles, auteur des *Contes*) ne se contentèrent pas de faire de la théorie. Ils se livrèrent à des campagnes de mesures quantitatives des précipitations et des débits des cours d'eau dans le bassin de la Seine, et montrèrent l'importance des nappes souterraines alimentées par les infiltrations dans le sol.

Mais c'est en fait Edmond Halley en Angleterre qui devait s'attacher à prouver qu'"il s'évapore assez d'eau pour provoquer les pluies" et tenter un bilan de l'évaporation de la Méditerranée et de son alimentation en eau douce par les fleuves, afin de voir si elles s'équilibraient (et si l'on pouvait tirer de sa salinité quelque conclusion sur l'âge de la Terre, *cf.* p. 245).

L'hydrosphère : toujours la même eau, perpétuellement recyclée par l'évaporation et les précipitations

La partie terrestre du cycle de l'eau, bien plus visible, fut bien plus tôt et plus complètement analysée par les géographes du XIXe siècle* que la partie atmosphérique, dont nous avons vu la complexité dans la première partie de ce livre. Les aspects les mieux traités par l'hydrologie classique – les plus immédiats, les plus utiles – étaient en effet, dans la tradition de Léonard de Vinci, les cours d'eau puis, dans celle de Mariotte, les nappes aquifères souterraines. Les études des hydrologues modernes, cependant, ont détaillé le rôle fondamental des processus atmosphériques dans le cycle de l'eau : l'évaporation, la circulation de l'air chargé de vapeur d'eau et les précipitations, paramètres qu'avait bien repérés Halley, mais qui étaient restés longtemps moins aisément accessibles à l'observation.

Si, globalement, le bilan hydrologique aboutit à ce que les précipitations moyennes compensent l'évaporation moyenne, les flux de vapeur d'eau dus à son transport par la circulation atmosphérique sont loin d'être uniformes et, localement comme temporairement (inondations et sécheresses), il y a dans le monde et dans l'histoire bien des configurations excédentaires où dominent les précipitations (celles où, sur les continents, coulent les grands fleuves de la Terre) et bien d'autres déficitaires (arides, voire désertiques) où l'évaporation l'emporte.

Les mesures et modélisations des hydrologues modernes ont permis de calculer les volumes d'eau dans les "réservoirs" dont l'ensemble constitue ce qu'on a appelé l'*hydrosphère*, ainsi que les durées de séjour de l'eau terrestre sous toutes ses formes dans ces différents réservoirs. Les océans sont naturellement le réservoir principal, représentant à peu près 97 % du total. Sur les continents, les glaces, essentiellement les épaisses couvertures glaciaires du Groenland et de l'Antarctique, constituent la part la

* Élisée Reclus fera la synthèse de ces analyses dans un petit volume tout plein d'une poésie lyrique surannée : *Histoire d'un ruisseau* (1869).

plus importante (aujourd'hui encore 1,8 % du total), suivies des eaux superficielles (lacs, fleuves, rivières), puis des eaux souterraines. L'atmosphère, quant à elle, ne renferme qu'un cent millième à peine de l'eau hydrosphérique ! L'eau, en revanche, circule très vite dans cette partie aérienne du cycle, n'y séjournant en moyenne que neuf jours environ, alors qu'elle s'attarde des mois dans les ruisseaux, les rivières et les fleuves, et jusqu'à des milliers d'années – soit quelque cent mille fois plus longtemps – dans les aquifères souterrains et les océans.

Les cours d'eau et leur travail incessant

Ainsi que l'avait déjà compris Vitruve en soulignant l'importance du fait que les montagnes "conservent la neige pendant fort longtemps", les neiges et glaces de montagne, bien que relativement peu abondantes, jouent un rôle tampon essentiel dans le cycle de l'eau terrestre. Sans elles, les précipitations d'altitude, ruisselant immédiatement jusqu'aux plaines, causeraient des crues subites (des "avalanches d'eau", comme dit Reclus) bien plus fréquentes. En retenant l'eau sous sa forme solide, en ne la restituant sous sa forme liquide que progressivement et avec un retard qui peut durer des mois ou des années, les névés et glaciers assurent une certaine régulation des grands cours d'eau, entretenant notamment leur débit pendant la saison sèche*.

C'est à partir des hautes montagnes et de leurs glaciers que coulent la plupart des grands bassins fluviaux, dans lesquels vit près de 80 % de la population du globe. Du Karakoram et de l'Himalaya coulent l'Indus, les Daria, le Yangzi Jiang, le Mékong, le Gange et le Brahmapoutre. Des Alpes coulent le Rhône, le Rhin, le Danube, le

* Si la fonte due au réchauffement climatique des glaciers de montagne ne constituera pas, nous l'avons vu, une contribution importante à l'élévation des mers, elle risque en revanche, s'ajoutant aux modifications du régime des pluies, d'avoir de graves conséquences sur la partie terrestre du cycle hydrosphérique, la régulation des fleuves et l'approvisionnement en eau des régions qu'ils irriguent : inondations accrues au printemps, sécheresse accrue en été.

Pô ; des montagnes Rocheuses la Columbia, le Missouri-Mississippi, le Río Grande et le Colorado. L'Amazone descend des Andes, le Nil et le Congo des massifs d'Afrique de l'Est où culminaient les neiges du Kilimandjaro.

Les torrents qui dévalent des montagnes sont capables d'en déblayer des pans entiers et sont largement responsables de l'aspect raviné des paysages au-dessous du niveau des neiges éternelles. (Au-dessus, nous le verrons, ce sont les glaces qui ont sculpté les sommets.) Sans leur élévation continue par les processus "orogéniques" (qui en provoquent la formation), leur création permanente par la tectonique, les montagnes disparaîtraient rapidement, géologiquement parlant, sous l'effet de cette puissante érosion hydrique.

L'érosion des sols par les cours d'eau taille parfois des "gorges" ou canyons qui peuvent être des formations spectaculaires. L'une des plus extraordinaires formations de ce genre est le Grand Canyon au fond duquel serpente le Colorado, qui va, en aval au sud-ouest, se jeter dans la mer de Cortés (ou golfe de Californie) au Mexique. Creusé au passage des roches sédimentaires des hauts plateaux de l'Arizona par ce fleuve et ses affluents, le Grand Canyon du Colorado étage ses terrasses à travers l'épaisseur de dizaines de strates bigarrées, sur des kilomètres de large et plus d'un kilomètre de profondeur. Comme c'est souvent le cas, ce genre de formation n'est pas visible de loin : on ne découvre ses abîmes que lorsqu'on arrive au bord du plateau (comme c'est le cas, par exemple, des gorges du Tarn ou du Verdon), sauf naturellement à suivre le cours d'eau lui-même, comme le fit John Powell.

Powell, cet explorateur de l'Ouest américain qui étudia le premier en géologue le Grand Canyon du Colorado, remarqua vite que le fleuve n'avait certainement pas pu couler initialement à la surface du haut plateau (comment aurait-il pu y monter ?) pour descendre ensuite progressivement jusqu'à son niveau actuel. Il eut l'intuition

Le major américain John Wesley Powell, après avoir perdu encore jeune son bras droit pendant la guerre de Sécession, devint un homme éminent dont on a donné le nom au plus grand lac artificiel des États-Unis, le Powell Lake, barrage sur le Colorado en amont du Grand Canyon. C'est en 1868 qu'il avait mis sur pied l'expédition qui fit sa réputation, dont le but était d'explorer pour la première fois les rivières Green et Colorado. Powell décrivit cette région unique et étrange *("canyonland")* où habitaient notamment les Paiutes et Navajos nomades et Hopis sédentaires, auxquels il s'intéressera au point de devenir, en 1879, le premier directeur du bureau d'ethnologie de la Smithsonian Institution à Washington. Il occupera ce poste jusqu'à sa mort et publiera en 1891 la première classification des cinquante-huit langues amérindiennes des États-Unis et du Canada.

Powell contribua également à la création du service géologique américain (US Geological Survey), qu'il dirigea de 1881 à 1894, consacrant une grande partie de son temps à établir un relevé des ressources en eau de l'Ouest américain. Nous verrons (*cf.* note p. 321) qu'il avait en quelque sorte prévu la sécheresse catastrophique qui frappera dans les années 1930 les agriculteurs installés dans les plaines centrales des États-Unis.

que c'était bien plutôt tout le plateau qui s'était progressivement élevé sous l'action des forces tectoniques, le cours du fleuve restant plus ou moins toujours au même niveau. Malgré bien des questions qui subsistent encore, notamment quant aux tracés anciens du Colorado et de ses affluents au cours des âges géologiques, l'intuition de Powell était correcte : c'est effectivement ainsi qu'il faut expliquer beaucoup des gorges ou défilés qui, on le voit, témoignent à la fois de la puissance destructrice de l'eau et du soulèvement des montagnes.

D'autres gorges ou canyons sont dus au recul de chutes d'eau qui érodent les dénivelés sur lesquelles elles cascadent. Les chutes Victoria sur le Zambèze, par exemple, les plus hautes du monde, en reculant depuis des millénaires, ont laissé en aval un long et étroit canyon. Celles du Niagara reculaient récemment d'un mètre par an, menaçant d'atteindre à terme le grand lac qui les alimente, ce qui en provoquerait une vidange catastrophique…

Collectée dans les principales vallées, toute l'"eau sauvage" des pentes qui reste en surface continue à s'écouler par gravité dans les vastes réseaux hydrographiques des "bassins versants" jusqu'à rejoindre les rivières, les fleuves et les mers, à moins qu'elle ne se perde dans les terres des cuvettes endoréiques où elle alimente, même dans les déserts, de vastes réserves phréatiques*.

Le plus souvent, l'eau des rivières et des fleuves suit le cours du "lit" que les matériaux qu'elle charrie leur ont creusé à travers de larges vallées – remontant parfois aux gigantesques crues ayant accompagné la fonte des grandes

* L'adjectif "phréatique", du terme grec qui signifie "puits", a été suggéré par l'ingénieur en chef des Mines et académicien Auguste Daubrée pour désigner les nappes d'eau souterraines qui imbibent le sol en profondeur. "Endoréique" (qui coule vers l'intérieur) désigne les bassins sans accès à l'extérieur, à la mer.

glaciations –, serpentant enfin plus ou moins paresseusement jusqu'à l'océan. Le terme de *méandre* vient des fleuves Meandros d'Anatolie, qui rejoignaient la mer Égée ; c'est à leur débouché que se trouvaient les grands ports antiques d'Éphèse et de Milet, lesquels, tel celui d'Aigues-Mortes en Languedoc, sont depuis longtemps abandonnés, les alluvions accumulées ayant repoussé le rivage marin à des kilomètres.

Je suis tombé un jour, il y a longtemps, en feuilletant une revue scientifique, sur un article passionnant consacré à l'analyse physico-mathématique de la façon dont rivières et fleuves forment leurs méandres et dont ceux-ci évoluent. Cet article était signé Albert Einstein, et je n'en revenais pas que le grand penseur de l'espace-temps et de la gravitation ait exercé son génie sur un sujet aussi rampant qui, imaginai-je, devait avoir intrigué son esprit alors qu'il contemplait un paysage fluvial à travers le hublot d'un avion de ligne… La vérité, je ne le compris que bien plus tard en lisant une biographie d'Einstein (laquelle, entre parenthèses, m'apprit qu'il ne répugnait nullement à se pencher sur des travaux encore bien plus humbles, comme la mise au point de petites machines de son invention), est que l'auteur de l'article était son fils, lui aussi prénommé Albert, lui aussi physicien, spécialisé en hydrographie*.

(Hans) Albert Einstein junior, donc, a fort bien montré comment la combinaison de la force centrifuge, de la force de Coriolis et de la vitesse différentielle du courant

* Einstein n'a pas été un père ou un grand-père heureux. Il a eu trois enfants, de sa première épouse Mileva. Une fille, abandonnée à sa nourrice dès sa naissance et dont personne n'a plus jamais entendu parler, un premier fils qui fut interné dans un hôpital psychiatrique à l'âge de vingt ans, et le cadet, Hans Albert, qui, lui, réussit à mener une carrière de professeur dans l'enseignement supérieur aux États-Unis et une vie normale ; mais son appartenance à la secte de la Christian Science entraîna la mort de son petit garçon atteint de diphtérie, lorsqu'il s'abstint de le faire soigner. (*Cf.* le livre de Laurent Seksik *Le Cas Eduard Einstein*, Flammarion, 2013.)

dans les courbes aboutit à accentuer la moindre inflexion du cours majestueux d'une rivière en plaine, forçant l'eau à creuser l'extérieur de chaque virage (ces effets ne jouent qu'un petit rôle dans l'écoulement des torrents de montagne qui se bornent à obéir à la gravité en suivant les *thalwegs*, les lignes de plus grande pente).

Les boucles des fleuves et rivières – soit tressant le fond sableux ou caillouteux de leur lit comme on le voit en période de basses eaux, soit remplissant leur vallée en période de crue – s'étendent au fur et à mesure que l'eau érode le sol des berges extérieures, accentuant toujours plus leur courbure ; elles sculptent ainsi la rive externe de chaque méandre – qui de simple coteau peut devenir une falaise abrupte –, arasant en revanche une zone interne restant en général plane et marécageuse, que le flot entoure d'une courbe de plus en plus pincée. Au terme de ce processus la boucle, se refermant, est "court-circuitée" par le flot, qui laisse pour ainsi dire au bord de la route les traces de son ancien méandre.

Ce processus est rapide à l'aune des durées géologiques et l'on connaît beaucoup d'exemples de méandres fossiles récents à travers le monde. La Seine par exemple, sur le site de la ville de Paris, faisait dans la préhistoire une boucle plus au nord jusqu'au pied de la butte Montmartre ; le court-circuitage de cette boucle fut prématuré, facilité par l'existence d'un affluent, la Bièvre, qui suivait le cours actuel du fleuve pour s'y jeter vers ce qui est maintenant le quai d'Issy ; la Seine, lorsque l'amorce de la boucle, se resserrant, atteignit le lit de la Bièvre, emprunta un beau jour le cours de cet affluent, bifurquant directement vers l'ouest à partir du nouveau confluent (situé vers l'emplacement du pont d'Austerlitz actuel) ; le fleuve ainsi dévié abandonna le méandre au nord parcouru auparavant, zone qui resta humide pendant de nombreux siècles : c'est notamment le quartier du "Marais" et d'autres quartiers de la rive droite, comme ceux des Grands Boulevards ou de la gare Saint-Lazare, sur le bras mort, qui restent aujourd'hui inondables et dont les caves, voire les rez-de-chaussée, se remplissent lors des grandes crues de la Seine, comme celle de 1910.

L'intensité de l'érosion hydrique dépend évidemment de la nature des sols et de leurs propriétés mécaniques ou chimiques. Des milliers, des millions d'années d'érosion peuvent avoir emporté des dizaines, des centaines de mètres d'épaisseur de roches friables ou solubles sans parvenir à entamer les portions plus résistantes du même site. Les "buttes-témoins" sont les vestiges de ces bancs rocheux isolés par l'érosion. C'est le cas par exemple de la butte Montmartre, ou des *mesas* (tables) dont les falaises quasi verticales, résultant de l'écroulement des surplombs, contrastent avec les pentes des pierriers et éboulis à leur pied, qu'elles dominent.

Les aquifères souterrains, abondants mais pas éternels

Une partie de l'écoulement de l'eau de fonte ou de pluie, très variable suivant la nature et l'état des sols, disparaît dans les terres perméables qu'elle imbibe, jusqu'à rencontrer des couches de marnes, ou cristallines, qu'elle ne peut pénétrer, s'étalant en nappes souterraines et rejaillissant parfois sous forme de sources ou de "résurgences".

C'est au cours du XIXe siècle que l'hydrographie souterraine est devenue une science quantitative, notamment à partir des travaux de Daubrée sur l'étude du "rôle qui revient aux eaux souterraines dans l'économie de l'écorce terrestre" ou de ceux, antérieurs, sur la vitesse d'écoulement des eaux dans les sables d'Henry Darcy (dans *Les Fontaines publiques de la ville de Dijon*, 1856) – le nom de ce dernier fut plus tard donné à l'unité métrique de perméabilité ; travaux généralisés par Jules Dupuit en France, Adolph Thiem en Allemagne et Philip Forchheimer en Autriche. La nécessité d'une évaluation des ressources hydriques du continent américain, lors de l'immigration européenne massive du XIXe siècle, entraîna quantité de recherches aux États-Unis, tant de terrain que théoriques (John W. Powell, mais aussi Thomas C. Chamberlin ou Franklin H. King s'y attachèrent), dégageant notamment les principes permettant de cartographier les nappes phréatiques, leurs équilibres et, par la suite, les risques de leur contamination et de leur épuisement...

L'eau circule au sein des sols poreux, les sables, graviers ou scories volcaniques, mais aussi au sein de la craie ou des grès, plus difficilement dans l'argile. Même les roches compactes comme les calcaires durs ou les granites peuvent offrir suffisamment de fissures ou de failles pour que l'eau s'y infiltre en abondance. La nappe phréatique – c'est-à-dire visible au fond des puits – est située au niveau (dit "piézométrique" car mesuré avec un piézomètre ou capteur de pression) où l'eau sature le sous-sol, remplissant tous les interstices, y circulant lentement et s'ajustant selon une surface d'équilibre qui suit plus ou moins l'allure générale du paysage. Au-dessus de cette surface, le sol contient de l'air (zone "vadose") et peut absorber un apport d'eau supplémentaire ; lorsque cette zone se sature à son tour, la nappe phréatique atteint le niveau du sol et l'inonde.

Certaines roches, notamment les calcaires, sont susceptibles d'être dissoutes par l'eau si du gaz carbonique l'a acidifiée. Au sein des grands plateaux calcaires comme les "causses" – ou *karst*, formations extrêmement répandues sur tous les continents et qui ont reçu ce nom allemand des plateaux calcaires de Slovénie –, les eaux peuvent creuser des dépressions (dolines), que les infiltrations et effondrements agrandissent en cavités souterraines : avens, grottes, gouffres, voire très longs conduits où circulent de véritables rivières cachées.

L'exploration de l'intérieur de ces gouffres karstiques, qui inspirèrent longtemps l'horreur – "la peur de défier les flammes de l'enfer", écrivait Sénèque dans l'Antiquité –, ne commença que très tardivement. Le principal pionnier de la "spéléologie" à la fin du XIXe siècle et au début du

XXe fut un beau-frère du géologue Louis de Launay, l'avocat parisien Alfred-Édouard Martel, plus connu, à vrai dire, pour ses exploits sportifs et médiatiques que pour ses contributions scientifiques. Ces mystérieuses cavernes sont souvent ornées de forêts en calcite – stalactites (qui pendent) et stalagmites (qui se dressent) – que les gouttes d'eau suintant du plafond ont patiemment construites au cours des millénaires. Jadis obscures et difficilement accessibles, aujourd'hui aménagées et éclairées, elles sont devenues des attractions touristiques majeures. (La première à attirer la visite de personnalités et de foules avait été la célèbre grotte de Postojna en Slovénie, à l'époque Adelsberg en Autriche.)

L'eau souterraine est particulièrement exposée à la pollution, notamment *via* les engrais (les nitrates et phosphates) répandus en abondance dans les terres de culture intensive. Ces zones sont aujourd'hui le plus souvent irriguées en puisant dans le sous-sol, à l'aide de puissantes pompes, de grandes quantités d'eau phréatique dont une petite partie seulement y retourne, le reste étant incorporé dans les végétaux, s'évaporant ou s'écoulant, finalement jusqu'à la mer ; le niveau des nappes, en conséquence, descend, jusqu'à des dizaines de mètres parfois. C'est le cas dans de nombreuses régions du globe – particulièrement les grandes plaines de la Chine du Nord, du Penjab entre l'Inde et le Pakistan, ou du centre des États-Unis – et dans beaucoup de ces endroits cette exploitation intensive des aquifères souterrains entraîne, de surcroît, l'affaissement des sols.

On le voit, l'humanité, depuis pas mal de temps, s'immisce toujours davantage au sein du cycle de l'eau : non seulement en intervenant dans la partie aérienne de ce cycle *via* l'émission de gaz à effet de serre et les perturbations associées au réchauffement climatique, mais aussi dans sa partie terrestre, en consommant l'eau souterraine et en domestiquant les cours d'eau, au risque de faire disparaître les écosystèmes des zones humides. Nous reviendrons sur ces questions dans la suite de cette histoire. Rappelons déjà que, puisqu'une partie de l'eau pompée dans le sol finit par être rejetée dans l'eau de mer et que le surplus d'effet de serre fait fondre les glaces continentales, corrélativement le niveau des océans monte ; d'une façon pratiquement imperceptible jusqu'ici mais qui, nous l'avons vu, promet de s'accélérer.

9

LES EXPLORATEURS DES ÉTENDUES LIQUIDES SALÉES

L'antique océan qui berça les premières amours de la Terre.

Phrase à demi oubliée
d'Anatole France, citée par
François Mauriac

De toutes les géosciences, l'étude des mers et des océans est celle dont l'éclosion fut la plus tardive, la plus récente. Sa matière même, la connaissance des milieux marins, avait certes été, d'une façon ou d'une autre, une préoccupation et une tradition des pêcheurs et navigateurs depuis de très longs siècles ; et peu de milieux terrestres avaient provoqué autant de fascination, mais aussi de craintes, que l'immensité mystérieuse et la variabilité inquiétante de leur surface. Aucun ne se révélait aussi insaisissable, aussi adverse à l'observation, à l'expérimentation, à la raison ; aucun ne s'était peuplé d'autant de légendes, de monstres imaginaires, de "merveilles traîtresses" que ses noirs abîmes.

Bien que les géographes de l'Antiquité à la Renaissance aient multiplié les descriptions des côtes, que les Chinois au Moyen Âge et, en Occident, certains savants de l'âge classique – de Varenius à Laplace en passant par Philippe Buache, les Bernoulli, Newton ou Franklin – se soient interrogés sur les vagues, la houle, les marées et les courants, l'océanographie ne s'est guère constituée comme thème de "recherches" spécifiques avant le début, voire le milieu du XIXe siècle. Mais elle viendra finalement occuper une place tout à fait centrale au sein des sciences de la Terre, débordant largement sur celles de l'atmosphère d'un côté et sur la physique du globe d'un autre côté. Nous allons voir en effet que c'est un marin météorologue qui, vers 1850, traitera en pionnier les océans comme objets d'études scientifiques et qu'un siècle plus tard, ce sont des océanographes qui, à l'inverse, vont venir révolutionner la géologie en explorant de manière détaillée les vastes étendues de la croûte terrestre du fond des océans – la "face cachée" de la Terre solide, plus de 70 % de sa surface, pratiquement ignorée jusque-là par les géologues.

Les océans, au XIXe siècle, devaient naturellement leur place centrale en géographie au rôle qu'ils n'ont cessé d'occuper dans la guerre et le commerce mondial. Alors que les transports par voie d'eau terrestre, nous le verrons au chapitre 11, après avoir connu un développement considérable, subirent ensuite un inexorable déclin avec l'irruption des chemins de fer, puis des autoroutes, le commerce maritime, en revanche, a connu, lui, une croissance ininterrompue. La "mondialisation par la mer*" – remontant aux flottes de Venise et des Pays-Bas, aux comptoirs portugais et aux galions espagnols – n'est pas un phénomène récent mais, stimulée comme elle le fut par le creusement du canal de Suez (inauguré en 1869) et du canal de Panamá (1914), elle a pris une ampleur prodigieuse. De nos jours, des dizaines de milliers de navires de taille de plus en plus imposante assurent 90 % du commerce mondial, et il n'est pas difficile de comprendre pourquoi : "Le chargement d'un seul porte-conteneurs correspond à celui d'un convoi de 6 000 semi-remorques ou de 1 000 Airbus A380 cargo", note Emmanuel Desclèves, de l'Académie de marine, et "le transport d'un conteneur

* Titre du numéro 395 de la revue *Esprit* (juin 2013), dirigé par Olivier Mongin et dont est extraite la citation d'Emmanuel Desclèves ci-après.

entre Shanghai et Anvers coûte aujourd'hui le même prix qu'entre Marseille et Dijon".

Tandis que les anciens bassins de pêche ou de passagers des villes portuaires maritimes sont devenus des lieux de tourisme et de patrimoine, les ports commerciaux modernes sont de nos jours en général, à l'écart des agglomérations, de vastes terminaux de chargement et de déchargement gérés par des opérateurs multinationaux. Et les principaux canaux maritimes (voies navigables artificielles ou naturelles) et détroits (passages obligés dans des eaux territoriales) ont revêtu, depuis plus d'un siècle, une importance stratégique majeure.

Les premières expéditions scientifiques et la création des grandes institutions océanographiques

Après les grands voyages d'exploration, dès les premières années du XIXe siècle et avant même la mise en place de liaisons maritimes régulières, avaient eu lieu les premiers périples océaniques par des naturalistes, notamment les tours du monde des Russes Krusenstern (1803-1805) puis Kotzebue (1823-1826), sans qu'on puisse parler encore d'une véritable science océanographique.

L'ouvrage fondateur, ou du moins le premier traité global consacré à ce nouveau domaine scientifique, ne fut publié qu'en 1855 par notre vieille connaissance, l'officier de marine américain sudiste Matthew Fontaine Maury (*cf.* p. 110), sous le titre que lui avait suggéré le baron von Humboldt : *Physical Geography of the Sea*. L'auteur, qui ne manque pas de rappeler dans sa préface les vertus et les bénéfices de la puissante méthode de recueil de données dont il avait préconisé et organisé l'emploi au plan international – l'envoi par les commandants de bord de versions standardisées de leurs mesures et observations (en échange de quoi ils recevaient gratuitement un exemplaire à jour de ses *pilot charts*) –, y signale cependant l'existence d'un ouvrage précurseur du comte Marsigli, "très ancien et très rare", dont lui-même avait pris connaissance dans une traduction en hollandais datant de 1786.

"Militaire, géographe, scientifique, mécène, le comte italien Louis-Ferdinand Marsigli eut une vie rocambolesque, au service des armes et des sciences. Grand voyageur, pour ses missions militaires puis plus tard uniquement pour la science, il rapporta de nombreux écrits", dont l'*Histoire physique de la mer*, premier texte consacré à ce thème dans la littérature scientifique (Wikipédia).

C'est seulement après de premières campagnes préparatoires des vaisseaux britanniques *Lightning* et *Porcupine* en Atlantique et en Méditerranée, à l'initiative du naturaliste écossais Charles Wyville Thomson – révélant notamment la richesse et la variété de la faune sous-marine –, que le *HMS (Her Majesty's Ship) Challenger*, croiseur désarmé (à voile et à vapeur), affrété par la Royal Society et placé sous le commandement de Thomson, entreprit la première grande expédition océanologique autour du monde. À partir de 1872, cet équipage sillonna les mers du globe pendant plus de trois ans, couvrant plus de 100 000 kilomètres, sondant les fonds et prélevant des échantillons d'eau, de sédiments, et surtout quantité de plantes et de bestioles.

Curieusement, les zoologues du XIXe siècle ne croyaient pas auparavant à la possibilité de la vie dans les profondeurs des mers, réputées "azoïques", bien que certains – en particulier lorsque, en remontant des câbles télégraphiques pour les réparer, on constata qu'ils s'étaient couverts de végétaux et d'animaux – aient soupçonné que la vie s'étage sur toute l'épaisseur des eaux, jusqu'aux fonds abyssaux, quelles que soient la température (glaciale), la pression (écrasante) et l'obscurité (totale) qui y règne. La publication en 1873 de l'ouvrage de Thomson *The Depths of the Sea* marque donc un tournant de l'océanographie : de ce jour, la biologie marine prendra le pas sur l'océanographie physique. On en est venu, au XXe siècle, à reconnaître que la vie marine représente non seulement la plus ancienne mais aussi la plus vaste partie de la biosphère, bien plus diverse que la vie sur les continents (une dizaine de millions d'espèces marines contre à peine un million d'espèces terrestres !)*.

Tout comme celle des énigmes du ciel profond par les astrophysiciens débutants de l'époque, l'exploration des

* Lorsqu'on se donne la peine de regarder de près les morphologies et les modes de vie et de reproduction invraisemblables de ces millions d'espèces marines, on s'étonne que nous restions fascinés par l'idée de découvrir de la vie sur d'autres planètes lointaines, où nous n'irons jamais, alors que nous avons chez nous de quoi nous émerveiller sans fin. On peut en effet se demander en quoi un organisme extraterrestre serait plus intéressant qu'une langouste (sauf naturellement pour les biologistes), sans compter que nous serions probablement tout aussi incapables de communiquer avec l'un qu'avec l'autre (et que nous hésiterions, à mon avis, à manger du premier…).

secrets des océans, après la campagne du *Challenger*, fut l'œuvre d'amateurs passionnés, financés par quelques individus fortunés, bien avant de devenir l'enjeu stratégique de rivalités entre grandes puissances en guerre. Dans les années 1900, à l'instar des télescopes géants qui allaient fonder la cosmologie moderne, les grandes institutions océanographiques créées pour explorer l'univers sous-marin furent le legs de milliardaires soucieux de leur image de bienfaiteurs de la science et de l'humanité. Et, tout comme les grands observatoires astronomiques du lac Geneva dans le Wisconsin ou du mont Hamilton et du mont Wilson en Californie, financés par les Charles Yerkes, James Lick, Andrew Carnegie et autres, les grandes institutions océanographiques américaines – la Scripps Institution à San Diego, en Californie du Sud, la Woods Hole Institution en Nouvelle-Angleterre – furent, de leur côté, financées par de tels mécènes, respectivement un grand patron de presse éponyme et la famille Rockefeller.

En Europe, également, des magnats consacraient leur fortune à la création d'établissements de ce genre (en France, par exemple, l'observatoire de Nice, ou celui du pic du Midi), et c'est en particulier le duc Philippe d'Orléans (en exil en Belgique) ou le prince Albert Ier de Monaco qui portèrent à la Belle Époque un intérêt personnel à connaître et protéger (déjà !) les océans.

Albert Grimaldi dirigera, sur quatre navires successifs, une trentaine de campagnes en Méditerranée, dans l'Atlantique nord et au Spitzberg ; il fera construire dans la principauté un Institut océanographique et un aquarium, aujourd'hui encore fort réputés ; et en 1906 il écrivit au ministre français de l'Instruction publique pour déplorer que "la France, malgré l'intérêt spécial que présente pour elle la science de la mer [avec son Empire elle avait alors plus de longueur de côtes que les grandes puissances rivales], ne l'ait pas traitée avec la même libéralité que les autres branches des sciences", proposant de financer la création à Paris d'un Institut océanographique. Celui-ci fut bientôt construit, sur un terrain acheté à une congrégation religieuse, idéalement placé rue Saint-Jacques, près de la Sorbonne. Lors de son inauguration, "quantité de jolies femmes en toilettes de gala brillaient au milieu d'innombrables savants", écrit *L'Illustration* du 28 janvier 1911.

Mais si à Paris les "jolies femmes" brillaient, ce n'était pas le cas des "innombrables savants" qui se contentèrent apparemment de consommer champagne et petits fours. Cet Institut (au demeurant doté d'une belle bibliothèque), pas plus que les professeurs ou les amiraux français, n'a guère laissé de traces marquantes dans l'histoire de la recherche océanographique de la première moitié du XXe siècle et, malgré le talent de quelques rares individus de valeur, notamment au Muséum d'histoire naturelle, il faudra attendre les années 1960 et la création de nouveaux établissements par l'État – comme l'Ifremer (Institut français de recherche pour l'exploitation de la mer), successeur du Cnexo (Centre national pour l'exploitation des océans) – pour que la France "reprenne son rang" dans ce domaine au sein de la communauté internationale, qu'elle occupe aujourd'hui avec brio.

Entre-temps, les chercheurs de la Scripps et de Woods Hole, depuis le début du siècle, faisaient briller d'un vif éclat la science océanographique américaine. Le premier navire construit spécifiquement pour les recherches océanographiques avait été un vapeur américain, l'*Albatross*, qui restera en service jusqu'en 1924. Il fut suivi de bien d'autres. Le laboratoire Lamont de l'université Columbia, tout près de New York, de l'autre côté du fleuve Hudson – devenu Lamont-Doherty après les dons d'un nouveau mécène –, sera fondé en 1949 et complétera l'impressionnante infrastructure de recherches sous-marines aux États-Unis, à temps pour bénéficier des financements (et des matériels) que l'US Navy allait dispenser généreusement pendant la guerre froide.

"Jamais, en ajoutant du sel à l'eau, vous ne ferez de l'eau de mer"

La principale caractéristique de l'eau de mer, tout le monde le sait, est qu'elle est salée ; mais "jamais, en ajoutant du sel à l'eau, vous ne ferez de l'eau de mer", lisait-on déjà au XVIIIe siècle dans l'*Encyclopédie.* Même sans parler des substances organiques provenant de végétaux ou d'animaux marins (dont beaucoup sont urticants, toxiques, venimeux), voire de la vie terrestre (dont les abondantes pollutions anthropogènes), l'eau de mer est un milieu chimiquement très riche. Après l'hydrogène et l'oxygène, ce sont naturellement le chlore et le sodium du sel qui y sont les éléments les plus abondants, mais le magnésium et le brome sont également présents en quantité appréciable, et c'est en fait de l'eau de mer que provient la majorité de la production industrielle de ces éléments, aux débouchés variés (aéronautique, pharmaceutique).

Des dizaines d'autres éléments chimiques figurent à l'état de traces dans la composition de l'eau de mer. On a mesuré qu'en en traitant 1 million de tonnes (un cube de 100 mètres de côté), on obtiendrait 10 kg de zinc, 3 kg d'uranium, de cuivre ou d'étain, 2 kg de nickel, 1 kg de titane, 500 g de cobalt, 250 g d'argent et 5 g d'or. Pour l'instant, l'exploitation de ces richesses est moins rentable que celle des gisements terrestres, mais il n'est pas dit qu'un jour, on ne mette au point des procédés permettant d'y avoir recours de manière économique (*cf.* p. 400).

Maury avait traité longuement des courants marins (dont nous parlerons plus loin) et l'un des arguments qu'il utilisait pour démontrer l'importance et l'ubiquité de ces courants est le fait que l'eau de mer est partout à la surface des océans à peu près également salée – sauf exceptions locales de mers très fermées comme la mer Rouge, ou même semi-fermées comme la Méditerranée –, ce qui requiert qu'elle soit en permanence remuée et brassée*. À l'heure actuelle, les mesures de la salinité des mers,

* Mais une hypothèse récente attribue une grande partie de ce brassage à l'effet des déplacements des animaux marins plutôt qu'aux courants...

qui avaient initialement été effectuées par prélèvement à bord de navires, le sont par des flotteurs automatisés dont les mesures sont collectées par satellite.

La question de savoir pourquoi l'eau de mer est salée s'était posée depuis toujours, et la réponse (bien avant celle d'Alphonse Allais : "C'est parce qu'il y a des morues dedans") était apparue naturellement avec l'explication du cycle de l'eau au XVIIe siècle : ce cycle, dans sa phase aérienne, ne transporte que de l'eau, pourrait-on dire, "distillée" ; en revanche, toutes les impuretés dissoutes que les cours d'eau déversent dans les mers y demeurent et s'y accumulent, et notamment les "sels", dont notre sel de cuisine, le chlorure de sodium, NaCl. Le sodium (Na) est un élément chimique très répandu à la surface des continents, comme d'ailleurs le chlore (Cl) – ils ne se trouvent dans la nature que dans des composé stables –, mais la combinaison entre l'atome de chlore et celui du sodium, elle-même fort stable en cristal à sec, est des plus solubles, ne résistant pas à l'action de l'attirance des molécules d'eau qui dissocient cette combinaison, ainsi qu'on peut le voir tous les jours dans la cuisine ou à table (l'ion sodium Na^+, séparé dans la *sal*ive de l'ion Cl^- qui donne le goût *salé*, stimule les papilles gustatives).

On avait constaté et exploité depuis longtemps, dans les *marais salants*, le fait que l'évaporation de l'eau de mer laisse un dépôt de sel ; mais, au XVIIe siècle, c'est tout d'abord l'ingénierie de l'alimentation des canaux terrestres qui avait posé le problème du calcul scientifique de l'évaporation. D'autre part, Edmond Halley, on l'a vu, s'était intéressé de près à l'évaporation de la Méditerranée pendant de nombreuses années et, dans un article daté de 1715, il avait examiné en particulier la question de savoir si la salinité des mers peut nous renseigner sur l'âge de la Terre. Comme le remarqua Stephen Jay Gould, la lecture de cet article ne laisse pas de surprendre, car l'argumentation de l'auteur et sa conclusion semblent moins destinées à prouver que l'âge de notre planète est bien supérieur à ce que la chronologie biblique laissait alors croire (quelques milliers d'années seulement) qu'à réfuter l'idée aristotélicienne selon laquelle la Terre a existé depuis des temps immémoriaux (auquel cas, montre Halley, la mer serait saturée de sel).

Ce genre de calcul sera repris par la suite, notamment par Lavoisier à la fin du XVIIIe siècle, puis par John Joly à Dublin en 1899. Celui-ci estimera que le temps nécessaire pour accumuler le sel dans les océans représenterait une centaine de millions d'années, comme par hasard l'âge que des physiciens comme Kelvin et Helmholtz attribuaient alors à la Terre. À vrai dire, les "géochimistes" modernes calculeront plus tard que le raisonnement de Halley n'était pas dénué de fondement, car l'apport de sodium par les fleuves, très sous-estimé par Joly, est en réalité si important qu'il n'a pas pu durer aussi longtemps que le prétendait ce dernier – sans parler des milliards d'années aujourd'hui attribués à la planète –, sauf à supposer que l'équilibre existant est maintenu par une pompe efficace. On a compris récemment que ce "pompage" du sodium est assuré par le volcanisme sous-marin qui le réintroduit en fait dans la croûte terrestre océanique.

Quoi qu'il en soit, tout le sel qu'on trouve à la surface des continents provient de vieux dépôts qu'avait laissés l'eau salée lorsqu'elle s'est évaporée au fond des dépressions, voire des fosses les plus profondes, là où la saumure termine son évaporation quand, pour une raison ou une autre, un lac ou une mer isolée disparaissent. C'est dans de tels processus très anciens qu'on a vu l'origine du sel "gemme", enfoui dans les sédiments jadis immergés des plissements alpins ou himalayens, et de tous les autres gisements exploités dans les légendaires "mines de sel", comme celles où étaient notoirement envoyés les bagnards russes.

Un grand nombre de lacs salés ou de croûtes de sel se sont formés à la surface des continents dans les régions arides où l'évaporation l'emporte sur la pluviosité, régions qui comprennent non seulement les zones désertiques subtropicales mais également des zones arctique et antarctique. La plupart, comme le Grand Lac Salé de l'Utah, la mer Morte, ou d'autres formations semblables en Amérique du Sud, en Afrique du nord (les "chotts"), en Asie ou en Australie, sont des vestiges d'anciens lacs jadis beaucoup plus profonds. Edmond Halley, déjà, avait fort bien montré comment la surface des lacs "qui reçoivent des rivières mais n'ont ni effluent ni déversoir" s'ajuste de telle sorte qu'elle devienne "assez étendue pour exhaler en vapeur toute l'eau qui y est amenée" ; la surface et donc le niveau de tels lacs fluctuent ainsi au gré des changements climatiques… et, nous le verrons, des prélèvements effectués.

Les dépôts ("évaporites") continentaux sont plus riches et variés que les sels marins. On y trouve du gypse et quantité de substances qui, pour certaines comme le carbonate de sodium (un détergent) ou le "natron" (pour momifier), étaient utilisées depuis l'Antiquité ; d'autres, comme les borates (en métallurgie) ou les nitrates (poudre à canon, fertilisant), depuis le Moyen Âge ; et d'autres encore, comme le lithium ou les zéolites, à partir d'époques plus récentes.

Le navire américain *Glomar Challenger*, dont nous reparlerons, en forant sous les épais sédiments des fonds de la Méditerranée, y a également trouvé des couches de sel atteignant parfois 2 000 mètres d'épaisseur ; cette découverte, qui date de 1970, avait conduit l'océanographe Maria Bianca Chita, de l'université de Milan, et ses collègues à émettre l'idée que la mer Méditerranée s'était jadis totalement évaporée à la suite de mouvements tectoniques ayant fermé son accès à l'océan Atlantique. Cette idée fut longtemps rejetée, malgré le soutien de certains géologues comme Georges Clauzon, mais elle est aujourd'hui très généralement admise sous le nom de "crise messinienne", crise datant de 5,5 millions d'années.

La surface des mers, interface active entre l'air et l'eau

Depuis ma petite adolescence, j'ai eu la chance de passer beaucoup de mes vacances à naviguer sur des voiliers, en Méditerranée, dans l'Atlantique oriental et occidental, dans le Pacifique même, et j'ai souvent éprouvé, devant le spectacle éternel de la mer – la mer "toujours recommencée", toujours variée mais toujours si semblable à elle-même, "la mer aux blancs moutons, bergère d'azur infinie" –, un fort sentiment d'immensité ; non pas tant l'immensité de l'espace, circonscrit au large par un horizon toujours proche, que l'immensité du temps. Plongé dans l'espèce de rêverie qui vous berce dans le cockpit ou sur le pont d'un voilier, l'idée que les paysages marins, il y a des millions ou des milliards d'années, étaient les mêmes qu'aujourd'hui m'a toujours donné le vertige.

+ Soleil !

Ce que nous voyons des mers n'est que l'interface entre les deux océans fluides de la Terre, l'air et l'eau, et la plupart des choses qui s'y produisent sont dues à l'interaction entre ces deux milieux. (Le fait même qu'il y ait une "surface" bien définie les séparant est une de ces choses auxquelles nous sommes tout à fait habitués, mais qui dépendent de l'échelle d'observation et laissent encore quelque part les scientifiques perplexes. Il y a d'ailleurs des conditions de température et de pression où coexistent sans surface de séparation nette les états gazeux et liquide, et même – le "point triple" du diagramme des phases – l'état solide ; mais le point triple de l'eau se situe à une pression bien plus faible que la pression atmosphérique au niveau de la mer.)

L'"état" de la mer en tout cas, c'est-à-dire la façon dont sa surface est plus ou moins agitée, est en général entièrement fonction du vent. Et l'*échelle de Beaufort*, qui mesure la force du vent, est fondée, nous l'avons vu, sur l'observation de cet état de la mer au large (*cf.* p. 108).

Par force 0, lorsqu'il n'y a pas eu de vent du tout pendant un certain temps, la surface de la mer devient complètement lisse, même si une houle ample venue d'ailleurs continue à la faire mollement onduler. Cette "mer d'huile"

À l'École navale sous la reine Victoria, on apprenait à avoir "confiance en Dieu et dans le Service hydrographique". L'amiral Francis Beaufort, qui fut l'un des premiers à diriger ce Service, avait cartographié notamment le bassin oriental de la Méditerranée, et ses anciens relevés des ruines antiques sur les côtes de Grèce et de Turquie, dont certaines ont quasiment disparu depuis, sont restés un document archéologique de grande valeur. Mais il est surtout connu de tous les marins pour son échelle de mesure liant l'état de la mer et la force moyenne du vent.

est en fait recouverte non pas d'huile, bien sûr, mais d'une très fine couche qui prend des propriétés très particulières, à cause notamment de la tension superficielle de l'eau. Cet effet purement physique caractérisant les surfaces liquides (c'est lui qui donne, par exemple, leur forme arrondie aux gouttes, ou qui est à l'origine des phénomènes de capillarité) est capable de "solidariser" de très grandes surfaces. L'espèce de "peau" d'une épaisseur microscopique qui se forme ainsi sur une mer calme est extrêmement fragile, très facilement déchirée par tout ce qui se promène à la surface, par exemple les navires. On voit souvent d'avion, surtout lorsque l'horizon marin est à contre-jour, les traces de ces déchirures, sillages qui subsistent fort longtemps, ruisseaux sombres sur le tissu scintillant de la mer. L'observation de ces traces, telles celles de gibiers sur la neige, est un des moyens de surveillance optique ou radar des trafics maritimes, utilisés à partir des satellites espions. Évidemment, ces traces, et toute cette fragile peau, sont bientôt détruites par le clapot lorsque le vent se lève*.

La moindre risée (vent de force 1 sur l'échelle de Beaufort) fripe la surface d'une mer d'huile d'une multitude de petites vaguelettes, lui donnant une teinte en apparence différente. Si le vent forcit légèrement (force 2), il commence à former, en entraînant ces vaguelettes, de véritables vagues qui avancent toutes dans le même sens que lui. À force 3 (7 à 10 nœuds, soit 12 à 19 kilomètres-heure), le vent a de plus en plus prise sur la mer et commence à décapiter les crêtes des vagues ici ou là : les premiers "moutons", mousse d'écume éphémère formée de bulles d'air, apparaissent**. Le vent forcissant encore, les vagues prennent de l'ampleur et les moutons deviennent de plus en plus nombreux.

Lorsque des embruns commencent à être arrachés aux crêtes et à retomber plus loin, c'est que la force 6 est atteinte. Plus le vent forcit, plus la mer se creuse, et plus elle blanchit d'écume. Force 7 et force 8 sont des

* La surface des mers, sur une profondeur de quelques centimètres, est en outre un milieu très particulier des points de vue chimique et biologique. Mais nous n'aborderons pas dans ce livre le champ vaste et fascinant de la biologie marine, laissant de côté en particulier l'aspect écologique des menaces que font peser les activités humaines, de la pêche aux pollutions de toute sorte.

** L'écume joue un rôle spécialement actif dans les échanges chimiques entre l'air et la mer, particulièrement important pour la capacité des océans à absorber le gaz carbonique de l'air.

vents de "grand frais" qui atteignent jusqu'à 40 nœuds, soit plus de 70 kilomètres par heure, et rendent la navigation inconfortable. À force 9, la mer, dont les creux dépassent 10 mètres, commence à déferler, c'est-à-dire que les plus grosses lames, dont la crête est entraînée par le vent plus vite que l'eau ne peut se déplacer, s'écroulent en rouleaux désordonnés ; de telles tempêtes commencent à devenir dangereuses pour les bateaux de taille petite ou même moyenne.

Au-delà, ce sont les forces 10 et 11 des ouragans et des typhons : le vent hurle dans les haubans – la "piaule", comme disent les marins –, et le déferlement continuel des vagues géantes fait gronder la mer, striée de traînées blanches, dont les creux atteignent 20 mètres ; c'est un vacarme et un spectacle effrayants. À force 12, le vent de plus de 120 kilomètres-heure rend l'air saturé d'embruns, irrespirable, asphyxiant, aveuglant ; la mer, totalement blanche, est un chaos assourdissant, monstrueux, et même sur les plus grands navires, submergés en permanence par l'écroulement de terrifiantes montagnes liquides, on recommande son âme à Dieu.

Revenons au calme après cet intermède maritime éprouvant. Lorsque le vent tombe, la mer continue longtemps à garder la mémoire des vagues sous la forme des houles, qui se propagent parfois loin des tempêtes. Aussi, l'état de la mer ne correspond pas forcément à la force du vent (lorsque c'est le cas, on dit qu'on a "la mer du vent").

L'état de la mer peut être aujourd'hui observé par radar à l'aide de satellites, ce qui permet dans une certaine mesure de déterminer la force et d'établir la statistique des vents, bien mieux que ne pouvaient le faire les *pilot charts* de Maury. Historiquement, après le satellite américain *Seasat*, lequel ne fournit que trois mois de données initiales en 1978, ce sont les satellites européens *ERS (European Remote Sensing)-1* et *ERS-2* qui entreprirent de mesurer systématiquement l'état de la mer ; puis le programme franco-américain *Topex/Poséidon* et les satellites *Jason 1* et *Jason 2* cartographièrent le niveau de la mer avec une précision étonnante, de l'ordre de quelques centimètres, mettant en évidence et permettant la modélisation de phénomènes qui pour certains, nous allons le voir, avaient échappé aux anciens géodésiens et océanographes. Ce n'était évidemment pas le cas du phénomène côtier le plus visible, permanent et prédictible, la *marée*, que les besoins de la sécurité de la navigation au voisinage des rivages et dans les ports du globe avaient conduit depuis longtemps à décrire avec précision.

La banalité des marées transcendée par la science

L'élévation cyclique du niveau de la mer par la marée atteint un maximum deux fois par jour, grosso modo au moment où la Lune culmine dans le plan méridien, y compris aux antipodes (du moins en France ; il y a ailleurs dans le monde des endroits où la marée n'a qu'un seul maximum par jour). Comme la Lune tourne autour de la Terre en près d'un mois, dans le même sens que la Terre sur elle-même (vers l'est), son passage au méridien et les heures de marée correspondantes prennent environ cinquante minutes de retard par jour. L'amplitude de la marée – son *marnage* – varie également de façon cyclique avec les phases de la Lune, plus forte à la pleine Lune et à la nouvelle Lune *(vive eau)*, moins forte quand la Lune est en quartier *(morte eau)*.

Bien que ces corrélations entre les marées et les mouvements apparents de la Lune aient été connues de longue date*, elles ne reçurent pas d'explication scientifique convaincante

* Les marées de la Méditerranée, à cause de sa taille modeste, sont très faibles, car celles de l'Atlantique n'y pénètrent pas. Mais dans l'Antiquité les Phéniciens, puis Pythéas de Marseille, ayant passé le détroit de Gibraltar, et ensuite Posidonios (à Cadix) et Pline, avaient observé le phénomène. À partir du XIVe siècle, des astrologues répandirent l'idée qu'il était dû à un effet "magnétique" de la Lune, ce qui somme toute était une sorte de première esquisse de la gravitation. Cette théorie fut reprise par Kepler mais ridiculisée par Galilée, qui voyait pour sa part dans les marées la

avant qu'Isaac Newton ne les attribue à l'effet de sa "gravitation universelle". Newton démontra que les marées résultent de l'attraction de la Lune et du Soleil, combinée avec la force centrifuge due au fait que la Terre et la Lune tournent en fait autour de leur centre de gravité commun (lequel est situé à l'intérieur de la Terre, à 4 500 kilomètres de son centre du côté de la Lune). Il calcula, compte tenu de leur distance et de leur masse relatives, que l'attraction du Soleil est environ deux fois moins forte que l'attraction de la Lune, ce qui explique pourquoi l'amplitude de la marée enfle toutes les deux semaines lorsque ces deux astres, alignés vus de la Terre, coopèrent (configurations connues sous le nom de *syzygies*), et s'atténue lorsque, à angle droit, ils s'opposent. En outre, comme l'orbite de la Lune est elliptique, et inclinée sur l'équateur terrestre, l'amplitude de la marée varie avec le plus ou moins grand éloignement de notre satellite, et n'est pas forcément la même aux deux *maxima* semi-diurnes.

Ces très belles démonstrations – bien qu'elles n'aient fourni qu'une approximation schématique des phénomènes de marée, en fait bien plus complexes – furent le premier succès de la "mécanique" de Newton, celui qui, de son vivant, commença à lui rallier des partisans avant que d'autres preuves de sa justesse, comme la mesure de l'aplatissement du globe terrestre ou la prédiction du retour de la comète dite depuis "de Halley", ne viennent assurer son triomphe, largement posthume*.

Newton avait simplifié le problème en faisant abstraction des continents, qui constituent évidemment des obstacles à la propagation de l'*onde de marée.* La marée, résultant du renflement sublunaire de l'eau, peut en effet être décrite en première approximation, dans le référentiel tournant avec la Terre, comme une onde (une vague) se

preuve du mouvement de la Terre autour du Soleil – sans parvenir à en convaincre ses juges du Saint-Office, ni la postérité...

* Cf. *Le Ciel dans la tête*, *op. cit.*

propageant en sens inverse (d'est en ouest) autour du globe et de longueur égale à un peu plus de la moitié de la circonférence terrestre (20 000 kilomètres). Mais, en réalité, on ne peut guère observer une telle situation qu'autour de l'Antarctique, dans ce vaste bassin maritime austral où la mer cercle le globe sans interruption – et que le physicien-alchimiste anglais appela le "berceau des marées" –, les autres bassins océaniques étant d'une extension limitée en longitude. De plus, tout comme la circulation atmosphérique ou, nous le verrons, les courants marins, la propagation de l'onde de marée est influencée par la force de Coriolis (voir p. 115), qui la dévie vers la droite (sens des aiguilles d'une montre) dans l'hémisphère nord et vers la gauche (sens contraire) dans l'hémisphère sud.

Le résultat, ainsi que le calcula l'Américain William Ferrel au XIXe siècle, est que, dans l'Atlantique nord, dans le sud de l'océan Indien et dans le nord et le sud du Pacifique, l'onde de marée ou ses composantes tournent en fait selon ces deux sens autour d'un "nœud" central, comme une roue autour d'un moyeu, l'amplitude de la marée étant nulle au nœud et augmentant quand on s'en éloigne. Ces mouvements circulaires des ondes de marée dans les grands bassins océaniques ont été appelés *amphidromiques* et expliquent pourquoi, le long de certaines côtes, l'onde de marée se propage en fait dans le sens nord-sud ou sud-nord au lieu de rester "sous la Lune".

L'amplitude moyenne de l'onde de marée au large est très faible et reste insensible (jamais détectée avant les mesures extraordinairement précises des satellites altimétriques) ; elle s'y propage à des vitesses de l'ordre de celle de la rotation terrestre : plusieurs centaines de kilomètres par heure. Mais au voisinage des côtes, en revanche, avec la remontée des fonds, elle ralentit considérablement (à quelques dizaines de kilomètres par heure ou moins) et du même coup enfle – ça bouchonne –, atteignant parfois jusqu'à plusieurs mètres de hauteur, particulièrement dans des goulots ou entonnoirs des rivages – la Manche, par exemple : 14 mètres de marnage dans la baie du Mont-Saint-Michel –, provoquant les “mascarets” dans les embouchures de certains fleuves et des courants de marée qui peuvent être fort rapides sur les hauts-fonds et les grèves plates (la vitesse “d'un cheval au galop”) ; surtout lorsqu'un bassin presque fermé se remplit ou se vide ainsi – comme le golfe du Morbihan ou la baie de San Francisco (ainsi qu'on le voyait fort bien en surimpression à la télévision lors de la retransmission des régates 2013 de la coupe de l'America)*. Il est à noter que ces courants de marée représentent une forme d'énergie renouvelable bien plus régulière que le vent, à l'heure actuelle très sous-exploitée.

Les courants de marée dans les “canaux”, où les côtes se resserrent entre deux îles, ou une île et le continent – surtout lorsque le vent est contraire ou que se forment de vastes tourbillons –, peuvent présenter un réel danger pour la navigation. Certains passages périlleux de ce genre avaient acquis une dimension mythique effrayante chez des marins que la prudence, voire les bars des ports, portaient facilement à l'exagération : “Charybde et Scylla” dans le détroit de Messine, par exemple, ou le “Maelström” aux îles Lofoten. J'ai rencontré des remous de ce genre dans les fjords de Colombie-Britannique, sur la côte ouest du Canada, là où l'île de Vancouver rejoint presque le continent : le voilier que je skippais, lorsque sa coque en surface et sa quille en profondeur étaient prises dans

* En Manche, les concurrents de la course à la voile Cowes-Dinard doivent s'efforcer de profiter de ces courants de marée, qui vont parfois plus vite que leurs bateaux ne sont capables de se déplacer sur l'eau. Dans le raz Blanchard le long du Cotentin, la côte défile ainsi beaucoup plus rapidement que le bateau ne va sur l'eau ou, à l'inverse, il n'est pas rare qu'un équipage ayant raté la marée doive mouiller une ancre pour ne pas reculer sur le fond tout en avançant bien sur l'eau... Les écarts à l'arrivée de cette courte traversée de la Manche peuvent ainsi atteindre de nombreuses heures.

des courants de sens contraires, se mettait à gîter inconsidérément sans raison apparente, comportement pour le moins inquiétant (ce passage, fort dangereux avant que les récifs qui l'encombraient ne fussent détruits à l'explosif, est connu sous le nom de "Desolation Sound" à cause des naufrages qui l'endeuillèrent).

Tous ces effets combinés font que, pendant longtemps, ce ne sont pas des calculs théoriques qui ont alimenté les tables volumineuses donnant les heures et les "coefficients" des marées pour chaque port du monde – et les cartes des courants de marée en Manche ou autres passages maritimes sensibles –, publiées par les institutions responsables (en France le Shom, Service hydrographique et océanographique de la marine). Ce sont bien plutôt les archives tenues à jour des relevés par le réseau (mondial) des "marégraphes" qui mesurent tous ces paramètres. Le premier marégraphe avait été installé en 1679 à Brest par Picard et La Hire, les astronomes-géodésiens de Colbert, et c'est William Thomson (Lord Kelvin) qui mit au point, en 1882, le premier marégraphe enregistreur.

Les relevés du niveau de la mer et le "géoïde marin"

Avant les satellites altimétriques, ce sont les marégraphes qui contribuaient à définir "le niveau de la mer" (en fait, son niveau *moyen* à partir duquel, par convention, sont notées les altitudes terrestres ; les profondeurs indiquées sur les cartes marines, en revanche, sont celles correspondant aux plus *basses* eaux, précaution utile pour les navigateurs). Pour la France métropolitaine, c'est ainsi le marégraphe d'Endoume, sur la corniche à Marseille – aujourd'hui monument historique, mais toujours en service –, qui a fixé le niveau de la mer officiel, le niveau zéro des cartes terrestres de l'Hexagone depuis la fin du XIXe siècle.

De Jean Picard et de la dynastie des Cassini jusqu'à Carl Friedrich Gauss et Friedrich Helmert, les fondateurs de la *géodésie* – science qui vise à déterminer les dimensions et la forme de la Terre dans son ensemble (autrement dit la "figure" de la Terre), ainsi qu'à cartographier son champ de pesanteur – avaient été amenés à définir comme surface de référence du globe "la surface qui intersecte partout la direction de la pesanteur à angle droit". Une telle surface de référence, le *géoïde*, qu'épouse – à seulement quelques mètres près, même par temps calme, nous allons voir pourquoi – la surface des mers, reflète la distribution hétérogène des densités de la matière gravifique depuis le fond des océans jusque dans les grandes profondeurs du globe. Le géoïde est une surface proche d'un ellipsoïde (sphère aplatie), légèrement en forme de poire mais subtilement bosselée, complexe. Pour simplifier les problèmes géodésiques, on eut donc recours à un *ellipsoïde de référence*, plus facile à modéliser mathématiquement, mais dont le niveau de la mer peut du coup s'éloigner jusqu'à des centaines de mètres du fait de ces "anomalies" gravitationnelles que l'eau, elle, épouse fidèlement*.

La surface des océans est, entre autres choses, le reflet du relief des fonds marins : par exemple, une montagne sous-marine de 1 000 mètres d'altitude se traduit au-dessus par une bosse d'environ 1 mètre à la surface de la mer. Les mesures combinées des satellites *Topex/Poséidon* et *ERS-1* ont ainsi conduit à une cartographie de l'ensemble de la topographie sous-marine "permettant de mettre en évidence les chaînes de volcans sous-marins, les zones d'interface entre les plaques tectoniques et, pourquoi pas… les traces des cratères d'impact des astéroïdes" (Wikipédia).

En outre, à cette topographie permanente des surfaces océaniques se trouve superposé, à la surface des océans, un relief fluctuant induit par les changements de température et de salinité de l'eau de mer (à cause de leur

* Il faut savoir que la géodésie, après avoir assuré la gloire posthume de Newton au XVIIIe siècle (cf. *Le Ciel dans la tête*), sert des objectifs éminemment pratiques : par exemple les terminaux GPS, afin de déterminer leur position sur le globe avec précision en triangulant les satellites du système, doivent intégrer les données géodésiques pour connaître ou déterminer leur altitude.

densité respective, les eaux chaudes forment des bosses et les eaux froides des creux), par les marées, et enfin par les variations quotidiennes de la pression atmosphérique. C'est la raison des écarts de plusieurs mètres qui peuvent exister entre le géoïde marin et le niveau de l'eau.

Ondes de tempête et tsunamis, catastrophes téléphonées

Parmi les effets des phénomènes météorologiques affectant le niveau de la mer, l'un des plus fréquents (et dangereux pour les côtes basses du globe) est l'"onde de tempête" – ou "surcote", mais le terme *surge* en anglais est peut-être plus parlant. Cette enflure de la mer, accompagnant le passage des dépressions, s'ajoute à l'effet du vent et le cas échéant, près des côtes, à la marée (s'y ajoutera encore sans doute bientôt, si ce n'est déjà le cas, l'élévation d'ensemble du niveau moyen de l'eau due au réchauffement climatique). Des inondations catastrophiques du littoral peuvent en résulter, entraînant des conséquences tragiques comme, par exemple, lors de la tempête Xynthia en 2010 et de l'ouragan Sandy en 2012 ou, bien pires, les dizaines de milliers de morts lors du passage du typhon de 2013 sur les Philippines, quand ces effets contribuèrent à soulever une mer déchaînée par des rafales de 300 kilomètres-heure jusqu'à plusieurs mètres au-dessus de son niveau habituel.

Par ailleurs, la capacité des étendues maritimes à propager au loin, sous forme d'ondes de surface, les impulsions qu'elles reçoivent est la cause du phénomène le plus redoutable qui menace les côtes des mers et des océans du globe : le *tsunami* (terme, tout comme *typhon*, d'origine japonaise). Les séismes sur terre, on le sait, se propagent rapidement, répandant destructions et désolation parfois loin de leur épicentre. Les séismes marins – qu'il s'agisse à l'origine de relâchement de failles, de glissements de terrains ou d'éruptions volcaniques dans les fonds, ou encore d'impacts météoriques, astéroïdaux ou cométaires – se propagent plus lentement ; mais, provoquant localement de brutaux déplacements de masses d'eau quelquefois considérables, ils engendrent de puissants trains d'oscillations de l'eau capables, faute de dissipation, de se dilater en vastes ondes concentriques sur toute la surface des bassins maritimes.

Un tsunami peut ainsi atteindre, au bout d'un certain nombre d'heures, l'ensemble des rivages d'un océan de la taille du Pacifique. Ces vagues très particulières – qui avancent à des centaines de kilomètres par heure, comme l'onde de marée, mais ont une longueur moindre, de l'ordre d'une centaine de kilomètres –, bien qu'elles ne soient pas ressenties au large, peuvent prendre en arrivant près des continents, ralenties par la remontée des fonds, une énorme amplitude. Le creux arrive en général le premier et se traduit par un long retrait de la mer, suivi à plus ou moins brève échéance du déferlement de la crête (jusqu'à des dizaines de mètres de hauteur), qui suit loin derrière et va envahir les zones côtières, ravageant tout sur son passage. De nombreuses malheureuses victimes de tsunamis ont été des gens qui, au lieu de fuir ou de chercher protection, s'étaient imprudemment attardés au bord de la mer pour contempler le spectacle très inhabituel des fonds découverts par son retrait soudain…

On se souvient du tsunami de 2004 – déclenché en Indonésie* – qui noya, dans les îles de l'océan Indien, dans le Tamil Nadu sur le bord est de l'Inde, et jusqu'à la côte orientale de l'Afrique, des dizaines de milliers de gens qu'on aurait eu largement le temps de prévenir. Et puis, bien sûr, il y a celui qui frappa le Japon en 2011 et tua des

* L'Indonésie est au cœur de la région Asie-Pacifique du globe, région la plus exposée aux catastrophes naturelles (80 % du coût des sinistres mondiaux de ce genre, qu'il s'agisse d'éruptions volcaniques, de tremblements de terre ou d'inondations). L'ONU estime que, dans cette région, les catastrophes naturelles ont affecté pendant la première décennie de ce siècle plus de 200 millions de personnes, faisant en moyenne 70 000 morts par an ! Un réseau universitaire international intitulé “Disaster University” est en train de s'y mettre en place.

milliers de personnes aux environs de Fukushima (mais au bout de quelques jours on ne parla plus de ces victimes-là, semble-t-il d'un intérêt négligeable à côté de la destruction d'une centrale nucléaire mal placée, dont les fuites radioactives étaient et restent, bien qu'elles n'aient pas fait de victimes supplémentaires, beaucoup plus médiatiques que la disparition des pauvres pêcheurs et de leurs familles…).

C'est à la suite d'un tsunami de 1946 – dû à un séisme sous-marin dans les îles Aléoutiennes, qui détruisit des ports d'Alaska, puis, cinq heures plus tard, celui de Hilo à Hawaii et enfin, une dizaine d'heures après, occasionna de nombreux dégâts dans d'autres îles du Pacifique ouest et sud – que fut décidée la mise en place d'un système d'alerte couvrant tout cet océan. Les populations, même prévenues à l'avance, peuvent ne disposer que de très peu de temps pour fuir si elles sont trop proches de l'épicentre – comme ce fut le cas à Fukushima –, mais ce réseau, qui a commencé à fonctionner au début des années 1960, a néanmoins déjà sauvé un grand nombre de vies. Il semble qu'un réseau semblable se mette en place dans l'océan Indien à la suite du tsunami de 2004.

Il est quelquefois possible, à l'aide de témoignages, de traditions orales ou d'indices géologiques, de documenter l'histoire d'anciens tsunamis, leur fréquence, leurs causes même, le plus souvent volcaniques. C'est le cas par exemple en Nouvelle-Calédonie, où une vingtaine de paléo-tsunamis ont été identifiés, dont celui de 1875 qui, d'après les récits de missionnaires, submergea l'île de Lifou et causa la mort de vingt-cinq personnes. C'est le cas aussi d'un des pires tsunamis de l'histoire, celui de 1703 dans l'île d'Awa au Japon, qui fit plus de cent mille victimes. Mais, bien qu'on dispose ainsi de cartes des zones à risque, cela n'empêche pas qu'on y reconstruise régulièrement des habitations – voire qu'on y installe des centrales nucléaires…

Sans doute les plus terribles des très anciens tsunamis ont-ils été le résultat de la chute de comètes ou d'astéroïdes dans les océans du globe. De tels corps célestes impactant la Terre ont environ deux chances sur trois de tomber dans la mer et, compte tenu du nombre d'astroblèmes existant sur les continents – astroblèmes : littéralement "blessures d'astres", anciens cratères d'impact, nombre d'entre eux atteignant des dizaines de kilomètres de diamètre et quelques-uns des centaines de kilomètres –, il est clair que ces événements cataclysmiques ont dû être relativement fréquents au cours des ères géologiques, se répétant en moyenne tous les dix millions d'années peut-être, ou plus, suivant leur ampleur.

Certaines côtes du globe portent les traces des plus récents mégatsunamis de ce type, que l'on commence tout juste à savoir reconnaître et interpréter, telles les collines côtières en "chevrons" à Madagascar, toutes orientées vers un même centre au large et principalement constituées de sédiments marins. Des traces du tsunami provoqué par l'impact de Chicxulub au Yucatán (celui qui aurait été responsable de la disparition des dinosaures il y a soixante-cinq millions d'années) ont été relevées sur les côtes du golfe du Mexique, au Texas notamment.

Pour certains géologues, il est possible que ce genre de dépôts ait été par le passé mal interprété, pris pour l'effet, au lieu d'une brutale catastrophe, de lentes transgressions marines ; ce qui pourrait conduirc à revoir le rôle et le calendrier de ces dernières. Il n'est pas impossible non plus que de tels événements, volatilisant une énorme quantité d'eau de mer, aient eu des conséquences non seulement sur le climat mais sur le niveau des océans et le tracé des côtes. Nous reviendrons sur ces cataclysmes et leur rôle dans l'évolution de la vie sur Terre dans le dernier chapitre de ce livre.

Même en l'absence d'ondes de tempête, de tsunamis, l'action continue de la mer sur les rivages est de toute façon prépondérante dans l'évolution du littoral. Comme l'avaient bien décrit les géographes de la seconde moitié du XIXe siècle, les côtes sont sculptées, modelées, construites ou "dévorées" par l'action des vagues et des courants de marée, ainsi que par les dépôts des produits de l'érosion ; s'y ajoutent, au débouché des fleuves, le courant d'eau douce et l'apport des alluvions terrestres. Ainsi sont apparus et disparus au cours des âges, au gré des montées et descentes du niveau des mers, deltas et marais, plages, dunes, lidos et lagons, falaises, bancs de sable, îles et plateaux continentaux.

Les côtes telles que nous les connaissons aujourd'hui sont en fait, de tous les traits de la planète, parmi ceux qui se modifient le plus, et le plus vite. Même avec un niveau marin qui n'a pas varié sensiblement pendant la période historique, des changements y apparaissent à toutes les échelles de temps, depuis les millénaires jusqu'à des durées bien inférieures à celle d'une vie humaine.

Au voisinage des côtes, quantité de phénomènes interviennent pour transporter l'eau de mer et tout ce qu'elle charrie. Certains peuvent être dangereux pour les baigneurs, comme les courants de marée, ou de plage. D'autres ont des conséquences utiles, comme les *upwellings* ou remontées d'eau. Ces derniers sont un effet du vent qui provoque un appel d'eau profonde et froide (4 °C), souvent chargée de nutriments, renouvelant l'eau superficielle tiède qui s'en est trouvée dépourvue, et attirant les bancs de poissons. Vagn Eckman était un élève de Bjerknes, que celui-ci avait mis au travail vers 1900 sur une constatation de l'explorateur arctique Fridtjof Nansen (*cf.* p. 290) : la dérive des glaces arctiques s'effectue toujours vers la droite du vent dominant. Eckman réussit à démontrer que cet effet résultait, bien sûr, de la force de Coriolis, moyennée sur la profondeur à laquelle s'exerce l'entraînement par le vent (en l'occurrence, la profondeur de la banquise). Le même effet explique pourquoi, même lorsque le vent souffle plus ou moins parallèlement à la côte, il peut entraîner l'eau superficielle dans une direction plus ou moins perpendiculaire, vers le large, provoquant les upwellings. Environ un quart de la production de la pêche dans le monde provient d'ailleurs de telles zones d'upwellings, représentant à peine quelques pour-cent de la surface des océans*.

Une autre sorte de mouvement de l'eau, les *courants de turbidité*, affecte les profonds talus sous-marins, le bord des plateaux continentaux par exemple. Il s'agit de sortes d'avalanches provoquées par le mélange des dépôts détritiques à l'eau de mer, accroissant sa densité et l'entraînant vers le bas. Encore d'autres phénomènes agitent les fonds, comme les sortes de petits tsunamis sous-marins qui s'observent dans certaines configurations près des côtes. Et puis, au large, les courants océaniques organisent de bien plus vastes transports de l'élément liquide.

La difficile étude des courants marins

Les vagues à la surface de la mer ont toujours l'air de se déplacer, mais ce qui se déplace en réalité n'est qu'une "onde" de surface. Le mouvement de l'eau elle-même au passage de chaque vague, comme on peut le voir à celui d'un objet quelconque flottant à sa surface, est en général circulaire, avançant en montant et reculant en descendant, faisant pratiquement du surplace. C'est quand ce mouvement circulaire est déséquilibré que les vagues déferlent : soit au large, comme nous l'avons vu, lorsque l'eau est trop accélérée en haut de sa trajectoire circulaire par un vent atteignant force 9, soit, comme sur les plages, lorsque l'eau est freinée par la remontée du fond en bas de cette trajectoire, laquelle tend alors à s'aplatir, formant rouleaux et ressacs.

Le mouvement circulaire de l'eau au passage des vagues ne se referme cependant pas tout à fait sur lui-même, et

* Les upwellings ne sont pas toujours bénéfiques. Il semble que la fonte de l'Ouest antarctique (*cf.* p. 201) – épaisse couverture de glaciers dont la base est située au-dessous du niveau de la mer – soit due à un effet de ce genre, provoqué par une intensification des vents, peut-être causée par le réchauffement climatique, qui fait remonter de l'eau à 4 °C, plus chaude donc que la couche superficielle, normalement proche de 0 °C dans ces régions.

la surface des mers à la longue acquiert, avec une grande inertie, une certaine vitesse dans le sens du vent. Cette vitesse est toujours faible, de l'ordre du kilomètre par heure, et s'atténue rapidement sous la surface : c'est seulement sur une profondeur comparable à la longueur des vagues que l'eau se déplace effectivement. C'est ainsi que se forment la plupart des courants de surface au large, et ceux-ci suivent donc plus ou moins la circulation atmosphérique globale* : vers l'ouest, comme les alizés, près de l'équateur, et vers l'est, comme les vents dominants aux latitudes tempérées.

Naturellement, les continents imposent des contraintes beaucoup plus fortes à cette circulation globale de l'eau qu'à celle de l'air, et c'est pourquoi les grands courants océaniques à la surface des océans, soumis comme les vents à la force de Coriolis, s'organisent en mouvements globalement circulaires, tournant donc dans le sens des aiguilles d'une montre dans l'hémisphère nord, dans le sens inverse dans l'hémisphère sud, et longeant les masses continentales, en général en direction des pôles le long des côtes occidentales et en direction de l'équateur le long des côtes orientales.

Depuis Platon (dans le *Phédon*) et Athanase Kircher au XVIIe siècle, en passant par James Knox de Bolduc, moine d'Oxford, l'idée prévalait, dans le monde savant ancien, que les courants marins circulaient en fait à travers tout l'intérieur de la Terre *via* le pôle Nord, où ils s'engouffraient, et le pôle Sud, d'où ils divergeaient en ressortant... Les marins, naturellement, en savaient assez pour ne pas croire à ces théories fantaisistes.

Les principaux courants maritimes sont connus depuis longtemps des navigateurs et ont reçu des noms familiers. C'est le cas du Kuroshio dans le Pacifique, par exemple, et, naturellement, du Gulf Stream, cette épaisse pellicule

* C'est une des raisons pour lesquelles les navigateurs préfèrent marcher dans le sens des vents portants : leur vitesse "sur le fond", augmentée de celle du courant superficiel, est alors plus rapide que leur vitesse sur l'eau.

d'eau chauffée dans l'étuve de la mer des Antilles et, passé le cap de la Floride, entraînée au large de la côte est des États-Unis qu'elle quitte aux environs du cap Hatteras. Les remous et méandres de cette rivière maritime tiède traversent toute la largeur de l'Atlantique, jusqu'à venir adoucir le climat des régions océaniques de l'Europe du Nord.

Les équipages des galions espagnols avaient déjà repéré le Gulf Stream, qui les aidait pour leur voyage de retour, et ce sont les baleiniers de la Nouvelle-Angleterre qui inspirèrent la première carte de ce courant, établie par Benjamin Franklin. Celui-ci, en tant que directeur des Postes des colonies américaines, s'était interrogé sur la raison de la lenteur des navires postaux reliant l'Angleterre à New York, par rapport aux navires marchands capables de relâcher à Rhode Island jusqu'à quinze jours plus tôt. La réponse lui fut fournie par son cousin Timothy Folger, capitaine à Nantucket, qui, lui dit-il, la connaissait fort bien : il avait souvent croisé de ces navires postaux naviguant à contre-courant. “Nous les avons informés qu'ils avaient contre eux un courant de 3 nœuds et leur avons conseillé d'en sortir ; mais ils étaient trop avisés pour suivre les conseils de simples pêcheurs américains. Quand le vent n'est que léger, ajouta Folger, le courant les pousse davantage en arrière que le vent ne les propulse en avant ; et si le vent est fort, perdre 70 milles sur une journée de route n'est pas négligeable.”

Benjamin Franklin publia sa carte du Gulf Stream en 1770 en Angleterre où, comme ses paratonnerres, elle n'intéressa personne, puis en France en 1778, où elle fut mieux reçue. Mais l'étude sérieuse des courants océaniques ne commença que bien plus tard, en utilisant la méthode des bouteilles à la mer : l'amiral britannique Beechey et plus tard le prince Albert Ier de Monaco (avec le professeur Pouchet du Muséum à Paris) menèrent ainsi de longues campagnes. Sur les milliers de bouteilles qu'ils avaient mises à l'eau, les quelques centaines qui leur furent retournées en provenance des quatre coins du monde, selon les instructions des messages voyageurs qu'elles renfermaient, fournirent de nombreux éléments sur la géographie des courants océaniques, bien que les résultats aient souvent laissé perplexes ces premiers chercheurs.

L'action des vents, n'affectant guère que la couche superficielle des eaux, était susceptible d'expliquer la géographie des courants chauds de surface mais, dès les premières mesures précises des températures en profondeur, il était apparu que d'autres facteurs doivent intervenir pour rendre compte de la circulation globale de l'eau de mer. Il y avait longtemps qu'en remontant leurs sondes, les marins avaient remarqué que le plomb était toujours frais, toujours proche de 4 °C environ ; nous avons dit pourquoi plus haut : c'est à cette température que la densité de l'eau est maximale. Les tout premiers sondages océanographiques profonds montrèrent toutefois qu'à certains endroits, la température de l'eau peut être bien inférieure, très proche de 0 °C. Et, dès les années 1820, Emil Lenz avait suggéré que ces eaux sous-marines très froides coulaient des régions polaires.

Plus récemment, ce sont toujours des flotteurs qui renseignent les chercheurs, mais les balises modernes sont beaucoup plus intelligentes et habiles que les bouteilles du XIXe siècle, et la collecte des données se fait dorénavant par satellite. Des cartes de la température (et de la salinité) de l'eau de mer ont été ainsi récemment relevées en trois dimensions par des flottes de robots dérivants : le réseau franco-américain Argo utilise des milliers de ces engins, dispersés pendant la première décennie du XXIe siècle sur la quasi-totalité des mers, capables d'un cycle automatique de plongée jusqu'à 2 000 mètres de profondeur avant de remonter à la surface pour émettre les mesures qu'ils ont enregistrées. Ces données, combinées avec les mesures altimétriques, permettent de suivre les courants océaniques avec précision.

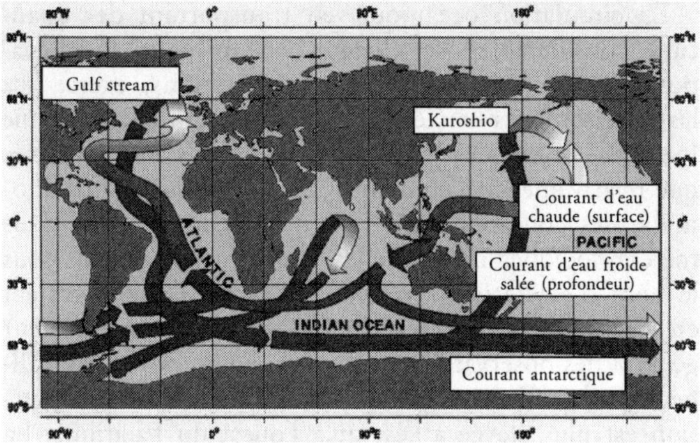

Carte des courants océaniques. Parcourir en entier ce circuit à trois dimensions connectant les océans du globe demande plus d'un millénaire à une parcelle d'eau de mer ! Le moteur de cette circulation est à la fois l'entraînement des eaux superficielles par la circulation atmosphérique et l'effet sur la densité de l'eau de sa température et de sa salinité (circulation "thermohaline").

La circulation océanique profonde a été mise en évidence récemment, mais au début du XIXe siècle on avait déjà repéré ses eaux glaciales, et au début du XXe Henri Poincaré, président du Bureau des longitudes, s'adressait en ces termes aux membres de l'une des premières expéditions Charcot vers les pôles : "Les grands mouvements de l'atmosphère et des océans sont en grande partie régis par les phénomènes polaires. La Terre est comme une immense machine thermique avec une source chaude et une source froide."

On a ainsi effectivement confirmé que les eaux arctiques et antarctiques, plus salées (la cristallisation des banquises d'eau de mer "désalinise" la glace flottante, abandonnant le sel dans l'eau sous-jacente), sombrent en profondeur du fait de leur densité accrue. À des kilomètres sous la surface, cette *circulation thermohaline* entraîne l'eau froide chargée de sel vers les zones tropicales où elle se dilue et remonte en surface, bouclant le circuit *via* les courants chauds qui repartent en surface vers les latitudes élevées.

Les oscillations de la circulation océanique et leur impact sur le climat

La circulation océanique, en transportant des quantités considérables de chaleur, en influant sur l'évaporation et, partant, sur les précipitations, exerce sur les phénomènes météorologiques et climatiques une influence marquée dont l'importance n'a été appréciée que relativement récemment. Certaines années, une anomalie des courants marins est à l'origine de conditions météorologiques inhabituelles, phénomènes connus sous le nom d'*oscillations océaniques*. Ces oscillations avaient été découvertes au début du xxe siècle par un directeur général des observatoires météorologiques des Indes, Gilbert Walker. Il remarqua qu'à certaines époques, la pression est plus élevée à l'est qu'à l'ouest du Pacifique. La différence de pression le long de l'équateur crée une circulation des masses d'air vers l'ouest, renforçant les alizés de surface. À d'autres époques, le phénomène inverse se produit : pression plus élevée à l'ouest, et affaiblissement des alizés.

Cette dernière phase de l'oscillation est généralement accompagnée d'*El Niño*, un courant intermittent transportant de l'eau chaude des rivages australiens vers les côtes péruviennes, causant un réchauffement et des précipitations accrues du Pérou au Chili. Ce phénomène, dont le nom vient de son intensification périodique à l'époque de Noël, se répète en réalité toutes les trois à sept années en moyenne depuis, semble-t-il, plus de cent cinquante mille ans, ainsi que l'a montré l'étude d'indices de variations de la température océanique dans des couches de sédiments carottés dans le Pacifique.

Comme l'oscillation australe, l'oscillation nord-atlantique est un facteur climatique déterminant à l'échelle régionale car elle est reliée à la position et à la trajectoire des perturbations météorologiques qui touchent l'Europe de l'Ouest, ainsi qu'aux températures océaniques du bassin de l'Atlantique nord. C'est le genre de chose qui provoque chez nous, en France, les hivers cléments ou les "étés pourris".

Les premiers timides et laborieux sondages des profondeurs de la mer

Il existe sous la surface des mers, dans l'immense volume aquatique recouvrant entre les deux tiers et les trois quarts du globe, tout un univers dont on a longtemps ignoré l'ampleur (que nous avons toujours tendance à minimiser). Cet univers, jusqu'à la seconde moitié du XIXe siècle, voire encore plus tard, appartenait au monde mystérieux, mythique, des légendes et de la fiction. Que ces légendes aient eu quelque fondement dans la réalité était périodiquement attesté par l'apparition de monstres marins comme des calamars géants ou des poissons-diables aux formes grotesques, aperçus en mer ou trouvés échoués sur quelque rivage.

D'autres légendes couraient jusqu'au milieu du XIXe siècle, concernant la profondeur des océans. La seule technique disponible pour la mesurer était la "sonde", la ligne qu'on descendait du bateau, entraînée par un plomb, et de telles mesures, là où elles étaient disponibles, furent reportées à partir du XVIIe siècle sur les cartes marines, ainsi qu'avait commencé à le faire le cartographe de l'école de Dieppe Jean Guérard. Mais, si cela permettait aux marins de détecter la remontée du fond à l'approche des côtes, voire du "plateau continental", et de se repérer sur la carte – précaution utile par temps de brouillard –, ceux qui avaient essayé de lancer leur sonde très au large dans l'Atlantique ne trouvaient jamais le fond, même après avoir lâché des kilomètres de ligne. Ainsi s'était répandue la fable selon laquelle l'océan était "sans fond". En réalité, leur plomb s'était bien posé, mais la dérive du navire et le poids des kilomètres de ligne continuaient à la dévider indéfiniment*...

* Robert Kunzig raconte dans un livre fort bien documenté, *L'Océan* (bibl.), où j'ai puisé pas mal d'informations, que d'autres légendes couraient : "Un naturaliste français, François Péron, ayant relevé les températures, comme plus il descendait plus l'eau était froide, avait conclu que le plancher océanique devait être couvert d'une épaisse couche de glace... Selon une croyance encore plus populaire, l'eau des grandes profondeurs était si compressée que sa densité empêchait toute chose de la traverser ;

À ses débuts, l'océanographie, faute de données ailleurs, s'était donc trouvée largement cantonnée, dans le cadre de la géographie, aux interactions visibles et mesurables de la surface de la mer avec l'atmosphère et les bords des continents, que nous venons de passer en revue. La quasi-totalité de l'ouvrage fondateur de Matthew Maury, pour l'essentiel issu de ses travaux sur les "cartes des vents et courants" à l'intention des navigateurs, est consacrée à ces phénomènes de surface, sur lesquels il avait accumulé suffisamment d'observations ; toutefois, Maury eut le mérite de s'intéresser également aux fonds sous-marins dont, à l'époque, on ne connaissait pratiquement rien. Il mentionne seulement, avec ceux de Marsigli, les travaux précurseurs de l'astronome milanais Donati qui, le premier, avait envisagé qu'il y ait "au fond de l'eau des montagnes, des plaines, des vallées et des cavernes, tout à fait comme sur terre".

Au tout début des années 1850, un officier de marine américain avait mis au point une sonde pour les grandes profondeurs, en utilisant un poids très lourd et un fil très fin ; l'astuce résidait dans un dispositif qui décrochait le poids lorsqu'il se posait sur le fond, cessant de tirer sur la ligne ; cela permettait en outre d'en récupérer la totalité, alors qu'elle aurait été incapable de remonter le poids sans casser quelque part*. Avec la sonde "à poids perdu" Brooke (c'était le nom de cet officier), le bateau du Dépôt des cartes et instruments de la Navy de Maury – l'*USS Dolphin* – entreprit une grande campagne de relevés des profondeurs de l'Atlantique. Et, à partir de la centaine

ainsi, lorsqu'un navire coulait, pensait-on, il n'atteignait jamais le fond et continuait à flotter tel un fantôme, son malheureux équipage ne trouvant jamais le repos éternel."

* On trouve dans un manuscrit du XIe siècle (!) la description d'un système du même genre, mais "sans fil" : le poids descend un flotteur qui se décroche en arrivant au fond et remonte à la surface ; la profondeur est évaluée sur la base de la mesure du temps écoulé entre le lâcher et la réapparition du flotteur. Malin ! On ne sait pas si ce système a été utilisé.

de mesures qui furent effectuées en l'espace de plusieurs mois, Maury put établir une première carte sommaire du fond de cet océan, découvrant "un panorama accidenté, gigantesque et imposant". Maury nota en particulier que, si le fond plongeait de façon abrupte au bord du plateau continental, en revanche il avait tendance à remonter ensuite vers une élévation médio-océanique qu'il nomma "Dolphin Rise".

Peu après, la pose des câbles télégraphiques transatlantiques allait constituer la première véritable entreprise sous-marine d'envergure. Malgré le succès d'un câble transmanche en 1851, il fallut beaucoup d'audace aux entrepreneurs – Cyrus Field et son paquebot le *Great Eastern*, aménagé afin qu'il soit capable de transporter et de larguer 4 000 kilomètres de câble (d'un seul tenant) ! – pour se lancer dans l'aventure à travers l'Atlantique. Ils consultèrent Maury qui les assura, sur la foi des quelques dizaines de sondages dont il disposait vers le Nord de cet océan, de l'existence d'un "plateau" propice à y déposer leurs câbles. Mais ses sondages, tout comme les mesures de température ou le prélèvement d'échantillons du fond qui allaient parfois avec, n'offraient pas encore de grandes garanties, ainsi que le montrèrent rapidement les déboires initiaux des câbliers au début des années 1860 : la Dolphin Rise passe aussi entre l'Irlande et Terre-Neuve, et les câbles télégraphiques se rompaient lorsqu'ils étaient déposés sur ses sommets ou au bord de ses canyons insoupçonnés. Ce n'est qu'au bout d'une bonne dizaine d'années d'efforts que le succès fut au rendez-vous.

Dans la décennie suivante, pendant les années 1870, l'expédition du navire océanographique britannique *Challenger* confirma l'existence de la Dolphin Rise, chaîne sous-marine (qui devait plus tard recevoir le nom de "dorsale médio-atlantique") se prolongeant du nord au sud au milieu de cet océan, et des montagnes semblables furent observées au fond de l'océan Indien ("dorsale de

Carlsberg") et du Pacifique. Mais la principale découverte fut celle d'une profonde fosse océanique – à plus de 10 kilomètres sous la surface, au cœur de la fosse des Mariannes dans la mer des Philippines –, à laquelle le navire donna son nom ("Challenger Deep").

En 1904, raconte Robert Kunzig, "l'International Hydrographic Bureau avait préparé la première carte bathymétrique normalisée des mers de la planète à l'aide des 18 400 sondages disponibles. Ce n'était pas suffisant pour avoir une idée générale du plancher océanique et les géologues ne commenceront à comprendre son architecture complète – et celle de la planète dans son ensemble – qu'un demi-siècle plus tard. Jusque-là, personne ne sut vraiment de quoi il était question*." Et, de fait, les cartes des profondeurs marines publiées dans la première moitié du XXe siècle, quel que soit le mérite des rares géographes qui s'y intéressaient – comme par exemple le Français Camille Vallaux –, ne sont guère parlantes et ne nous paraissent pas aujourd'hui briller par leur exactitude.

C'est seulement après la mise au point des techniques de sondages acoustiques (les sonars) et la généralisation de leur usage après la Seconde Guerre mondiale que l'on parvint à se représenter et à interpréter correctement les particularités remarquables des fonds sous-marins. Et si, de nos jours, on en cartographie le relief par satellite en inversant le champ de gravité tel qu'on a réussi à le déduire du géoïde marin, pendant longtemps ces abîmes étaient restés du domaine de l'imaginaire. Ce n'est pas faute d'avoir inventé et expérimenté des engins sous-marins : fantasme ou projet, Léonard de Vinci, naturellement, en avait déjà dessiné. Mais descendre sous l'eau pose des problèmes d'une difficulté supérieure à celle qu'il faut vaincre pour s'élever dans les airs et, n'en déplaise

* On trouvera des articles historiques très intéressants et une superbe iconographie dans *La Mer : Terreur et fascination*, beau livre publié par la BNF et le Seuil en 2004 (bibl.).

à Jules Verne, il s'avéra plus facile de passer "cinq semaines en ballon" que de parcourir "vingt mille lieues sous les mers".

Aller explorer en personne le fond des abîmes océaniques représentait un défi qui resta un objectif inaccessible jusqu'à la seconde moitié du XXe siècle. Certes, on savait depuis toujours descendre à la nage en apnée et l'usage de cloches à plongeurs, tonneaux sans fond emprisonnant l'air, remonte à l'Antiquité. Edmond Halley (encore lui), Robert Hooke et Denis Papin en perfectionneront le principe en 1690, réussissant à atteindre une profondeur de près de 20 mètres.

Guerres sous-marines et descentes dans les abîmes

Le terme "scaphandre", composé des mots grecs pour "homme-bateau", fut forgé un siècle plus tard par l'abbé de La Chapelle, qui avait inventé une combinaison flottante en liège permettant de traverser des cours d'eau, et fut utilisé par la suite pour décrire les équipements de plongée sous-marine développés au cours du XIXe siècle, comme celui que mit au point l'ingénieur des Mines Rouquayrol à Decazeville et que perfectionna le lieutenant de vaisseau Denayrouze. Cet appareil, l'une des attractions récompensées lors de l'Exposition universelle de 1867 à Paris, équipe les personnages de *Vingt mille lieues sous les mers*, mais en réalité il ne permettait pas de descendre plus bas que la profondeur où évoluaient les cloches et les sous-marins : quelques dizaines de mètres tout au plus.

L'ingéniosité de l'homme a rarement failli à se manifester dans ses activités guerrières avant toute autre préoccupation et l'on n'avait pas tardé, sans chercher à descendre trop profondément devant les difficultés et les dangers liés à l'augmentation rapide de la pression, à saisir l'intérêt militaire des armes sous-marines. C'est dès le XVIIIe siècle, pendant la guerre d'indépendance américaine, que David Bushnell avait expérimenté le premier sous-marin, à vrai dire guère plus qu'un tonneau lesté mû à la manivelle par deux hélices tournant en sens contraire (avec une seule hélice, le tonneau tournait aussi, dans l'autre sens…). Ces problèmes de motorisation et de stabilisation, sans compter l'obscurité, allaient tester la sagacité des ingénieurs. Fulton vers 1800 (à Paris) puis les frères Coëssin en 1811 (au Havre) amélioreront le prototype sommaire de Bushnell.

L'emploi des torpilles, qui commencèrent à semer la terreur chez les équipages, date du début de la seconde moitié du XIXe siècle – et Maury ne fut pas étranger à leur usage pendant la guerre de Sécession (*cf.* p. 141). Mais l'emploi opérationnel de sous-marins lance-torpilles – déjà imaginé par Jules Verne, comme l'illustre la terrible vengeance du capitaine Nemo – prendra une importance capitale pendant la Première Guerre mondiale, puisque c'est la menace que les submersibles allemands firent peser dans l'Atlantique qui fut la cause de l'entrée en guerre des États-Unis : en 1916, le président américain Wilson espérait encore s'entremettre pour faire cesser les hostilités en Europe et gardait de bons rapports avec le Kaiser ; mais lorsque, en 1917, il se vit intimer l'ordre de cesser d'enfreindre le blocus de l'Angleterre et de la France sous peine de voir les cargos et paquebots américains torpillés par les sous-marins de la *Kriegsmarine*, il rompit les relations diplomatiques et déclara la guerre à l'Empire prussien. L'arrivée des Américains ("La Fayette, nous voici") fit pencher la balance sur le front des tranchées où régnait un match nul mortifère. Et la sévère punition de l'Allemagne après sa défaite, selon les dispositions que lui imposèrent le traité de Versailles, l'empêcha sans doute par la suite – malgré une remarquable campagne du vapeur *Meteor* entre 1925 et 1927 (*cf.* p. 496) – de profiter dans le domaine civil de l'avance qu'elle avait prise en matière de savoir-faire sous-marin. (Bien que cette avance dût se manifester de nouveau sur le plan militaire pendant la Seconde Guerre mondiale avec les redoutables *U-boote* qui chasseraient les convois alliés jusqu'en Amérique du Sud.)

Les premières tentatives pour plonger dans les grands fonds, compte tenu des pressions écrasantes auxquelles il fallait résister (la pression augmente d'environ une fois celle de l'atmosphère tous les 10 mètres !), attendront le milieu du XXe siècle. Elles doivent beaucoup à l'obstination d'un personnage étonnant, Auguste Piccard (l'inspirateur de Hergé pour le personnage du professeur Tournesol), physicien suisse célèbre pour avoir battu le record d'altitude en ballon (16 kilomètres, au début des années 1930). Avec l'appui successivement du Fonds national pour la recherche scientifique belge, de la Marine nationale française, puis de la Navy américaine, lui et son fils vont réussir après la guerre, à bord de leurs "bathyscaphes", des plongées profondes à plusieurs kilomètres. Jacques Piccard, accompagné par un officier de marine américain, le lieutenant de vaisseau Walsh, réussira en 1960 à atteindre le fond de la fosse Challenger, à plus de 10 kilomètres de profondeur.

Les océanographes américains, par la suite, allaient développer des sous-marins de recherche, comme l'*Alvin*, plus agiles que les bathyscaphes. L'intérêt du gouvernement fédéral pour ce type d'engins s'était brusquement éveillé lorsque l'un des B-52 de la force de frappe stratégique perdit une bombe nucléaire au large des côtes de l'Espagne et que l'affaire menaça de prendre une dimension, sinon tragique, du moins embarrassante…

Pendant longtemps, à la suite de Donati, on avait imaginé que le fond des océans devait être semblable à une surface continentale envahie par l'eau, jusqu'à ce que les océanographes finissent par révéler le caractère fondamentalement différent et étonnamment "jeune" de sa géologie par rapport à celle des blocs continentaux. Les campagnes de forages du *Glomar Challenger*, affrété par la Scripps

Institution et la National Science Foundation, navire de recherche de 120 mètres équipé d'un derrick de près de 100 mètres de hauteur, durèrent une quinzaine d'années à partir de 1968, prélevant plus de vingt mille carottes jusqu'à 7 kilomètres sous l'eau et près de 2 kilomètres de profondeur dans la croûte océanique. Ces campagnes de forages sont contemporaines du développement des techniques d'exploitation du pétrole offshore (*cf.* p. 390) et apportèrent la preuve de la nature "ignée" (volcanique) du plancher océanique – à vrai dire, déjà repérée par quelques dragages longtemps auparavant –, confirmant la théorie du *sea floor spreading*, l'expansion des fonds océaniques dont nous parlerons dans la troisième partie de ce livre.

Ainsi que nous l'avons dit plus haut, le développement de l'océanographie physique (à l'aide des techniques de sondages acoustiques, sismiques et magnétiques) avait en effet, dans les années 1960, révolutionné la géologie en étendant son domaine, jusque-là cantonné aux terres émergées des continents, aux quelque 70 % de la surface terrestre recouverts par les eaux. C'est dans le chapitre 16 qu'il sera question de cette avancée majeure des géosciences ; nous y revisiterons l'exploration moderne (à distance) des fonds sous-marins, exploration particulièrement passionnante et l'un des morceaux de bravoure de l'histoire de la géophysique, qui y est par conséquent renvoyée (voir p. 495 et suiv.).

Mentionnons néanmoins ici qu'au début des années 1970, les preuves des mécanismes de la toute nouvelle théorie de la tectonique des plaques, bien que tout à fait convaincantes, restaient très indirectes et que les océanographes, si l'on peut dire, brûlaient d'aller voir sur place. La première observation *in situ* d'une "dorsale" où, selon cette théorie, s'ouvrait et se créait le plancher atlantique – la Dolphin Rise de Maury… –, eut lieu en 1973-1974. L'expédition Famous (French American Mid-Ocean Undersea Survey) réussit plus de cinquante plongées à 3 000 mètres de profondeur, au sud-ouest des Açores, avec le sous-marin *Alvin* de la Woods Hole Oceanographic Institution et deux submersibles français, le bathyscaphe *Archimède* de la Marine nationale et la soucoupe *Cyana* du Centre national d'exploitation des océans.

Ces travaux remarquables permirent d'établir la première carte géologique d'un *rift* (fossé, ou faille) océanique et de découvrir certaines de ses caractéristiques inattendues, comme l'existence de "laves en coussin" et de "fumeurs". Ils laissaient aussi penser que l'expansion des fonds à partir des dorsales n'était pas "poussée" par le volcanisme du rift, simple "crachotement" de magma, mais plutôt "tirée" par l'écartement des plaques de la croûte océanique, observation dont l'importance ne se révélera que plus tard.

Et puis les océanographes ont découvert que de riches dépôts minéraux se formaient au voisinage des fumeurs sous-marins lorsque le flux d'eau brûlante chargée de métaux dissous entre en contact avec l'eau froide environnante. De vastes lits de nodules de manganèse par exemple, mais aussi des dépôts hydrothermaux de cuivre, de cobalt et d'autres minerais ont été recensés et deviennent potentiellement exploitables. Aucune autorisation, cependant, n'a encore été accordée à des sociétés commerciales dans ce but, à l'exception d'une première tentative pour extraire du fer au large de la Nouvelle-Zélande et de l'annonce par les îles Fidji, Salomon, Tonga, Vanuatu et Cook d'appels d'offres pour des candidatures à des licences qu'elles se proposent d'émettre.

10

LES CONQUÉRANTS DES VESTIGES GLACIAIRES

Nous avons déjà évoqué dans ce livre les grandes glaciations qui, à de nombreuses reprises dans le passé lointain, sur une bonne partie du globe terrestre et jusqu'à des latitudes relativement basses, recouvrirent les océans d'une banquise de glace flottante et les continents d'une couche de neige congelée se tassant en glaciers de plus en plus épais au fil des millénaires, avant que cette extension considérable des calottes glaciaires ne régresse en fondant lors des épisodes de réchauffements climatiques dits "interglaciaires". Nous avons relaté plus haut, dans le chapitre 5, les péripéties de la découverte et de la reconstitution de ces époques glaciaires et interglaciaires, ainsi que l'histoire des théories qui ont abouti à les expliquer par les différences d'ensoleillement aux latitudes élevées, dues aux variations des paramètres orbitaux de la Terre, que les astronomes "mécaniciens célestes" avaient calculées sans même initialement en imaginer les conséquences sur le climat.

Il se peut qu'avant la succession de ces époques glaciaires, fort lentes à l'échelle humaine bien que relativement rapides à l'échelle des temps géologiques, la Terre ait connu de très longues périodes chaudes, voire d'intenses glaciations (*Snowball Earth*, *cf.* p. 170). Mais, quoi qu'il en soit des centaines de millions, des milliards d'années qui précédèrent, nous sommes aujourd'hui, depuis des millénaires, installés dans une période interglaciaire au climat relativement doux. Aussi loin que remontent les témoignages historiques, l'état des glaces du globe n'a pas été très différent de leur état actuel, même si nous nous acheminons apparemment, de nos jours, vers une fonte généralisée des vestiges de la dernière glaciation, et même si l'on a les archives d'épisodes récents incontestablement plus frais ou plus tiède – notamment le petit âge glaciaire du XVIIe siècle et l'optimum climatique du Moyen Âge (*cf.* p. 166).

Dans la préhistoire lointaine, en revanche, pendant des centaines de milliers d'années, l'humanité naissante a connu de grandes glaciations, auxquelles elle s'est nécessairement adaptée puisqu'elle a continué à procréer. L'"homme de Tautavel" par exemple, dont Marie-Antoinette et Henry de Lumley et leurs collaborateurs ont retrouvé quelques os dans une grotte des Corbières, vivait il y a 450 000 ans – au début de la glaciation dite "de Mindel" – et les innombrables générations de nos ancêtres ont affronté plusieurs autres grandes vagues glaciaires. Il n'est d'ailleurs pas impossible que ces importantes modifications de leur environnement et la pression de sélection induites par ces épisodes climatiques contrastés aient contribué à l'évolution biologique et sociale dont nous sommes le résultat.

La branche *Homo sapiens* à laquelle nous appartenons – dont le plus ancien vestige retrouvé (en Éthiopie) est daté de 195 000 ans, période interglaciaire confortable qui ne dura guère – a sans doute dû, pour ne pas disparaître, lutter contre le froid qui affaiblissait ses défenses et appauvrissait ses ressources. La faible diversité génétique de l'espèce humaine a d'ailleurs conduit certains anthropologues à suggérer que nous descendons tous d'une population peu nombreuse qui aurait trouvé refuge en Afrique australe jusqu'à la fin de la glaciation de Riss, avant de profiter de l'interglaciaire suivant pour se répandre à la surface du globe. Les dernières études génétiques indiquent cependant que l'homme aurait quitté le continent africain bien plus tard, entre 90 000 et 60 000 ans avant le présent, c'est-à-dire après la fin de l'interglaciaire Riss-Würm et donc peut-être, à l'inverse, est-ce au réchauffement de ces périodes interglaciaires que nous devons les caractéristiques de l'homme moderne.

La dernière grande glaciation, celle de Würm, a atteint son extension maximale il y a environ vingt mille ans et englobe les époques où l'homme de Cro-Magnon décorait les grottes Chauvet en Ardèche, de Lascaux en Dordogne ou d'Altamira en Espagne cantabrique. La température moyenne était alors plus basse qu'aujourd'hui de près d'une dizaine de degrés, et les glaciers couvraient des surfaces étendues du territoire du Nord de l'Europe actuelle, s'avançant dans les vallées des Alpes et des Pyrénées, et même du Massif central, jusqu'à une altitude de quelques centaines de mètres à peine ; banquise et icebergs descendaient jusqu'à nos latitudes moyennes, jusqu'en Irlande, en Cornouailles même.

Comme pendant les glaciations précédentes, une grande quantité de l'eau terrestre était retenue dans les *inlandsis* (les épaisses couvertures de glace continentale) et le niveau des mers était par conséquent beaucoup plus bas qu'aujourd'hui, de quelques dizaines de mètres. Les côtes n'avaient donc pas le dessin que nous leur connaissons : la Manche, par exemple, était à sec ; les embouchures des fleuves se situaient au bord du plateau continental, aujourd'hui sous l'eau ; l'Asie et l'Amérique du Nord étaient reliées par un isthme glacé, de nos jours immergé sous le détroit de Behring, qui fut emprunté par les nomades asiatiques chasseurs de phoques et de caribous qui peuplèrent, en trois vagues successives, le continent américain.

Les bords de mer étaient sans doute les zones les plus confortables, restées les plus propices à la survie lors des descentes en latitude et en altitude du froid arctique, et il est vraisemblable que beaucoup des traces et des restes de l'humanité primitive ont été engloutis, disparus sous la mer lors des grandes transgressions (élévations) marines correspondant aux épisodes interglaciaires comme celui que nous traversons, lorsque les glaces fondirent. Il n'est pas exclu que des archéologues sous-marins retrouvent ces restes un jour, préservés sous l'eau ou sous des dépôts sédimentaires ultérieurs ; ce fut déjà le cas avec la grotte décorée Cosquer à Marseille, dont l'entrée, il y a plus de douze mille ans, fut profondément submergée dans les calanques et ne peut plus être atteinte aujourd'hui que par des plongeurs.

Les glaces anciennes ("la grande charrue de Dieu") et leurs fontes ont dessiné beaucoup de nos paysages

Il y a une quinzaine de milliers d'années, la température était une fois de plus en train de remonter, par à-coups. Les glaces, en fondant, découvraient peu à peu les précipices qu'elles avaient sculptés et poncés dans les reliefs pendant les millénaires où, comme les glaciers d'altitude actuels, elles avaient flué lentement sur les pentes. La pression de leur masse, aussi puissante qu'un monumental tractopelle, entraînait quantité de débris rocheux, les plus petits aussi abrasifs que du papier de verre*. Les plus gros blocs rocheux véhiculés par les glaciers se déposèrent de manière erratique là où ils étaient arrivés lors du dégel, parfois très loin de leur lieu d'origine, et y restèrent. L'eau de fonte des glaces entraîna d'énormes masses de cailloux et d'alluvions, remplissant les vallées jusqu'aux estuaires, formant de larges plaines et de nouveaux cordons littoraux. Les vents dispersèrent une fois de plus, après qu'elle eut séché, la poudre minérale résultant du ponçage des roches par les anciens glaciers, poudre abondante qui s'accumula sous le vent en vastes et épaisses couches de *lœss*.

Dans certains endroits, l'eau de fonte était restée piégée par des barrages naturels pour former d'immenses lacs de retenue, jusqu'à ce que ces barrages cèdent, précipitant

* Une image peut faire sentir la force prodigieuse et inexorable des glaciers : si un nouvel âge glaciaire devait de nouveau enfouir les continents sous un inlandsis épais, des villes comme New York, Londres, Hambourg ou Buenos Aires ne disparaîtraient pas seulement en étant lentement recouvertes par des milliers de couches de neige se tassant peu à peu en une lourde chape de centaines de mètres de glace ; elles seraient à terme totalement écrasées, rabotées, et les monceaux de leurs ruines entraînés dans la mer. Il n'en resterait probablement plus guère de traces.

de puissants torrents qui ravagèrent des régions entières – comme par exemple les Scablands au nord-ouest des États-Unis, dont deux géologues américains, Bretz et Pardee, et leurs élèves, parvinrent dans les années 1930 à décrypter l'histoire tumultueuse, affrontant le scepticisme de leurs collègues, traditionnellement opposés à toute forme de catastrophisme. D'autres vestiges d'inondations cataclysmiques de ce genre, causées par la fonte des glaces, ont été repérés en Sibérie (et même, pensaient certains planétologues, sur la planète Mars, hypothèse confirmée par les résultats des plus récentes observations).

Pendant les millénaires où, du fait de ces fontes massives, le niveau des mers remontait, les marées et les vagues attaquaient les rochers des caps et brassaient le sable des baies, ainsi qu'elles continuent de le faire. Les géographes du XIXe siècle, après les navigateurs des siècles précédents, avaient remarqué que les côtes des continents sont d'autant plus basses et monotones, sans le moindre abri, pratiquement partout érodées, envasées ou ensablées, qu'elles sont plus proches de l'équateur, alors que toutes les côtes ouest des latitudes élevées sont en revanche particulièrement abruptes et découpées, entamées de fjords profonds et ramifiés (la Scandinavie et la Patagonie sont typiques à cet égard, mais la Colombie-Britannique, l'Écosse, l'Irlande ou la Nouvelle-Zélande, voire la Bretagne, la Corse ou la Dalmatie, présentent les mêmes caractéristiques). Élisée Reclus observa fort justement que des traits morphologiques aussi universels sont nécessairement l'effet d'un phénomène systématique et attribua ces caractéristiques des côtes du globe aux dernières glaciations, dont les géologues étaient en train de reconstituer la succession, avec l'explication suivante.

Aux latitudes tempérées, les faces occidentales des continents, étant exposées aux vents d'ouest maritimes dominants, et subissant par conséquent les précipitations (neigeuses) abondantes qui s'y entassaient, avaient dû être recouvertes d'un inlandsis épais, lequel y avait subsisté plus longtemps lors des réchauffements interglaciaires avant de fondre. Ainsi, tandis que les côtes proches de l'équateur, bordant des régions restées libres de glaces, ou celles des latitudes tempérées exposées à l'est, à l'abri des vents dominants – ayant accumulé peu de glace et subissant dès le début du réchauffement interglaciaire les effets de l'érosion et de l'envasement des estuaires –, avaient pris peu à peu leur profil mollement festonné, les côtes des latitudes tempérées exposées à l'ouest, quant à elles, étaient restées, pendant des millénaires supplémentaires après le début de la fonte des glaces, enfouies sous une couche (et les gouges) d'une pesante couverture glaciaire rampante, comme le sont aujourd'hui encore les côtes du Groenland ou du continent antarctique (lesquelles, si le réchauffement climatique annoncé les débarrasse de leurs glaces, apparaîtront à terme tout aussi accidentées et creusées de fjords que la Norvège ou la Patagonie).

Il est à noter que le poids considérable des inlandsis maintenait par isostasie, c'est-à-dire par flottaison, la croûte continentale enfoncée, et qu'elle s'est relevée au fur et à mesure que la fonte des glaces l'allégeait, ce qui compensait partiellement l'effet de l'élévation du niveau des mers (et celles-ci, en revanche, de plus en plus lourdes, devaient enfoncer la croûte océanique, compensant pareillement leur élévation…). Encore aujourd'hui, le bouclier canadien et la Scandinavie – comme, sans savoir si ce n'était pas plutôt la mer qui descendait, l'avaient déjà remarqué Celsius et Linné au XVIIIe siècle (mais Leopold von Buch, dès 1807, démontra qu'il s'agissait bien en Scandinavie du soulèvement de toute la région) – continuent de s'élever très lentement, ce qui d'ailleurs les met pratiquement à l'abri de la montée des eaux, progressant à une vitesse inférieure. Un "rebond" similaire affecte la région de la baie d'Hudson au nord du Canada et, peut-être, la pointe sud du continent américain*.

Difficiles à remarquer aujourd'hui, les traces d'anciens rivages subsistent un peu partout, loin des côtes actuelles, soit à l'intérieur des terres, soit noyées sous l'eau : d'anciens marais ou plages, des plates-formes d'érosion marine, des fossiles de coquillages caractéristiques des zones de marées, des coraux fossiles…

On voit donc que la glace à la surface terrestre, de nos jours presque partout disparue, a joué à travers le passé un rôle d'artisan de nos paysages beaucoup plus important que son caractère actuel de curiosité et d'attraction touristique des seules plus hautes montagnes et très hautes latitudes ne pourrait le laisser croire. C'est l'érosion glaciaire ("la grande charrue de Dieu", comme l'appelait Louis Agassiz, y voyant le soin qu'avait mis le Créateur à préparer l'avènement de l'homme) qui a sculpté les arêtes, les "cirques" et les "dents" de la plupart des massifs montagneux, les fjords des côtes ouest boréales et australes, les hautes vallées (en U) des cours d'eau, les lits des lacs ; c'est la fonte des inlandsis qui a déterminé

* En revanche, certaines régions côtières du globe – le delta du Nil par exemple où l'on retrouve, engloutis dans la mer, des ports antiques – ont tendance à s'enfoncer sous l'effet de la charge croissante des sédiments (voire des constructions urbaines) qui s'y accumulent, ou du pompage des nappes phréatiques (voire du gaz ou du pétrole). Ces affaissements du sol atteignent aujourd'hui une amplitude de l'ordre du mètre dans quelques très grands deltas comme celui du Mississippi et, sans doute, de l'Amazone, et quelques mégapoles comme Singapour, Shanghai ou Tokyo. D'autres "subsidences" (ou soulèvements) sont dus à des mouvements tectoniques, comme près de Naples (*cf.* p. 451) ou dans certains arcs insulaires du Pacifique. Tous ces mouvements, bien que très lents, sont aujourd'hui mesurables sur de longues durées par GPS ou interférométrie radar. D'une manière générale, donc, l'évolution du niveau de la mer telle que la mesurent les marégraphes et les satellites altimétriques, bien qu'indiquant en moyenne l'augmentation citée dans le chapitre 6, est très variable d'un endroit à l'autre des côtes du globe.

le niveau des mers et dessiné le tracé de leurs bords, répandu une grande partie des alluvions dans les plaines, déposé les vestiges de moraines, les “blocs erratiques”, et laissé beaucoup de formations géologiques caractéristiques (“cheminées des fées” ou “demoiselles coiffées”, “trous de marmite”, *eskers* ou *drumlins*). Presque partout à la surface (baladeuse) du globe, y compris au Sahara, on trouve le témoignage de cette action ancienne et répétée des glaciers ou de leur fonte massive (roches striées, polies ou “moutonnées”, terrasses alluviales, dépôts de lœss, etc.).

Les chercheurs contemporains disposent de méthodes précises pour reconstituer l'étendue des anciens glaciers, notamment l'étude des variations du niveau des mers et la datation de l'époque où les blocs erratiques ou autres roches, privés de leur protection glaciaire, commencèrent à être exposés aux rayons cosmiques. Ils en ont conclu que les déglaciations ne furent pas uniformes, et noté par exemple, depuis la dernière grande glaciation, encore six vagues de froid successives, dont celle, brutale, dite “du Dryas récent”, il y a seulement douze mille ans.

Le réchauffement climatique actuel fait apparaître, dans les glaciers en train de fondre, les traces naguère congelées d'époques pas si anciennes, comme par exemple les milliers d'objets divers trouvés dans des dizaines de sites de montagne en Norvège : tuniques, chaussures, mitaines, arcs, laissés par les chasseurs de rennes de l'âge du bronze. Et on connaît Ötzi, le fameux “homme des glaces” réapparu dans les Alpes du Tyrol plus de cinq mille ans après avoir succombé à une flèche qui le transperça, sans compter les restes de soldats de l'armée d'Hannibal (je rêve), ou de celle de Bonaparte (vrai)…

Les vestiges glaciaires, ultimes frontières de l'exploration du globe

Il y a encore maintenant des communautés humaines de culture ancienne, comme les Inuits, pour résider aux abords des étendues glacées des calottes polaires boréales (mais les Patagons australs ont été à peu près exterminés, bien que sept cent mille aborigènes mapuches vivent encore dans le sud du Chili).

Après Pythéas dans l'Antiquité et les peuples du nord de l'Europe, comme les Vikings, au Moyen Âge, qui avaient exploré les glaces arctiques, les premiers Européens à s'aventurer jusque dans les parages des régions polaires australes, où l'on rencontre des flottilles d'icebergs, furent les capitaines James Cook et Tobias Furneaux, et leurs équipages, au XVIIIe siècle, lors du voyage qui conduisit les *HMS Resolution* et *Adventure* tout au sud de l'océan Indien. Le Russe Fabian von Bellingshausen mena ensuite une campagne d'exploration antarctique en 1820, mais c'est Jules Dumont d'Urville à la fin des années 1830, sur *L'Astrolabe* (l'ancienne *La Coquille* sur laquelle il avait déjà fait le tour du monde), qui réussit à identifier la présence de terres australes, depuis longtemps postulées par les géographes. Il donna le nom de son épouse (Adélie) à celle sur laquelle il prit pied au-delà de la barrière des glaces flottantes*.

L'Arctique fut exploré de nouveau sous le commandement de James Clark Ross et de William Edward Parry, puis l'Antarctique par Ross, à bord des navires britanniques *Terror* et *Erebus* (ce dernier donna son nom au volcan actif, de plus de 3 000 mètres d'altitude, situé sur une île à l'ouest de ce qu'on a nommé la mer de Ross). Ces mêmes navires et tout leur équipage, sous le commandement de Sir John Franklin, devaient disparaître en 1845 au Canada dans le fameux "passage du Nord-Ouest" cherché en vain. (On vient d'en découvrir une épave.)

La chasse à la baleine (pour leurs huile, viande, fanons, etc.), après avoir fait la fortune de la Nouvelle-Angleterre avant l'indépendance des colonies anglaises d'Amérique, était au XIXe siècle restée une industrie florissante, et les baleiniers de Nantucket et Bedford, poursuivant les

* Dumont d'Urville, à son retour, s'apprêtait à publier son *Voyage au pôle Sud et dans l'Océanie* lorsqu'il périt avec sa famille dans la première grande catastrophe de chemin de fer, qui eut lieu en mai 1842 dans la tranchée de Bellevue à Meudon, où une rue porte maintenant son nom.

grands cétacés parfois jusqu'au-delà des cercles polaires, devinrent des personnages mythiques, sublimés dans l'œuvre de grands écrivains qui avaient partagé leur vie comme Herman Melville (l'auteur de *Moby Dick*, l'un des plus puissants romans de la littérature mondiale), ou même Arthur Conan Doyle (l'auteur de Sherlock Holmes, qui tint le journal de ses voyages comme jeune médecin sur un navire baleinier arctique).

Au milieu du XIXe siècle, on ignorait encore si les pôles eux-mêmes étaient, ainsi que l'écrit Humboldt dans *Cosmos* (bibl.), "placés sur la terre ferme ou au milieu d'un océan glacé". Et, jusque vers la fin du premier tiers du XXe siècle, on ignorait de même l'épaisseur de la couverture glaciaire du Groenland et du continent antarctique, dont l'exploration scientifique venait à peine de commencer.

Les premiers glaciologues, dont nous avons raconté les débuts au chapitre 5, et notamment Agassiz dans sa jeunesse en Suisse vers 1840, avaient étudié les mouvements des glaciers alpins. En y plantant des piquets repères et en suivant leur déplacement sur plusieurs années consécutives, ils réussirent à déterminer la façon dont ces fleuves de glace s'écoulent imperceptiblement tout en se déformant, leurs bords, tels ceux des cours d'eau, dévalant moins vite que leur axe. (Outre les lumières que ces études apportèrent à la science glaciologique, il ne faut pas sous-estimer l'importance que ces travaux devaient revêtir plus tard pour la géologie : ils montraient en effet que des masses solides peuvent "fluer", tout comme des liquides, mais infiniment plus lentement. Au-delà de l'analogie évidente avec les plissements des strates rocheuses sédimentaires, les constatations des glaciologues allaient inspirer les recherches des géophysiciens lorsqu'il s'avéra, au début du XXe siècle, que toute l'épaisseur des couches externes du globe terrestre est presque entièrement constituée de matériaux solides. C'est d'ailleurs un glaciologue de Grenoble, Louis Lliboutry, qui théorisera les mouvements de la lithosphère, *cf.* p. 509.)

Le Phocéen de Massilia Pythéas s'était fait moquer de lui dans l'Antiquité en rapportant qu'il avait vu, lors de son périple en Atlantique nord, des "montagnes de glace flottant dans la mer". Pendant longtemps, on n'eut aucun moyen de suivre les pérégrinations de ces "icebergs", rencontrés au hasard par les navigateurs, morceaux de la banquise ou des glaciers arctiques et antarctiques. Ces derniers dérivent parfois sur de très grandes distances avant de fondre et de laisser se déposer au fond des océans les débris de roches qu'ils avaient arrachés aux terres dont ils descendent, et que les océanographes contemporains ont appris à identifier.

L'écoulement des fleuves de glace polaires, comme les divagations des icebergs, sont aujourd'hui suivis en permanence depuis l'espace, de même que l'épaisseur de la banquise ou le volume des calottes glaciaires et leur variation, mais pendant longtemps il s'agissait de choses presque totalement inconnues : les premières expéditions polaires spécifiquement scientifiques n'eurent lieu qu'à la fin du XIXe siècle.

Le Norvégien Fridtjof Nansen, ancien champion de ski et de patinage sur glace, dirigea la première traversée de l'intérieur du Groenland puis, en 1888, arma et équipa un navire – le *Fram* – spécialement conçu pour les conditions extrêmes des hautes latitudes. Son architecte, le fameux Colin Archer, avait dessiné une double coque en bois de chêne qui non seulement était capable de résister à la pression des glaces, dans lesquelles elle pouvait se laisser prendre, mais protégeait l'intérieur de la condensation, plaie des navigations polaires. Le *Fram*, que l'on peut visiter dans le port d'Oslo, reste à ce jour le bateau ayant navigué le plus au nord et le plus au sud de tous (si l'on excepte les sous-marins nucléaires qui, depuis 1958, passent sous la banquise arctique)*.

Une des principales observations de Nansen fut la dérive de la banquise, qu'il mesurait en faisant le point astronomiquement, entraînant son navire pris dans les glaces pendant plus d'un hivernage. Il nota que cette dérive faisait un angle constant vers la droite de la direction des vents dominants, constatation qui incita son compatriote Vilhelm Bjerknes à mettre son élève Eckman sur le sujet (*cf.* p. 262).

À la fin du XIXe siècle et au début du XXe, les vestiges de la dernière glaciation – les glaces des calottes polaires et des grandes chaînes alpines qui, jusqu'alors, avaient surtout suscité craintes et légendes (et ces terreurs ancestrales furent ravivées par les accidents mortels qui frappèrent les premiers "alpinistes", par le naufrage du *Titanic* dans l'Atlantique nord, par la disparition corps et biens dans l'Arctique du dirigeable du général italien Nobile et de l'hydravion d'Amundsen) –, les glaces, donc, tout en continuant à provoquer les frissons, commençaient à faire l'objet d'une intense curiosité. En témoignent les photographies 1900 de touristes en robe longue et costume trois-pièces sur la "mer de Glace" dans la vallée

* "Devenu l'un des plus éminents citoyens de son pays, Nansen s'est prononcé en 1905 pour la fin de l'union de la Norvège avec la Suède et contribua à persuader le prince Charles de Danemark – le futur Haakon VII de Norvège – d'accepter le trône de l'État nouvellement indépendant. Entre 1906 et 1908, il sert comme représentant de la Norvège à Londres, où il aide à négocier le traité qui garantit l'intégrité du statut indépendant de la Norvège. Dans la dernière décennie de sa vie, Nansen se consacre essentiellement à la Société des Nations, ancêtre de l'ONU, après sa nomination en 1921 en tant que haut-commissaire pour les réfugiés. En 1922, il recevra le prix Nobel de la paix pour son travail en faveur des victimes déplacées de la Première Guerre mondiale. Parmi les initiatives qu'il avait introduites se trouve le « passeport Nansen » pour les apatrides, certificat reconnu par plus de cinquante pays" (Wikipédia). Le principal centre de recherches océaniques norvégien porte son nom.

de Chamonix, ou la très grande popularité des expéditions polaires comme celles du commandant Charcot et même, plus tard, de son disciple Paul-Émile Victor (dont l'Institut polaire français porte le nom).

L'explorateur polaire Jean-Baptiste Charcot, fils du célèbre médecin de la Salpêtrière dont les travaux fondèrent la neurologie et inspirèrent Sigmund Freud, devait périr avec tout son équipage dans un naufrage au large de l'Islande.

Cette popularité des glaces polaires ne faiblirait pas, comme le montrent beaucoup de croisières récentes*. Dans la première moitié du XXe siècle, les glaces sont en

* Le mont Erebus sur l'île de Ross fut, en 1979, le site d'une catastrophe aérienne faisant plus de 250 victimes ; ce vol néo-zélandais était destiné à développer le tourisme antarctique…

fait devenues les frontières ultimes de l'exploration de la Terre, avant celle des profondeurs des océans et ce qu'on a appelé un peu pompeusement la "conquête de l'espace", qui ne fut en réalité qu'une brève excursion en orbite terrestre. Les exploits des équipes qui rivalisèrent pour gagner les pôles – le pôle Nord fut atteint pour la première fois (ou du moins approché à moins de 30 kilomètres), en traîneau, en avril 1909 ; le pôle Sud, à pied également, en décembre 1911 –, comme ceux des cordées qui vainquirent les "8 000" de l'Himalaya près d'un demi-siècle plus tard (Annapurna, 1950 ; Everest, 1954), tenaient les foules en haleine. Ces exploits ont été célébrés, compte tenu des difficultés et des risques encourus, comme des triomphes dignes des plus grands honneurs et leurs héros (Peary, Amundsen, Lachenal et Herzog, Hillary et Tensing Norgay) fêtés et immortalisés comme seuls le furent, depuis, les premiers hommes en orbite ou sur la Lune (Gagarine, 1961 ; Armstrong et Aldrin, 1969), qui vinrent en quelque sorte prendre le relais.

Les photographies de ces hommes héroïques, à peu près invisibles sous leur équipement de survie, les drapeaux nationaux affichés en contradiction avec l'universalisme convenu des mots historiques soigneusement prononcés ("un grand pas pour l'humanité"), le souvenir tragique des malheureuses victimes des désastres qui précédèrent ou accompagnèrent ces triomphes*, tout cela appartient aujourd'hui à l'histoire, à une époque révolue (sans trop de regrets si l'on songe que ce fut celle des massacres généralisés de deux guerres mondiales et de la course aux armements nucléaires), tant notre sensibilité a basculé depuis, de l'héroïsme à la victimisation, de

* Citons en particulier Shackleton, Scott et leurs compagnons qui périrent dans des conditions particulièrement navrantes près du pôle Sud ; Mallory et Irvin, disparus alors qu'ils avaient peut-être atteint le sommet de l'Everest ; Komarov qui s'écrasa au sol dans la capsule *Soyouz 1* puis, par la suite, les équipages de *Soyouz 11* et de *Challenger* et *Columbia*, qui trouvèrent la mort dans les accidents de lancement ou de rentrée de leur navette.

l'audace téméraire au principe de précaution, de l'esprit de conquête à l'impératif environnemental, de la volonté de puissance à la conscience de notre fragilité.

Les glaces comme mines de données géoscientifiques

Cependant, sur le plan scientifique, les expéditions qui suivirent les pionniers de la conquête des quelques étendues encore glacées de la Terre furent en fait très riches, bien plus riches que la prétendue "nouvelle frontière" spatiale dont l'exploration a, en fin de compte, été confiée à des engins inhabités*. Les vols spatiaux habités se sont en effet révélés une aventure démesurément coûteuse et largement stérile (même si l'International Space Station aura été une entreprise sympathique**, ou si l'on doit vivre un jour un débarquement sur la planète Mars avec une passion que ne réussissent guère à susciter les robots de la Nasa). Les missions vers les glaces terrestres, en revanche, qui pour leur part ont depuis longtemps quitté le premier rang de l'actualité, ont été et restent une source précieuse de découvertes géophysiques.

C'est Alfred Wegener, au cours de ses expéditions au Groenland, qui avait mis au point la méthode de mesure de l'épaisseur glaciaire des inlandsis par "sismique-réflexion"

* L'expression *"new frontier"*, popularisée depuis qu'elle fut utilisée dans un discours par le président des États-Unis John Kennedy en 1962, se référait en fait à la *Frontier* qui avait marqué l'avancée des *yankees* pendant la conquête de l'Ouest. Sa connotation conquérante, colonialiste et chauvine est perdue dans la traduction par le mot "frontière", lequel exprime plutôt une notion de clôture, d'enfermement. Cela dit, cette dernière connotation est peut-être au fond plus appropriée si l'on songe à quel point l'"ère spatiale" (quoi qu'en disent ceux qui continuent à citer Tsiolkovski, le pionnier russe de l'astronautique : "La Terre est notre berceau, mais on ne passe pas sa vie dans un berceau"), loin de nous tenter par l'ouverture de nouveaux territoires, a en fait coïncidé avec une sollicitude et un souci grandissants pour notre habitat terrestre vers lequel nous nous sommes aussitôt retournés.

** Voir l'étonnante visite guidée proposée sur https://www.youtube.com/watch?v=lrGQEgAmgWk.

– technique utilisant l'enregistrement des échos de la détonation de charges explosives en surface, dont nous verrons qu'elle fut ultérieurement développée avec succès pour l'étude des fonds sous-marins. Les sondages sonores de l'expédition allemande que Wegener dirigea jusqu'au centre du Groenland, à près de 3 000 mètres d'altitude, révélèrent que la glace y atteignait une épaisseur de plus de 2 600 mètres, et que le substrat rocheux n'était qu'à 300 mètres au-dessus du niveau de la mer, pas aussi élevé en fait que sur les bords de l'île où une couche de moins de 1 000 mètres de glace recouvre des chaînes côtières culminant à plus de 600 mètres.

Wegener avait été fasciné très jeune par le Groenland et avait conduit dès 1912, avec le Danois Johan Peter Koch, la plus longue traversée (à skis) d'une calotte glaciaire après celle de Nansen. Mais, en 1930, sa troisième expédition là-bas devait lui être fatale : ayant quitté (à pied) le camp établi sur la côte ouest pour ravitailler ceux qui allaient hiverner à 400 kilomètres à l'intérieur, il les rejoignit en octobre mais ne resta que quelques jours, fêtant avec eux son cinquantième anniversaire puis prenant rapidement le chemin du retour avant les blizzards hivernaux, accompagné par un guide groenlandais ; on ne devait pas le revoir vivant. C'est seulement au printemps suivant, lorsqu'une nouvelle expédition de ravitaillement fut parvenue à l'hivernage, étonnée de ne pas l'y trouver, qu'on s'aperçut de sa disparition. Les skis de Wegener avaient été repérés à l'aller, à mi-chemin, plantés dans la neige, sans que cela ait éveillé une inquiétude excessive chez ses camarades ; mais au retour ils avaient compris : ils cherchèrent dessous et dégagèrent son corps qui gisait là, enseveli par son guide, lequel, lui, ne fut jamais retrouvé. Wegener, apparemment, avait succombé à une crise cardiaque.

L'officier de marine et pilote américain Richard Byrd dirigea cinq expéditions sur le continent antarctique entre

1928 et 1956, dont la dernière, bénéficiant d'un important soutien officiel du gouvernement des États-Unis, prit l'ampleur d'un véritable débarquement. La découverte d'un gisement de houille (par ailleurs bienvenue pour les hivernages) posa l'énigme d'un ancien climat tropical dans ces contrées glacées, énigme (tout comme celle des traces de glaciers au Sahara) à laquelle répondait l'hypothèse de la dérive des continents qu'avait défendue Wegener, mais qui laissait plus que sceptique la communauté scientifique.

Après deux "années polaires internationales" à cinquante ans d'intervalle – 1882-1883, 1932-1933 –, l'"Année géophysique internationale", vingt-cinq ans plus tard (1957-1958, "AGI" que l'URSS inaugura en fanfare, lançant le *spoutnik*, premier satellite artificiel de la Terre) transforma l'Antarctique en "continent laboratoire". Cet effort international de recherches coordonnées visait surtout à élucider, à l'occasion du maximum d'activité solaire (qui revient tous les onze ans), la question des "relations Soleil-Terre", sujet encore mystérieux et très à la mode à l'époque. Parce que les régions polaires de la magnétosphère terrestre sont des entonnoirs pour les particules chargées émises par notre étoile (*cf.* p. 57) – et à la différence de la banquise arctique qui se déplace continuellement –, le continent antarctique constitue une plate-forme unique où installer des observatoires géophysiques magnétiques et aérologiques.

Dès 1959, un traité international pérennisait le statut particulier du continent antarctique, et par la suite les bases établies lors de l'AGI devaient accueillir bien d'autres féconds programmes de recherches (les carottages des strates glaciaires, les recueils de météorites), qui apportèrent une contribution essentielle aux sciences de la Terre, ainsi que nous avons déjà eu et aurons encore l'occasion de le raconter. Aujourd'hui, une cinquantaine de ces bases parsèment le continent antarctique.

L'avenir des régions arctiques

Avec le changement climatique, si la fonte de sa calotte glaciaire se confirme, la région océanique du pôle Nord, toujours régie de son côté par le droit maritime, pourrait changer de statut. Le passage du Nord-Ouest, au large du Canada, qui avait fait l'objet de spéculations mythiques et d'explorations infructueuses (où John Franklin notamment avait disparu avec tout son équipage*), est d'ores et déjà navigable en été et en automne, comme celui du Nord-Est au large de la Sibérie ; ces routes maritimes plus ou moins directes entre le Pacifique et l'Atlantique nord promettent de devenir très fréquentées. Une bonne part de l'océan Arctique et de ses ressources sous-marines minières et énergétiques, qui ne sont pas pour l'instant soumises à des traités internationaux spécifiques, deviennent par ailleurs potentiellement exploitables.

Tandis que l'Islande espère profiter du réchauffement climatique, notamment pour la pêche, les nations riveraines de l'Arctique – la Russie, la Norvège, le Danemark (*via* le Groenland), le Canada et les États-Unis (*via* l'Alaska) –, dont les eaux territoriales reconnues sont loin d'atteindre le pôle Nord, convoitent leur extension jusque-là et ont pris des mesures symboliques (les Russes ont planté un drapeau à l'aplomb du pôle Nord sur un sommet sous-marin de la "dorsale de Lomonossov") ou effectué les démarches nécessaires pour protéger leurs intérêts et prendre date devant l'opinion et les instances supranationales. Ces nations, ainsi que les grandes compagnies pétrolières, engagent des sommes considérables dans des travaux d'études et de prospection de ce qui est, entre autres, considéré comme représentant plus de 10 % des réserves pétrolières mondiales, et 30 % du gaz naturel.

Les difficultés, cependant, promettent d'être considérables et la menace de catastrophes écologiques non négligeable, sans compter les risques de conflits que pourrait laisser présager la volonté de ces pays riverains de protéger, éventuellement par la force, ce qu'ils considèrent comme

* Cf. *Du bon usage des étoiles* de Dominique Fortier (bibl.).

leurs droits. Il n'est pas impossible cependant qu'un traité sur le modèle du traité de l'Antarctique de 1959 vienne établir des frontières internationalement reconnues, réglementer l'accès et assurer la protection environnementale de l'océan Arctique, ce dernier morceau de la surface terrestre encore “à prendre”.

11

LA CIVILISATION DE L'EAU DOUCE

Les animaux terrestres et aquatiques dépendent pour la plupart des sources, des rivières et des étangs où jaillit, coule ou stagne l'eau douce, et nous autres hommes – qui sommes des animaux terrestres et aquatiques – avons hérité de cette dépendance. Mais nous en avons porté les exigences à un niveau extraordinaire en quantité, sans toujours prendre soin d'en préserver la qualité, au point d'avoir récemment menacé nos ressources hydriques par la surconsommation et la pollution.

Les architectes de l'eau

La plupart des campements paléolithiques connus sont des bivouacs provisoires de chasseurs-cueilleurs situés à proximité de points d'eau. Plus tard, les villages et les villes naîtront au bord des fleuves et des rivières, souvent au confluent des deux, et les voies d'eau resteront pendant des millénaires, lorsque des forêts quasiment impénétrables couvraient bien plus de terres qu'aujourd'hui, le principal moyen de transport (et de repère…), puis l'une des seules forces mécaniques dont a disposé la jeune humanité.

Depuis l'époque néolithique, avec la sédentarisation liée au développement de l'agriculture, les besoins en eau se trouvèrent considérablement accrus par les nécessités de l'irrigation. “Les Chinois par exemple, écrit Barbara Freese dans *Coal: A Human History* (bibl.), sous les premières dynasties (de nombreux siècles avant Jésus-Christ), poussèrent l'agriculture aussi loin que le permettait le climat humide ; au-delà, vers le nord, s'étendaient les steppes arides des pasteurs nomades qui razziaient les populations agricoles du Sud, et la Grande Muraille devait finalement être édifiée pour protéger ces dernières. Mais même au sud de la Grande Muraille, les chutes de pluies sont si aléatoires que l'on vivait entre les menaces jumelles de la sécheresse et des inondations [...] et pendant des millénaires les empereurs, à la tête d'un puissant système de gouvernement centralisé, eurent comme principale responsabilité la tâche de mener à bien la construction et la maintenance de barrages, canaux et fossés assurant la protection contre ces calamités, mobilisant des armées de paysans dans ces projets. L'enjeu était considérable pour l'empereur et sa cour : l'échec mettait en question son mandat céleste à régner et pouvait signifier la fin de la dynastie. Le succès se traduisait par l'abondance des récoltes et de la collecte des impôts, et fut assez souvent au rendez-vous pour que l'Empire céleste atteigne un niveau de développement qui stupéfia les Occidentaux lorsqu'ils le découvrirent*."

Dans d'autres contrées asiatiques comme le Cambodge ou le Siam (la Thaïlande), la fonction du souverain était également indissociable de celle de responsable de la gestion de l'eau, dont les réseaux de canaux jouaient un rôle stratégique de défense contre les inondations et les invasions.

En Occident, dès l'époque néolithique – comme plus tard en Amérique précolombienne : témoin le site de Chichén Itzá (la "citerne des Mayas") au Yucatán – étaient apparus les moyens de stockage de l'eau (les "magasins d'eau") et les fossés d'irrigation comme ceux que l'on voit encore dans les oasis du Sahara (les *guelta* et *seguia*),

* Aujourd'hui, en Chine, c'est moins les besoins de l'agriculture que ceux des mégalopoles qui réclament toujours plus d'eau, mais il faut bien reconnaître que les choses pour autant n'ont guère changé... En 2014, la Chine orientale achève les gigantesques voies d'eau artificielles qui achemineront une partie de l'eau abondante du Sud vers le Nord plus sec – particulièrement la région de Pékin.

distribuant par gravité l'eau des nappes affleurant au fond des dépressions du relief. C'est dans le Croissant fertile – ces riches bandes de terres irriguées par le Jourdain, le Tigre et l'Euphrate qui entouraient les territoires actuels d'Israël, de la Syrie et de l'Irak, où cohabitaient à l'état sauvage l'orge et le blé, moutons, chèvres et bovins – que prirent ainsi naissance la révolution agricole et les premières civilisations urbaines occidentales.

D'innombrables puits donnant accès à l'eau souterraine furent creusés. On voit encore dans certaines régions du monde (j'en ai vu récemment au Rajasthan) des *norias* utilisant la force d'une bête de trait tournant en rond sur une aire pour en tirer l'eau grâce à d'ingénieux engrenages à godets en bois ; l'eau ainsi élevée remplit des réservoirs ou irrigue directement les cultures. Dans certains cas, lorsque les couches aquifères sont captives sous une dépression de terrain, l'eau remontant d'elle-même dans un forage jusqu'au niveau environnant plus élevé de la nappe peut jaillir du sol toute seule quand on perce les couches imperméables qui la recouvrent : ce sont les "puits artésiens" (ce nom vient de l'Artois, où ils étaient nombreux au Moyen Âge), connus de longue date là où la nappe pouvait être atteinte par les méthodes primitives de forage.

De telles configurations favorables ne se rencontrent pas souvent, mais dès le VIIIe siècle avant notre ère on avait appris à utiliser des puits même là où la profondeur des aquifères est trop grande. Pour préserver les zones cultivables de vallées périodiquement menacées par la sécheresse, on allait forer plus près des réservoirs naturels de l'eau en altitude, là où les nappes sont moins profondes, et en la laissant couler par gravité : on creusait des puits à distances régulières sur les pentes des massifs montagneux, puits qui servaient pour la prospection et ensuite pour l'accès, l'aération et l'éclairage de tunnels les reliant sous terre. Dans ces tunnels étaient aménagées les rigoles acheminant en pente douce, à l'abri de l'évaporation, l'eau des couches aquifères accessibles en haut des collines, jusqu'à des bassins de stockage en aval à proximité des champs cultivés des plaines.

De tels ouvrages, les *qanat* ou *foggara*, dont l'origine se situe semble-t-il en Arménie, se rencontrent dans toutes les zones arides d'Afrique du Nord, de Turquie, du Pakistan et, en Asie centrale, jusqu'au Turkestan chinois (le Xinjiang). Certaines de ces très vieilles installations sont toujours entretenues et en usage, comme celle que j'ai visitée près de l'oasis de Tourfan, sur l'ancienne Route de la soie, entre les déserts de Gobi et du Taklamakan, où l'on produit depuis des siècles quantité d'excellents raisins qui, séchés après avoir été vendangés, agrémentent la nourriture dans toute la Chine. Ce système d'irrigation traditionnel, appelé *karez* par les Ouïgours, acheminant l'eau des Tian Shan – les Montagnes du Ciel –, est aujourd'hui supplanté par les pompes électriques de forages profonds.

Bien d'autres systèmes d'irrigation aménagés à la main témoignent de l'ingéniosité des hommes et de leur labeur pour assurer leur subsistance là où la nature ne leur apportait pas toute l'eau nécessaire. Les centaines de kilomètres des "bisses" du Valais, par exemple – ruisseaux artificiels en planches acheminant l'eau des glaciers jusqu'aux prairies des alpages, selon des trajets parfois acrobatiques, légèrement en pente par rapport aux courbes de niveau –, remontent au Moyen Âge pour les plus anciens ; abandonnés au XXe siècle, ils connaissent un renouveau au XXIe comme circuits de promenade*.

Pendant les dizaines de siècles où les cultures se développaient, les agglomérations s'agrandissaient, la bonne gestion de l'eau était devenue peu à peu une ardente obligation. Tous les peuples urbanisés de l'Antiquité méditerranéenne

* Communication personnelle de Lou Stourdzé.

et proche-orientale, en Mésopotamie, en Perse, en Égypte, construisaient des systèmes d'adduction et d'évacuation d'eau. Les Nabatéens de ce qui est aujourd'hui la Jordanie, par exemple, pendant les derniers siècles avant notre ère, avaient creusé dans le roc un étonnant réseau de canalisations qui alimentait leur capitale, Pétra. Les Romains, après les Grecs, disposant non seulement d'ingénieurs et d'architectes de talent mais surtout de la main-d'œuvre abondante d'une organisation sociale militariste et esclavagiste, sont particulièrement connus pour les aqueducs monumentaux qui franchissaient monts (à l'aide de "siphons") et vallées (sur des ponts), approvisionnant villes et places fortes en eau propre, au fur et à mesure que les sources locales se révélaient insuffisantes et les puits pollués.

À l'instar des Américains d'aujourd'hui, les Romains devinrent de grands consommateurs et gaspilleurs d'eau (remplissant par exemple le Colisée et autres arènes pour y organiser des spectacles nautiques, y compris de véritables batailles navales, les "naumachies"...). Leurs aqueducs alimentaient des réservoirs de distribution urbains d'où rayonnaient des canalisations en poterie, en plomb ou en bois, approvisionnant les quartiers des villes. Des réservoirs distincts étaient destinés aux fontaines (qui coulaient en permanence), aux bains publics et aux habitations privées patriciennes. Rome, naturellement, mais aussi Carthage, Ségovie, Narbonne, Nîmes (avec le pont du Gard) ou Lyon par exemple, et même Lutèce, étaient desservies par de tels ouvrages d'art, dont certains sont encore utilisés après tant de siècles.

Parmi les plus répandues et les plus impressionnantes des ruines romaines avec les aqueducs et les arènes figurent, on le sait, les "thermes" où, comme le note Liliane Franck dans *Eau à tous les étages* (bibl.), "les Romains avaient porté les soins corporels au plus haut degré de raffinement ; ce qui ne fut pas sans effrayer les premiers chrétiens, plus soucieux du salut des âmes que de celui des corps, à telle enseigne que le Moyen Âge, sous la forte emprise de l'Église, crut bon de se montrer hostile à toute hygiène corporelle et, partant, de réduire les besoins en eau à la portion congrue".

C'est le monde islamique qui reprit le flambeau, si l'on peut dire. Alors que les barbares christianisés de l'Occident ne se lavaient pas, ou très peu – les convers par exemple, c'est-à-dire la quasi-totalité des habitants des monastères, avaient le droit (et l'obligation) d'un seul bain annuel ! –, les musulmans, eux, accordaient une grande importance aux ablutions quotidiennes. En témoignent par exemple les anciens hammams ou les magnifiques citernes souterraines qu'on peut voir du Moyen-Orient à l'Espagne maure. Les ingénieurs militaires espagnols du Siècle d'or allaient souvent faire appel au savoir-faire des architectes sarrasins pour alimenter en eau leurs forteresses, comme par exemple celle de Salses, aujourd'hui intacte dans les Pyrénées-Orientales.

Les "moines" chrétiens, au demeurant – c'est-à-dire les nobles féodaux qui régnaient au Moyen Âge sur les monastères, leurs possessions agricoles considérables et la main-d'œuvre abondante des serfs –, et notamment les cisterciens, devinrent bientôt maîtres en hydraulique. Il y a beaucoup d'exemples de l'extension de ces compétences à l'approvisionnement en eau des bourgs et des villes, tant pour la consommation que pour la défense des murs, et ces réalisations, même si elles sont loin d'atteindre la grandeur de celles des ingénieurs de l'Antiquité, restent un des traits qui caractérisent l'évolution de la France gallo-romaine à la France médiévale.

On a évoqué dans la première partie de ce livre le rôle qu'a joué le savoir-faire des puisatiers et des fontainiers italiens dans l'élaboration d'une science "hydrostatique" à partir de la Renaissance. L'art des jardins des princes florentins, des "papes fontainiers" (Urbain VIII et Innocent X) et des aristocratiques cardinaux (Ferdinand de Médicis au Pincio à Rome, Hippolyte d'Este à Tivoli) relaya les fastes des empereurs antiques (la *domus aureus* de Néron, la villa d'Hadrien) et inspira ceux des rois de France (les châteaux de la Loire, Versailles).

Sourciers, ingénieurs et hygiénistes

Pendant des millénaires, avant la disponibilité des machines de forage, les puits étaient creusés à la main, un simple treuil remontant la terre, les cailloux (et les ouvriers). "Puisatier" était une profession répandue bien que, comme celle de mineur à laquelle elle s'apparente, non dénuée de risques.

Les puisatiers étaient souvent associés à des "sourciers" ou "radiesthésistes" qui localisaient les endroits les plus favorables, où l'eau serait atteinte le plus aisément. Bien que l'emploi de baguettes de sourcier ou de pendules ait été une pratique courante, elle a été de tout temps contestée ; condamnée par les Églises du Moyen Âge à l'époque de la Réforme et de l'Inquisition, cette pratique tombera sous le coup du scepticisme de savants comme Eugène Chevreul au XIXe siècle, mais n'en continuera pas moins à être populaire. Elle éveillera au XXe siècle la curiosité d'un Yves Rocard qui, à l'instar d'un William Crooks ou d'un Pierre Curie auparavant, n'a pas craint d'entamer son crédit scientifique en publiant des ouvrages sur ce sujet pour le moins "paraphysique"… Plutôt qu'on ne sait quelle influence de l'eau souterraine sur le champ magnétique et du champ magnétique sur la sensibilité des sourciers, il est bien plus probable que le succès de ces derniers, si succès il y avait, résultait de leur bonne connaissance du terrain, mise en scène à l'aide de leurs mystérieux outils (un peu comme celui des voyants s'explique par leur longue expérience de la psychologie des individus, mise en scène avec des cartes à jouer, des boules de cristal ou autre matériel commercial).

Au début du XIXe siècle, le développement des techniques de forages profonds, associé aux progrès de la science naissante de la géologie, avait abouti à quelques innovations spectaculaires comme, par exemple, le puits artésien de Grenelle à Paris. Ce projet avait pour but de fournir une eau de qualité à la capitale, eau – avait ajouté François Arago, secrétaire perpétuel de l'Académie des sciences (lequel s'intéressait entre autres choses à l'augmentation de la température avec la profondeur dans le sol) – qui pourrait aussi être utilisée pour le chauffage urbain. À cette époque, nous le verrons, les savants avaient commencé à lever et interpréter les premières cartes géologiques et à comprendre les "causes du jaillissement des puits forés ou fontaines artificielles" (titre d'un ouvrage de Héricart de Thury publié en 1829). Ils avaient ainsi montré que les couches de sables aquifères, qui émergent au niveau du sol sur les flancs des Vosges et alimentent les puits de l'Artois, loin de là, devaient se prolonger en sous-sol et pouvoir être atteintes sous la craie du Bassin parisien, vers 400 mètres de profondeur, assurant l'artésianisme.

Les opérations de forage durèrent près de huit années et avaient tout ce temps, écrit l'historien Jean Gaudant, "à la fois frappé l'imagination et tenu en haleine un public avide de modernisme dans une France qui entrait tardivement dans l'ère industrielle*". L'entrepreneur Mulot, chargé des travaux, lequel avait déjà foré ailleurs un puits jusqu'à 200 mètres, rencontra de multiples difficultés techniques (et financières : il finit par en être de sa poche) mais, en fin de compte, le succès, à plus de 500 mètres ! L'eau s'avéra plus trouble et moins chaude qu'on ne l'avait espéré, mais l'affaire vérifiait "les prévisions de la géologie qui avait osé conseiller cette folle entreprise", se glorifia son promoteur, Héricart de Thury. Le puits, qui produisait abondamment, restera en usage jusqu'au début du XXe siècle. D'autres puits artésiens furent forés à Paris (à Passy, à la Butte-aux-Cailles, ce dernier donnant une eau "ferrugineuse").

* "Le puits artésien de Grenelle fête ses 150 ans", *Travaux du Comité français d'histoire de la géologie*, t. V, 1991.

Jusqu'au XIXe siècle, la distribution de l'eau chez les particuliers avait été assez généralement assurée à la main – à l'aide de récipients, amphores, outres, seaux ou brocs, bidons, comme on peut encore le voir dans de nombreux endroits du monde (et même dans de nombreuses villes) – par des porteurs d'eau : les femmes et les enfants des familles, ou des professionnels qui venaient remplir des "fontaines d'appartement".

Les "compagnies des eaux" qui se créèrent en Occident à l'époque de l'essor du capitalisme industriel pour apporter l'eau "courante" à domicile ne furent pas très bien accueillies. Leurs clients rechignaient à payer, considérant que l'eau était un bien public qui ne devait pas faire l'objet de commerce ; ces compagnies eurent beau faire valoir que ce qu'elles faisaient payer n'était pas l'eau mais son acheminement, le bon peuple, qui acceptait de dédommager le travail bien visible des porteurs d'eau, resta réticent à rémunérer les lourds investissements des capitalistes. Cette mauvaise réputation des compagnies des eaux restera tenace, et l'opinion dominante considérera que la distribution de l'eau relève du service public. Paradoxalement, avant la dérégulation de l'époque Reagan-Thatcher, c'est dans les pays anglo-saxons de la "libre entreprise" que l'idéal municipal devait s'imposer le plus clairement, alors que les grandes villes françaises, par exemple, restaient sous la coupe de compagnies des eaux privées, comme la Compagnie générale des eaux. Le succès de cette dernière (comme de sa jumelle la Lyonnaise des eaux, aujourd'hui Suez) et sa diversification dans tous les métiers impliqués dans la gestion des chantiers municipaux, en France comme à l'international, engendreront au demeurant certains des plus grands groupes multinationaux français : Veolia (eau et assainissement), Vinci (bâtiments et travaux publics) et Vivendi (communication).

À l'heure actuelle, la gestion privée ne représente globalement qu'une petite fraction des services de distribution d'eau potable dans le monde. Mais cette proportion est très variable d'un pays à l'autre : nulle aux Pays-Bas, elle est d'un tiers en Allemagne et d'environ 70 % en France, par exemple. En fin de compte, il faut reconnaître, malgré l'opacité bien connue des factures, que la gestion des services publics n'est pas forcément plus économique, efficace ou honnête lorsqu'elle est assurée par des fonctionnaires aux ordres de politiciens élus que lorsqu'elle est concédée à des sociétés commerciales propriété d'actionnaires privés, et l'idéologie semble dans ce domaine, comme dans d'autres, être un bien piètre guide.

Au début des années 1940, en France, moins d'un tiers des communes étaient équipées de l'eau courante et sa généralisation dans les années d'après-guerre s'accompagna de la construction d'innombrables "châteaux d'eau" pour la mise sous pression des réseaux de distribution (il faut 2 ou 3 bars, soit deux ou trois fois la pression atmosphérique, pour un robinet normal, et on se souvient que la pression atmosphérique correspond à une hauteur d'eau de 10 mètres). On préférera souvent par la suite utiliser des réservoirs enterrés et des systèmes de surpression électriques, encore que les châteaux d'eau, offrant une bonne garantie contre les pannes, continuent à jouir de leur position dominante (ainsi les réservoirs en bois qu'on peut voir sur les toits des gratte-ciel de Manhattan à New York) ; y compris d'ailleurs pour leur reconversion : situés sur les points hauts, beaucoup de vieux châteaux d'eau dans nos campagnes sont aujourd'hui surmontés des antennes de bornes d'accès au réseau téléphonique par les portables.

La qualité de l'eau dite potable ne s'est améliorée que très progressivement. À l'époque où Louis Pasteur avertissait "Nous buvons 90 % de nos maladies", Eduard Suess, le grand géologue autrichien (voir p. 436), attiré par les problèmes posés par le développement des métropoles modernes, siégeait au conseil municipal de Vienne ; c'est lui qui prit l'initiative d'impulser dans cette capitale l'adduction d'eau à partir des Alpes, dont l'achèvement en 1873 se traduisit par une diminution immédiate et spectaculaire de la mortalité !

L'utilisation du chlore comme agent désinfectant ne se systématisera qu'après la Seconde Guerre mondiale, et l'ensemble de la population française n'aura accès à une eau courante potable qu'à partir des années 1980. (Quand j'étais petit garçon à Marseille, tous les logements étaient encore équipés, en général au-dessus de l'évier de la cuisine, d'un réservoir en verre où l'eau de la ville était assainie par un simple filtre à charbon actif.) Pour l'Organisation mondiale de la santé, il reste beaucoup à faire dans le monde, alors même que plus de la moitié de la population du globe, sans parler des problèmes de pénurie que nous aborderons plus loin, n'a pas accès à une eau courante de qualité contrôlée.

La question de l'hygiène, au demeurant, ne se borne pas à la fourniture d'eau potable mais concerne principalement l'assainissement, c'est-à-dire l'évacuation et le traitement des eaux usées et des ordures. Il existe dans la bibliothèque de Windsor une gravure de Léonard de Vinci illustrant le fait que l'usage des cours d'eau comme dépotoir n'est pas un phénomène récent. Pendant le Moyen Âge, à l'époque de la Renaissance puis à l'âge classique, les villes et villages européens y déversaient toutes leurs ordures. Les circuits urbains de distribution d'eau avaient certes été dès l'Antiquité complétés par ceux de rigoles et parfois d'égouts évacuant les immondices – et aussi les pluies qui, dans les agglomérations, ruissellent le plus souvent sans être absorbées par le sol et provoquent des inondations lorsque les exutoires se saturent. Mais jusqu'à une époque tardive on vidait les pots de chambre dans la rue par les fenêtres, et caniveaux et fosses à l'air libre restèrent longtemps la norme. La Bièvre à Paris, la Tamise à Londres étaient des cloaques pestilentiels jusqu'au cœur du XIXe siècle, et c'est très tard que l'on commença à investir dans l'assainissement urbain. Beaucoup de grandes villes du monde sont, encore aujourd'hui, confrontées à des problèmes quasi insurmontables de gestion de leurs égouts et déchets, comme l'étaient naguère les capitales occidentales.

Si, dans un pays comme la France, on avait pris conscience dès le XVIIIe siècle des dangers que l'insalubrité représentait pour la santé des habitants des agglomérations, il fallut attendre les grandes épidémies de choléra des années 1840 pour voir le développement de réseaux souterrains d'évacuation des eaux sales, et la fin du siècle pour que commence à se généraliser le "tout-à-l'égout". En Angleterre, c'est l'épisode du *great stink of London* (la grande puanteur de Londres) qui donna le signal d'alarme, entraînant le vote immédiat par les députés d'un programme de construction d'égouts modernes ; il faut dire que, pendant l'été particulièrement chaud de 1858, le somptueux palais néogothique du Parlement (où culmine l'horloge Big Ben), inauguré à Westminster au bord de la Tamise peu d'années auparavant, avait dû être évacué précipitamment à cause de l'odeur insupportable des excréments que déversaient dans le fleuve, avec une efficacité nouvelle, les toilettes à chasse d'eau remplaçant les pots de chambre dans les beaux quartiers...

Les collecteurs continuèrent longtemps à se déverser sans traitement dans les cours d'eau et la mer. Les premières stations d'épuration par épandage, puis les premiers déversoirs d'orage destinés à évacuer les surcharges, ne furent installés qu'entre les deux guerres mondiales, et ce n'est que dans les années 1960 – avec l'accroissement rapide de la population urbaine (et des surfaces imperméabilisées comme les aménagements liés à la voiture : chaussées, parkings), entraînant l'augmentation de la fréquence des défaillances des réseaux d'assainissement et de la gravité des problèmes de pollution – que l'on se résolut à séparer les conduites canalisant les eaux usées d'une part et les eaux de pluie d'autre part. Les budgets que durent affecter les municipalités à ces investissements dépassèrent alors largement ceux affectés à la distribution d'eau ou au ramassage et au traitement des ordures, atteignant le niveau de ceux consacrés à la voirie...

La ville de Londres, par exemple, qui n'avait pas modernisé son réseau d'assainissement depuis le *great stink*, est aujourd'hui confrontée à de graves problèmes de financement pour avoir trop tardé à engager ces dépenses nécessaires. Les vastes métropoles des pays émergents font aujourd'hui face à ce genre de problèmes, à une échelle souvent bien plus grande.

Moulins, canaux, digues et barrages

L'importance fondamentale de l'eau dans l'histoire ne tint pas seulement à ses usages agricoles, domestiques ou décoratifs : les facultés motrices de l'eau, tout autant utilisées par le passé que celles du vent, ont joué un rôle économique de tout premier plan. On a sans doute appris très tôt à utiliser les cours d'eau pour les transports comme pour leur capacité à fournir du travail. Les premiers barrages n'étaient que l'aménagement sommaire des rapides des rivières pour y créer des bassins et des chutes ou "glissières" facilitant le passage des bateaux. Mais, plus tard, les roues à aubes des moulins qui équipèrent ces chutes devinrent, et restèrent longtemps, la seule force mécanique, avec les moulins à vent, dont pouvait disposer la jeune humanité.

"Invention antique, le moulin à eau est médiéval par l'époque de sa véritable expansion", note l'historien Marc Bloch*. Depuis le Moyen Âge, des meuniers s'installaient près des villes, le long des cours d'eau où ils voisinaient avec les lavandières des "lavoirs", les teinturiers ou les tanneurs – et, dans les régions du Nord, les fournisseurs de glace qui aménageaient sur les berges des étangs de grandes surfaces planes où ils laissaient se répandre avant l'hiver une couche d'eau d'épaisseur convenable, découpée

* "Avènement et conquête du moulin à eau", dans *Annales d'histoire économique et sociale*, VII (1935), p. 538-563.

en “pains” une fois congelée, stockés jusqu’à l’été dans des caves voisines*.

Tout un quartier du Paris rive gauche où j’habite, dans la vallée où coulait jadis la Bièvre (canalisée dans les égouts depuis la fin du XIXe siècle), entre la Butte-aux-Cailles et la montagne Sainte-Geneviève, porte encore le souvenir et les noms de ces activités : la rue de la Glacière, les Gobelins (industries de la laine teintée, manufacture royale, aujourd’hui un musée), la rue du Moulin-des-Prés, la rue du Fer-à-Moulin, la Halle aux cuirs (incendiée en 1906, puis détruite dans les années 1960 pour construire la fac Censier)… Les moulins produisaient la farine (notamment pour la boulangerie centrale des hôpitaux, installée là) avec le blé que les péniches acheminaient jusqu’à la Bièvre *via* le canal du Loing et la Seine. (Un autre port sur la Seine, également transformé en université dans les années 1970, la Halle aux vins, accueillait la production des vignerons de la Bourgogne auxerroise.)

Au cours des siècles, l’utilisation des rivières et fleuves se fit de plus en plus intensive, de grands travaux multipliant canaux et barrages. La Chine, nous l’avons vu, avait été pionnière en la matière. Le premier empereur, Qin Shi Huangdi, qui avait unifié le pays au IIIe siècle avant Jésus-Christ après avoir conquis tous les royaumes des plaines centrales orientales, ne se contenta pas de faire bâtir la Grande Muraille au nord : afin d’étendre son contrôle aux régions montagneuses du sud, d’accès difficile pour les mouvements et l’approvisionnement de ses armées, il fit creuser un canal reliant les deux plus grands fleuves qui y coulent – le Yangzi Jiang et la rivière des Perles – en connectant deux de leurs affluents là où ils sont le plus proches, à 20 kilomètres

* Dans les régions du Sud où il ne gèle pas l’hiver, on ramenait dans de la paille, en caravanes de mules, la glace des montagnes – de la Sierra Nevada jusqu’à Grenade par exemple –, et ce jusqu’au début du XXe siècle.

seulement l'un de l'autre. Cette première voie d'eau artificielle allait être suivie de bien d'autres, dont la plus étonnante est le Grand Canal de près de 1 800 kilomètres de long construit au XIIIe siècle entre Hangzhou et Pékin.

C'est là sans doute que furent installées pour la première fois des écluses. Ces sas d'eau à portes, dérivés des passages aménagés dans les barrages pour franchir les dénivelés des voies d'eau, sont une invention géniale que perfectionnèrent les ingénieurs hollandais et italiens à la Renaissance (Léonard de Vinci, encore lui, travailla la question). C'est merveille de voir comment un éclusier peut, simplement en tournant les quelques manivelles actionnant portes et vannes, soulever rapidement de plusieurs mètres les dizaines de tonnes d'une péniche...

Il est aisé de comprendre pourquoi les voies d'eau assumèrent une importance économique considérable, tant que le transport des marchandises dépendait essentiellement des bêtes de trait : un cheval de force moyenne marchant au pas peut porter une charge de cent kilos ; attelé à une charrette, une tonne ; tirant une barque, cent tonnes !

Le plus ancien canal de France est celui que le général romain Marius avait fait aménager entre Arles et la mer. Au XVIe siècle, Adam de Craponne fit creuser une dérivation des eaux de la Durance pour irriguer la Provence – le "désert" de la Crau, notamment. Les ramifications du canal de Craponne jusque dans les plus petites rigoles, régulées manuellement par l'usage de portes métalliques à poignée, les "martelières", continuent à être entretenues et à servir jusqu'à nos jours.

Un peu plus tard, dans la première moitié du XVIIe siècle, Sully fit relier la Seine et la Loire – à commencer par le canal de Briare –, lorsque les vallées de ces deux fleuves furent devenues des axes économiques majeurs. La Loire, dans son cours est-ouest, était remontée à la voile grâce aux vents d'ouest dominants, et descendue avec le courant ; dans sa partie sud-nord plus difficilement navigable, des bateaux "jetables" faisaient la descente avec le courant une seule fois, le bois dont ils étaient fabriqués étant vendu à l'arrivée. La Seine, de son côté, "canalisait toute l'économie du Bassin parisien [et dans une certaine mesure de la Bourgogne et la Normandie] vouée au ravitaillement de la capitale ; et c'est la batellerie qui assurait le transport de ce vaste flux de produits" (Wikipédia).

Colbert, qui fit la grandeur du règne de Louis XIV dans la seconde moitié du siècle, voulut rendre navigables toutes les principales rivières du royaume pour développer le commerce, et décida un important programme de canalisations, dont l'une des plus marquantes fut le canal royal du Languedoc ou canal des Deux-Mers, plus connu comme "canal du Midi". Le projet (ancien : l'historien romain Tacite, qui avait commencé sa carrière en Narbonnaise, rapporte qu'Agrippa, conseiller de l'empereur Auguste, l'envisageait déjà) était de rejoindre l'Atlantique à la Méditerranée en reliant la Garonne à l'Aude, fleuves dont les vallées sont séparées au plus proche par 60 kilomètres. Pierre-Paul Riquet, fermier général, visionnaire et homme d'affaires, après s'en être fait le promoteur, se fera attribuer le chantier (et la propriété) de l'ouvrage. Il fera alimenter le canal, au seuil de Naurouze, par les eaux de la Montagne noire, y faisant construire, à Saint-Ferréol, le premier grand barrage de retenue et lac artificiel français. Riquet est mort endetté mais riche ; en 1681, quelques mois seulement avant l'inauguration de l'œuvre de sa vie comprenant, au débouché du canal, le port de Sète ; une rue et une station de métro sur le canal de l'Ourcq à Paris commémorent son nom. Le canal du Midi ne sert plus aujourd'hui qu'au tourisme, mais ses nombreuses écluses, ainsi que les canaux latéraux de l'Aude et de la Garonne rajoutés plus tard, connurent pendant près de deux siècles, jusqu'à l'arrivée du chemin de fer, un trafic intense, y compris pour le transport des passagers.

Nous verrons au chapitre 13 l'importance que prendront les canaux en Angleterre au XVIIIe siècle pour le transport du charbon et l'essor de la révolution industrielle (et, incidemment, pour les progrès de la géologie). Mais paradoxalement, du même coup, ces développements, avec les débuts du chemin de fer appelé à les remplacer, annonçaient le déclin de l'importance économique du halage et de la batellerie comme moyens de transport. L'usage des voies d'eau fut néanmoins durable : en France, les "canaux de jonction" réunissaient tous les grands bassins fluviaux et, au début du XXe siècle, après la loi Freycinet qui imposa un gabarit à la batellerie motorisée, douze mille péniches standards parcouraient le réseau navigable français, dont huit mille pour la distribution sur le territoire de la houille en provenance des mines du Nord. Aujourd'hui encore, sur le canal du Loing, en saison, passent une demi-douzaine de péniches par jour qui vont alimenter en blé les moulins de Paris (et certaines écluses fonctionnent toujours à la main).

Les barrages, accompagnés ou non des écluses, ne servirent pas qu'à la batellerie mais aussi, comme nous allons le voir, à la régulation des cours d'eau. Et puis bien entendu, à partir de la fin du XIXe siècle, à la production d'électricité : de la même manière que les turbines éoliennes ont succédé aux moulins à vent, les turbines hydroélectriques ont succédé aux moulins à eau ; les câbles et pylônes des réseaux de transport de l'électricité, dans les deux cas, délocalisent et distribuent l'énergie produite.

Globalement, l'hydroélectricité est aujourd'hui la quatrième source d'énergie et la première énergie renouvelable, représentant environ un cinquième de la production électrique potentielle totale installée dans le monde. Dans certains pays (Canada, Norvège), elle occupe le premier rang. Des dizaines de milliers de barrages ont été construits, les plus grands au Brésil (Itaipú et Belo Monte) et en Chine (Trois-Gorges).

L'impact sur l'environnement de ces ouvrages d'art et des retenues associées, par ailleurs souvent utiles pour l'irrigation, est loin d'être négligeable, sans parler des déplacements de population, des risques de maladies (bilharziose) et de catastrophes accidentelles (on se souvient en France de celle de Malpasset qui fit des centaines de victimes, en Inde de celle de Morvi qui en fit quinze mille...). Pour toutes ces raisons, les barrages n'ont plus la cote auprès des partisans du développement durable. Un exemple récent : en Grèce, après vingt ans de contestation de la part des écologistes, le Conseil d'État vient d'ordonner l'abandon du projet de dérivation du fleuve Achéloos, qui avait été entrepris à grands frais pour arroser les cultures de coton de la plaine de Thessalie, dans le Nord-Ouest du pays.

D'autre part, les rivières et les fleuves traversant parfois des frontières, les nations en aval contestent à juste titre la mainmise des nations en amont, qui ne leur laissent souvent que de dérisoires ruisseaux là où coulaient jadis de puissants cours d'eau. C'est le cas du Colorado au Mexique, du Mékong au Viêtnam et de nombreux autres différends de ce genre, dont certains sont cités en conclusion de ce chapitre comme problèmes géopolitiques de toute première grandeur.

La lutte sans fin contre les inondations et la sécheresse

Le risque très réel d'une élévation continue du niveau des océans, due à la fonte des dernières glaces terrestres subsistantes que provoquerait le réchauffement climatique par effet de serre "anthropogénique", est une inquiétude globale récente, mais la menace d'inondations catastrophiques est de toute façon une vieille histoire pour l'homme. Même dans les déserts, au Sahara par exemple, on redoute les *flash floods* des oueds qui, totalement secs la plupart du temps, peuvent soudainement ravager leur vallée*.

* Beaucoup de personnes sont mortes noyées au Sahara, comme par exemple la grande voyageuse et écrivaine Isabelle Eberhardt. Je me souviens personnellement qu'à la fin des années 1960, dans le Sud-Ouest

Comme par le passé, l'eau qui irrigue, qui désaltère, qui lave, qui transporte, est aussi et encore l'eau qui détruit, qui noie, qui propage les épidémies. L'eau, cependant, nous est par ailleurs si nécessaire que la sécheresse ne figure pas loin derrière dans le palmarès des autres fléaux pesant sur la vie des plantes, des bêtes et des hommes. C'est que le cycle de l'eau sur Terre n'est qu'en moyenne le circuit stable, équilibré, entre évaporation, précipitation et écoulement dont on a décrit plus haut le cours régulier. Chacune de ses phases est susceptible de subir localement des à-coups, des ralentissements ou des accélérations paroxystiques et d'entraîner de graves déséquilibres, qu'aggravent encore la mauvaise gestion des sols, voire le changement climatique.

Jadis, la plupart des fleuves et des grandes rivières connaissaient des crues fréquentes, annuelles, décennales, centennales, quelquefois bénéfiques, le plus souvent ravageuses. On dispose en général maintenant, avec les prévisions météorologiques et le contrôle des délestages dans les barrages écrêteurs, d'outils d'alerte et de prévention relativement efficaces contre ces crues. Ces moyens se révèlent cependant périodiquement impuissants, et pas seulement dans les pays particulièrement menacés comme ceux du Sud-Est asiatique (voir les inondations récentes

algérien – où la France, après les accords d'Évian et avant la construction du centre de Kourou en Guyane, avait conservé une base de lancement de fusées civiles et militaires –, l'oued Guir, descendant de l'Atlas marocain loin au nord, emportait périodiquement la route venant de Colomb-Béchar qui y menait à travers la *hammada*, désert de cailloux ressemblant à la surface de la planète Mars. Les sapeurs de la Légion étrangère avaient consolidé le passage à gué avec force gabions (tas de cailloux emballés dans du grillage), mais ces défenses s'étaient avérées insuffisantes contre les crues subites les plus violentes et l'on avait fini par faire construire un véritable pont qui enjambait l'oued. Malheureusement, une fois l'ouvrage d'art réalisé à grands frais, l'oued, à la crue suivante, avait changé de cours et recommencé à emporter la route quelques kilomètres plus loin, tandis que sous le pont tout neuf son ancien lit, encombré de gabions et de plaques de macadam, demeurait définitivement sec…

du Danube). Malgré les progrès réalisés, les inondations, faisant des centaines de milliers de victimes chaque année, restent encore aujourd'hui, dans beaucoup d'endroits, le danger majeur, le principal fléau de l'humanité (sans compter la plaie des innombrables "dégâts des eaux").

Peut-être les plus célèbres des crues fluviales régulières furent celles du Nil. Ce fleuve, le plus long du monde après l'Amazone, débordait chaque été, apportant le limon noir qui permettait la culture de ses rives, larges rubans fertiles dans le désert. C'est de ce limon que vient le nom antique de l'Égypte – *Khemet*, ce qui veut dire "la terre noire". 90 % de la population égyptienne a toujours vécu ainsi de, et dans, la vallée et le delta du Nil. Le Nil, en outre, était utilisé (il l'est toujours) pour transporter les marchandises sur certaines sections de son long cours, la navigation étant contrariée en plusieurs points par des cataractes et des rapides : comme cela se fera sur la Loire, les bateaux pouvaient voyager vers l'amont en utilisant seulement la voile – les vents d'hiver favorisant cette remontée du cours du fleuve – et profiter vers l'aval du courant descendant.

Si les crues du Nil étaient particulièrement régulières – au point d'avoir peut-être coopéré avec les observations astronomiques pour permettre de remarquer, en notant leur décalage progressif par rapport aux levers des étoiles, le lent phénomène astronomique de la précession des équinoxes* –, la plupart des grands fleuves ou de plus petites rivières connaissent également des cycles, toujours saisonniers, mais fréquemment plus aléatoires et de temps en temps catastrophiques.

Le premier système d'annonce des crues dangereuses (celles du fleuve Jaune) – utilisant des cavaliers voyageant plus vite que le flot – date de la dynastie Ming, au XVIe siècle. Selon Barbara Freese (bibl.), les Chinois se battent contre le fleuve Jaune depuis plus de quarante

* Cf. *Le Ciel dans la tête, op. cit.*

siècles, au cours desquels ses débordements firent peut-être plus de dix millions de morts. En 1935, par exemple, l'inondation fut particulièrement catastrophique, recouvrant plus de 15 000 kilomètres carrés de plaine. La brèche de plusieurs kilomètres de long qui s'était ouverte dans les digues laissait passer un débit de plus de 10 milliards de litres d'eau par seconde, et des dizaines de milliers de paysans furent mobilisés pour la colmater. Le reportage photographique de cet épisode – rapporté par un ingénieur américain, Oliver Todd, et qui fut publié dans le magazine *Life* – est particulièrement saisissant : on y voit des quantités d'hommes, armés d'outils élémentaires comme des faisceaux de branchages, des paniers de terre, des brouettes de cailloux et des dames en pierre, mais particulièrement bien organisés sous la direction de quelques officiels compétents, parvenir en peu de semaines à renfermer le fleuve dans son lit après l'avoir préalablement dévié vers un détour pour réduire le flot dans la brèche. Impressionnant !

Tous les grands fleuves, de l'Arno au Mississippi, de l'Amazone à la Volga, connaissent ce genre de débordements. Le Rhône, le plus fort débit des cours d'eau du territoire de la France actuelle, et seul fleuve reliant l'Europe du Nord et la Méditerranée, était la principale voie d'eau de l'Empire romain avec le Nil ; sa remontée par "les équipages" – bateaux et chevaux dont le voyage était une véritable expédition – et sa descente au fil du courant présentèrent pendant des siècles de réels dangers pour les cargaisons comme pour les mariniers. Ses crues étaient redoutées, provoquant périodiquement des inondations meurtrières, notamment dans les villes de Lyon, Avignon, Tarascon, Arles et jusqu'à Aigues-Mortes. La construction d'"endiguements" fut sporadique du Moyen Âge jusqu'à leur systématisation après la grande crue de 1840 mais, même après la création de la Compagnie nationale du Rhône en 1934, qui entreprit des travaux d'aménagement considérables s'étendant sur des décennies, les plus grandes crues historiques (comme celle de 2003) sont capables de nos jours encore de rompre les digues et continuent à menacer la vallée du Rhône.

Qui se souvient que la Seine aussi voyait son niveau varier avec une ampleur considérable – niveau en moyenne quelques mètres plus bas qu'aujourd'hui avant la construction du barrage de Suresnes (1865) qui la maintient en eau à Paris –, s'asséchant presque à certaines époques et débordant à d'autres ? La capitale française n'est d'ailleurs toujours pas à l'abri de crues de la Seine comme celle de janvier 1910, certes due à des circonstances exceptionnelles (le gel prolongé du Bassin parisien qui fit ruisseler directement dans le lit du fleuve et de ses affluents la plus grande partie des précipitations habituellement absorbées par les sols), mais circonstances qui peuvent se reproduire un jour, malgré les bassins de dérivation en amont réalisés depuis. Il y aurait sans doute des conséquences bien plus sérieuses aujourd'hui, compte tenu du développement des réseaux d'énergie et de communication urbains de toute sorte qui seraient mis hors service par une telle inondation, et dont nous dépendons bien davantage*.

Il y a bel et bien à la surface du globe, et dans le temps, une répartition très inégale de l'eau : elle n'est pas où il faut quand il faut ; il y en a toujours trop ou pas assez. Même à l'endroit du monde où il pleut le plus (Cherrapunji, au nord-est de l'Inde), on souffre à la saison sèche de l'absence d'eau, qu'il faut aller chercher au fond de la vallée et remonter sur son dos. Début 2014, pendant un hiver où le sud-ouest de l'Angleterre connaissait des

* Un récent rapport de l'OCDE évalue à 5 millions de personnes la population qui serait affectée par une grande crue de la Seine (dont 1,4 million privées d'électricité et d'eau potable, le reste privé notamment de moyens de transport) et jusqu'à 30 milliards d'euros le coût des sinistres, dont l'impact sur le PIB de la France pourrait atteindre jusqu'à 3 % sur cinq ans.

inondations très inhabituelles, un déficit de précipitations de la Californie au Texas menaçait de la pire sécheresse depuis des siècles.

Contrairement à l'air, ce bien "commun à tous" qui nécessite des solutions globales, les problèmes de l'eau sont et resteront des problèmes essentiellement locaux. "Une consommation moindre au Canada ne sera d'aucune aide pour le Maghreb", remarque Érik Orsenna dans *L'Avenir de l'eau* (bibl.). L'eau se transporte mal et des palliatifs coûteux aux pénuries – comme la livraison par bateaux-citernes (de Marseille à Barcelone par exemple, comme certain été du début du XXIe siècle), la construction de pipelines ou le remorquage d'"aquatiers", poches d'eau géantes en plastique – ne peuvent guère être envisagés comme solutions à long terme. Les projets de remorquage d'icebergs qu'avait financés l'Arabie Saoudite il y a quelques dizaines d'années n'ont pas dépassé le stade des études de faisabilité : on avait calculé que la fonte en cours de route serait trop importante. Mais ce genre de projet sera peut-être repris pour approvisionner l'Australie, plus proche de l'Antarctique.

Les conséquences les plus graves des sécheresses sont celles qui affectent la production agricole et peuvent se traduire par l'un des fléaux historiques les plus redoutés, capable de transformer des millions d'habitants de régions prospères en réfugiés désemparés, faméliques. Qui n'a présentes en mémoire les photographies par Dorothea Lange des malheureuses familles des fermiers du *dust bowl* de l'Ouest américain dans les années 1930, ou celles du Sahel et de l'Est africain dans les années 1970 ? Certes, ces drames humains ont été souvent causés par des erreurs écologiques*, ou des crimes d'État plus ou

* John W. Powell (cf. p. 229), ayant compris que les droits sur l'eau étaient plus importants que les droits sur la terre, avait combattu le *Homestead*

moins délibérés. “Les famines, commente le journaliste Pierre-Antoine Delhommais*, qui ont fait depuis deux siècles, selon les calculs de l’historien Étienne Thévenin, plus de morts que toutes les guerres réunies, sont d’abord le résultat de la folie des dirigeants politiques, et non la conséquence des caprices du ciel. C’est le délire du Grand Bond en avant de Mao qui fit mourir de faim entre vingt et trente millions de Chinois. C’est la paranoïa meurtrière de Staline qui fit délibérément mourir de faim entre trois et cinq millions d’Ukrainiens au début des années 1930.”

Pourtant, malgré l’augmentation incessante de la population mondiale, les progrès de l’agriculture, des transports (et de la solidarité internationale) ont permis d’assurer de mieux en mieux la nourriture de l’humanité. L’économiste irlandais Cormac Ó Gráda rappelle dans *Famine: A Short History* (bibl.), qu’“à l’époque où Malthus vivait, neuf habitants de la planète sur dix souffraient, de façon chronique, de la faim. En 1960, ils étaient encore un sur trois. Un sur cinq en 1990, seulement un sur huit aujourd’hui et, note-t-il, en ajoutant à cette tendance le fait qu’un tiers environ de la production agricole mondiale est actuellement gaspillée, il n’y a aucune raison de ne pas être optimiste [pour l’avenir :] nous sommes en train d’assister à la fin de la faim sur la Terre”. Espérons-le.

L’avenir de l’eau

De nombreux endroits du monde disposent encore de réserves hydriques considérables : même dans les régions très arides comme le Sahara, le sous-sol de zones endoréiques peut s’être gorgé d’eau au fil des siècles et des millénaires ; on continue à en découvrir même là où l’on souffrait jusque-là du manque d’eau. Mais, dans d’autres

Act datant de 1862, qui fondait la colonisation de l’Ouest américain. Les lobbies fonciers finirent par obtenir qu’il soit démis de ses fonctions à la tête de l’US Geological Survey. Mais quarante ans plus tard ses prédictions pessimistes se sont réalisées, aboutissant au *dust bowl*, la ruine et la débâcle des exploitants terriens, les *Raisins de la colère*.

* Dans *Le Point*, 10 octobre 2013.

endroits, la surexploitation des réserves, rendue de plus en plus fréquente par la puissance des moyens de pompage modernes, et malgré les réglementations qui tentent d'en limiter l'usage, ne permet plus, bien souvent, leur recharge. Les "mines d'eau", ces stocks d'eau "fossile" – c'est-à-dire peu impliqués dans le cycle de l'eau et à temps de renouvellement très long –, exploitées au même titre que les gisements d'hydrocarbures ou les minerais, s'épuisent ou s'épuiseront de la même manière.

Nous ne pourrons pas continuer longtemps à extraire des millions de milliards de tonnes d'eau de la croûte terrestre comme nous le faisons depuis un siècle. Rappelons qu'à l'heure actuelle, près de la moitié de l'élévation du niveau des océans récemment constatée résulte du pompage de l'eau des nappes phréatiques dont une partie est en fin de compte rejetée à la mer.

On sait comment, dans un passé récent, l'irrigation d'immenses surfaces ou l'alimentation de villes tentaculaires ont menacé d'assécher de grands réservoirs d'eau naturels, par exemple la mer d'Aral en Asie centrale, victime du développement intensif de l'agriculture soviétique, ou le lac Mono dans le Sud-Ouest des États-Unis, qui alimente l'agglomération de Los Angeles. Plus récemment, dans beaucoup de pays – tel l'Iran, où plusieurs lacs et rivières sont également menacés d'assèchement –, l'usage irréfléchi de l'eau pour l'agriculture ou la production d'électricité pose de graves problèmes d'avenir.

Il ne saurait donc être question de se cacher une évolution à long terme préoccupante, que décrit ainsi l'agronome américain Lester Brown dans *La Plus Belle Histoire de la Terre* (bibl.) : "Ce qui a été longtemps considéré comme crise locale ou passagère est en train de devenir un problème économique international, permanent, à travers le marché des céréales." En effet, explique-t-il, "la meilleure façon d'importer de l'eau est de le faire sous forme de grains : importer 1 tonne de blé équivaut à importer les 1 000 tonnes d'eau nécessaires pour faire pousser ce blé". C'est le concept d'"eau virtuelle" popularisé par John Anthony Allan, qui réorganiserait l'économie agricole mondiale sur le modèle qu'ont, de fait, mis en place des pays comme l'Égypte (dont plus de la moitié de la nourriture est importée). Mais, outre la dépendance alimentaire qu'un tel modèle implique, ce schéma présente des risques de crises à travers le marché mondial des céréales : des pénuries d'eau en Chine, par exemple, pourraient faire flamber le coût du pain partout.

À l'instar de ce qui se passera pour tous les autres "minerais", il est vraisemblable qu'épuisant les gisements, l'humanité sera bien obligée de se tourner vers de nouvelles sources et méthodes de gestion de l'eau.

Comme pour beaucoup des autres minerais tirés du sol, nous le verrons, il y a d'abord le recyclage. L'idée de boire l'eau de la cuvette des cabinets n'est peut-être pas de nature à séduire les foules urbaines, mais l'eau propre n'a pas d'odeur ; c'est de l'eau propre quelles que soient les impuretés dont on l'a débarrassée. À l'heure actuelle, quand elles ne sont pas rejetées telles quelles, les eaux usées finissent dans une station d'épuration. Cela coûte cher à traiter et ne rapporte rien, sinon des boues dont les compagnies des eaux ne savent trop quoi faire. Ces eaux ont pourtant un fort potentiel énergétique : elles contiennent de la matière carbonée valorisable, notamment pour des utilisations agricoles, et leurs calories pourraient être exploitées en ville avec les technologies déjà rodées pour la géothermie.

Et puis il y a la ressource potentiellement inépuisable, pour peu que l'on dispose d'une énergie suffisante et suffisamment bon marché, de la désalinisation de l'eau de mer. Ce mode de production d'eau douce connaît une croissance rapide, principalement localisée jusqu'ici dans les pays du Proche-Orient et d'Afrique du Nord, riches en pétrole. Mais, malgré son coût élevé, l'Australie, les pays d'Europe du Sud et la Californie s'en équipent.

Ces techniques innovantes, pour la plupart déjà maîtrisées, sont appelées à se développer. Mais c'est aussi et surtout dans un changement d'attitude à l'égard de la consommation que réside la solution aux problèmes de rareté de l'eau que connaissent, notamment, les pays arides comme ceux de l'Afrique subsaharienne, du Moyen-Orient et d'Asie centrale, problèmes que promettent malheureusement d'aggraver et leur situation politique et le changement climatique. Une bonne gestion de l'eau passe en effet par la lutte contre le gaspillage, la chasse systématique aux fuites des réseaux de distribution, par l'utilisation de méthodes économes en agriculture, toutes choses qui sont difficiles à mettre en œuvre dans les époques de troubles, relevant de longs efforts portant sur l'éducation publique, l'organisation sociale, les structures économiques et le cadre législatif et réglementaire, au moins autant que du savoir-faire des ingénieurs et techniciens.

Un diplomate allemand a récemment fait scandale à la Knesset en dénonçant l'écart important dans la disponibilité de l'eau par habitant entre Israéliens et Palestiniens. Ces inégalités sont réelles et résultent sans aucun doute d'une confiscation de l'eau par l'État juif. Mais ce qu'il faut voir aussi, c'est qu'Israël, à l'égard de l'eau, est un modèle de gestion dont on ferait bien de s'inspirer ailleurs dans la région. En Syrie et en Irak qui voient l'eau du Tigre et de l'Euphrate se raréfier en amont, aux mains de la Turquie où de gigantesques projets de barrage arrivent à terme ; en Égypte et au Soudan où le Nil subit le même sort aux mains de l'Éthiopie ; au Yémen où le risque de pénurie d'eau est particulièrement sévère… Il n'est d'ailleurs pas impossible que les révoltes et les guerres civiles qui se sont allumées dans ces pays, quelle qu'ait été l'importance d'autres facteurs, aient eu quelque chose à voir avec le stress hydrique, tant physique que mental, qui affecte leur population, sans compter les tensions économiques en partie liées au coût des importations massives de céréales ou d'engrais.

Troisième livre

LA TERRE ET LE FEU

Some rin uphill and down dale, knappin' the chucky stones to pieces like sa' many road makers run daft. They say it is to see how the warld was made.

(Certains grimpent sur les crêtes, descendent dans les ravins, cassant les roches en morceaux tels des cantonniers en folie. Ils disent que c'est pour voir comment le monde a été fait.)

WALTER SCOTT, *Saint Ronan's Well*

12

NOTRE TRÈS ANCIENNE FAMILIARITÉ AVEC LE RÈGNE MINÉRAL

Depuis la plus haute Antiquité, le rapport des hommes à la terre s'est divisé entre deux pratiques : le culte de Vulcain et celui de Cérès. Le mot "terre" désigne indifféremment en français, comme *earth* en anglais, d'un côté le socle solide où gisent les ressources minérales (qu'on honore d'une majuscule lorsqu'on l'étend à la planète tout entière), et d'un autre côté la forme particulière de matière plus ou moins désagrégée et organique, la terre "arable" (que peut pénétrer *aratrum*, la charrue), c'est-à-dire la terre labourable, où poussent les végétaux.

D'un côté, donc, l'activité des mineurs, tailleurs de pierre, forgerons, potiers, verriers ; de l'autre, celle des cueilleurs, pasteurs et cultivateurs, maraîchers, horticulteurs ou éleveurs. Aux premiers l'exploitation des carrières et des mines, la maçonnerie, la sculpture et la céramique, la métallurgie, la fabrication des armes, des outils et des bijoux ; aux seconds les pâturages et les champs, les jardins, les vergers et les potagers, la cuisine, la pharmacie par les plantes, la teinture et le tissage des étoffes.

C'est du royaume de Vulcain qu'il s'agira ici. Mais il n'est pas si aisé de le séparer de celui de Cérès, de définir une frontière précise entre les deux, entre ce qu'on appelait jadis le règne minéral et les règnes végétal et animal. Une manière scientifique de faire la distinction est d'utiliser les termes introduits au XIXe siècle par le grand géologue autrichien Eduard Suess dans son ouvrage justement célèbre sur l'origine des Alpes : la *lithosphère* (de *lithos*, roche) d'un côté et la *biosphère* (de *bios*, la vie) de l'autre, sans toutefois que le problème de frontière s'en trouve particulièrement simplifié : au niveau moléculaire, les métaux, les sels minéraux sont des éléments indispensables à la biochimie, à la vie ; à l'inverse, beaucoup de roches (calcaires, houille), le pétrole et le gaz qu'on trouve dans le sol, sans parler des terreaux et humus, sont des produits largement biosphériques.

La pédologie, science des sols…

La terre meuble résulte toujours de l'accumulation des détritus, plus ou moins mélangés à des produits organiques, d'une dégradation superficielle des roches, constituant la couche dite par conséquent *détritique*, qui recouvre la plus grande partie des surfaces continentales.

Le rôle prépondérant de l'eau liquide dans l'érosion et l'adoucissement des reliefs est particulièrement flagrant dans les paysages de montagne : au-dessus de l'altitude où le gel devient quasi permanent, où disparaissent les derniers végétaux – altitude qui est aussi plus ou moins celle où commencent les neiges dites éternelles, névés et séracs –, on ne trouve plus que du minéral aux allures abruptes, glace et rocher. Plus bas, là où il pleut, où l'eau ruisselle, le même fond rocheux est dégradé, remanié, recouvert : les cailloux et la terre se sont accumulés dans les creux, le terrain est devenu beaucoup moins accidenté et s'est couvert de végétation.

Les géographes arabes du Moyen Âge avaient déjà bien compris le rôle de tous ces processus : Al-Biruni dans son monumental *Livre de l'Inde* (*Kitab-al-Hind*, 1030) et Ibn Sinā (Avicenne) décrivent fort bien le travail lent mais régulier de cette érosion qui, à la fois, décaisse et remblaie, tendant à tout niveler.

Les roches, même souterraines et dures, présentent des cassures spontanées selon des lignes de fractures naturelles où elles sont attaquées par des infiltrations (fractures appelées *diaclases* depuis la publication de l'étude du "rôle qui revient aux eaux souterraines dans l'économie de l'écorce terrestre" par l'ingénieur en chef des Mines et académicien Gabriel Auguste Daubrée en 1887). Une fois exposées à la surface, ces roches peuvent être crevassées, réduites en fragments de plus en plus petits d'une façon purement mécanique en étant éclatées, cassées, broyées, charriées, rodées, par les effets de mouvements naturels plus ou moins violents dus à diverses causes lithosphériques (éboulements), hydrosphériques (action des précipitations, du gel, du mouvement des glaciers, des cours d'eau, des vagues et marées) ou même aérosphériques (action du vent).

Les minéraux les plus solides constituant les roches, étant en général des morceaux ou des grains de matière cristalline de toutes tailles, sont libérés par ces processus lorsque la matrice les agglomérant s'effrite ou se dissout. Entraînés par le ruissellement, et aussi le cas échéant par le vent, ils finissent par se déposer dans les dépressions, sur les berges et les rivages, ou au fond des lacs et des mers, sous la forme de sables, de limon. "C'est le sort de tous les éléments de la croûte terrestre de se retrouver ainsi un jour ou l'autre au fond de l'eau", note Marc de Gouvenain*.

Les matériaux les plus fins et les plus légers – et notamment la "farine de roc" résultant du ponçage des substrats rocheux par la pression abrasive des anciens glaciers en mouvement, charriant quantité de débris –, entraînés en suspension dans l'air ou l'eau, voire en solution, ont naturellement tendance à être transportés le plus loin, allant quelquefois recouvrir de vastes surfaces et de grandes épaisseurs avec de la poussière (le lœss par exemple, qu'on trouve abondamment dans les grandes plaines d'Amérique et d'Asie) ou de la vase.

* Dans un excellent petit livre que tous les randonneurs devraient avoir lu (*La Terre sous nos pieds*, bibl.).

Les dunes, comme les bancs et plages de sable, sont des formations mobiles plus ou moins éphémères que le vent ou la mer édifient ainsi à partir des innombrables grains de quartz jadis cristallisés au sein d'anciennes roches granitiques, dont ils constituaient la partie la plus inaltérable, les autres minéraux les agglomérant, plus tendres, voire solubles, ayant été lavés par l'érosion (cf. p. 355). D'immenses massifs granitiques, disparus au cours des âges, ont laissé ces restes sablonneux, véhiculés au hasard des courants d'air ou d'eau qui les ont accumulés, le plus souvent contre des obstacles comme par exemple les côtes maritimes, ou des accidents du relief terrestre. On trouve notamment de telles formations dans les grands ergs sahariens ou mongoliens – immenses amoncellements de crêtes de sable à perte de vue qui, pour la plupart des gens, symbolisent "le désert", alors qu'ils n'en recouvrent en fin de compte qu'une partie restreinte*.

Il faut parfois replanter en esprit des prairies et des forêts pour imaginer les "déserts" – qui ne sont plus aujourd'hui que les squelettes stériles d'anciens paysages – tels qu'ils étaient jadis, lorsque l'eau y coulait en abondance. Je me suis souvent distrait ainsi, survolant le Sahara ou le Sud-Ouest des États-Unis pendant l'un de ces interminables voyages aériens – c'était avant les Boeing, les Airbus et la télévision à bord. Il n'y a pas besoin de beaucoup d'imagination pour reconnaître les rives d'un lac, la courbe majestueuse d'un fleuve, même s'il faut pour cela souvent faire abstraction de tout le sable.

Dans ces zones arides, la curiosité pour le règne minéral est plus aisément satisfaite car la végétation, qui retient les sols meubles, masque ailleurs les roches par sa couverture aérienne et aussi par la couche d'humus qu'elle

* Il y a sur la planète Mars des dunes de sable tout à fait comparables aux dunes en croissant terrestres, ces *barkhanes* dont les pointes indiquent la direction du vent dominant et qui se déplacent continuellement sous son action.

accumule à ses pieds. Mais elle peut aussi parfois fonctionner comme indice de la nature des sols : on repère souvent un changement géologique sous-jacent à celui de la flore, les espèces des arbres notamment. Marc de Gouvenain décrit par exemple une promenade sur les flancs de la Can de l'Hospitalet en Lozère, où une faille "sépare on ne peut plus nettement les calcaires blancs en bancs presque horizontaux des schistes sombres aux pointes acérées. Pins, buis et genévriers occupent la partie calcaire, le schiste portant la bruyère et le châtaignier".

Beaucoup des terrains détritiques continentaux sont "terrigènes", c'est-à-dire proviennent directement de dégradations de roches : argiles, molasses, poudingues. Mais en général des réactions physico-chimiques dues à l'air, l'eau et l'action d'êtres vivants (comme les plantes et leurs racines, les vers de terre, ou les bactéries) interviennent pour contribuer à réduire ces détritus minéraux en grains ou en poussière, et y mélanger des produits de la biosphère, déchets végétaux ou fèces animales qui "engraissent" le sol, excréments et résidus de planctons caractérisant la "neige" océanique qui descend, à travers les profondeurs des océans, s'accumuler en vases marines.

Les couches superficielles de terre, de vase, sont constamment labourées par toutes sortes de bêtes, et leurs moindres parcelles transitent régulièrement dans le tractus digestif de vers. (Le dernier livre de Charles Darwin, né d'une patiente observation pendant des années de la prairie voisine de son domicile campagnard, portait là-dessus.) Il faut savoir que la masse des vers de terre vivant sur la planète est estimée à plusieurs vingtaines de fois celle de toute l'humanité…

"On considérait jadis que les caractéristiques du sol dépendaient exclusivement des roches sous-jacentes. Poursuivant des études sur les *tchernoziom* [les terres noires de l'Ukraine, celles qui ont donné leur nom à Tchernobyl],

Vassili Dokoutchaïev constata au contraire que ces sols particuliers se développaient sur des roches très diverses, alors que dans d'autres régions ces mêmes roches donnaient naissance à d'autres types de sols." Il en conclut qu'outre les caractéristiques du substrat (acide, calcaire, plus ou moins perméable ou soluble), de nombreux autres facteurs, climatiques, biologiques, interviennent dans la nature et la composition des sols. La *pédologie* resta longtemps, jusqu'à la fin de la Première Guerre mondiale, une spécialité des pays d'Europe centrale. Elle n'a été par exemple "introduite en France qu'en 1934 par Albert Demolon, de retour d'un congrès à Leningrad*".

À l'heure actuelle, devenue très interdisciplinaire, cette spécialité revêt une importance accrue du fait des menaces qui pèsent sur la terre arable. Celle-ci est en effet entamée tout à la fois par l'érosion et par la pollution, entraînées par les techniques modernes d'agriculture intensive. Les sols et leurs laboureurs naturels, les vers de terre, sont ravagés mécaniquement et chimiquement sur des surfaces immenses. Comme dans les grandes plaines américaines pendant les années 1930, comme dans les anciens "territoires vierges" de l'URSS (le Kazakhstan), le sol dégradé de vastes étendues de la Chine s'envole aujourd'hui en poussière ! "Nous sommes en train de consommer un important capital naturel de notre planète", constate l'agronome Lester Brown dans *La Plus Belle Histoire de la Terre.*

Compte tenu du temps considérable qu'il faut pour que la terre arable se fabrique et se répande, et de l'ampleur de son occultation actuelle par le bitumage et le bétonnage associés à l'urbanisation et à l'emprise des voies de communication comme les chemins de fer, les autoroutes, les aéroports, ou les zones industrielles, centres commerciaux et parkings (en France cela représentait un département de moins tous les dix ans avant 2003, et la tendance s'est

* Wikipédia pour les deux citations de ce paragraphe.

accélérée depuis), le manque de terre cultivable devient un grave souci dans de nombreux endroits du monde.

... et la pétrologie, science des pierres

Sauf à s'être dégradée pour former de la terre meuble en surface, la croûte terrestre est essentiellement constituée de roches dures semblables à celles que laissent voir les parois des falaises ou que les glaciers ont sculptées sur les sommets – comme le savent bien depuis toujours ceux qui grimpent haut ou creusent profond. Et les roches dures elles-mêmes sont en général constituées d'éléments minéraux divers solidement agglomérés, qu'on peut distinguer à l'œil nu ou à la loupe.

Il existe dans la croûte terrestre plusieurs centaines de types de roches, agglomérant des milliers de minéraux différents ; mais seulement quelques dizaines sont largement répandus, les autres, guère abondants, étant concentrés dans de rares "gîtes", "gisements", "veines" ou "filons", sauf à avoir été dispersés au loin lorsqu'ils ont été atteints par l'érosion.

Depuis des milliers d'années, l'homme n'utilise pas que des terres, des argiles (la glaise, le kaolin, les ocres) ; il taille la pierre ou chauffe des roches, pour s'en servir comme outil ou matière première (les silex à l'âge de la pierre naturellement, les minerais avec lesquels on faisait le bronze et plus tard le fer) ; comme matériaux de construction (les granites, les basaltes, les grès, les calcaires, les gypses) ; comme ornement (les marbres, l'obsidienne, les jades, les agates, les grenats, l'or et l'argent) ; comme combustible (naphte, charbon) ; comme engrais (la potasse, les phosphates), ou même comme produit culinaire ou agent de conservation (le sel gemme). De très grandes connaissances pratiques et un riche vocabulaire ont été nécessairement associés à ces pratiques multimillénaires.

La *minéralogie* – qui "recherche l'ordre et la règle derrière la variété et la contingence des productions de la nature" –, forme moderne et scientifique de cet ancien corpus, est donc par certains côtés une science bien plus ancienne que la *géologie*, laquelle ne s'est constituée que relativement récemment, vers l'époque de la Révolution française, et "reconstitue par la pensée l'histoire et la formation des roches*".

La science minéralogique ne s'est toutefois dégagée que lentement de sa gangue, mythes et religions, allégories astrologiques et alchimiques, protosciences qui avaient défriché et archivé le champ de l'expérience humaine en la matière, laissant notamment en héritage une impressionnante nomenclature et quelques anciennes pratiques qui n'ont pas disparu, comme la "lithothérapie" (médecine par les pierres, constituant encore le principal marché populaire, après la bijouterie, des fournisseurs de gemmes). Lorsqu'on consulte de vieux textes – l'*Histoire des pierreries* d'Anselme Boèce De Boodt (1644), par exemple –, on est frappé par le fait que le lexique minéralogique n'a au fond pas tellement changé. L'œuvre de Buffon sur les minéraux (années 1780) ne diffère guère à cet égard d'ouvrages plus récents, si ce n'est par l'illustration : les gravures, puis les photographies en couleur qui se sont généralisées depuis.

L'ancienneté et la variété des sources des nomenclatures minéralogiques font qu'une certaine confusion régnait, et règne encore, parmi les noms des roches, des minéraux, des cristaux ou des gemmes**. Certains noms sont purement descriptifs, se référant à la couleur notamment – azurite, rhodolithe (pierre rouge) –, aux propriétés (phonolithes) ou à l'apparence – comme oolithe (en œufs de poisson), microgrenu, lamellaire, dendritique (en arbre), etc. *Granites* (de "grain", il en existe des quantités de variétés), *schistes* (du mot grec signifiant "qui se fend")

* J'ai trouvé ces définitions dans plusieurs ouvrages et ne sais qui en est l'auteur…

** "Il y a en minéralogie bien des dénominations semi-grecques, semi-latines, difficiles à prononcer, de ces rudes appellations qui écorcheraient les lèvres d'un poète. Je ne veux pas dire du mal de cette science, loin de moi. Mais…", fait dire Jules Verne au narrateur du *Voyage au centre de la Terre*.

ou même *argiles* (du latin “à grain fin”) sont des termes qui concernaient davantage la structure que la nature des roches. D’autres noms, plus récents, renvoient en revanche à la composition chimique (silicates), au mode de formation (évaporites), ou à quelque localisation (andésites, tanzanites) des roches et minéraux, voire au nom de leur découvreur (brochantite) ou à celui d’enthousiastes ou riches collectionneurs (goethite, morganite).

La classification “génétique” des roches

C’est une chose de savoir distinguer, reconnaître et désigner par un nom des centaines de roches et de minéraux, comme on le faisait déjà il y a longtemps (“le triste et stérile travail des nomenclateurs”, écrit Buffon, qui ne perdait jamais une occasion de faire une remarque désobligeante pour son contemporain et rival suédois Carl von Linné...) ; c’est autre chose de savoir comment les classer, obsession des naturalistes !

Le premier effort sérieux dans ce sens fut l’œuvre de Jöns Jacob Berzelius en 1824, mais le système qu’on utilise aujourd’hui dérive de celui proposé par le grand minéralogiste américain James Dwight Dana (*System of Mineralogy*, Yale, 1837), qui connut plusieurs versions et reste fondé sur des groupes, des classes et des espèces caractérisés par leur composition chimique, qu’à cette époque on commençait à savoir analyser. La classification de Dana a été ultérieurement supplantée, au milieu du XXe siècle, par celle de Hugo Strunz, lequel y ajouta les caractères structuraux révélés par la cristallographie, science arrivée à maturité plus récemment.

Nous verrons plus loin au demeurant que ces sciences de la cristallographie et de la chimie étaient en fait, surtout pour la première, issues en grande part de la minéralogie elle-même, et que de nouvelles sciences comme la *géochimie* en tentèrent une synthèse.

C’est en tout cas la convergence des analyses cristallographiques et chimiques avec les progrès de la géologie (c’est-à-dire l’étude des mécanismes responsables de l’*histoire* de la croûte terrestre) qui a permis de comprendre comment se sont formés les minéraux. Les trois origines principales des roches – *sédimentaires* (déposées et consolidées, en général dans l'eau), *ignées* (magmas solidifiés), *métamorphiques* (recyclées) – forment le schéma qui sert habituellement à décrire les grandes catégories du monde minéral depuis que les géographes et les géologues de la première moitié du XIXe siècle – Alexander von Humboldt, Leopold von Buch, Ami Boué – ont adopté une explication "génétique" des sols et des reliefs, après qu'a été tranchée la question de l'origine "neptunienne" (maritime) ou "plutonienne" (éruptive) de certaines roches, question qui avait donné lieu, nous le verrons, à une controverse animée vers la fin du XVIIIe siècle.

Outre les abondants *sédiments calcaires* – souvent coquilliers, fossilifères (les falaises de craie en Manche, par exemple, sont des *coccolithes*, carbonates biogéniques, véritables "cimetières marins") – qui constituaient jadis le fond de mers aujourd'hui disparues, beaucoup d'autres dépôts sont incontestablement d'origine aqueuse : les couches argileuses résultant d'une longue macération et d'un compactage plus ou moins solide, les latérites de Madagascar ou d'Australie provenant du lessivage de couches superficielles du sol et de leur dissolution sélective sous d'anciens climats pluvieux auxquels ont succédé des conditions désertiques, les évaporites laissées au bord ou au fond de lagunes, ayant formé des gisements de gypse, de sel, de potasse, ou encore tout ce qui remplit failles et diaclases : la *calcite*, très répandue, mais aussi plus rarement les "veines hydrothermales" et autres poches et filons où ont jailli, coulé ou stagné des fluides chargés de minéraux capables de cristalliser (on trouve quelquefois dans les roches des occlusions où demeurent de telles solutions à l'état liquide).

Si les strates sédimentaires – plus ou moins compactées, soudées, par des processus physico-chimiques qu'on désigne par le terme de *diagenèse* – couvrent une grande partie des continents, elles sont elles-mêmes ici ou là traversées d'intrusions ou recouvertes d'épanchements résultant de la solidification – en général la cristallisation au cours de leur refroidissement – de masses de matériaux initialement liquides ou plastiques, laves ou magma.

Une cristallisation rapide, celle de laves fluides s'écoulant à l'air libre ou dans l'eau, produit les petits cristaux des *roches basaltiques* ; une cristallisation souterraine profonde, plus lente, produit les gros cristaux des *roches granitiques* (dont les massifs ou *batholithes*, ultérieurement dégagés, ont reçu le nom de “plutons”). Une cristallisation très lente, pouvant se poursuivre jusqu'à des centaines de milliers voire des millions d'années, produit des mégacristaux comme la plupart des gemmes qu'on trouve sur les *pegmatites* ou dans les *géodes*, correspondant à l'interminable fin de cristallisation d'un magma résiduel riche en eau.

Beaucoup de roches, sédimentations ou intrusions anciennes, se sont trouvées replongées dans la cuisson sous pression des profondeurs souterraines par les mouvements tectoniques avant de réapparaître transformées. Ce *métamorphisme* peut être reproduit et étudié en laboratoire. Dès le XVIIIe siècle, les expériences de James Hall – qui avait réussi à transformer de la craie en marbre en la chauffant à 1 000 °C dans un four tout en la pressant à l'aide d'un poids très lourd – avaient montré la possibilité que les roches puissent se métamorphoser sous l'action de températures et de pressions élevées. Par la suite, le développement des techniques de cette pétrologie expérimentale (par exemple l'écrasement d'échantillons en laboratoire dans des mâchoires de diamant), reproduisant de mieux en mieux les conditions extrêmes de pression et de température auxquelles sont soumises les roches par les mouvements tectoniques, a permis d'élucider la variété des processus de ce genre. C'est le géologue finlandais Pentti Eskola qui mit au point en 1920 le concept de "faciès métamorphique", identifiant ces transformations indépendamment de la nature des roches initiales.

Sous l'effet de la diagenèse et du métamorphisme accompagnant les brassages tectoniques de la croûte terrestre, les calcaires deviennent des marbres – ainsi que l'avait démontré Hall –, les argiles se tassent en schistes, les granites s'écrasent en *gneiss*. Des processus plus superficiels font parfois intervenir un cimentage à l'aide de fluides souterrains, comme lorsque des sables traversés par une eau chargée de silice se consolident en *grès*, ou lors de la "pétrification" des troncs d'arbres d'anciennes forêts macérés dans de l'eau siliceuse. Un cas particulier concerne les végétaux et autres dépôts organiques métamorphisés dans les processus "kérogènes" ayant formé les gisements d'hydrocarbures.

Les merveilles très commerciales des gemmes…

De tout temps, sans doute, les hommes ont recueilli des cailloux remarquables (témoin ceux qu'on a retrouvés par exemple dans les vestiges préhistoriques de la grotte d'Arcy-sur-Cure en Bourgogne), en général les produits les plus denses ou les moins altérables de l'érosion des roches, déposés par le ruissellement ou les cours d'eau, accumulés dans des poches, des lits ou des strates de sable et de graviers au pied des monts, le long ou au débouché de rivières ou de fleuves.

Ce sont là notamment les "placers" où, depuis l'Antiquité reculée, les prospecteurs (les "orpailleurs"), flottant et tamisant des tonnes de petits cailloux et de sable, recherchent les "pépites" d'or ou les "gemmes" – qu'on trouve aussi, naturellement, dans leur état initial en amont, encore incrustées dans les veines ou filons où elles se sont formées. Ces minéraux, du moins les plus rares et recherchés, ont aujourd'hui le plus souvent disparu des endroits facilement accessibles, placers, carrières ou mines à ciel ouvert, ramassés depuis longtemps, ainsi que le notait déjà Buffon au XVIIIe siècle.

Les gemmes sont pour la plupart (mais il y a aussi des gemmes biologiques, plus tendres, comme l'ivoire, l'ambre, les perles ou le corail) les plus résistants des minéraux, souvent particulièrement durs, plus ou moins transparents et colorés, considérés comme les plus beaux, qui ont depuis toujours été collectionnés ; ceux dont la valeur, une fois taillés, polis et montés en bijoux ou “objets d'art”, est la plus élevée. Le terme “pierres précieuses” est réservé à celles, quasiment inusables, dont la dureté est la plus grande : les diamants, et celles qui viennent tout de suite après dans l'échelle de dureté (échelle de dix degrés que Friedrich Mohs normalisa en 1822) – rayant toutes les autres et n'étant rayées par aucune autre –, les rubis et saphirs, les émeraudes ; celles-là peuvent être extraites dans des mines modernes par des méthodes industrielles brutales (explosifs, puissant matériel de génie civil). Les autres gemmes minérales (anciennement pierres “semi-précieuses”) sont les pierres “fines” comme les topazes, améthystes, tourmalines, etc., ainsi que les pierres dites “d'ornement” comme les lapis-lazuli, opales, turquoises, qui sont le plus souvent recueillies à l'aide de méthodes artisanales manuelles ayant peu évolué depuis l'Antiquité, parce qu'elles sont trop fragiles pour supporter ou que leur valeur n'est pas assez élevée pour justifier des méthodes plus lourdes.

La plupart de ces pierres à l'état brut sont difformes, rugueuses et ternes ; il est même parfois difficile de les distinguer de cailloux ordinaires. La valeur des gemmes est fonction de qualités objectives, ou subjectives : taille (aussi bien dans le sens de “dimension” que dans le sens de “forme qui leur a été donnée”), lustre du poli, couleur et transparence de la matière, absence de défauts. Mais ce n'est qu'à partir d'une certaine grosseur qu'un morceau de pierre devient précieux. Le poids des gemmes se mesure en *carats*, mot venant de la graine de caroubier, connue pour sa régularité et anciennement utilisée comme unité de poids par les joailliers arabes ; par convention, le carat vaut aujourd'hui 0,2 gramme*.

* Ne pas confondre avec l'échelle en “carats”, de 0 à 24, synonyme de demi-douzièmes, autrefois utilisée pour mesurer la proportion de métaux

Bien que la plupart des minéraux soient constitués de substances "cristallines" – les solides à structure "amorphe", comme l'est le verre, sont rares –, ils ne sont pas pour autant nécessairement des cristaux. Le mot "cristal" est employé dans plusieurs sens différents. En minéralogie, il est réservé aux formes géométriques simples que prennent naturellement certains dépôts ou certaines parties de minéraux*. Ces formes géométriques simples, souvent cachées par toutes sortes de défauts ou concrétions dans les minéraux naturels de toutes tailles (on connaît des cristaux de gypse de plus de 15 mètres de long !), apparaissent notamment lorsqu'ils se brisent, révélant par la constance des angles entre leurs faces la structure interne homogène et "périodique" de leur structure cristalline. C'est d'ailleurs, selon la légende, en laissant tomber accidentellement un

précieux dans les alliages de joaillerie ; pour éviter la confusion, on emploie plus volontiers aujourd'hui des "millièmes" pour cette proportion : par exemple, l'or 18 carats se dit officiellement 750/1000 (et l'argent dit "sterling" s'appelle aussi 925, sous-entendu "millièmes").

* Le verre appelé "cristal", taillé ou non à facettes, n'a rien de cristallin. C'est un matériau artificiel (comme ceux appelés "glace" ou "vitre") fabriqué à partir de quartz (sable) fondu additionné en proportions variables de soude et de plomb, substance plus ou moins transparente et colorée dont la structure intime, à l'instar de matériaux naturels comme l'obsidienne et l'opale, s'apparente à celle d'un liquide figé, tout à l'opposé de la structure ordonnée des cristaux, constitués, eux, d'atomes bien rangés, comme le montrent leurs clivages géométriques. (La glace d'eau, en revanche, est bien cristallisée, comme les autres cristaux minéraux, et ainsi qu'on peut le voir à la forme géométrique des flocons de neige ; c'est d'ailleurs, nous l'avions noté, la substance cristalline la plus abondante à la surface terrestre.) On reconnaît un matériau vitreux d'un matériau cristallin à ce que ses cassures et fractures sont "conchoïdales", c'est-à-dire en forme de coquillage (si l'on veut), résultant visiblement d'un choc, sans jamais comporter de surfaces planes.

Il est à noter cependant que, pas plus que celles du verre taillé, les facettes des pierres fines ou précieuses utilisées en bijouterie ne correspondent en général à des clivages naturels de leur structure cristalline : ce sont des formes artificielles selon lesquelles on les taille (à l'aide de meules enduites de poussière de diamant collée) avant de les polir, et que la tradition ou la mode ont consacrées comme les plus à même, par réflexion ou dispersion de la lumière, de mettre en valeur leurs propriétés optiques.

cristal minéralogique et en en ramassant les morceaux qu'un savant ecclésiastique français fit les observations qui fondèrent, à la fin du XVIIIe siècle, la cristallographie, laquelle devait déboucher sur la théorie atomique de la matière solide.

... et la féconde science de la cristallographie

René Just Haüy était né dans une famille pauvre de l'Oise mais avait bénéficié d'une excellente éducation au collège du cardinal Lemoine à Paris. Son frère Valentin Haüy, qui avait suivi le même parcours, devait s'illustrer en fondant à Paris la première école pour jeunes aveugles. René, lui, s'intéressait à la philosophie naturelle et fréquentait le Jardin du roi (aujourd'hui Jardin des Plantes). Après avoir suivi des conférences de Daubenton sur les minéraux, il fut chargé d'examiner la collection du duc de Croisset, et c'est là que serait arrivé l'heureux accident. Le jeune homme nota que le morceau de spath* qui lui avait échappé des mains s'était "clivé", en heurtant le sol, selon des surfaces parfaitement planes, et que l'angle de ces plans entre eux obéissait à un rapport géométrique précis ; lorsqu'il le brisait de nouveau, les morceaux plus petits reproduisaient toujours les mêmes figures géométriques, quelle que soit leur taille. Par la suite, il observa le même phénomène sur tous les cristaux qu'il cassait, volontairement cette fois (un de ses collègues du Muséum, Romé de L'Isle, l'appelait "le *cristalloclaste*" : le casseur de cristaux). À partir de là, ses réflexions le menèrent à publier en 1784 un *Essai d'une théorie sur la structure des cristaux*. Par la suite – après avoir souffert en tant que prêtre réfractaire pendant la Révolution, mais vu son

* Le "spath d'Islande", variété de calcite, est un cristal transparent qui, par sa structure, a la propriété d'être "biréfringent", c'est-à-dire de scinder en deux, plus ou moins selon leur orientation, les rayons lumineux qui le traversent. Des travaux récents auraient montré que ce pourrait être la mystérieuse *solarsteinn*, la "pierre de Soleil" qui, selon certains, permettait aux Vikings de s'orienter en mer d'après le Soleil, même par temps couvert, grâce à la polarisation de la lumière du jour dont ce cristal peut indiquer la direction.

génie reconnu sous l'Empire quand il fut nommé à la chaire de minéralogie du Muséum d'histoire naturelle –, il rédigea un cours de physique, puis un *Traité de cristallographie* (1822) où, ainsi que Dalton, Black et Priestley venaient de le faire pour les gaz et les liquides, il posait en fait des bases de la théorie atomique pour les solides.

Les travaux de Haüy inspirèrent Frankenheim en Allemagne (*Die Lehre von der Cohäsion*, 1835), ainsi que l'officier de marine puis professeur à Polytechnique Auguste Bravais dans son *Mémoire sur les systèmes formés par des points distribués régulièrement sur un plan ou dans l'espace* (1850), qui montrèrent mathématiquement comment les différentes symétries observées par Haüy dans les cristaux correspondaient en fait à toutes les géométries possibles (quatorze seulement) pour ranger des billes de manière périodique en trois dimensions.

Qu'étaient ces "billes" exactement ? On n'en savait trop rien à l'époque, encore loin d'avoir une idée précise des "atomes", dont l'existence restait postulée depuis Démocrite et Lucrèce dans l'Antiquité. Pour Hooke à la fin du XVIIe siècle, par exemple, il s'agissait de "globules" ; pour Haüy, un siècle plus tard, de ce qu'il appelait des "molécules intégrantes", briques élémentaires des différentes espèces de matière solide qu'on ne pouvait diviser davantage sans que leurs propriétés spécifiques soient perdues. Pour Avogadro il s'agira de "molécules". Il faudra attendre encore quelques décennies pour que Jean Perrin fasse définitivement basculer les avis de la communauté scientifique en faveur de la théorie atomique de la matière, dans une brillante défense de cette théorie (*Les Atomes*, 1913), accumulant une douzaine de bonnes raisons pour y adhérer (dont les évidences de la cristallographie)*.

* Jean Perrin, prix Nobel 1926, était le grand-père de l'acteur et producteur de cinéma Jacques Perrin et l'arrière-grand-père du réalisateur Christophe Barratier. Comme le remarquent Bernadette Bensaude-Vincent et Isabelle Stengers dans leur *Histoire de la chimie* (bibl.), l'ouvrage de Perrin est l'un

Au début du XXe siècle, Georges Friedel étudiera en laboratoire les phénomènes de croissance des cristaux, montrant qu'il s'agit en quelque sorte de "molécules géantes" formées de milliards d'atomes qui viennent se ranger les uns à côté des autres dans les processus de cristallisation, le plus souvent en milieu liquide et en général très lents (le cœur interne d'un gros cristal de quartz, par exemple, peut être jusqu'à quelques *millions d'années* plus ancien que sa surface externe !).

Puis Friedrich et Knipping à Munich, sur la suggestion de Max von Laue, élève de Planck et ami d'Einstein à Berlin, firent la démonstration que les cristaux "diffractent" les rayons X (eux-mêmes découverts peu de temps auparavant par Röntgen, premier prix Nobel de physique en 1901), les renvoyant dans des directions privilégiées. Les travaux de Laue – lesquels au passage prouvèrent la nature électromagnétique (comme la lumière) du rayonnement X, resté jusque-là aussi mystérieux que son nom l'indiquait – préparaient le terrain pour ceux de Lawrence et William Bragg, qui allaient en quelque sorte couronner les progrès de la cristallographie*.

des rares exemples d'un livre de vulgarisation qui, entraînant une conviction générale, eut un véritable impact sur la pensée scientifique. Il faut cependant se souvenir que deux des plus grandes révolutions, ou à tout le moins des plus grandes controverses scientifiques, furent provoquées par des ouvrages également rédigés pour le grand public : le *Dialogue sur les deux grands systèmes du monde* de Galilée et *L'Origine des espèces* de Darwin.

* Laue, après avoir reçu le prix Nobel en 1912, devait se distinguer dans les années 1930 par sa résistance au national-socialisme, s'opposant notamment à l'élection à l'Académie de Berlin du physicien nazi Stark et venant au secours du physicien communiste Houtermans, qui n'avait échappé aux purges staliniennes que pour tomber dans les filets de la Gestapo. Au début de la Seconde Guerre mondiale, Laue prit ses précautions et prépara un exil à l'étranger ; il envoya en particulier à un collègue chimiste danois sa médaille d'or de lauréat Nobel pour la mettre à l'abri. Lorsque l'Allemagne envahit le Danemark, ce collègue fit dissoudre la médaille dans de l'eau régale afin qu'elle échappe à une saisie éventuelle, et mit le flacon de côté. Après la guerre, pendant laquelle Laue, finalement réfugié à Londres, avait été interné avec d'autres savants allemands, ce dernier

Lawrence Bragg était encore étudiant à Cambridge lorsqu'il donna l'interprétation correcte du phénomène analysé par Laue : alors que ce dernier avait cru que les directions manquantes dans les faisceaux diffractés étaient le signe de l'absence de certaines longueurs d'onde dans le rayonnement X incident, le jeune Bragg prouva que c'était en réalité un effet d'interférence de la structure cristalline diffractante elle-même. Du coup, comme devait le montrer par la suite son père William Bragg, professeur à Leeds, l'interprétation des figures de diffraction des rayons X par les cristaux permet dans une certaine mesure d'observer leur organisation interne. Les Bragg fils et père reçurent conjointement le prix Nobel en 1915 pour ces travaux ; Lawrence avait alors vingt-cinq ans et il est resté à ce jour le plus jeune lauréat de cette – en général – honorable institution.

Après les Bragg, Victor Goldschmidt, dont nous aurons bientôt l'occasion de reparler, utilisant ces nouvelles techniques de diffraction des rayons X, détermina entre les deux guerres la structure cristalline de centaines de minéraux, et expliqua leurs propriétés (densité, dureté) en les interprétant en termes de taille des atomes, ions et molécules des éléments chimiques entrant dans leur composition, remarquable aboutissement d'une très longue enquête. William Bragg fut également le maître de Hugo Strunz qui développa la classification des minéraux mentionnée plus haut.

Jusque vers la Seconde Guerre mondiale, la cristallographie continuait à faire partie de la minéralogie. Elle devait plus tard s'en détacher, trouvant d'autres domaines d'applications comme la biologie, contribuant notamment en 1953, grâce aux travaux de Rosalind Franklin et Maurice Wilkins, à révéler le secret du code génétique

put ainsi venir récupérer l'or de sa médaille qui fut envoyée à Stockholm pour être refrappée par le Comité Nobel… Max von Laue est mort dans un accident de voiture en 1960.

décrypté par Francis Crick et James Watson : la structure en double hélice de l'ADN. Par la suite, la physique fondamentale s'empara des concepts de *symétrie* (sur lesquels avait notamment travaillé Pierre Curie), que la cristallographie avait défrichés et qui se révélèrent l'une des pistes modernes les plus fécondes de la science jusqu'au cœur ultime de la matière, les particules élémentaires*.

L'admirable parcours de la chimie

Parallèlement à l'élucidation par la cristallographie de la structure physique intime des minéraux, les naturalistes avaient travaillé non moins longtemps (du XVIIIe au XXe siècle) pour déterminer leur composition chimique. Cette détermination de la composition chimique des minéraux fut une œuvre cumulative monumentale dont la patiente construction prit tout ce temps, s'édifiant progressivement de Robert Boyle à Pierre et Marie Curie en passant par Antoine Lavoisier, John Dalton, Amedeo Avogadro et bien d'autres.

L'arbre généalogique de cet accomplissement admirable par son ampleur et sa persévérance prend racine dans l'héritage des alchimistes et des pharmaciens. Mais les "chimistes", depuis Pierre-Joseph Macquer à l'époque des Lumières, s'en démarquant avec morgue, ne furent guère reconnaissants à ces prédécesseurs. Pourtant, outre les nomenclatures déjà mentionnées, les chimistes héritaient des alchimistes leurs pratiques de laboratoire – les instruments (mortiers, cornues, alambics) et les modes opératoires (les procédés de distillation, de précipitation, de cristallisation) –, de même que beaucoup de leurs découvertes ; ce sont seulement les anciens référentiels animistes ou hermétiques qui furent assez largement rejetés au cours du XVIIIe siècle, au profit de l'approche matérialiste rationnelle destinée à accoucher de la théorie atomique moderne (mais le grand Newton lui-même, au début de ce siècle, restait encore très attaché à la tradition alchimique, laquelle lui inspira

* Communication personnelle de Louis Bonpunt.

d'ailleurs des visions cosmogoniques non dépourvues de perspicacité*).

Nous avons de nos jours une attitude ambiguë à l'égard de la chimie, qui nous paraît source de manipulations et de productions dangereusement artificielles, et quelques difficultés à reconnaître que *tous* les "produits chimiques", de synthèse ou pas, sont en dernière analyse issus de notre environnement naturel, extraits des gaz de l'air, de l'eau de mer, des minéraux ou d'autres "règnes" (et nous avons encore plus de réticence à admettre que nous-mêmes sommes des êtres chimiques**). Pourtant, nous nous référons sans difficulté et avec confiance aux éléments chimiques prétendument bénéfiques ou tout simplement utiles tels le fer, le calcium, le magnésium, le sodium, voire le chlore, etc. (par exemple en consultant les étiquettes des bouteilles d'eau "minérales" ou les emballages de produits alimentaires, pharmaceutiques, ménagers ou de jardinage). Mais, hormis le cas du soufre ou de certains métaux comme l'or, le cuivre "natif" ou le mercure, ou encore certains gaz, ces éléments ne se rencontrent guère à l'état pur dans la nature ; la notion même d'*élément chimique* est un concept, essentiellement scientifique, qui ne se dégagea que tardivement, à partir de la toute fin du XVIIIe siècle.

Un petit nombre de ce que nous appelons maintenant *éléments chimiques* avaient été raffinés et identifiés par les alchimistes – l'arsenic, le phosphore, le zinc – et leurs propriétés, comme la richesse, voire les risques, de leurs effets et mélanges, patiemment (et quelquefois imprudemment !)

* Cf. *Le Ciel dans la tête*, *op. cit.*

** On peut certes s'inquiéter des risques pour notre santé que représentent quantité de produits de synthèse dont nous faisons un usage immodéré, mais il s'agit là de problèmes de réglementation, ou de son respect… (*cf.* l'ouvrage de Fabrice Nicolino, *Un empoisonnement universel*, Les liens qui libèrent, 2014).

étudiés. Mais l'importance de leur nature "élémentaire" telle qu'elle fut reconnue par la suite – c'est-à-dire l'impossibilité de les transformer l'un en l'autre par une réaction chimique (ce qui excluait la "transmutation", et notamment la transformation de plomb en or, activement recherchée) – n'était pas vraiment comprise ; tout au plus distinguait-on les "corps simples" des "corps composés" dans lesquels ils se combinaient.

Le mot "élément" désignait à vrai dire, depuis Empédocle, puis dans la tradition aristotélicienne qui prévalut en Occident jusqu'au XVIIe siècle, *l'air, l'eau, la terre et le feu*, c'est-à-dire ce que nous appelons maintenant les "états" de la matière *(gaz, liquides, solides, plasmas)*, et c'est seulement avec le *Traité élémentaire de chimie* de Lavoisier, publié en 1789, que le terme d'*élément chimique* prend véritablement son sens moderne de corps simple irréductible, dont la nature traduit – comme on parviendra à l'expliquer après le triomphe de la théorie atomique au début du XXe siècle – le nombre de protons dans le noyau de ses atomes et l'arrangement spécifique de ses couches électroniques externes, celles qui, justement, interviennent dans les liaisons et réactions chimiques.

C'est Lavoisier, après avoir éliminé des substances que l'on avait à tort crues simples jusque-là (par exemple le sel marin ou "les terres"), qui avait proposé un premier classement des *éléments* connus de lui, comprenant une quinzaine de métaux, "oxydables et acidifiables", et une demi-douzaine de substances non métalliques : l'hydrogène, l'oxygène, l'azote d'un côté, le soufre, le phosphore et le carbone de l'autre. (Mais il comptait aussi parmi ses éléments la chaleur et la lumière, comme, un temps, on y comptera l'"éther", censé propager les ondes électromagnétiques et, en particulier, la lumière…)

À partir principalement de toutes sortes de minéraux, quantité d'éléments chimiques authentiques nouveaux allaient être identifiés petit à petit dès le tout début des années 1800 – notamment, après la mise au point de l'électrolyse, par l'Anglais Humphry Davy qui isole le bore, le calcium, le magnésium, le potassium, le sodium et le strontium puis, en 1810, reconnaît et nomme le chlore –, leurs propriétés recensées et leur “numéro atomique” mesuré. Numéro atomique dont l'importance fondamentale est distinguée par Avogadro dès 1811 dans son *Essai d'une manière de déterminer les masses relatives des molécules élémentaires des corps et les proportions selon lesquelles elles entrent dans ces combinaisons.* Plus tard, un autre grand chimiste italien, Stanislao Cannizzaro, dans son *Cours de philosophie chimique* (1858), établira les bases de la théorie atomique de la chimie.

Les divers systèmes de désignation et de représentation symbolique de tous ces éléments, hérités des alchimistes ou inventés ultérieurement – les idéogrammes de Macquer ou de Dalton, par exemple –, étaient confus ou malcommodes, et c'est le Suédois Berzelius (celui-là même qui s'était le premier essayé à classer les minéraux), après avoir avec ses élèves isolé et identifié un grand nombre d'éléments supplémentaires (parmi lesquels le lithium, le sélénium, le silicium, le thorium, le titane, le vanadium, le zirconium), qui est en 1813 à l'origine des termes, en général tirés du latin, et des initiales qui les représentent – toujours en usage aujourd'hui –, pour désigner la centaine d'éléments progressivement découverts, leur numéro (et poids) atomique croissant de l'hydrogène H (1) à l'uranium U (92) et au-delà.

Tout au long du XIXe siècle, les travaux des chimistes, outre leurs multiples applications industrielles – qui n'allèrent pas sans toutes sortes de petites ou grandes catastrophes*, finissant par donner sa mauvaise réputation

* Parmi les catastrophes mineures de la chimie industrielle moderne, on peut citer les teintes artificielles que les chimistes apprirent à tirer du charbon sous le nom d'“anilines”. Les laques à l'aniline vendues aux peintres se révélèrent peu stables, comme en témoigne par exemple le tapis de billard du *Café de nuit* de Van Gogh, initialement vert, aujourd'hui marronnasse, ou les murs de sa chambre qui, du violet, sont passés au bleu avec la disparition du rouge. Plus grave sans doute furent les nouveaux procédés de

à une industrie naguère glorieuse (mais toutes les industries humaines n'ont-elles pas subi ce sort ?) – ouvrirent la voie à l'un des plus remarquables monuments des sciences naturelles, la "table de Mendeleïev" ou "tableau périodique des éléments*".

Comment classer la centaine d'éléments chimiques dont est formée la nature ?

De nombreuses tentatives avaient été effectuées pour discerner une logique permettant de classer toutes les substances élémentaires répertoriées depuis Lavoisier, où apparaissaient des "familles" ayant un air de ressemblance dans leur comportement chimique : ainsi les "triades" de Johann Döbereiner (1817) (par exemple : chlore, brome, iode), les "tétrades" de Jean-Baptiste Dumas (1859) (par exemple : magnésium, calcium, strontium, baryum), la "spirale" d'Alexandre de Chancourtois (1862) ou la "loi des octaves" de John Newlands (1866), lequel utilisa le premier des chiffres romains pour désigner ses familles d'éléments – pratique qui se continue de nos jours (en microélectronique, par exemple, on utilisera les "composés III-V" comme l'arséniure de gallium).

fabrication du papier. Pour la documentation de ce livre, j'ai acheté ou consulté pas mal d'ouvrages anciens. Il est frappant de constater à quel point les papiers traditionnels au chiffon du XVIIIe siècle ont conservé leur qualité alors que les papiers au bois traité industriellement à l'acide, qui les ont progressivement remplacés au cours des premières décennies du XIXe siècle, sont détériorés, tachés et cassants, rongés par une sorte d'inexorable autodigestion. Certains sont dans un tel état qu'à moins d'être traités, comme on le fait pour les plus précieux, ils ne survivront plus très longtemps. Bien plus grave encore, tant pour les dangers qu'ils représentent que pour la réputation de la chimie, fut la mise au point d'armements contre les hommes (gaz de combat) et contre les insectes (pesticides), dont l'usage est aujourd'hui réprouvé, voire interdit. Parmi les participants à cette mise au point, on trouve deux chimistes qui s'illustrèrent heureusement par la suite dans des activités moins toxiques : Chaïm Weizmann, lequel fut élu premier président de l'État d'Israël après qu'Einstein eut décliné l'invitation qui lui était adressée d'occuper cette fonction, et Beno Gutenberg, futur sismologue dont nous reparlerons un peu plus loin.

* *Cf.* le remarquable tome de la collection "Time-Life" intitulé *La Matière*, qui illustrait le tableau périodique des éléments par une fiche pour chacun comportant en particulier la photographie d'un échantillon, ou encore les merveilleux essais de Primo Levi et de Hugh Aldersey-Williams (bibl.).

Un rival de Newlands, William Odling, avait osé le premier, en 1860, laisser des “cases vides” dans son tableau de classement, pressentant ainsi des éléments encore inconnus dont l’existence était requise pour la cohérence de l’ensemble. Et Julius Lothar Meyer, à partir de 1864, réussit à lier les propriétés des familles d’éléments à la notion de “valence” dégagée par Friedrich Kekulé de l’étude approfondie des lois que l’on pouvait considérer comme régissant les réactions chimiques.

Dmitri Mendeleïev, qui vint couronner tous ces efforts en 1869, était le plus jeune des nombreux enfants d’une famille d’origine sibérienne, que sa mère, ayant on ne sait comment décelé son génie, amena à l’âge de quinze ans à l’université de Moscou, où sa candidature fut rejetée, puis à celle de Saint-Pétersbourg, qui en fit un professeur de chimie réputé. Après avoir étudié à Heidelberg avec Bunsen et Kirchhoff, pionniers d’une nouvelle et puissante méthode optique d’analyse chimique, la spectroscopie, Mendeleïev fit ensuite des recherches originales, y compris à Paris, dans de nombreux domaines – de la météorologie aux explosifs, en passant par des spéculations quelquefois farfelues et jamais vérifiées sur l’origine du pétrole, ou, à la fin de sa vie, sur la nature chimique de l’“éther” alors postulé par la théorie électromagnétique.

L’accomplissement pour lequel Mendeleïev reste célébré est la méthode de classement des éléments dans le “tableau périodique” qui porte son nom, où il prédisait l’existence et les propriétés des éléments absents déjà pressenties par Odling, et auxquels il donna par exemple les noms d’eka-aluminium ou eka-bore, prédictions validées par l’identification ultérieure du gallium et du scandium dont il avait, à l’avance, décrit les propriétés grâce à la “loi périodique” qu’il avait découverte*. Cette loi était pour lui le

* Une des conséquences de la classification de Mendeleïev était que la totalité des éléments chimiques (ou leur case en attente) y figurait, impliquant

principe essentiel, bien plus fondamental que le tableau périodique qui n'en était que l'expression pédagogique.

Les lumières éclairantes de la géochimie

La loi périodique des éléments de Mendeleïev a en fin de compte joué un rôle-clé dans l'évolution de la science au début du XXe siècle. D'un côté, elle fut, avec les techniques optiques de la spectroscopie, à la base de la théorie électronique de l'atome qui a révolutionné la physico-chimie et ses innombrables applications. D'un autre côté, elle jeta un jour tout nouveau sur les sciences de la Terre (et de l'Univers) en inspirant les analyses des "géochimistes" (et des "cosmochimistes").

Issue au XVIIIe siècle de l'étude des constituants de notre environnement terrestre, la chimie y renverra en effet au XXe siècle ses lumières éclairantes, notamment grâce au génie singulier de Victor Goldschmidt, dont on a déjà mentionné les importants travaux en cristallographie mais qui, aussi et surtout, devint le père de la géochimie lorsqu'il entreprit d'appliquer aux sciences minéralogiques et géologiques les principes, les catégories et les méthodes de la chimie.

qu'il n'y en avait donc plus d'autres à découvrir… ce qui toutefois ne se révéla pas tout à fait exact. Certes, il n'y avait plus de place pour de nouveaux éléments naturels *à l'intérieur* du tableau de Mendeleïev, mais on découvrit par la suite dans l'air une famille extérieure entière qui y manquait, les "gaz rares", chimiquement inertes (*cf.* p. 51).

Et puis Marie Curie découvrit le radium et le polonium – non sans intriguer Mendeleïev qui, bien que fort âgé, vint, pour en débattre, lui rendre visite dans son laboratoire du 5e arrondissement de Paris au début du XXe siècle. Plus tard encore, on devait apprendre à fabriquer une quantité d'autres éléments, de masse atomique plus grande que celle de l'uranium, de plus en plus grande que tous ceux qu'on connaissait à l'époque de Mendeleïev, et de durée de vie d'autant plus courte, parfois inférieure au millième de seconde, que leur poids atomique est plus élevé. Ces éléments "transuraniens", lourds mais éphémères, furent créés artificiellement grâce aux travaux de Frédéric et Ève Joliot-Curie, Glenn Seaborg et autres physiciens nucléaires ; instables, ils se désintègrent en éléments plus légers par "fission" spontanée de leurs noyaux (tout en émettant des rayonnements dangereux), tout comme le font, à un rythme beaucoup plus lent, les éléments radioactifs naturels tel l'uranium.

"Victor Goldschmidt était né à Zurich mais vécut à Oslo où son père, auquel il succédera, avait accepté la chaire de professeur de chimie à l'université de Kristiana. En 1929, Goldschmidt part à Göttingen où il a été nommé à la chaire de minéralogie puis, forcé par les nazis d'abandonner ce poste en 1935 en raison de ses origines juives, il revient en Norvège. Après l'invasion allemande, Goldschmidt est arrêté mais, peu avant sa déportation, il est libéré à l'initiative de ses collègues et de la Résistance norvégienne. Par la suite, il se réfugiera en Suède et rejoindra l'Angleterre. Après la guerre, il retournera à Oslo où il mourra à l'âge de cinquante-neuf ans seulement. Son grand ouvrage, posthume, *Geochemistry*, sera publié en 1954" (Wikipédia).

Dans la démarche synthétique inverse de celle, analytique, des chimistes – démarche qui est, depuis Goldschmidt dans les années 1930, celle des géochimistes –, la variété inépuisable et confondante des minéraux se simplifie singulièrement et s'organise rationnellement, les choses deviennent assez claires : en termes chimiques, les éléments les plus abondants dans la croûte terrestre sont l'oxygène, le silicium, l'aluminium, le magnésium, le calcium, le carbone et le soufre ; et les minéraux les plus abondants sont tout simplement les principales combinaisons de ces quelques éléments, notamment les carbonates, les sulfures et, surtout, les oxydes.

L'*oxyde de silicium* ou *silice* est le minéral le plus répandu, apparaissant sous diverses formes, et particulièrement dans la grande famille du "quartz" qui en fait partie et se présente elle-même sous de nombreuses déclinaisons (sable, cristal de roche, améthyste, citrine, toutes les agates dont l'onyx, la cornaline ou sardoine, les opales, etc.), différemment colorées par des impuretés en général métalliques. Les *silicates* – agglomérés notamment dans les *granites* (les granites associent les minéraux quartz, feldspath et mica*) et les *grès* (sables ressoudés dans l'eau ou la chaleur et la pression des profondeurs du sol) – sont parmi les composés les plus communs dans l'écorce terrestre. La structure des silicates à l'échelle atomique est une trame formée d'unités élémentaires tétraédriques composées d'un atome de silicium et quatre atomes d'oxygène, capable de tisser toute une série d'autres éléments comme des ions aluminium, calcium, magnésium, sodium, potassium. C'est la variété des conditions de température et de pression dans lesquelles ces silicates se sont formés ou trouvés plongés qui a donné naissance à leur grande diversité.

* Lorsque l'érosion décompose les granites, le feldspath et le mica, étant beaucoup plus tendres, sont réduits en poudre, lavés, dissous, et donnent des boues, de la glaise, alors que les grains de quartz libérés, plus durs, gardent leur identité et produisent le sable, qui finit par être le seul vestige durable de massifs granitiques disparus. Les grains de sable peuvent présenter une étonnante variété de couleurs, du blanc au noir en passant par toute la gamme des beiges, des jaunes et des rouges, donnant leur spectaculaire beauté aux plages, aux dunes des grands ergs sahariens ou aux paysages désertiques de l'Ouest américain ou de l'Asie centrale. Ces couleurs sont le plus souvent dues à une patine superficielle où dominent des oxydes de fer.

L'*oxyde d'aluminium* ou *alumine* est un minéral également décliné en multiples variétés suivant sa structure cristallographique et les impuretés qu'il abrite : la famille des *corindons* par exemple, de structure cristalline hexagonale, très durs et abrasifs, comprend les émeris, mais aussi les rubis et les saphirs (qui n'ont pas forcément leur couleur caractéristique rouge ou bleue, et sont le plus souvent opaques, d'où la rareté et le prix de leurs variétés transparentes) ; une autre forme d'alumine, de structure cubique, beaucoup plus tendre, a des propriétés de surface très spéciales (elle est utilisée comme catalyseur dans l'industrie chimique) ; enfin, la couche protectrice dure d'alumine qui se forme naturellement au contact de l'oxygène à la surface de l'aluminium pur offre, elle, une absence de structure cristalline, amorphe comme une vitre.

L'*oxyde de magnésium* ainsi que l'*oxyde de fer* sont présents dans de nombreux minéraux (olivine, amphibole, pyroxène, grenats), formant notamment le *péridot*, cette roche vert olive constituant la matrice essentielle du sous-sol profond, et les *basaltes*, ces roches volcaniques qui sont du péridot fondu et recristallisé. (La gemme "péridot", aussi appelée "chrysolite", est la variété cristalline transparente de ce minéral qu'on trouve, très rarement bien entendu, dans certaines laves très lentement refroidies.)

Une trame de pyramides élémentaires associant un atome de carbone et trois atomes d'oxygène, tissant des ions de calcium ou de magnésium, donne les *carbonates (calcite, aragonite, dolomite)* constituant les roches calcaires, plus ou moins résistantes, autre famille extrêmement répandue à la surface du globe. Ces roches carbonatées se forment par précipitation dans l'eau, le plus souvent dans l'eau de mer, et par l'accumulation des débris de restes d'organismes vivants qui les avaient synthétisés : squelettes, carapaces, coquilles, ou formations coralliennes.

Ainsi, pour les géochimistes, la profusion extrême et la complexité des formes minérales ne font que refléter d'innombrables variations sur quelques thèmes simples. Comme l'a montré Goldschmidt, un minéral est lourd ou léger non seulement à cause de la masse atomique plus ou moins élevée des atomes le constituant, mais aussi suivant que sa structure atomique est plus ou moins "aérée" : par exemple, les silicates surnageant à la surface terrestre ont une maille lâche, incorporant des ions de grand diamètre comme ceux de l'aluminium, tandis que ceux qui résident dans les hautes pressions des profondeurs de la Terre sont plus denses, avec une maille serrée abritant des ions de petite dimension comme ceux du magnésium.

D'où l'appellation de *sial* (silicium-aluminium) au-dessus, et *sima* (silicium-magnésium) au-dessous, qui avait été jadis proposée pour les couches externes du globe*. À mesure que la pression augmente, à des niveaux de plus en plus profonds, les mêmes structures atomiques s'agencent de manière de plus en plus compacte ; c'est ainsi par exemple que l'*olivine*, silicate-magnésium lithosphérique le plus abondant, se transforme successivement en *ringwoodite*, puis en *pérovskite*, caractéristiques des roches plus profondes.

C'est dans le chapitre 15 de ce livre que nous raconterons comment a été découverte et expliquée la structure interne, profonde, du globe terrestre ; mais il n'y a pas

* Pour le grand géologue de la fin du XIXe siècle Eduard Suess, le sial était partout sur le sima, l'ensemble étant simplement plus bas (effondré) au fond des océans. Pour Alfred Wegener, en revanche, l'auteur de l'hypothèse de la dérive des continents au début du XXe siècle, le sial ne se trouve superposé au sima que sur les continents, la croûte océanique étant du sima. Nous verrons plus loin que les choses sont plus compliquées ; mais Wegener avait raison de penser que la croûte océanique et celle des continents étaient fondamentalement différentes.

d'inconvénient à anticiper ici sur ce savoir devenu chose banale : la Terre, tel un gigantesque œuf dur, possède une "coquille" – la *croûte* –, du "blanc" – le *manteau* –, et un "jaune" – son *noyau*. Comme nous le verrons à la fin de ce livre, cette structure est interprétée par les géophysiciens modernes comme le résultat de la décantation gravitationnelle des éléments dans une phase primitive où le globe terrestre tout entier aurait été en fusion. Pour simplifier : les éléments les plus lourds – nickel, fer –, entraînés par leur poids, auraient migré au centre pour former le noyau dense (qu'on appelait *nifé*) ; les plus légers, qui sont aussi les plus abondants – composés du silicium, de l'aluminium, du magnésium –, ayant surnagé et constitué le manteau, leur refroidissement extérieur formant la croûte superficielle (*sima* et *sial*), comme, dans un haut-fourneau où fond le minerai, le fer sombre vers le bas tandis que surnagent les scories plus légères.

Victor Goldschmidt avait tenté d'aller plus loin et de regrouper les éléments chimiques en familles correspondant aux diverses enveloppes terrestres : la famille des *atmophiles* (ceux qu'on trouve dans l'atmosphère et l'hydrosphère) ; celles des *lithophiles* (ceux qui aiment les pierres) et des *chalcophiles* (ceux qui, comme le cuivre, aiment le soufre), qu'on trouve dans la croûte et le manteau ; enfin, les *sidérophiles* (ceux qui aiment le fer et qui sont principalement rassemblés dans le noyau). Sautant par-dessus la hiérarchie des minéraux, des roches et des formations géologiques, Goldschmidt établissait ainsi, dans une démarche que Claude Allègre a pu saluer, dans *De la pierre à l'étoile* (bibl.), comme "un acte scientifique d'une portée considérable", une correspondance directe entre le tableau périodique des éléments et la structure du globe. (Il n'est pas interdit d'imaginer que cette approche de la planétologie trouve un jour son application lorsqu'on s'avisera d'expliquer la très grande diversité des "exoplanètes" que l'on a commencé à repérer autour d'autres étoiles que le Soleil.)

Malgré leur grande variété et leur beauté parfois étonnante, la plupart des roches que nous rencontrons partout à la surface terrestre, les granites, les calcaires, ne recèlent guère de minerais utiles. Les roches ignées, trop solides et compactes pour s'être gorgées d'injections étrangères, sont essentiellement utilisées pour elles-mêmes, dans l'industrie du bâtiment. Les roches sédimentaires, également utilisées de la même manière, sont, elles, plus susceptibles de renfermer des minéraux "fossiles", qu'il s'agisse de fossiles du règne minéral, du règne végétal ou du règne animal.

Les métaux notamment se rencontrent, le plus souvent sous la forme d'oxydes ou de sulfures (c'est-à-dire en combinaison avec le soufre), dans des "filons", failles et fissures ou, au sein de terrains traversés par des percolations venues des profondeurs ou par des fluides qui ont circulé dans le sous-sol, voire dans les fonds sous-marins. Certains gisements, comme des minerais de fer ou de manganèse, datent de l'époque très ancienne où l'oxygène de l'atmosphère (produit en grande quantité par les tout premiers organismes vivants chlorophylliens océaniques) oxydait ces éléments, dissous dans les océans, les précipitant au fond dans des strates qui furent ultérieurement agglomérées aux continents par la tectonique du globe. D'autres minéraux utiles comme le sel gemme ou le gypse – ou encore les dépôts de phosphates (qui renferment de nombreux fossiles animaux) – résultent de l'évaporation de plans d'eau.

Encore un autre type de gisements est constitué de ce qu'on appelle les combustibles fossiles, masses végétales ou animales métamorphisées qui peuvent avoir été logées ou piégées dans les profondeurs (houille, pétrole, gaz), ou être restées ou remontées se répandre à la surface (la tourbe, le lignite, le naphte). L'origine de ces "roches" est restée longtemps mystérieuse. Shen Kuo, au Moyen Âge, pensait que le charbon et le pétrole étaient produits continuellement au sein de la Terre, ce qui n'est pas complètement faux, mais la formation du charbon, prenant fort longtemps (plus d'une centaine de millions d'années), fut plus tard attribuée à l'enfouissement des "cimetières d'arbres" des forêts de l'âge nommé justement "Carbonifère" (*cf.* p. 425). Quant à celle du pétrole, elle est due à la dégradation des micro-organismes déposés dans les vases du fond de mers ou de lacs disparus ; ces anciens dépôts organiques huileux se retrouvent dans des couches du sous-sol qu'ils imbibent et d'où, libérés par des forages, ils peuvent jaillir sous l'effet du poids des strates de roches imperméables qui les avaient recouverts et qui les pressent comme une éponge.

Ce sont tous ces minerais que recherche, trouve et exploite l'industrie minière à laquelle est consacré le prochain chapitre, industrie qui a non seulement entretenu un lien étroit avec les sciences minéralogique et géologique mais, de tout temps, joué un rôle central dans l'évolution de l'humanité.

13

LA GRANDE ET TERRIBLE SAGA DE LA MINE

En somme, concluait Jed, l'histoire de l'humanité pouvait en grande partie se confondre avec l'histoire de la maîtrise des métaux.

MICHEL HOUELLEBECQ*

Les âges primitifs de l'humanité portent, ou portèrent longtemps, le nom des produits des carrières et des mines : l'*âge de pierre*, l'*âge du bronze*, l'*âge du fer*. On pourrait continuer : après l'*âge du cuivre*, qui décrirait l'installation des immenses réseaux de tuyaux et de câbles de l'eau courante, du gaz de ville, du télégraphe, du téléphone, de l'électricité, nous serions aujourd'hui entrés dans l'*âge du silicium* : le silicium et autres semi-conducteurs, également extraits de minerais terrestres, composent les "puces" électroniques dorénavant présentes et actives dans les milliards d'objets technologiques d'un usage quotidien, des laptops aux smartphones, interconnectés par le gigantesque réseau mondial de transport et de distribution de signaux infrarouges numériques en fibres optiques, elles-mêmes constituées de silice filée**.

* *La Carte et le Territoire*, Flammarion, 2010.

** Le téléphone cellulaire (portable) et le wi-fi ou autres connexions sans fil n'utilisent des liaisons radio locales à faible puissance que pour se raccorder en bout de ligne à ces réseaux. Au cours des dernières décennies, les réseaux de fibres optiques se sont d'abord progressivement substitués aux anciens réseaux en cuivre interurbains et internationaux (à commencer par les câbles sous-marins) et acheminent aujourd'hui le trafic téléphone-Internet-télévision

Quiconque a vu comment on tire des kilomètres de fibre optique d'un bloc de silice fondu, ou comment on découpe en tranches fines, comme une mortadelle, un gros cristal de silicium purifié afin d'en faire les substrats de milliers de mémoires électroniques – circuits microscopiques qui seront inscrits par lithographie optique sur ces "hosties" (c'est comme ça qu'on les appelle) à l'aide de méthodes physico-chimiques de précision – aura pu constater que les étonnants procédés de l'industrie du hardware microélectronique, pour toute leur sophistication, gardent une certaine parenté avec les savoir-faire des artisans verriers, émailleurs, graveurs ou imprimeurs d'antan.

Mais, contrairement à ce qui se passait alors (et encore aujourd'hui dans de nombreux pays comme le Maroc ou l'Inde, où l'artisanat manuel reste très présent) – quand on pouvait voir des fours à chaux, des forgerons, des dinandiers, des céramistes à l'œuvre –, la plupart de nos contemporains, sauf à travailler en usine (en Extrême-Orient ?), n'ont plus guère la notion de tout ce qui entre comme matières premières et transformations dans nos objets industriels. Pour nous, le plus souvent, un téléphone portable ou une tablette numérique sont des appareils fonctionnels qui se confondent avec leur image publicitaire, des objets dont nous ne connaissons en général rien de la genèse, ni historique, ni manufacturière. Et pourtant, tout cela ou presque est fabriqué à partir de grossiers produits de la mine, dont les traitements et l'usinage relèvent de méthodes raffinées, mais dont l'extraction et le marché, tout comme celui des

jusque dans les foyers urbains, ainsi que l'avait préfiguré dès 1982 un "plan câble" français visionnaire. Les satellites de télécommunications ne sont plus guère utilisés de nos jours que pour les transmissions et la diffusion directe de programmes de télévision ou (c'est le rôle de la société Inmarsat) par les navires – encore qu'il y ait de nombreux projets d'accès à Internet par satellite, qui pourraient s'avérer utiles là où il n'existe pas encore de connexion par les réseaux terrestres.

minerais ordinaires comme le fer ou le cuivre, obéissent aux plus brutales exigences de l'offre et de la demande, et des traditions séculaires de l'exploitation de l'homme par l'homme…

"Pendant des millénaires, écrit Mark Kurlansky dans *Salt: A World History* (bibl.), [la mine] a défié l'inventivité humaine, provoquant la construction de machines parmi les plus bizarres et les plus ingénieuses*, la réalisation de certains des plus grands travaux de génie civil, la création de voies qui devinrent les principales artères du commerce. Des alliances, des empires, des guerres, des révolutions marquèrent la recherche, la possession et l'exploitation [des ressources minières] qui ont de tout temps représenté la richesse, qui furent souvent utilisées comme monnaie d'échange et parfois outrageusement taxées." Que l'on pense en effet au sel, à l'or et l'argent, au pétrole… Et il en est encore ainsi aujourd'hui du gaz naturel, de l'uranium ou d'autres métaux dits rares.

Ce qui distingue Vulcain de Cérès, ce qui caractérise les gisements miniers par rapport aux champs cultivés, c'est que ces derniers peuvent être régénérés, amendés, engraissés, alors que les premiers s'épuisent et doivent éventuellement être délaissés. De nombreuses mines anciennes abandonnées sont connues – y compris préhistoriques (puits dans de la craie porteuse de rognons de silex datant de dizaines de milliers d'années) ou remontant à l'époque des premiers grands empires, chinois ou romain –, pour la plupart épuisées. Et, nous le verrons en conclusion de ce chapitre, c'est le sort qui attend *toutes* les mines aujourd'hui en exploitation…

* Certaines de ces machines, voire les conditions de travail des mineurs, ont attiré l'œil de grands photographes, dont les œuvres sont maintenant exposées dans les musées (*cf.* notamment les images des époux Becher ou de Mabe Bethônico).

Les produits de la mine, en revanche, contrairement à ceux de l'agriculture, ne sont pas en général périssables, ce qui fait qu'après avoir été raffinés, travaillés, utilisés, ils peuvent en général être "recyclés". D'une certaine manière, beaucoup des objets manufacturés usagés ou obsolètes que nous jetons deviennent, de plus en plus, une nouvelle sorte de minerai (au demeurant souvent tout aussi, voire plus toxique du fait de la concentration qu'on y trouve d'éléments comme le plomb, le mercure, le cadmium, etc.), d'où seront de nouveau extraites les matières premières de futures productions industrielles ; l'activité qui était naguère celle des "ferrailleurs" est ainsi en train de devenir une industrie de première grandeur, d'autant plus que les designers des produits industriels ont commencé à les rendre plus aisément recyclables.

La folie de l'or et l'argent…

Parmi toutes les richesses extraites du sol, certaines ont acquis dans l'histoire une aura particulière, nourrissant mythes et légendes (les mines du roi Salomon, la Toison d'or, l'Eldorado, Fort Knox…). Mais, si les métaux précieux comme l'argent, l'or et le platine ont depuis longtemps été appréciés pour leurs qualités esthétiques, leur durabilité ou leur malléabilité (on a retrouvé dans des sépultures à Varna, en Bulgarie, des bijoux en or datant du ve millénaire avant notre ère), ils ne se caractérisaient pas forcément, dans l'Antiquité, par leur rareté et leur très grande valeur.

L'or, en particulier, était jadis beaucoup plus abondant qu'aujourd'hui à la surface terrestre (au XIXe siècle encore, on trouvait des "placers" aurifères dans des cours d'eau en Europe), avant que tout ce qui était facilement accessible ait été ramassé et stocké*. Il y a des témoignages

* Le stock d'or mondial accumulé est d'environ 170 000 tonnes, dont un quart dans les banques centrales. Et il ne reste plus, dans les gisements recensés des minerais à forte teneur en or, qu'une cinquantaine de milliers de tonnes, ce qui représente à peine une vingtaine d'années de réserves, compte tenu du rythme accéléré d'extraction, présentement de l'ordre de 2 800 tonnes par an. Il y a cependant une quantité infiniment

de ce caractère jadis assez commun de l'or qui lui faisait souvent préférer d'autres gemmes plus rares et prisées, les jades notamment, au IIIe millénaire avant notre ère déjà, ainsi que l'attestent des objets déterrés de sépultures mégalithiques en Bretagne ou provenant de la Chine ancienne, et, bien plus récemment, des Mayas et des Aztèques. "Heureusement ils ne sont qu'après l'or et l'argent, ils ignorent le jade", se serait exclamé Moctezuma après sa première entrevue avec Hernán Cortés (qui, comme on le sait, le fera exécuter après lui avoir extorqué ses trésors).

Les mines d'argent dans ce qui est maintenant la Bolivie firent du nom du site de Potosí le synonyme, en espagnol, de richesses fabuleuses (cf. *Don Quichotte*, chapitre II). Située à 4 000 mètres d'altitude, Potosí devint rapidement, au milieu du XVIe siècle, l'une des villes du monde les plus peuplées, où furent édifiées presque autant d'églises qu'il y en avait à Paris ! De l'ordre de 50 000 tonnes d'argent pur furent extraites de la montagne voisine, dont le sommet perdit quelques centaines de mètres de hauteur avant la fin du XVIIIe siècle. La production était expédiée en Espagne par bateaux, *via* l'isthme de Panamá traversé en caravanes. Des centaines de milliers d'Indiens travaillèrent là, soit corvéables, soit pour un salaire misérable. Ils y mouraient en masse, notamment par silicose et empoisonnement au mercure (importé d'Espagne, jusqu'aux guerres napoléoniennes, ce métal liquide était utilisé pour l'extraction de l'argent du minerai broyé, par amalgamation à froid puis évaporation du mercure en chauffant, technique encore utilisée de nos jours et responsable de la toxicité des orpaillages illégaux, comme en Thaïlande ou en Guyane). Les milliers de mules qui tiraient les wagons de minerai et faisaient tourner les machines de traitement de Potosí ne survivaient

plus considérable d'or dans l'écorce terrestre ordinaire et dans l'eau des océans, mais à l'état extrêmement dilué (à peine quelques microgrammes par tonne). *Cf.* p. 400.

que quelques mois et furent bientôt remplacées par des dizaines de milliers d'esclaves africains…

Il y avait beaucoup de mines de ce genre au Nouveau Monde et la soif de métaux précieux et de gemmes des Européens (les émeraudes de Muzo !) fut en fait un phénomène historique de première grandeur, aux conséquences invraisemblables et bien souvent tragiques. L'or et l'argent des Amériques sont en partie responsables du génocide des Indiens, de l'esclavage des Noirs, de la grandeur et de la décadence de l'Espagne du Siècle d'or (justement), de l'essor du capitalisme en Europe, sans parler des "ruées vers l'or" du XIXe siècle en Amérique du Nord (Californie, Klondike). La découverte de l'or en Californie précipita l'achèvement de la "conquête de l'Ouest", l'installation du chemin de fer, et le peuplement par les Européens de la côte pacifique (avant l'immigration latino-indienne et asiatique actuelle) de San Diego à Vancouver, où devaient plus tard s'épanouir, à Los Angeles, San Jose, Seattle, les pôles de la société de communication audiovisuelle qui est la nôtre aujourd'hui.

… et le snobisme du diamant

Comme l'or, le diamant n'était pas, dans le passé lointain, un matériau aussi précieux qu'aujourd'hui. Il faut dire qu'à part leur dureté extrême (qui leur valut leur nom : a-*dam*as, ce qui veut dire "in-*dom*ptable"), les *diam*ants bruts, petits cailloux à peine translucides, grisâtres et ternes, n'ont rien pour plaire. C'est seulement lorsqu'on inventa de les tailler en les facettant et en les polissant – ce qui les rend transparents, mais n'est pas chose facile –, de telle sorte qu'ils transmettent, réfractent et dispersent magnifiquement la lumière, que leur légende prit son essor. L'homme qui, selon cette légende, est à l'origine de l'affaire est un Flamand, Louis de Berquem, même si la taille du diamant avait auparavant, et dès l'Antiquité romaine, connu de notables progrès (mais les anciens Chinois ignoraient ces techniques). Berquem aurait fait sa réputation en taillant les gros diamants que lui avaient confiés Charles le Téméraire et

Louis XI, et ses ouvriers se seraient établis par la suite à Anvers et Amsterdam, qui restèrent longtemps les capitales des diamantaires, avec l'État indien du Gujarat au nord de Mumbai (Bombay).

Historiquement, les premiers diamants avaient d'ailleurs été ramassés en Inde dans les gisements alluvionnaires jonchant les rives des cours d'eau de la région mythique de Golconde, principal centre du commerce de ces pierres pendant des siècles. Mais, en 1778, d'importants gisements de diamants furent découverts au Brésil, puis en 1824 en Russie et en 1866 en Afrique du Sud. La firme De Beers, fondée par l'aventurier britannique Cecil Rhodes, puis rachetée par la famille Oppenheimer, s'efforça avec succès, par la suite, de monopoliser la fourniture de diamants bruts à tous les ateliers de taille dans le monde et d'en contrôler le niveau de prix et le marché, jusqu'au crépuscule du colonialisme et même plus tard, jusque dans les années 2000 (*cf.* note p. 370).

Les diamants sont une variété de cristaux de carbone pratiquement pur (une autre variété est le graphite), ainsi que l'a démontré Lavoisier – qui avait de quoi payer de sa poche ses expériences, et a réussi à en enflammer un, le transformant en gaz carbonique… Ils sont produits naturellement, à partir du carbone (initialement, pense-t-on, d'origine organique), à très haute température et sous une pression de l'ordre de un million de fois la pression atmosphérique, conditions qui ne se rencontrent que dans l'explosion résultant de l'impact au sol de très grandes météorites ou, au sein de la Terre, à des profondeurs de centaines de kilomètres, conditions qu'on n'est parvenu à reproduire en laboratoire que dans les années 1970. Certains des plus gros diamants sont ceux qu'ont remontés des profondeurs du manteau terrestre, il y a très longtemps, de violents phénomènes volcaniques. C'est le cas des "kimberlites", ces roches diamantifères qu'on extrait dans la gigantesque mine à ciel ouvert de Kimberley en Afrique du Sud, installée dans une de ces anciennes cheminées de "supervolcan".

Le diamant naturel, au demeurant, n'est pas plus éternel que d'autres minéraux, contrairement à ce que les campagnes publicitaires de la De Beers ont réussi à faire croire, ni, malgré sa dureté, plus difficile à travailler que d'autres pierres précieuses comme les corindons (rubis ou saphirs), ni même aussi rare qu'on veut bien le dire : sa production mondiale annuelle est à l'heure actuelle de l'ordre de 100 millions de carats, soit 20 tonnes (des centaines de millions de petites pierres dont un quart environ est de qualité joaillière). Je soupçonne que le prix exorbitant qu'on en demande de nos jours est plus le résultat d'une forme de snobisme (l'effet Thorstein Veblen*) et d'une ancienne conspiration plus ou moins tacite entre diamantaires, bijoutiers, possesseurs de diamants et investisseurs, que de facteurs économiques objectifs.

De la même manière, l'espèce d'opprobre dans lequel on tient les substituts du diamant me semble personnellement tout à fait injustifié. Laissons de côté les strass et Swarovski qui ne sont que du verre au plomb plus ou moins habilement taillé (et breveté par leurs inventeurs éponymes), ainsi que le diamant de synthèse (dit aussi "de culture"), qu'on ne savait produire jusqu'à très récemment qu'en cristaux minuscules pour des utilisations industrielles et qui, en bijouterie, vaut pratiquement aussi cher que le vrai. Mais le *zircon* (silicate de zirconium) est une pierre naturelle remarquablement semblable au diamant, tant par ses qualités physiques objectives que par sa rareté relative et son aspect subjectif (quand elle est bien taillée, ses "feux" peuvent être plus séduisants que ceux du diamant, question de goût), bien que sa dureté légèrement moindre la rende en principe un peu moins "éternelle**".

* Cet auteur de *Théorie de la classe de loisir* (1899) avait expliqué que, si tout le monde est prêt à payer cher un bien, il devient important de le posséder. Ce "snobisme" explique pourquoi ce sont les prix démesurés des produits de luxe qui font leur valeur, et non l'inverse.

** Néanmoins, certains zircons ont la particularité, qui devrait plaider pour leurs semblables, du moins auprès des géologues, d'être les plus anciens

Le fond de l'affaire est que cette pierre a mauvaise réputation car on la confond avec la suivante.

L'oxyde de zirconium, appelé *cubic zirconia* (CZ) ou *zircone*, est un produit cristallin artificiel, à vrai dire tout aussi remarquable pour sa ressemblance avec des diamants de la plus grande pureté, mais qui a le défaut, évidemment, d'être assez abondant : on en a produit plus de 50 millions de carats, soit 10 tonnes par an, depuis le début de sa commercialisation en 1976 (ce qui, au demeurant, n'est jamais que le double de la production de diamant de qualité gemme !) et il est incomparablement meilleur marché. Mais franchement, s'il faut un expert pour faire la différence, pourquoi devrait-on payer mille fois plus pour un "vrai" diamant, pas beaucoup plus rare et que, paradoxalement, seuls ses défauts (inclusions, teinte), qui font baisser son prix, distinguent de ces "faux" qui, eux, sont parfaits* ?

Qu'est-ce qui fera exploser cette vieille bulle autour du diamant ? La découverte d'un gigantesque gisement, comme celui qui, paraît-il, existerait sous le cratère astéroïdal de Popigaï en Sibérie, dont on vient de révéler la présence et dont l'exploitation inonderait le marché ? (Mais il ne s'agit, je pense, que de "microdiamants".) Ou, mieux encore, la découverte annoncée d'une planète aussi couverte de diamants que la nôtre l'est de granite ? (Encore faudrait-il aller les chercher !) Ou bien tout simplement ce qui s'est passé pour d'autres pierres rares, comme par exemple les topazes, fort prisées et chères dans le passé

minéraux qu'on ait trouvés sur la planète (initialement dans les terres poussiéreuses des Jack Hills en Australie) : 4,4 milliards d'années, quand la Terre était au biberon, âgée d'à peine 0,2 milliard d'années.

* À part sa dureté moindre et sa densité (le CZ est plus "lourd"), c'est principalement la conductivité thermique du CZ qui diffère, le diamant étant bien meilleur conducteur de la chaleur. D'où le "test" pour savoir s'il s'agit d'un vrai ou d'un faux diamant : léchez-le ! S'il vous paraît froid sous la langue c'est un vrai, tiède c'est un CZ... Sous toutes réserves, et à pratiquer avec tact sur des bijoux portés par quelqu'un d'autre.

avant que le quartz citrine ou des pierres de synthèse, qui leur ressemblent beaucoup et sont disponibles en abondance, aient usurpé leur nom et fait plonger leur attrait et leur prix ?

Montesquieu parlait déjà, dans *De l'esprit des lois*, des côtes d'Afrique "sauvages ou barbares", qui sont "sans industrie", mais "ont en abondance des métaux précieux qu'ils tiennent immédiatement des mains de la nature". Cependant, ce ne sont pas le plus souvent les métaux précieux et les gemmes rares qui ont fait la richesse des nations. Ceux-là n'ont, historiquement, enrichi que les investisseurs, intermédiaires et trafiquants*. Songez au sort misérable des mineurs d'argent ou d'émeraudes en Bolivie, des tailleurs de pierres du Gujarat en Inde, ou aux tristement célèbres "diamants de sang" de la Sierra Leone ; aux aventures calamiteuses des exploitants chinois de petites mines d'or du Ghana, aux pirates, poursuivis par la police et exploités par la mafia, des grandes compagnies d'Afrique du Sud en déclin, ou encore aux mineurs héroïnomanes victimes du trafic de jade à la frontière Birmanie et Chine.

* Il y a une exception notable, le Botswana, comme le raconte un récent reportage de Sébastien Hervieu pour le journal *Le Monde* (21 août 2013). Après la découverte d'importants gisements diamantifères en 1960 et l'indépendance, le gouvernement de ce petit pays d'Afrique australe "vanté pour sa démocratie et son faible niveau de corruption" a su habilement négocier avec la De Beers non seulement pour conserver le contrôle de la compagnie extractrice et exportatrice, mais ensuite pour que le diamantaire transfère à Gaborone, la capitale, la totalité de ses activités londoniennes de tri et de négoce ! Le Botswana, devenu le premier producteur mondial de diamants, aspire également désormais à concurrencer Anvers, New York ou Tel-Aviv pour la taille et le polissage. Les diamants représentent la moitié des revenus et près du tiers du PIB du pays, qui grâce à eux "a obtenu sur trente ans le plus fort taux de croissance du monde, soit 9 % en moyenne". Il faut espérer que l'exemple du Botswana incitera d'autres pays africains à "obtenir davantage de retombées locales de l'exploitation de leurs ressources minières" (et que l'Afrique saura préparer un avenir privé de ces ressources lorsqu'elles seront épuisées).

En fait, ce sont les métaux courants, et les produits les plus *sales et ordinaires* dont nous allons parler maintenant, qui représentent de vraies richesses, à l'image de ce qui se passe en ce moment dans des pays du nord de l'Europe comme la Suède, la Norvège, la Finlande et le Groenland dont l'économie, tirée par l'industrie minière (fer, cuivre, zinc, pétrole), ne connaît pas la crise.

De l'artisanat à l'industrie des plâtres, chaux et ciments, des phosphates et du sel

Beaucoup de produits extraits du sol, où ils se rencontrent en abondance, sont particulièrement ordinaires et bon marché. C'est le cas des sables (après l'eau, la matière première la plus utilisée) et gravillons, mais aussi de la plupart des autres matériaux de construction, argiles, ardoises, pierres de taille, etc., dont le coût réside en grande partie dans leur conditionnement et leur transport. (On va parfois les chercher loin : les pierres du Panthéon à Paris, par exemple, venaient de Bourgogne et, mieux encore, la Maison-Blanche à Washington fut construite avec des pierres d'une île de l'Adriatique ; quant aux pierres tombales de nos cimetières, beaucoup proviennent des carrières de granite de l'Inde.)

Après le pisé, l'usage, comme liant de la brique, des tessons ou de la pierraille, d'un mortier de chaux additionné de pouzzolanes (cendres volcaniques), usage importé du monde grec, a été répandu par les Romains à partir du IIIe siècle avant notre ère. Puis la combinaison chaux-sable devait devenir répandue, favorite pour deux millénaires, jusqu'à la mise au point du ciment moderne qui va peu à peu se dégager de la technologie de la chaux.

Ainsi que cela se passe souvent en matière de technique, ces procédés et produits ont été mis au point empiriquement bien avant que la science ne vienne en théoriser les mécanismes, voire en améliorer la production ou l'emploi. À partir de la fin du XVIIIe siècle, d'illustres savants ne dédaignèrent pas de se pencher sur ces questions : Antoine Lavoisier explique en termes chimiques la fabrication et la prise du plâtre, François Arago ou Émile Clapeyron s'efforcent d'apporter des améliorations à la fabrication de la chaux et des ciments naturels, et Milutin Milanković, avant de s'intéresser à la cause astronomique des ères glaciaires, fait sa thèse de doctorat sur le béton…

Le plâtre est une poudre obtenue par chauffage vers 150 °C du gypse, espèce minérale assez commune, évaporite composée de sulfate de calcium hydraté. La chaux est un oxyde de calcium obtenu vers 1 000 °C à partir de certains calcaires (dits "pierres à chaux") additionnés d'argile ; 5 % ou moins d'argile donnent les chaux "grasses", de 5 à 12 % les chaux "maigres", de 12 à 20 % les chaux "hydrauliques". Le ciment, lui, est un mélange cuit à haute température (plus de 1 000 °C) de calcaire et d'argile (plus de 20 %) ; il en résulte la formation de composés anhydres (sans eau), dont la cristallisation, après réhydratation, constitue la "prise", aboutissant à une véritable pierre artificielle, surtout lorsque ce ciment est utilisé comme liant pour du sable (le "mortier" des maçons) ou du sable et du gravillon (le "béton", le matériau artificiel de loin le plus répandu).

Les *phosphates* sont des roches sédimentaires, formées de minéraux riches en phosphate de calcium, lequel favorise la croissance des organismes biologiques en leur apportant notamment du phosphore. On en tire le principal engrais agricole – largement responsable de la "révolution verte" dans la seconde moitié du XXe siècle –, dont la consommation est actuellement de l'ordre de 50 millions de tonnes par an et en croissance constante. Parce qu'ils neutralisent le calcaire, les phosphates sont aussi utilisés dans les lessives. Le plus grand gisement est au Maroc, pays qui en est le deuxième producteur avec les États-Unis, derrière la Chine.

Mais les utilisations agricoles et ménagères intensives des phosphates sont la cause de l'*eutrophisation* des plans d'eau et de l'envahissement des côtes marines par les *marées vertes*. L'emploi exagéré des phosphates dans l'alimentation – favorisant notamment l'agressivité des enfants – a également été dénoncé. En outre, les minerais des phosphates d'origine minérale (par opposition aux phosphates d'origine biologique, comme le guano) contiennent des métaux lourds toxiques (cadmium, mercure, plomb, uranium).

"Le" *sel*, lui, était un ingrédient si utile qu'il devint même une monnaie (le mot "salaire" vient du terme utilisé pour la solde des légions romaines). L'importance du sel venait essentiellement jadis de son emploi pour les salaisons, pratiquement le seul moyen connu pour préserver les vivres, notamment viandes et poissons, avant l'époque napoléonienne, avant l'invention par Appert de la stérilisation des "conserves". Greniers à sel et saloirs étaient jusque-là, et même plus tard, des dépendances indispensables à la vie des agglomérations et des maisonnées. Pendant des millénaires, les saloirs jouèrent en effet le rôle du frigo ou du congélateur modernes. Les "routes du sel" dans l'Antiquité (et même bien après, notamment à travers le Sahara) eurent souvent un intérêt stratégique. Et beaucoup d'expéditions militaires, puis maritimes, ont dépendu de leur bon approvisionnement en sel.

Les modes de production du sel ont varié suivant les époques et les accès que les conditions géographiques ou politiques laissaient aux ressources naturelles de ce produit vital : mines de sel gemme des tribus germaniques, "briquetage" (ébullition de sources salées ou de l'eau de mer) des royaumes celtes, marais salants de l'Empire romain.

C'est pour exploiter le sel gemme que furent développées les techniques d'extraction dites par *lixiviation* : on inondait les gisements souterrains, provoquant une "dissolution sélective", et on pompait la saumure résultante que l'on faisait ensuite bouillir pour évaporer l'eau. Il existe dans le Jura, à Arc-et-Senans, une magnifique usine à sel construite par l'architecte utopiste Claude Nicolas Ledoux au XVIIIe siècle ; la mine de sel gemme elle-même était située à des kilomètres de là, à Salins, et elle fut d'abord exploitée sur place à l'aide de cette technique, par injection et pompage d'eau ; mais le coût du transport du bois de chauffe – nécessaire pour récupérer le sel en faisant évaporer la saumure extraite de la mine –, une fois les forêts avoisinantes abattues, devint tellement élevé qu'on jugea préférable d'acheminer la saumure par un petit canal jusqu'au cœur de forêts plus lointaines. C'est ainsi que fut construite la saline d'Arc-et-Senans. Elle ne servit jamais à grand-chose car le charbon remplaça bientôt le bois comme combustible à Salins… (Cette ancienne usine à sel a été plus tard transformée en centre culturel.)

L'invention de la métallurgie

Les silex sont des formes de quartz ayant migré au sein des calcaires, formant les "rognons" très durs recherchés par les hommes préhistoriques. On a retrouvé, outre des mines de silex, de véritables ateliers de taille, et élucidé les techniques efficaces que mettaient en œuvre les artisans paléolithiques pour faire leurs pointes de flèche, haches, couteaux et rasoirs. On a même retracé en Méditerranée la fabrication et le commerce (de luxe ?), jusqu'au IIIe millénaire avant notre ère, de lames d'obsidienne, verre noir naturel qui provenait des îles volcaniques de la mer Tyrrhénienne. Mais ce sont les métaux qui se prêtèrent à la fabrication d'outils et d'armes à l'orée de l'humanité artisanale et industrielle. À commencer par des alliages de cuivre : les bronzes.

Il existe des traces de la longue transition entre l'âge de pierre et l'âge du bronze, par exemple l'usage de percuteurs (burins) en cuivre pour tailler des lames de silex. Bien que le cuivre se trouve parfois à l'état pur, "natif", dans la nature, il était plutôt extrait de divers minerais (comme les chalcopyrites) qu'on avait appris à griller au feu, laissant couler dans les cendres le métal fondu, alliage naturel qu'on nettoyait de ses scories et mettait en forme, quand il refroidissait, en tapant dessus, en le martelant.

Il est assez évident que ces débuts de la métallurgie, le traitement des minerais par le feu et le martelage, qui remontent à plusieurs millénaires avant Jésus-Christ, sont dus à des découvertes accidentelles : on peut facilement imaginer la constatation précoce que des "pépites" de bronze naturel se déposaient dans les foyers où avaient chauffé certaines pierres. "Les carbonates de cuivre ont la particularité de se transformer chimiquement en métal, sans fonte, à seulement 400 °C, en présence de carbone ; un simple feu de bois apporte ces deux conditions, et le petit chanceux qui a voulu caler sa côtelette avec un bloc de malachite a retrouvé plus tard dans les cendres quelques billes dorées de cuivre", écrit l'archéologue Jean-Luc Espérou. Mais il fallut sans doute des siècles et des siècles d'expérience pour développer empiriquement des fours efficaces et l'art du forgeron (l'écrouissage, c'est-à-dire le durcissement par une sorte de pétrissage), ou pour qu'on abandonne les minerais naturels toxiques (riches en arsenic !) et qu'on invente des alliages artificiels améliorés, comme celui du cuivre avec l'étain.

Si l'île de Chypre, pense-t-on, a donné son nom (Cyprus en latin) au cuivre *(cyprum)*, qu'on y trouvait en abondance, l'étain en Méditerranée provenait, depuis une antiquité reculée, des "îles Cassitérides" dont parle Hérodote (et qui donnèrent leur nom au minerai de l'étain : la cassitérite, un oxyde de ce métal) ; il s'agit sans doute des îles Scilly, proches des mines de la Cornouailles, où allaient le chercher les marins phéniciens qui en faisaient le commerce.

Les bronzes améliorés possédaient beaucoup de qualités, la moindre n'étant pas le caractère durable et décoratif de la couche d'oxydation verte dont ils se recouvraient. Leur température de fonte relativement basse (environ 1 000 °C) permit le développement de techniques comme le moulage, et notamment le moulage "à cire perdue" apparu en Chine sous la dynastie Shang, encore utilisé de nos jours dans le monde entier pour la fabrication d'objets à paroi mince – vaisselle ou statues – de toutes tailles. L'industrie et les secrets de la fabrication des cloches devaient revêtir au Moyen Âge une aura particulière (*cf.* la dernière séquence de l'extraordinaire film de Tarkovski, *Andreï Roublev*), comme par la suite celle des canons lors du développement de l'artillerie, après l'invention de la "poudre*".

Les vertus des alliages datant de l'âge du bronze laissent penser que le fer, dont la métallurgie est plus difficile à maîtriser, notamment à cause de sa température de fusion beaucoup plus élevée (1 500 °C), ne fut pas initialement préféré à cause de sa dureté supérieure, mais sans doute parce que l'approvisionnement en étain avait été interrompu par quelque événement comme l'épuisement des mines locales, ou la rupture des communications avec les sources lointaines des minerais.

Toujours est-il qu'à la suite de nouvelles découvertes, sans doute accidentelles elles aussi, deux ou trois mille ans avant notre ère on maîtrisait déjà la fabrication de l'acier, c'est-à-dire d'alliages de fer et de carbone, à partir de minerais comme l'hématite ou la magnétite fondus dans des bas-fourneaux à charbon de bois comme ceux dont on a trouvé des vestiges en Afrique et en Europe – parfois simples récipients en terre cuite qu'on remplissait en couches alternées de minerai et de charbon, correctement ventilés par des soufflets en cuir et des prises d'air en céramique, et qu'on cassait à la fin pour dégager les lingots avant de les travailler à chaud. Les fers et aciers primitifs étaient fragiles, mous ou cassants, mais le développement empirique des techniques de la cémentation, du forgeage, puis de la trempe devait aboutir au Moyen-Orient, dès le IIe millénaire avant notre ère, à la production d'outils et d'armes en fer de qualité, à l'"âge du fer".

* La poudre à canon est un mélange de salpêtre, de soufre et de charbon de bois dont la recette, inventée en Chine, a été transmise par les Mongols ou le monde musulman à l'Occident chrétien au XIIIe siècle.

L'industrie métallurgique connut quelques progrès spectaculaires pendant l'Antiquité et le Moyen Âge (la carburation, le recuit) pour la fabrication de pièces de fer forgé, de barres et de tôles, d'aciers de particulièrement bonne qualité, ou la mise au point de techniques de décoration spéciales comme la "damasquinerie" (martelage et polissage de fils d'or ou d'argent incrustés). La coutellerie et l'armurerie firent la richesse de villes comme Tolède, Thiers, Sheffield. Le perfectionnement de toutes sortes d'outils en fer, depuis les limes jusqu'aux horloges, ainsi que la fabrication des armes à feu posèrent de nombreux problèmes techniques dont la solution fit progresser non seulement la métallurgie mais aussi la science*.

Bien que les hauts-fourneaux au charbon de bois aient une longue histoire, notamment en Chine, la mise au point des hauts-fourneaux modernes au charbon de terre, où l'on peut produire de la fonte en grande quantité, ensuite affinée dans des "aciéries", avait donné une impulsion nouvelle à l'industrie du fer à partir du XVIIIe siècle. La révolution industrielle, en même temps qu'elle stimulait l'invention de toutes sortes de nouveaux procédés, mettait la puissance de la machine à vapeur au service de la métallurgie – le laminage, le tréfilage, le marteau-pilon, les techniques de l'emboutissage, du tournage, du fraisage – et décuplait les besoins en métaux traditionnels comme le fer (pour les objets en fonte mais aussi le rail, les charpentes métalliques, le béton armé, les aciers "spéciaux",

* Le perçage des canons en acier, notamment, est à l'origine des réfléxions du comte Rumford (*cf.* p. 50) qui contribuera à établir les bases de la thermodynamique.

En France, l'École des mines avait été fondée sous Louis XV mais, avec les débuts du capitalisme industriel, le corps des Mines, créé sous le Premier Empire, devint le plus prestigieux des corps d'ingénieurs de l'État, comptant dans ses rangs au XIXe siècle quelques-uns des plus grands savants français – comme Léonce Élie de Beaumont, Émile Clapeyron ou Henri Poincaré, dont nous reparlerons – et trustant jusqu'à nos jours les plus hauts postes de responsabilité dans l'administration et les multinationales françaises.

pour l'outillage notamment) et le cuivre (conduites d'eau, de gaz, fils du télégraphe et de l'électricité).

Comme beaucoup de trusts capitalistes, les grandes sociétés minières ont grandi depuis un siècle ou deux à coups de fusions-acquisitions et de l'obtention de concessions s'étendant sur de nombreuses décennies. Dans les exploitations à ciel ouvert, c'est souvent le transport du minerai qui constitue le plus lourd des investissements, dont le retour est souvent très long. Un exemple relativement récent : la mine de fer à ciel ouvert de Carajás au Brésil, pour laquelle il a fallu construire un chemin de fer acheminant seize convois de deux cents wagons par jour et un terminal maritime ; la découverte du gisement a lieu en 1965, les travaux commencent en 1978, mais le premier bateau ne part qu'en 1986. Les exploitations souterraines sont encore beaucoup plus coûteuses : en Afrique du Sud, une once d'or (31 g) demande l'extraction de 3 tonnes de minerai, quarante heures de travail consommant 5 400 litres d'eau et 600 kilowattheures, sans compter les frais liés aux traitements et aux déchets souvent polluants (acides, métaux lourds)...

La grande variété des métaux non ferreux

Dès le XIXe siècle furent également promus l'extraction et l'emploi d'autres métaux comme le zinc – qui se substitua en partie aux usages du plomb, exploité depuis l'Antiquité (d'importantes mines de plomb romaines abandonnées peuvent encore se voir en Tunisie) tant comme matériau, pour les toitures, que dans la chimie, pour les peintures, ou l'aluminium – qui allait être de plus en plus utilisé au XXe siècle dans les transports (l'aviation), le bâtiment et les emballages, mais aussi comme additif dans des préparations cosmétiques ou pharmaceutiques (ce qui n'est guère recommandable).

L'étain, dont les mines (la cassitérite de Cornouailles) avaient dès l'Antiquité approvisionné les producteurs de bronze en Méditerranée, est un métal qui trouva quantité d'applications : s'il fond à une température de seulement 230 °C, aisément moulé et travaillé, il est en revanche suffisamment résistant pour faire des alliages rigides comme ceux qu'on utilisait pour la vaisselle*.

Mentionnons encore le nickel et le chrome (en alliages ou en revêtement dans les aciers), le molybdène, l'antimoine, le tungstène, le titane, dans de multiples usages et notamment dans l'industrie électroménagère. (Il est significatif que le Salon des arts ménagers, qui connut pendant les années d'après-guerre un succès extraordinaire, ait été à la fin des années 1930 une création du… CNRS, le Comité national de la recherche scientifique, lui-même créé par le gouvernement du Front populaire.)

Toutes ces applications modernes des métaux non ferreux, multipliant la demande en minerais, avaient donné un formidable essor aux activités minières à partir du milieu du XIXe siècle. Ce secteur bénéficiait grandement du colonialisme, évidemment, tant par la mainmise des nations européennes sur des territoires riches en gisements – le Congo belge par exemple – que grâce à la main-d'œuvre à bon marché des "nègres", forme de brutale géopolitique de la mine, entamée par les Espagnols au Nouveau Monde, qui continue dans une certaine mesure aujourd'hui, sous d'autres formes.

L'étain, par exemple, est devenu un métal essentiel pour l'industrie électronique dont il assure toutes les soudures (dans nos téléphones et ordinateurs portables, notamment), et la cassitérite un "minerai de sang" dont un édifiant ouvrage éponyme du journaliste Christophe Boltanski (bibl.) raconte la trajectoire souvent dramatique,

* … ou les boutons des uniformes militaires. Jean-Louis Vignes m'a raconté que c'était le cas de ceux de la Grande Armée de Napoléon. Or, il se trouve que la structure cristalline de l'étain est instable aux basses températures : à – 20 °C, ce métal se transforme spontanément en poudre… On imagine les malheureux soldats aux pires moments de la retraite de Russie ! Ce genre de mésaventure a également affecté des tuyaux d'orgues en Pologne.

La main-d'œuvre coloniale au travail.

des mines de la République démocratique du Congo aux usines de traitement en Asie. (Compte tenu de l'opprobre qui s'attache à ce genre de commerce, les grandes compagnies utilisatrices comme Apple se sentent obligées d'annoncer qu'elles n'emploient pas de produits miniers provenant de zones de guerre… Cela fait une belle jambe aux mineurs misérables de ces zones-là.)

Dans les années 1970 encore, à peine plus d'une dizaine des éléments métalliques du tableau de Mendeleïev avaient trouvé une utilisation industrielle. Aujourd'hui il y en a une cinquantaine : du lithium et du cadmium pour les batteries rechargeables et de l'indium pour les barres de contrôle des réacteurs nucléaires, jusqu'au gallium pour les panneaux solaires ou les fibres optiques en passant par le néodyme pour les électroaimants des éoliennes...

La nature ayant accumulé dans les gisements métallifères des éléments chimiquement proches, les grandes sociétés minières bénéficient de l'exploitation des minerais associés à leur production principale : la bauxite fournit l'aluminium mais aussi du gallium, les mines de nickel donnent du cobalt, du platine et du palladium ; les mines de zinc, de l'indium, du cadmium, du germanium ; les mines de cuivre, du molybdène (la vente de ce dernier sous-produit couvre par exemple la totalité du coût opératoire de l'extraction du cuivre chilien).

L'accès aux éléments "rares" (qui ne sont à vrai dire pas si rares), utilisés notamment dans les écrans plats ou disques durs de nos milliards d'ordinateurs et de tablettes, a pris une dimension stratégique et donné lieu à d'épiques batailles juridiques et commerciales. Ainsi celles qui ont récemment eu pour enjeu la mainmise de la Chine sur certains métaux après qu'elle a éliminé la concurrence sur le marché mondial (elle avait, par exemple, acquis très tôt le monopole de la production de tungstène), stratégie qui s'est retournée contre elle avec l'effondrement des cours lorsque les pays occidentaux ont rouvert des mines qu'ils avaient abandonnées...

Les minerais énergétiques : gloire et tragédies du charbon

Peut-être le phénomène minier le plus prodigieux dans l'histoire fut-il la première révolution industrielle, celle qui prit naissance avec l'exploitation intensive d'un autre fameux minerai, le charbon britannique.

C'est en Chine, semble-t-il, que le charbon commença à être exploité à l'époque néolithique, d'abord comme gemme pour tailler des bijoux dans certaines variétés (le *jet*, terme encore utilisé en joaillerie), mais aussi plus tard comme combustible pour alimenter les fourneaux métallurgiques. Dans le nord de l'Angleterre et au pays de Galles, où des veines de charbon affleuraient, il paraît qu'initialement les populations locales ne l'utilisaient que pour incinérer les morts. Ce sont les occupants romains – lesquels, tout comme les Chinois, en appréciaient les plus beaux spécimens comme pierre ornementale – qui en introduisirent l'usage dans les forges. Cet usage du charbon comme combustible s'étendit au Moyen Âge aux fours à chaux et aux chaudières des brasseries.

Mais, tant que le bois restait abondant, on n'utilisa pas le charbon pour des applications domestiques ; sa fumée, sentant le soufre, était considérée comme repoussante (bonne à faire fuir les serpents...), voire diabolique. Cette mauvaise réputation du charbon a laissé des traces dans l'appellation de maladies : celle, éponyme, du bétail (transmissible à l'homme), ou les furoncles (*carbuncles* en anglais) et l'anthrax (nom grec de la houille, ayant par ailleurs donné "anthracite") ; au temps des grandes épidémies de peste et de variole, le charbon, suspect, fut même carrément banni de la ville de Londres.

L'interdiction ne devait pas durer devant la rareté et le coût grandissants du bois de chauffage, alors même que le petit âge glaciaire (*cf.* p. 166) s'étendait sur le pays. Dès la fin du XVIIe siècle, les Londoniens avaient pris l'habitude de se chauffer et de cuisiner au charbon ; le *fog* résultant qui obscurcissait l'air de la ville, remarque Barbara Freese*, "avait commencé à tuer lentement les pauvres gens ; mais, ajoute-t-elle, le manque de charbon les aurait tués encore plus rapidement..."

Tout ce charbon était extrait dans des mines, notamment dans la région de Newcastle au nord-est de l'Angleterre – où travaillaient déjà de nombreux enfants, plus

* Cette magistrate américaine, après avoir jugé des procès portant sur des causes environnementales, a mené une enquête et rédigé un remarquable petit ouvrage intitulé *Coal: A Human History* (bibl.), qui a inspiré ces paragraphes.

à même de s'introduire dans les étroits boyaux souterrains mais qui, dans ces conditions, privés de soleil et mal alimentés, devenaient rapidement rachitiques.

Le charbon était transporté à grand-peine par des chariots que tiraient des chevaux et des bœufs, le long de routes non pavées souvent impraticables par mauvais temps. L'une des premières conséquences économiques majeures du développement de l'usage de la houille fut la nécessité d'améliorer son transport, le maillon faible de sa production. On commença non seulement à équiper les galeries de mines et les routes de *rails* (en bois, plus tard en fer) qui augmentaient l'efficacité des hommes et des bêtes poussant ou tirant les *wagons*, mais surtout on développa considérablement les transports par voie d'eau : toute une infrastructure de canaux (et nous verrons que leur creusement poussera un certain William Smith à établir l'une des premières cartes géologiques, *cf.* p. 431), de bateaux, de ports, toute une profession de mariniers furent mises en place. Et cela ne fut pas sans conséquences sur les capacités des Anglais à se mobiliser plus rapidement que les autres puissances dans les domaines maritimes commercial et militaire, acquérant une suprématie navale traditionnelle à laquelle ils durent par la suite bien des victoires et des conquêtes autour du monde (et qui devait notamment empêcher Napoléon puis Hitler de les envahir).

La machine à vapeur de James Watt – que nous avions laissée au stade de prototype améliorant les pompes atmosphériques de Newcomen utilisées pour vidanger l'eau des puits des mines (*cf.* p. 216) – fut industrialisée par un savant et entrepreneur de génie, Matthew Boulton, et à partir de là s'enclencha une incroyable boucle d'innovations, cette révolution industrielle qui devait transformer le monde. Des moteurs à vapeur brûlant du charbon furent utilisés pour transporter les masses de charbon sortant des mines, en remplacement des trains de bêtes de trait ; c'est ainsi que George Stephenson – dont le père était “chauffeur” *(fireman)*, c’est-à-dire que son métier consistait à enfourner le charbon dans le foyer de tels moteurs – fut conduit à perfectionner la “locomotive” (1825), puis à développer les “chemins de fer” (1830), transportant passagers – on n’avait jamais voyagé à une telle vitesse : 35 kilomètres-heure ! – et marchandises.

La houille (le “charbon de terre”) s’était depuis un certain temps substituée au charbon de bois dans la production d’acier. “La fonte au coke était connue en Angleterre depuis plus de trente ans lorsque les autorités de Louis XV demandèrent à Duhamel de l’étudier outre-Manche, un an avant que le tome VII de l’*Encyclopédie* ne soit publié en France, [qui l’]ignore dans l’article « Forge » rédigé par Bouchu en 1756*.” Les fours métallurgiques étaient devenus des hauts-fourneaux et les “procédés” de traitement allaient s’améliorer considérablement, rendant disponibles et bon marché, comme nous l’avons dit plus haut, des quantités inouïes de fonte, que l’on savait mouler, et d’acier, que l’on commença à travailler avec des “machines-outils” mues elles aussi par la force mécanique de la vapeur.

En fin de compte, les moteurs à vapeur trouvèrent d’innombrables applications dans les manufactures, notamment pour actionner les “métiers” – à tisser, à velours, à bas – inventés auparavant, mais qui requéraient jusque-là la force motrice des moulins à eau. Les manufactures s’installaient désormais en ville et Manchester, par exemple, où débarquait le coton américain, devint le centre mondial de la production et de l’exportation du textile industriel (les cotonnades), ruinant beaucoup d’artisanats locaux tel, par exemple, celui des tissus imprimés, les “indiennes”.

La mécanisation était en marche, s’étendant des machines agricoles à la production de toutes sortes d’articles manufacturés par une main-d’œuvre ouvrière abondante quittant

* Jacques Attali, *Diderot ou le Bonheur de penser* (bibl.).

la misère des campagnes pour un sort tout aussi misérable en ville. Comme la Chine le ferait de nouveau au début du XXIe siècle, l'Angleterre était devenue l'"atelier du monde" mais, aussi, le foyer de "la lutte des classes*".

Les pays qui avaient du charbon suivaient le mouvement. La possession de charbon, comme aujourd'hui de pétrole ou de gaz, était synonyme de richesse. Il y a même des historiens pour soutenir la thèse que c'est la possession de charbon qui a "fait" les grandes puissances au XIXe siècle. La France (où l'on avait commencé à extraire le charbon au Creusot vers 1750), empêtrée dans les archaïsmes de l'Ancien Régime puis les turbulences de la Révolution et de l'Empire, ne se mettra à imiter le dynamisme industriel de l'Angleterre que vers 1830 ; l'Allemagne, qui commençait à peine son unification sous l'égide de la Prusse, encore plus tardivement. C'est en tout cas le charbon de Pennsylvanie, plus abondant même qu'en Angleterre, et les aciéries de Pittsburgh qui devaient propulser les États-Unis, après la guerre de Sécession, du rang de colonie rurale esclavagiste à celui de grande nation industrielle. (Cette région des États-Unis, comme la Lorraine en France, est devenue dans la seconde moitié du XXe siècle, avec le déclin de ses industries, *"the rust belt"*, le pays de la rouille...)

Curieusement, alors qu'en France par exemple, l'utilisation des poêles en fonte se généralisait (construits notamment au phalanstère créé par le philanthrope Godin dans l'Aisne), les Anglo-Saxons s'obstinaient à brûler leur charbon, comme jadis le bois, dans des foyers ouverts – et

* L'un des investisseurs propriétaires de grosses usines textiles à Manchester était un capitaliste allemand, Friedrich Engels, ami et soutien financier du philosophe et militant socialiste Karl Marx. Celui-ci était exilé en Angleterre avec son épouse aristocratique (la sœur du ministre des Affaires étrangères de Bismarck) et leur bonne, dont il eut un enfant. Toute cette famille peu ordinaire est enterrée au cimetière de Highgate à Londres.

encore aujourd'hui, ils ignorent assez largement l'usage du poêle, si répandu sur le continent européen.

Dans les époques récentes, l'emploi du charbon comme combustible domestique a continué à faire des ravages. Au nord de la Chine par exemple – très précisément au nord de la rivière Huai –, la pollution de l'air est toujours aujourd'hui nettement plus élevée qu'au sud ; ce cours d'eau avait en effet été choisi, après la révolution de 1949, pour délimiter la zone de climat hivernal rude où le régime communiste, bien intentionné, organisa pendant plus de trente ans la distribution gratuite de charbon à la population pour se chauffer, pratique qui se poursuivit par la suite ; le résultat est que, dans cette zone, l'espérance de vie a diminué de plus de cinq années !

La deuxième révolution industrielle, celle de l'électricité, allait augmenter la consommation de charbon (et la pollution) dans des proportions considérables, principalement *via* la production électrique dans des centrales thermiques. La Chine, mais aussi l'Inde, l'Europe même, continuent à dépendre de ce combustible bon marché, dont le besoin et le rôle n'ont pas diminué pour l'instant malgré le recours au *fioul* ou à des énergies plus propres comme l'hydroélectricité et le nucléaire, ou *a fortiori* l'éolien, ou au photovoltaïque dont il faut suppléer aux jours "sans", ou encore, du moins en Europe, aux gaz de schistes dont la combustion est bien moins polluante – même si son extraction l'est davantage, quoique bien moins coûteuse en vies humaines…

Car il faut bien parler aussi des grandes catastrophes minières, à côté desquelles les trois catastrophes nucléaires de Three Miles Island, Tchernobyl et Fukushima ont été à ce jour, on doit bien le reconnaître, des incidents sans beaucoup de pertes en vies humaines (à l'exception du sacrifice des héroïques "liquidateurs" de la deuxième).

On peut en revanche évaluer à des centaines de milliers les victimes directes de l'extraction du charbon, tant par les silicoses et autres maladies affectant les mineurs que par les accidents qui continuent régulièrement à en tuer. Certains de ces accidents sont dus à l'effondrement de galeries de mines insuffisamment étayées (il vient de s'en produire un en Afghanistan à l'été 2013, faisant des dizaines de morts) ; mais la plupart ont résulté de l'explosion du mélange détonant de l'air chargé de poussière de charbon et du "grisou", le méthane que dégagent les gisements d'hydrocarbures et qui rendait les mines de charbon particulièrement dangereuses.

Le Nord de la France, le pays de Galles et bien d'autres sites miniers gardent le souvenir de tragiques événements (celui de Courrières, par exemple) dont existent des quantités de variantes très récentes au Chili, en Chine et même aux États-Unis, où les responsables d'une grande compagnie minière américaine viennent d'être condamnés pour avoir, pendant des années, triché afin d'échapper à la réglementation en matière de sécurité*.

Le succès foudroyant des hydrocarbures au XXe siècle

On savait depuis longtemps que les suintements bitumineux et autres *huiles de pierre* (étymologie exacte du mot *pétr-ole*) pouvaient servir. La région de Bakou au bord de la Caspienne, par exemple, était connue comme "la côte de naphte" et en exportait déjà en abondance dès l'Antiquité, où on l'utilisait pour le calfatage des coques de bateau ou pour les joints des pavés, ainsi qu'on continuera à le faire jusqu'à très récemment, mais aussi, en le distillant, pour en faire du "pétrole lampant", c'est-à-dire "d'éclairage".

L'Écossais McAdam, contrairement à ce qu'on pourrait croire, n'est pas l'inventeur du "macadam" ; il avait mis au point au XIXe siècle des techniques d'empierrage

* Une négligence aussi criminelle est également à l'origine du terrible incendie qui fit des centaines de morts dans une mine turque au printemps 2014.

des routes, mais les revêtements "macadamisés" (bétons recouverts de bitumes dérivés du pétrole) qui devaient se généraliser après l'invention des pneumatiques – et qu'en anglais on appelait *tarmac*, abréviation de *tarmacadam* (*tar* signifie "goudron", dérivé du charbon) – sont plus tardifs.

Après les débuts de la chimie industrielle, la distillation du pétrole servit surtout pour l'éclairage et le chauffage. On connaît l'importance, avant la généralisation de l'électricité, des lampes et poêles à pétrole*. L'essence à cette époque était un résidu considéré comme un déchet… L'usage du fioul lourd dans les chaudières du "chauffage central" allait connaître un succès durable et, par la suite, les produits des raffineries de pétrole, de la pétrochimie, devaient se diversifier dans quantité de débouchés : paraffines, nylons, vinyles, PVC et autres "matières plastiques", élastomères, détergents, adhésifs, cosmétiques, colorants…

Mais la principale utilisation du pétrole, évidemment, est concurrente de la modernité des transports au XXe siècle (la voiture, l'avion) et de tout ce qui va avec (les autoroutes, les "garages", les aéroports, le tourisme de masse, les accidents de la route** et les assurances automobiles…). À partir du milieu du siècle, dans les pays occidentaux, les bêtes de trait vont totalement disparaître des villes et bientôt des campagnes, et la consommation d'énergie par habitant va faire un bond gigantesque (améliorant le confort et armant la bombe à retardement du réchauffement climatique), phénomènes qui s'amplifient aujourd'hui dans le monde entier.

* Le gaz qui, au XIXe siècle, se substitue à l'huile de baleine pour l'éclairage urbain et commence à alimenter les fourneaux domestiques est du "gaz de houille", produit dérivé du charbon, auquel succédera au XXe siècle le "gaz de ville", issu des réserves géologiques de gaz naturel.

** Dans les années d'après-guerre, les accidents de la route tuaient la jeunesse à un rythme comparable à celui des deux conflits mondiaux, et les gouvernements (notamment ceux de Jacques Chaban-Delmas puis de Michel Rocard en France, comme celui de Lyndon Johnson aux États-Unis) furent amenés à intervenir avec vigueur et, heureusement, avec un certain succès.

Le développement et l'industrialisation des moteurs utilisant des produits pétroliers datent de la seconde moitié du XIXe siècle, avec le système à combustion interne de l'ingénieur allemand Rudolf Diesel, dérivé de ceux qui employaient du charbon pulvérisé (encore utilisé dans beaucoup de centrales électriques). Les carburants lourds *(mazout, gazole)*, salissants, allaient être massivement utilisés par la suite dans les chaudières, les engins agricoles, les bateaux, les trains, mais pas avant les années 1980 pour les voitures. Le moteur à explosion, dont le développement est parallèle, fait son apparition avec l'invention du carburateur par l'ingénieur belge Étienne Lenoir. René Panhard et Émile Levassor sont les premiers à installer sur un châssis un moteur à essence (celui de l'ingénieur Gottlieb Daimler, qu'ils fabriquent), en 1889. Les frères Michelin équiperont les roues des "automobiles" de "pneumatiques", améliorant le bandage en caoutchouc de l'Américain John Dunlop.

Dès lors, les "autos" vont connaître un succès grandissant, notamment en France, en pointe dans ce secteur comme dans celui de l'aviation, grâce à Armand Peugeot, Louis Renault, André Citroën. La Grande Guerre verra les premières utilisations militaires de la "force mécanique" (les taxis de la Marne, les camions, les avions de chasse), et les années folles l'extraordinaire mode médiatique des véhicules automobiles – avec les "bandits en auto", les voitures de luxe, les pilotes de course et records de vitesse. Henry Ford aux États-Unis, "taylorisant" la production automobile de masse, démocratisera ce nouveau moyen de transport qui deviendra, la paix revenue après la Seconde Guerre mondiale (les panzers, les "forteresses volantes", la Jeep...), un bien d'équipement standard des ménages, avant même les réfrigérateurs et la télévision.

L'industrie des carburants et lubrifiants devient du même coup l'un des secteurs les plus dynamiques et les plus rentables, étendant son influence sur de nombreux aspects de l'économie et de la diplomatie, voire des sciences (la géologie, la chimie). Dès 1920, la négociation des concessions et des conditions d'exploitation des gigantesques gisements pétroliers découverts au Moyen-Orient mettait en jeu des manœuvres géopolitiques de grande envergure de la part des grandes puissances occidentales. Mais à la fin des années 1970, avec la décolonisation, la réaction de l'OPEP (l'Organisation des pays exportateurs de pétrole) siffle la fin des trente glorieuses, et à partir du milieu des années 1980 des pays comme le Brésil, la Russie, l'Inde, la Chine (les "Brics"), certains appuyés sur leurs gisements pétroliers, commencent à monter en puissance.

La recherche des gisements comme les méthodes d'exploitation avaient mobilisé des moyens considérables, notamment l'imagerie sismique, mais aussi les techniques de forage, en particulier dans les conditions difficiles de l'offshore, les plates-formes pétrolières en mer. Ce sont deux ingénieurs des Mines français, les frères Conrad et Marcel Schlumberger, qui avaient inventé les premières méthodes de sondages électriques permettant, dans une certaine mesure, de deviner la configuration et la nature des sous-sols sans carottage, c'est-à-dire sans avoir à remonter des échantillons. Des électrodes introduites dans des forages étroits et profonds, effectués avec un simple trépan, transmettent en surface, en fonction de la profondeur, la résistivité (plus ou moins grande faculté à conduire le courant) et la perméabilité des roches (potentiels spontanés sans apport extérieur de courant). L'interprétation des résultats permet, en particulier, de détecter les strates souterraines de roches aquifères ou pétrolifères et ces méthodes trouvèrent dans l'entre-deux-guerres des applications immédiates dans la prospection pétrolière, avec des revenus considérables*.

* Les savoir-faire ainsi développés s'épanouiront après la Seconde Guerre mondiale dans la saga de la société d'instruments de mesure Schlumberger

Vues de l'espace, les flammes des torchères des champs pétroliers, peut-être la plus visible des manifestations de l'activité humaine du côté nocturne de la Terre, donnent une idée de l'ampleur de la production et de la consommation de pétrole et de gaz. Au début du XXIe siècle, l'humanité consommait le pétrole au rythme quotidien effarant de plusieurs dizaines de millions de barils (un baril vaut 42 gallons, 160 litres), soit de l'ordre de *10 milliards de litres par jour* ! Comme jadis pour le charbon, son transport des lieux d'extraction aux aires de stockage, de traitement et de distribution revêt une dimension stratégique, mais avec une ampleur inouïe : les navires pétroliers, par exemple, représentent à l'heure actuelle, dans le monde, environ le tiers du tonnage total de la marine marchande.

Il est facile de prendre conscience de cette nature intense et continue du trafic pétrolier, sans même aller au Cap ou sur le canal de Suez, rien qu'en traversant le "rail" de la Manche où se succèdent les norias des tankers géants qui approvisionnent l'Europe, ou en contemplant la mer au large du terminal de Lavéra, près de Marseille, qui fournit les raffineries de l'étang de Berre. Lorsque nous habitions à San Francisco une maison avec vue sur la baie, nous nous étions habitués à remarquer les arrivées et départs continuels des *Exxon Valdez* et autres pétroliers alimentant les raffineries du nord de cette baie avec le brut d'Alaska.

Les navires méthaniers, qui livrent le gaz naturel, sont, eux, des bâtiments sophistiqués et coûteux, "capables de maintenir une chaîne de très grand froid entre le site de liquéfaction et l'usine de regazéification" (Wikipédia), et pour la plupart récents. Après les crises ukrainiennes de

et de ses filiales spécialisées, l'une des très grandes réussites françaises aux États-Unis. La famille Schlumberger règne aujourd'hui sur la vie culturelle de la ville de Houston au Texas, que son mécénat a aidé à transformer de bourgade à moitié sauvage en métropole aux trois quarts civilisée.

2009 et de 2014, de nouveaux investissements sont en cours aux États-Unis dans ce domaine pour exporter par voie maritime le gaz de schistes en Europe, dont les pays dépendaient jusque-là, pour une bonne part, de la livraison de gaz russe par les pipelines, dont beaucoup traversaient l'Ukraine et vont maintenant la contourner.

Si l'acheminement des hydrocarbures par voie maritime est bien visible, ces pipelines en revanche restent en général beaucoup plus discrets, bien qu'ils impliquent tout autant d'enjeux géopolitiques et écologiques. Ils jouent notamment un rôle de premier plan dans l'économie et la diplomatie de pays d'Asie centrale, du golfe Persique ou d'Afrique du Nord (Azerbaïdjan, Émirats, Algérie, Libye). Et celui qui doit relier les vastes champs de schistes bitumineux de la province d'Alberta du Canada aux raffineries du Texas a été l'objet d'une vigoureuse contestation de la part d'associations de défense de l'environnement américaines.

Un siècle d'investissements et de profits abyssaux avait transformé les grandes compagnies pétrolières en ogres de la croissance (dans des pays comme la France, ce sont les principaux collecteurs d'impôts, les taxes sur les produits pétroliers dépassant environ 100 % du prix hors taxes et représentant pour l'État une manne supérieure, à certaines époques, à l'impôt sur le revenu).

Leur mauvaise réputation a atteint des sommets avec les grandes "marées noires" et autres catastrophes écologiques depuis les années 1970 (il y en a eu auparavant, notamment pendant la Seconde Guerre mondiale, mais à l'époque on n'en faisait pas trois actes...) – du naufrage de l'*Amoco Cadiz* en Bretagne à l'incendie de la plate-forme de British Petroleum dans le golfe du Mexique, des forages de Chevron au large de Rio de Janeiro aux déboires des plates-formes Total en mer du Nord ou Shell dans l'Arctique, sans compter les fuites et accidents affectant les pipelines –, alors même que le “pic du pétrole”, le début de l’inexorable déclin de l’exploitation de réserves limitées (et des profits des compagnies pétrolières), était encore à venir.

Ce pic de production pétrolière, toutefois, est peut-être déjà derrière nous : un rapport de l’Agence internationale de l’énergie prévoyait que “la production de pétrole brut se stabilisera autour de 68-69 millions de baril par jour à l’horizon 2020, mais ne retrouvera jamais le niveau record de 70 qu’elle a atteint en 2006”. C’est sans doute une bonne nouvelle. Cela dit, il reste dans le sous-sol énormément d’hydrocarbures, même si les conditions de leur exploitation promettent de devenir plus délicates, pour employer un euphémisme, que celles des gisements pétroliers classiques.

C’est le cas par exemple des pétroles et gaz des sables et schistes bitumineux*, utilisés depuis longtemps, mais dont les procédés modernes d’extraction par forage horizontal et fracturation hydraulique *(fracking)* – accusés de consommer des quantités exagérées d’eau et de polluer les nappes phréatiques en les contaminant avec les divers produits utilisés, ainsi que l’atmosphère par dégagement de méthane, sans compter les risques sismiques (à vrai dire assez mineurs) – provoquent une levée de boucliers. Alors que dans le même temps ils connaissent un boom sans précédent, en passe notamment d’assurer pour la première fois l’indépendance énergétique des États-Unis et de hisser (temporairement ?) ce pays au rang de premier producteur mondial d’hydrocarbures devant l’Arabie Saoudite, événement d’une portée géopolitique considérable.

Il serait sans doute regrettable que la priorité donnée à l’emploi et à la croissance en période de crise aboutisse outre-Atlantique à un relâchement des politiques de

* Les “schistes” du “gaz de schistes” ne sont pas des schistes ! C’est la traduction inexacte de l’anglais *shale gas. Shale* désigne des argiles compactées qui n’ont qu’un lointain rapport avec les schistes.

protection de l'environnement pour favoriser l'investissement, mais on peut craindre qu'en Europe, à l'inverse, l'emprise parfois excessive du principe de précaution sur les politiques énergétiques (interdiction de l'exploration du gaz de schistes en France après celle du nucléaire en Allemagne) ait bien inutilement, et sans beaucoup de succès marquant sur le plan environnemental, enchéri le coût de la vie, entamé la compétitivité industrielle, aggravé les déficits et accru la dépendance, ce qui pourrait bien s'avérer une des causes du déclin de son économie et, partant, de tout le reste, au XXIe siècle. (Même si, comme nous le verrons dans la conclusion de ce livre, nous devrons bel et bien nous préparer à vivre sans croissance, contrairement à ce que souhaitent nos gouvernements et partis politiques dominants, qui n'ont pas encore appris ni même sérieusement réfléchi à le faire.)

L'uranium : espoirs et effroi du nucléaire

Alors qu'à part le technétium (l'eka-manganèse de Mendeleïev) – premier élément produit artificiellement (d'où son nom) en 1937, qui trouve des applications en médecine –, la radioactivité artificielle devait rester largement cantonnée aux laboratoires de physique nucléaire, les applications industrielles de la radioactivité naturelle commencèrent à être développées avant la fin de la première moitié du XXe siècle.

La première "pile atomique", conçue par le grand physicien italien Enrico Fermi, devint "critique" ("divergea", c'est-à-dire enclencha une réaction en chaîne contrôlée) en décembre 1942 dans une ancienne salle de squash sous les gradins du Stagg Field de l'université de Chicago où avaient été em*pilées* 36 tonnes d'oxyde d'uranium et une grande quantité de briques de graphite jouant le rôle de modérateurs. On y vit la promesse radieuse d'une énergie propre et bon marché. Aussi, pendant une brève génération, le nucléaire a-t-il représenté l'espoir d'un progrès décisif pour l'humanité, avant que ne l'emporte la terreur des bombes A et H, et la hantise des accidents et déchets des centrales civiles.

La matière première de cette industrie – les minerais radioactifs contenant du "combustible nucléaire", c'est-à-dire des éléments fissionnant facilement et se prêtant donc, une fois concentrés, à des réactions en chaîne massivement (et occasionnellement de façon apocalyptique) génératrices d'énergie – est assez répandue à la surface de la Terre. On en trouve dans les gisements de potasse ou ceux d'où l'on extrait certains métaux comme l'argent ou le platine, et même dans beaucoup de roches cristallines comme les granites, qui contiennent des proportions non négligeables de formes radioactives des éléments thorium ou potassium.

Il aurait été possible de développer une filière nucléaire civile pour la production d'électricité fondée sur l'utilisation du thorium, moins sujet à l'emballement que l'uranium concentré et produisant des déchets moins vicieux, mais les investissements considérables consentis dans la filière de l'uranium pour le nucléaire militaire en décidèrent autrement.

L'élément uranium, dont Martin Klaproth avait choisi le nom dès la fin du XVIIIe siècle en hommage à la découverte, quelques années auparavant, d'une nouvelle planète (Uranus) – mais ce qu'il nomma ainsi était en réalité un oxyde de ce métal –, ne fut en fin de compte isolé, par le chimiste Eugène Péligot, qu'en 1841. Cet élément acquit ensuite une certaine notoriété lorsque Mendeleïev le désigna comme le plus lourd de tous, puis une forme de gloire après qu'Henri Becquerel en eut mis en évidence le "rayonnement uranique". Pierre et Marie Curie, recherchant d'autres substances émettant des rayons analogues, introduisirent dans le titre de leur compte rendu à l'Académie des sciences de juillet 1898 un mot nouveau dans la littérature scientifique : "*Sur une substance nouvelle* radioactive *contenue dans la pechblende*". Ces trois savants reçurent le prix Nobel en 1903 pour leur découverte de la *radioactivité*.

La pechblende est un des oxydes de l'uranium. Elle se trouvait en quantité dans les mines d'argent de Bohême – où elle était utilisée depuis des siècles pour colorer le verre –, gisements qui fournirent le minerai où les Curie découvrirent le radium, puis le polonium. Elle est le constituant principal des minerais utilisés depuis dans la filière nucléaire, son funeste artisanat (la peinture lumineuse des aiguilles de montre et de réveil, ou les produits de beauté au radium, tuèrent quantité d'ouvriers et d'ouvrières qui les fabriquaient avant la guerre), puis sa détestable industrie (détestée en tout cas, après avoir été diabolisée par les écologistes avec un succès durable et à mon avis exagéré à partir des années 1970-1980 contre le lobby des "nucléocrates").

Parce que le combustible nucléaire fissible – capable d'entretenir une réaction de fission en chaîne contrôlée… ou incontrôlée – est en fait une variété isotopique (l'uranium 235) très peu concentrée dans la nature, une grande quantité de minerai est nécessaire au départ pour en enrichir même de petites quantités. Les réacteurs des centrales nucléaires utilisent une concentration relativement faible, de quelques pour-cent, d'uranium 235 par rapport à l'uranium 238 ; les bombes, elles, requièrent une concentration bien supérieure, de l'ordre de 90 % (*cf.* les négociations sur le nucléaire iranien, qui portent essentiellement sur la capacité de ce pays à enrichir l'uranium).

Les Curie avaient déjà dû stocker dans un hangar du Quartier latin à Paris plusieurs tonnes de pechblende (en provenance de Jáchymov en Tchécoslovaquie) afin de recueillir quelques grammes de radium. Une cinquantaine d'années plus tard, l'une des premières urgences du général (alors colonel) américain Marshall et de son adjoint le lieutenant-colonel Nichols, chargés du projet Manhattan de développement des premières bombes "atomiques" – celle qui fut essayée à Alamogordo en juillet 1945, et les deux suivantes qui ravagèrent les villes japonaises d'Hiroshima et Nagasaki en août 1945, entraînant des centaines de milliers de morts et la capitulation du Japon –, fut de stocker (à Staten Island) 1 750 tonnes de minerai d'uranium en provenance de la mine de Shinkolobwe au Congo belge, dont ils avaient non sans mal négocié l'achat par l'entremise des Britanniques, et qu'ils complétèrent par des centaines de tonnes venant du nord du Canada et du Colorado.

Les méthodes modernes d'extraction de l'uranium des minerais radioactifs – à ciel ouvert (par exemple au Niger) ou en sous-sol (Canada) – font usage de la lixiviation (dissolution sélective) *in situ* (Australie ou Wyoming) ou en usine (Bessines, France), donnant comme matière première le *yellow cake*, concentré d'uranium qui doit ensuite être raffiné. Les procédés d'enrichissement de l'uranium mettent en œuvre la diffusion gazeuse utilisée par le club nucléaire initial – dont la France, à Pierrelatte –, ou la centrifugation, technique plus récente et plus accessible qui permit la prolifération des armements nucléaires.

Indépendamment des nouvelles promesses de la "surgénération" (réacteurs produisant plus de combustible nucléaire qu'ils n'en consomment), le recyclage – comme pour les autres métaux, ainsi que nous allons le voir – est mis en pratique dans l'industrie nucléaire ; notamment à partir du démantèlement des arsenaux stratégiques, mais aussi à partir des combustibles usés des centrales. Connu comme le Mox (mélange d'oxydes), le produit de ce recyclage (effectué notamment à l'usine de La Hague) se présente comme un débouché pour les déchets nucléaires*.

* "Ah les déchets ! Eh bien je vais te dire : moi je veux bien qu'on en enfouisse dans mon jardin, ça ne me gênerait pas. Mais on a tellement foutu la trouille aux gens qu'on ne sait plus quoi en faire. La vérité c'est qu'on devrait les mettre dans les zones à protéger, les forêts tropicales par exemple ; ça ne ferait pas grand mal aux végétaux ou aux animaux et ils seraient tranquilles : plus personne n'oserait venir, tu comprends ? Parce que la plus grande menace qui pèse sur la nature, vois-tu, ce n'est pas la radioactivité, non, c'est l'homme..." (Paraphrase de James Lovelock, rare exemple d'un écologiste pronucléaire, in *La Revanche de Gaïa*, bibl.)

Cette sorte de nouveau minerai contient du plutonium, élément engendré dans les réacteurs qu'on ne trouve pas à l'état naturel, plus dangereux que l'uranium 235 à la fois en cas d'accident – il est particulièrement radioactif et toxique : l'ingestion d'un seul milligramme est mortelle – et du point de vue de la prolifération – il suffit de quelques kilos de plutonium 239 pour fabriquer une bombe nucléaire.

Quoi qu'il en soit, le poids des réalités économiques pèsera sans doute plus lourd sur l'avenir du nucléaire que ses dangers. C'est le coût de la sûreté, du démantèlement des centrales arrivées en fin de vie et du traitement des déchets qui viendra en limiter les perspectives, bien plus qu'une réputation exécrable que ne justifie guère un bilan somme toute très favorable parmi les autres sources d'énergies, tant sur le plan des accidents que sur celui des effets pour l'environnement et la santé publique.

L'avenir bouché de la mine

L'histoire de la mine depuis l'Antiquité avait été ponctuée de violents conflits suscités par des convoitises rivales et par les conditions de travail souvent inhumaines des mineurs ; c'est un fait qu'aujourd'hui, alors que ces causes de conflits n'ont pas disparu (comme j'écrivais ces lignes, la répression d'une révolte de mineurs grévistes en Afrique du Sud se soldait par un massacre), une nouvelle source de troubles s'y est ajoutée : la contestation visant la plupart des grands projets miniers. La presse est remplie de dénonciations de la pollution ou des déplacements de population – nomades du désert de Gobi, villageois du Pérou – entraînés par les gigantesques chantiers destinés à continuer à nous fournir, par exemple, en cuivre ou en uranium (notre électricité…), sans parler du charbon (en Allemagne par exemple) ou des hydrocarbures (le gaz de schistes).

Qu'il s'agisse du gaz, du pétrole, du charbon, des métaux ou de la plupart des autres minerais, il semble que le poids des aspects négatifs de l'industrie minière, alors même que notre dépendance à son égard n'a jamais été aussi forte, tende à l'emporter dans l'opinion publique et les médias sur la conscience de son utilité, voire sur la simple information concernant les réalités économiques. Certains déplorent que la mine fasse dorénavant "figure d'accusée" et que se soit ainsi développée "une culture pour stopper tout projet". Pourtant, un journaliste qui suit depuis longtemps ces affaires, Alain Faujas, note que la mine est aujourd'hui "au pinacle" : "On extrait vingt-sept fois plus de matériaux miniers qu'il n'y a un siècle*." Indice du rang économique actuel de cette activité : avant la crise de la fin des années 2000, c'étaient des bataillons de banquiers et de financiers qui occupaient majoritairement les sièges des vols internationaux en *business class* ; aujourd'hui, ils ont laissé la place aux cadres supérieurs des secteurs de la mine et de l'énergie, devant ceux de la mode…

Cela dit, tandis que les ressources énergétiques fossiles – le charbon, le pétrole et le gaz – sont brûlées et disparaissent (en gaz à effet de serre), inexorablement consommées, aucune espèce de recyclage ne pouvant se substituer à l'extraction lorsque celle-ci s'épuisera, la plupart des autres ressources naturelles minérales vont, elles aussi, atteindre un jour ou l'autre leur pic de production. Car les filons se raréfient, l'extraction devient de plus en plus difficile et de plus en plus onéreuse, et l'on découvre de moins en moins de nouveaux gisements. Sauf à exploiter nos déchets, dont "la récupération et le traitement suffiraient presque à rendre un pays comme la France autosuffisant dans de nombreuses matières premières si elle s'en donnait la peine", remarque un spécialiste**.

* *Le Monde*, dossier du 11 septembre 2012, de même que les citations précédentes.

** Philippe Chalmin, *ibid.* – À noter : en 2013, avec la fermeture d'une dernière mine d'ardoise, toutes les mines de l'Hexagone ont cessé leur activité. "Les élèves de la fameuse École des mines de Paris ne descendent plus dans les puits et boudent la géologie : ils se vouent au *trading* et aux salles de marché", écrit Alain Faujas.

Au rythme actuel, dans un peu plus d'une centaine d'années au maximum, à peu près *toutes* les mines traditionnelles dans le monde auront vraisemblablement été abandonnées et il n'y aura plus *que* du recyclage, à moins que l'on ne soit parvenu entre-temps à exploiter une source potentiellement bien plus abondante et accessible que le sous-sol terrestre : la mer. Il y a au fond des océans des richesses minérales considérables (*cf.* p. 277) et l'eau de mer elle-même recueille depuis des milliards d'années le lessivage des continents par le cycle de l'eau.

L'Allemagne des années 1920, étranglée par la charge du paiement des réparations de guerre que lui avait imposées la myopie caractérielle d'un Clemenceau (et qui menèrent tout droit au Troisième Reich), avait déjà exploré la possibilité de recueillir l'or dans l'eau de mer, lançant dans ce but, mais sans succès, le navire océanographique *Meteor*. Il n'est pas impossible que, conjointement à la multiplication d'usines de dessalement destinées à produire de l'eau douce – usines dont les déchets sont une saumure dont on ne sait trop comment se débarrasser mais qui est riche de toutes sortes d'éléments (*cf.* p. 244) –, se multiplient à l'avenir de nouvelles tentatives de ce genre, visant non seulement les métaux précieux mais toute la gamme des richesses minérales dont on aura épuisé les gisements continentaux rentables.

14

AVENTURES GÉOLOGIQUES : VOYAGES IMAGINAIRES DANS L'IMMENSITÉ DES ÂGES

Pourquoi certaines couches rocheuses sont-elles harmonieusement plissées ? Et d'autres brisées de manière chaotique ? Que leur est-il arrivé ?

J. GAUTHIER, ingénieur chez Schlumberger

Bien que la quête de minerais utiles n'ait initialement obéi qu'au hasard des trouvailles, elle n'avait pas manqué d'accumuler une masse considérable de connaissances et d'interrogations sur le sous-sol des continents. La géologie – la "sous-sologie" *(undergroundology)*, comme l'appellera l'excentrique William Buckland –, tout en recherchant initialement des preuves de la vérité des Saintes Écritures, n'en répondait pas moins à la curiosité ou au besoin que l'on éprouvait de comprendre les paysages, les reliefs, leur nature, leur structure, leur histoire. Cette science, nourrie des découvertes et des interrogations associées aux mines, aux carrières et autres grands chantiers du passé, s'est donc révélée un investissement à long terme fructueux pour l'industrie minière : au XXe siècle par exemple, la plupart des diplômés en géologie travailleront pour ce secteur, notamment dans la prospection pétrolière.

Entre-temps, cependant, le transfert des savoirs, de l'expérience pratique ou de la curiosité des mineurs à la réflexion et aux théories des géologues ne fut pas des plus simples, ni des plus rapides. Un naturaliste écossais, dans son commentaire sur les travaux de son contemporain

Contemporain de Georges Cuvier, créateur et premier titulaire d'une chaire universitaire de géologie, William Buckland était un personnage bizarre. Darwin se souvenait de lui comme de quelqu'un de "vulgaire, presque grossier". Naturaliste enragé, il habitait dans ses appartements à Oxford parmi toutes sortes d'animaux empaillés ou vivants ; expérimentant jusqu'en gastronomie, il était connu pour servir à ses invités des plats de mammifères et de reptiles tout à fait inhabituels. À la fin de sa vie, il devint très agressif et dut être enfermé dans un asile.

français, le grand Georges Cuvier, remarque au tout début du XIXe siècle : "Les trésors de la mine excitaient trop les ambitions et la cupidité pour rester longtemps dans l'ombre, mais les tâches laborieuses de leur exploitation ne laissaient guère de loisir ou d'encouragement pour la recherche philosophique. Aussi l'étude des phénomènes qui révélèrent l'action de forces géologiques d'une ampleur, d'une puissance et d'une durée inimaginables, fut-elle réservée à un âge avancé de l'investigation scientifique."

Même s'il y eut quelques précurseurs – comme par exemple l'"ingénieur des mines" Agricola au XVIe siècle ou l'ingénieur des Ponts et Chaussées Henri Gautier au XVIIIe –, cet "âge avancé" se situe en fait pratiquement, comme beaucoup des grandes percées constitutives de la science moderne, à l'époque même où les lignes ci-dessus furent écrites, c'est-à-dire à l'issue du Siècle des lumières ; en l'occurrence, le *Scottish Enlightenment* qui vit prospérer à Édimbourg autant de remarquables cercles savants qu'il y en avait à Paris. Et de fait ce sont l'Écosse (avec Hutton, Murchison et Lyell) et l'Angleterre (avec Buckland et Sedgwick) qui allaient finalement transformer les essais marqués par les Steno ou Arduino en Italie et les Buffon, Guettard ou Desmaret en France, contre le "pack" des puissants piliers de la tradition biblique dont l'enseignement, depuis la christianisation de l'Occident, avait refoulé les anciennes croyances et imposé une foi naïve dans la lettre de l'Ancien Testament.

Les anciennes croyances, au demeurant (comme le raconte Jules Michelet dans *La Sorcière*), n'avaient pas disparu ; elles avaient simplement pris le maquis et peuplaient encore les forêts, les landes et les replis de terrain, ainsi que les contes et légendes populaires. Selon beaucoup des mythes primitifs où a puisé la culture d'innombrables générations de nos ancêtres, il était entre autres choses patent que la Terre avait été habitée jadis par des géants. Ces êtres mythiques gigantesques avaient façonné, par leurs passages et leurs excréments – traces de pas, flaques, dépôts variés –, les paysages tels que nous les voyons aujourd'hui, leurs combes, leurs lacs, leurs monts, sans compter les énormes os laissés dans le sol et qui ressemblent souvent à des tibias ou fémurs humains surdimensionnés*. Cette

* Même encore au XVIIe siècle, un certain Dr Plot d'Oxford avait considéré qu'un fémur de 10 kilos trouvé dans une carrière devait avoir appartenu à un

mythologie, très répandue sur tous les continents, non dépourvue chez nous d'un certain humour rabelaisien, et pas des plus légers, a laissé des rappels dans beaucoup de noms de lieux (la "chaussée des Géants", "l'étron de la Vieille", etc.) ; et quelques interminables colonnes vertébrales hérissées ou mâchoires effrayantes trouvées çà et là donnèrent naissance à la galerie des animaux fabuleux peuplant le folklore – les "dragons", tarasques et autres bêtes faramines, avatars préscientifiques de nos chers dinosaures.

La plupart des cosmogonies antiques ou premières, des Aryens aux Hopis, des Gaulois aux Dogons, mettent en scène des géants. Même l'ancien panthéon gréco-romain descend d'une génération primitive de géants : les Titans, engendrés par le Ciel (Ouranos) et la Terre (Gaïa), et qui avaient eux-mêmes engendré les dieux de l'Olympe.

Pour les religions monothéistes – les cultes judéo-chrétien puis islamique –, le schéma s'est inversé : c'est Dieu qui a créé le monde. Dans les textes hébraïques dont a hérité le christianisme – eux-mêmes souvent inspirés de contes mésopotamiens –, le récit de la Création est celui du début du Pentateuque, la Genèse. Selon cette "histoire sainte", la création du premier couple humain aurait été contemporaine de celle des terres et des mers, des plantes et des animaux. (Mon épouse me signale qu'un grave débat agita les artistes du Moyen Âge lorsqu'ils commencèrent à représenter Adam et Ève tout nus et de façon très réaliste : fallait-il leur mettre un nombril ?) Mais, selon la suite de la Genèse, la Terre avait été ultérieurement repeuplée par les survivants du Déluge (et Noé et son épouse, eux, avaient un nombril, c'est clair). Nous verrons plus loin l'importance qu'a prise cet épisode mythique du Déluge dans l'histoire de la géologie.

éléphant amené par les Romains. Mais, après avoir eu l'occasion d'examiner un squelette d'éléphant, il reconnut son erreur et écrivit que ce fossile ressemblait en fait bien plus à un fémur humain.

L'énigme de la formation des montagnes et des cavernes

Si les anciens textes, voire les cartes de l'époque de la Renaissance, issus pour la plupart de comptes rendus de voyages, font état de toutes sortes de témoignages intéressants, ils sont aussi pleins de fables et de racontars. Les Anciens ne manquaient pas d'imagination et, lorsqu'on lit les livres de géographie de l'Antiquité ou du Moyen Âge, les Hérodote, Pline, Diodore de Sicile, on est frappé par le caractère souvent fantaisiste de leur documentation. "Il faut excuser Homère d'avoir mêlé des éléments de fantastique à ses récits, car ceux-ci ont pour objet d'instruire", commente curieusement le Grec Strabon, affirmant que *L'Odyssée* avait été écrite pour enseigner la géographie…

En Chine existait toute une science des sites, la *géomancie*, qui avait ses professeurs et ses étudiants, selon un cycle de plusieurs années. "L'ancien art chinois du *kanyu* – l'étude dans les paysages de la distribution de l'énergie dont sont censées être chargées les formations géologiques, en particulier les montagnes – est toujours pratiqué selon ses deux branches : *feng shui yin* pour le choix des sépultures et *feng shui yang* pour l'aménagement des lieux de résidence des vivants" (Wikipédia).

Tandis que les phénomènes d'*érosion* et de *sédimentation* qu'on peut dans une certaine mesure voir à l'œuvre *de visu* furent très tôt, comme nous l'avons noté plus haut, bien décrits et compris par les géographes arabes, ceux de la formation des montagnes – ces lieux imposants, révérés comme au Japon, lieux souvent sacrés et même parfois, comme en Amérique précolombienne, sites de sacrifices humains aux divinités – restaient mystérieux et donnaient lieu à toutes sortes de spéculations.

Pour toutes les mythologies du Moyen-Orient, précise l'historien turc contemporain de la géologie Celâl Şengör, "les montagnes sont considérées comme l'élément instable, imprévisible, capricieux, l'élément masculin ; en revanche les plaines sont regardées comme l'élément stable, fécond, sûr, l'élément féminin par excellence". Et il ajoute – sans que l'on sache trop s'il s'agit là d'une véritable généalogie ou d'un effet de projection anachronique de celui qui connaît la suite – que, déjà dans le monde gréco-latin, les philosophes présocratiques (Empédocle, Anaximandre) et les "atomistes" (Démocrite, Épicure) préfiguraient les conceptions modernes selon lesquelles le monde évolue lentement sous l'effet des processus graduels que nous voyons toujours se dérouler sous nos yeux, tandis que beaucoup de grands géographes après Platon et son monde perdu de l'Atlantide penchaient en revanche pour une conception cataclysmique du passé de la Terre. Cette distinction entre "gradualistes" et "catastrophistes" peut en tout cas être suivie en filigrane dans toute l'histoire de la géologie, jusqu'à nos jours.

C'est peut-être le Chinois Shen Kuo qui, dès le Moyen Âge, annonce le mieux le point de vue moderne en remarquant que les massifs montagneux sont largement formés de couches sédimentaires, lesquelles avaient donc dû jadis reposer sous l'eau*. Ce sage savant posait ainsi déjà implicitement la question fondamentale de la géologie : "Quelles sont les forces qui soulèvent les montagnes ?" Cette question ne devait pas recevoir de réponse satisfaisante pendant près d'un millénaire et, d'une certaine manière, on le verra, n'en a toujours pas reçu…

Dans l'Occident médiéval, non sans pertinence, Albertus Magnus invoquait le rôle des tremblements de terre, ou Jean Buridan ce qu'on a appelé par la suite l'*isostasie* – c'est-à-dire le fait que des masses rocheuses considérables peuvent en quelque sorte émerger, flottant sur un substrat plus dense –, idée qui fut apparemment reprise dans des écrits de Léonard de Vinci. Mais Ristoro d'Arezzo, pour sa part, croyait déceler dans le jaillissement des cimes le résultat de l'attirance "magnétique" exercée par les étoiles,

* Le sommet de l'Everest, par exemple, est constitué de sédiments marins.

cette force cosmique par laquelle, pour les alchimistes, la Lune était également censée provoquer les marées (et que Newton, lui-même alchimiste, mathématisera en "gravitation universelle").

Bernard Palissy, lui, voyait dans l'*orogenèse* une poussée animiste, une "végétation" minérale. L'idée que les minéraux puissent "pousser" comme des plantes nous paraît absurde aujourd'hui, mais n'était pas stupide de la part des naturalistes d'antan qui croyaient, faute de mieux, à la génération spontanée et constataient la croissance de stalagmites et de cristaux, ainsi que l'existence d'animaux en pierre à l'intérieur même des roches (il faut lire, pour une discussion détaillée de ces anciennes thèses, l'essai de Stephen Jay Gould sur Steno dans le recueil intitulé *Les Pierres truquées de Marrakech*).

Les cavernes et gouffres, ces mondes souterrains, exerçaient une fascination comparable à celle des montagnes, qui dure jusqu'à nos jours. Des sanctuaires préhistoriques à la spéléologie moderne, de la Terre creuse d'Athanase Kircher (*Mondus subterraneus*, 1664) à celle des nazis*, des modèles de sphères concentriques internes au globe, comme ceux décrits par Edmond Halley, ou de la Terre gonflée telle une vessie de l'encyclopédiste Henri Gautier jusqu'aux récits de science-fiction (à commencer par le *Voyage au centre de la Terre* de Jules Verne), toute une tradition voulait que de vastes espaces existent à l'intérieur du globe et qu'accessoirement les abords des pôles, ces régions inexplorées traversées par l'axe du monde, soient le chemin pour y accéder.

* Des Américains comme John Symmes ou Cyrus Reed Teed avaient formulé au XIXe siècle des théories parascientifiques selon lesquelles la surface terrestre était en fait la concavité de l'intérieur creux de la Terre où flottait tout l'univers ; théories délirantes popularisées en Allemagne dans l'entre-deux-guerres par un ancien pilote de chasse du nom de Brender. Aussi invraisemblable que cela paraisse, des milieux importants de la marine et de l'aviation allemandes croyaient à la théorie de la Terre creuse, et les SS finançèrent des recherches sur les applications militaires potentielles de cette théorie...

Les "théories de la Terre", le "retrait de la mer" et les "époques de la nature"

En parallèle avec les idées de croissance minérale et de Terre creuse, un petit nombre de thèmes récurrents tissent la trame des hypothèses anciennes concernant la *tectonique*, c'est-à-dire l'architecture des structures à la surface du globe, parmi lesquels domine l'image de cassures et de fripements de la "croûte" terrestre recouvrant un globe d'eau (que les Anciens appelaient Érèbe ou Tartare) ou de matières en fusion (la "pyrosphère"), images qui ont continué longtemps à inspirer les géologues. Beaucoup de théories de l'orogenèse – celle de Descartes notamment, exposée dans ses *Principes de la philosophie* de 1644 – reprennent l'idée d'effondrements de l'écorce terrestre, que l'on trouve déjà chez Lucrèce et qu'on retrouvera ensuite déclinée dans toutes les "théories de la Terre", chez Whiston ou Dolomieu, en attendant les grands géologues de la seconde moitié du XIXe siècle comme Eduard Suess ou Marcel Bertrand qui, nous le verrons, y ajouteront les notions de "plissements" et de "charriage" des couches sédimentaires.

Gautier, rédigeant les articles de l'*Encyclopédie* de Diderot sur le sujet, semble être le premier à soupçonner le rôle de ces grands mouvements horizontaux ("tangentiels") animant la croûte terrestre. En revanche, d'autres à la même époque, comme Palassou et Buffon, voyaient la sédimentation s'effectuer sur des socles de granites bosselés depuis l'origine, c'est-à-dire sans nul besoin d'un mécanisme spécifique d'orogenèse. Et puis, après la vérification par les géodésiens français sous Louis XV de l'aplatissement du globe terrestre prédit par Newton, Boulanger (comme, par la suite, Lamarck) examina le rôle possible de déplacements des pôles et du renflement équatorial pour faire glisser les masses continentales, préfigurant en quelque sorte de futures hypothèses d'une "dérive des continents".

Dans la tradition religieuse qui forme le cadre cosmogonique de la plupart des philosophes naturels au moins jusqu'à la fin du XVIIIe siècle (il y a quelques exceptions comme les matérialistes d'Holbach et Diderot), les "jours" de la Genèse devinrent généralement interprétés comme des millénaires, suivant l'enseignement de Pierre : "Un jour est au Seigneur comme mille ans et mille ans pour Lui comme un jour*." Le dernier millénaire, encore en cours, était censé être celui évoqué dans le "Livre de la révélation", l'Apocalypse de saint Jean.

Il est facile aujourd'hui de se moquer de ces interprétations trop littérales de la Bible, qui permettaient aux "chronologistes" de calculer au jour et à l'heure près le moment exact de la Création (calculs fort précis : ceux du rabbin Hillel, sur lesquels est fondé le calendrier hébraïque, de l'humaniste protestant français Scaliger, base des "jours juliens" encore utilisés par les astronomes, ou encore du célèbre évêque calviniste irlandais Ussher qui data tous les événements à partir de la Création – octobre 4004 avant Jésus-Christ – dans les marges de la première traduction du Livre en anglais : la *King James Bible*, le plus grand succès de librairie de tous les temps). Mais il faut comprendre que le travail de ces chronologistes – brillante succession d'érudits, de savants et de prélats, s'étendant sur de nombreux siècles, parmi lesquels on compte des luminaires de la science comme Kepler et Newton en personne –, lesquels avaient patiemment reconstitué l'histoire du monde d'après les textes sacrés et les archives des "anciens royaumes", n'était pas aisément contesté, ni leurs conclusions facilement écartées**.

Peut-être le plus résistant des épisodes bibliques auxquels s'attachaient les philosophes naturalistes croyants

* Jacob interroge Dieu : "C'est quoi pour Toi un million d'années ?" Dieu répond : "C'est comme une seconde. – Et, dis-moi, un million de dollars c'est quoi pour Toi ? – C'est comme un centime." Alors Jacob demande : "T'as pas un centime pour moi ?" Et Dieu : "Si, si, attends une seconde."

** Cf. *Le Ciel dans la tête*, *op. cit.*

– et sans doute faut-il rappeler ici que les principaux acteurs de la *scienza nuova* comme Galilée, Descartes, Gassendi, de même que par la suite Buffon, Cuvier (luthérien) et un grand nombre des premiers géologues (dont certains et pas des moindres étaient des membres du clergé anglican), furent des chrétiens croyants ; peut-être pas toujours respectueux des autorités ecclésiastiques ou de la lettre des textes sacrés mais à coup sûr du "miracle" de la Création –, le plus durable et influent, donc, des contes bibliques fut l'histoire de l'arche de Noé.

Cette fable est merveilleuse, et je ne me suis jamais lassé de la raconter à mes enfants et petits-enfants (après ces quarante jours de galère et l'arrêt de la pluie, la colombe envoyée en reconnaissance qui retourne épuisée sans avoir trouvé de terre émergée, puis repart le lendemain et revient enfin le soir se poser avec un rameau d'olivier dans le bec, ça ne vous a jamais ému, vous ?). Mais comme théorie scientifique, ça ne tient pas debout. Même si la plupart des insectes et des microbes, qui n'étaient pas, semble-t-il, à bord de l'arche (ou en tout cas ne sont pas mentionnés dans la Bible), avaient pu renaître plus tard de la boue comme on l'imaginait à l'époque où l'on croyait encore à la génération spontanée – mais n'y croyons-nous pas toujours, s'agissant de l'origine de la vie ? –, et même si l'on admet qu'à partir du Déluge tout recommence donc plus ou moins à zéro – ce qui après tout serait une façon élégante pour les créationnistes de récupérer l'idée que le monde a pu, comme le soutient la science, se faire tout seul –, il faut une sacrée foi pour adhérer au conte biblique. Mais cette foi était encore solide au XVIIIe siècle et a laissé des traces.

La théorie selon laquelle c'est un océan primordial qui avait façonné la surface de la Terre et toute la vie terrestre telles que nous les voyons aujourd'hui – thèse formalisée sous le nom de *neptunisme* (d'après le nom du dieu gréco-romain de la Mer) – a en effet longtemps régné sur beaucoup d'esprits savants. Au-delà de son caractère doctrinal, cette théorie avait certainement de quoi satisfaire les aspirations rationnelles des naturalistes car elle rendait compte, pour d'éminents neptuniens comme Delamétherie, Saussure ou Werner, non seulement des strates sédimentaires, mais aussi, selon eux, de la "cristallisation" des granites et des basaltes à partir d'une solution aqueuse. Et puis, enfin et surtout, elle expliquait l'existence des fossiles, leur présence jusque dans les montagnes, et fournissait des raisons logiques à leur étagement (les oiseaux au-dessus des reptiles, des poissons, et les coquillages tout en bas).

Accorder ainsi le Livre sacré et le Livre de la nature devint une sorte de science, remontant en fait à Leibniz mais typique du XVIIIe siècle où beaucoup d'ouvrages savants de "physico-théologie", ou *théologie naturelle*, voient dans les merveilles de la Création "la main de la Providence*". C'est néanmoins au cours de ce siècle que l'on va commencer à s'écarter de l'échelle des temps bibliques (les six jours de la Création divine, les plus ou moins six mille ans de l'âge du monde), échelle qui tendra progressivement à devenir une simple figure métaphorique désignant les étapes successives de l'histoire de la Terre, avant d'être purement et simplement abandonnée au siècle suivant comme tout à fait inutile pour la science.

Déjà, les germes de la géologie moderne avaient été semés auparavant dans des travaux fondant les notions sur lesquelles les savants allaient pouvoir s'appuyer pour

* La Providence était invoquée comme principe explicatif de toute l'harmonie du monde : on voyait dans un tel état de fait la sollicitude du Créateur qui avait veillé à notre bien-être sur Terre. Et il est de fait qu'en l'absence de théorie de l'évolution, la parfaite adaptation de la vie à l'univers ne peut pas être considérée comme due au seul hasard. Cela ne s'appelle plus aujourd'hui la Providence mais "le principe anthropique" : si nous sommes là, les lois de la Nature doivent être telles qu'elles mènent jusqu'à nous... (*Cf. Le Ciel dans la tête, op. cit.*, chapitre 19.)

établir une histoire scientifique du passé de la Terre, histoire destinée à se substituer à l'"histoire sainte".

Niels Stensen (1638-1686) – Danois dont le nom a été latinisé en Nicolas Steno – travaillait à Florence pour Ferdinand II de Médicis. C'est à la suite de son intérêt pour les fossiles qu'il avait énoncé le *principe de superposition* des couches géologiques, formant la base de la science "stratigraphique". Plus tard, Giovanni Arduino (1714-1795), à Venise, élaborera de son côté une classification, basée sur ses observations, dans les Alpes, des terrains *primaires* (montagnes cristallines), *secondaires* (collines consolidées), *tertiaires* (couches sédimentaires) et *quaternaires* (alluvions), nomenclature appelée à un grand avenir même si elle devait être appliquée aux grandes ères du passé de la vie sur la planète plutôt qu'à la nature des roches elles-mêmes.

Telliamed – œuvre posthume du diplomate orientaliste Benoît de Maillet (1656-1738), son nom inversé – s'était entre-temps intéressé aux conséquences du "retrait de la mer", imaginant l'origine de la vie dans l'océan et son adaptation ultérieure aux terres émergées. Il s'agit là de la première apparition du "transformisme" des espèces dont Cuvier, qui n'y croyait pas, se servira comme repoussoir…

Buffon enfin, dans le tome XIII de sa monumentale *Histoire naturelle*, traçait le programme d'une grandiose reconstitution des "époques de la nature" : "Comme, dans l'histoire civile, on consulte les titres, on recherche les médailles, on déchiffre les inscriptions antiques, pour déterminer les époques des révolutions humaines et constater les dates des événements moraux, de même, dans l'histoire naturelle, il faut fouiller les archives du monde, tirer des entrailles de la Terre les vieux monuments, recueillir leurs débris, et rassembler en un corps de preuve tous les indices des changements physiques qui peuvent nous faire remonter aux différents âges de la nature." Buffon ne se contentera pas d'esquisser (en sept époques) une histoire du monde ; il se livrera à des expériences destinées, en simulant le refroidissement du globe terrestre, à en dater l'origine : maître de forges, il mesurera le temps requis pour refroidir des boulets portés à incandescence et, de là, extrapolera l'âge de la Terre, pour lequel il avancera une ancienneté si grande (portée à près de cent mille ans dans son *Histoire des minéraux*) qu'elle lui valut un avertissement des théologiens de la Sorbonne que révoltait cette idée grotesque et impie d'un globe primitif ayant été très anciennement fondu…

À vrai dire, toutes ces théories s'appuyaient au XVIIIe siècle sur des observations par trop fragmentaires. "La valeur des rares faits établis était comme étouffée par une ardeur prématurée pour les interpréter", écrit un commentateur perspicace au début des années 1800*. Mais aux géographes "de cabinet" qui synthétisaient et mettaient en quelque sorte au propre les récits des voyageurs succédaient les géographes "de terrain" qui parcouraient l'Europe – Palassou ou Guettard arpentant les vallées et les sommets des Pyrénées et du Massif central, Arduino et Saussure les Alpes – et bientôt, à la suite d'Alexander von Humboldt, la Terre entière. "De toutes les sciences, la géologie est celle qui dépend le plus du perfectionnement des moyens de transport, qui sont pour les géologues ce que sont les télescopes pour les astronomes", écrira de façon amusante Charles Lyell, auteur du premier grand traité de géologie, publié au début des années 1830.

L'invention des temps géologiques

Après Palassou en Languedoc, Arduino en Italie et ses "excellentes observations**", l'un des premiers véritables géologues avait été le jeune Antoine Lavoisier. Initié à la minéralogie par sa fréquentation de Buffon et de Rouelle (apothicaire et chimiste) au Jardin du roi,

* Et c'est là une remarque qui au demeurant, s'agissant du passé lointain et des origines, reste valable parfois jusqu'à nos jours : voir par exemple les théories sur les origines de l'homme, de la vie ou de l'Univers !

** *Cf.* les excellents articles de François Ellenberger : "Giovanni Arduino (1714-1795) : le génial Vénitien", *Travaux du Comité français d'histoire de la géologie*, t. VI, 1992.

il travailla avec Jean-Étienne Guettard, conservateur de la collection d'histoire naturelle du duc d'Orléans, qui le prit avec lui pendant de nombreuses années comme assistant pour son grand projet d'*Atlas minéralogique de la France* (*cf.* p. 430).

Le jeune Antoine fit la preuve dans ce travail de son indépendance d'esprit et de l'originalité de son "génie boulimique", qui ne furent d'ailleurs guère appréciées par son maître : alors que celui-ci ne lui demandait que le relevé sommaire de la nature des roches superficielles utiles, Lavoisier, parcourant le nord-est de la France, de la Normandie aux Flandres, s'attarde sur la superposition des strates telles qu'on peut les étudier aux flancs des reliefs et falaises. Il agrémente dans leurs marges les cartes préparées pour l'*Atlas* par de véritables "coupes géologiques" de ces strates, et présentera plus tard en 1788 à l'Académie des sciences une synthèse de ses analyses *sur les couches modernes horizontales qui ont été déposées par la mer, et sur les conséquences qu'on peut tirer de leurs dispositions, relativement à l'ancienneté du globe terrestre* (les titres des articles de Lavoisier sont toujours des sommaires complets !). Ce faisant, Lavoisier pose les bases de la compréhension d'une très grande partie de la surface des continents, toute celle qui est recouverte de couches sédimentaires, le cas échéant profondément remaniées par la "tectonique".

Il est intéressant de constater qu'entre 1766 et 1788, dans l'esprit de Lavoisier, l'évaluation de la durée des périodes de dépôts de ces sédiments marins subit une importante inflation : alors qu'initialement, en sa jeunesse, il parle de "siècles", dans son mémoire ultérieur Lavoisier passe à "plusieurs centaines de milliers d'années, répétées un certain nombre de fois", ce qui va déjà bien au-delà des durées avancées par Buffon.

Outre la relative lenteur du travail monumental d'inventaire de la surface des continents, auquel commençaient à se livrer géographes et naturalistes, le principal obstacle conceptuel qui dut être franchi pour permettre l'éclosion d'une science géologique digne de ce nom fut en effet la prise de conscience de l'immensité des temps, laquelle ne s'imposa que difficilement tant cette notion était adverse non seulement aux enseignements religieux traditionnels mais même au sens commun.

Comme l'évoque un auteur grec du ve siècle avant notre ère cité par Strabon ("la mer avait dû se trouver naguère à la place où sont aujourd'hui ces plaines") ou le *sang-tian* chinois ("On voit la mer là où il y avait des vergers de mûriers et des vergers de mûriers là où était la mer"), il est relativement aisé de concevoir que le temps apporte de grands changements au monde ; en revanche, nous n'avons pas naturellement la sensation des grands nombres, et il n'est pas facile de trouver la manière de sentir (et de faire sentir) l'immensité des durées géologiques, immensité qui ne s'imposa que très progressivement au monde savant. *L'âge de la Terre communément admis allait être multiplié par presque un million en un peu plus de deux siècles*, passant de six ou sept mille ans au XVIIe siècle et de quelques centaines de milliers à la fin du XVIIIe siècle à quelques dizaines de millions au XIXe, puis à plusieurs milliards d'années au XXe… !

Je ne suis pas convaincu de la valeur pédagogique des compressions du temps, très répandues aujourd'hui dans les ouvrages de vulgarisation contemporains, assimilant par exemple cinq cent mille ans à une heure, ce qui donne donc pratiquement un an (neuf mille heures) pour l'âge de la Terre ; moyennant quoi l'humanité apparaît le 31 décembre vers 10 heures du soir… Un peu mieux, à mon avis, est la méthode des distances, comme dans la salle du Palais de la découverte où chacun de vos pas représente cinq millions d'années*.

* L'artiste conceptuel On Kawara présente de temps en temps une œuvre (?) intitulée *Un million d'années.* Je viens de voir ça au Jardin des

Alors, quoi ? Ceci peut-être, plus proche du raisonnement des premiers géologues comme Lavoisier : considérez un processus qui progresse à raison de *1 millimètre par an* (ce qui est bien moins rapide que la vitesse à laquelle poussent les cheveux ou les ongles) ; cela fait environ 1 décimètre pendant la durée d'une vie humaine, à peine 1 mètre en mille ans. Eh bien, en *un million d'années* cela fera tout de même 1 000 mètres, *1 kilomètre* ! S'il s'agit par exemple de l'érosion d'une montagne par les intempéries, on voit qu'à cette vitesse imperceptible, c'est une hauteur de quelques kilomètres de roches qui peut disparaître en "seulement" quelques millions d'années. S'il s'agit de sédiments au fond d'une mer, c'est une épaisseur de l'ordre du kilomètre (avec le tassement) qui peut se déposer en plusieurs millions d'années. Ou encore, s'agissant des mouvements tectoniques faisant surgir les reliefs par compression et lent plissement des couches sédimentaires, toujours à cette vitesse imperceptible de 1 millimètre par an, c'est un massif montagneux de milliers de mètres d'altitude qui peut se soulever en peu de millions d'années.

On a là aujourd'hui, sachant que la Terre est vieille de plusieurs *milliards* d'années (de *milliers de millions* d'années), une idée du nombre de fois où ce genre de choses a pu se passer, de l'invraisemblable recyclage permanent auquel a été, est soumise la croûte terrestre ; ce genre de

Plantes à côté de chez moi (j'habite dans le 5e arrondissement de Paris, à 300 mètres du bâtiment où vécurent, travaillèrent et moururent Buffon, puis Lamarck) : sous le portique dorique d'une entrée de la galerie de minéralogie adjacente à la roseraie, un homme et une femme, enfermés dans une petite cabine en verre genre studio de traduction simultanée, lisent en alternance au micro (en anglais !) le décompte, lui les années paires, elle les années impaires ; l'homme : "998 354", la femme : "998 353", etc. Naturellement on se lasse vite, c'est à mourir d'ennui, et pratiquement personne n'écoute parmi les promeneurs qui tombent là-dessus par hasard. À Paris en 2012, ça ne durait que la semaine de la Foire d'art contemporain, mais à Munich il paraît que ça s'était poursuivi jusqu'au bout, pendant cent jours ! De toute façon, que représentent cent jours à côté d'un million d'années ?

choses dont, après Lavoisier, prirent conscience les "gradualistes" ou "uniformistes", ou encore "actualistes". Cette école de pensée (selon laquelle les mécanismes géologiques sont *graduels*, *uniformes*, ceux que nous voyons encore à l'œuvre *actuellement*) vint s'opposer à l'école "catastrophiste" (pour laquelle tout avait plutôt résulté de cataclysmes fondateurs comme le Déluge). Pour les premiers, nos paysages minéraux, qui nous paraissent si figés, si éternels, ne seraient somme toute qu'un aperçu instantané d'un remaniement continu qui se poursuit sous nos yeux.

Ce sont ces modifications superposées et ce rabotage perpétuel qui rendent si difficile l'interprétation de ce que l'on peut voir aujourd'hui à la surface des continents : il nous faut imaginer non seulement le déroulement incessant de ces processus géologiques pendant des durées difficilement imaginables, mais aussi, comme l'avaient montré Steno, Arduino et Lavoisier, une coupe dans la troisième dimension, la profondeur, le plus souvent inaccessible. C'est d'ailleurs en observant les rares tranches de terrain mises à nu dans des falaises en bord de mer (Siccar Point), des ravins (les vallées de la Tilt ou la Jed), voire des chantiers de travaux publics (le creusement des égouts d'Édimbourg), que James Hutton, peu de temps après Lavoisier, contribuera à poser les bases de la géologie moderne.

Hutton avait eu des prédécesseurs, mais son "système" n'était pas celui d'un Buffon et ses *Époques de la nature* ; c'était plutôt l'idée d'un éternel retour. La conclusion de l'essai qu'il lut devant la Royal Society d'Édimbourg en 1785 est restée célèbre : *"The result therefore, of our present inquiry is that we find no vestige of a beginning, no prospect of an end"* – aucune trace d'un commencement, aucune perspective d'une fin. S'il va trop loin à nos yeux modernes en renouant ainsi avec le conceptualisme philosophique datant en fait d'Aristote – et qu'avait

James Hutton, "l'homme qui inventa le temps" (titre de sa biographie par Jack Repcheck), fut un des génies du *Scottish Enlightenment*, ce Siècle des lumières écossais qui en vit fleurir tant à la fin du XVIIIe siècle. Devenu, après des études de médecine, un *gentleman farmer* comme il y en avait de plus en plus en Grande-Bretagne à cette époque où les spectaculaires progrès de l'agriculture précédèrent ceux de l'industrie, il pratiquait la géologie en amateur autodidacte lors d'excursions dans la campagne et sur les côtes du sud de l'Écosse, souvent accompagné de son ami John Clerk "dont le crayon n'était pas moins précieux pour les sciences que pour les arts". C'est de cette époque, la fin du XVIIIe siècle, que date la figure du géologue armé de son petit marteau (le "cantonnier en folie" de Walter Scott).

longuement débattu Thomas d'Aquin –, il faut lui reconnaître en revanche le mérite d'avoir introduit le "temps profond" dans la géologie en rejetant la thèse dominante de son époque, le neptunisme, qui attribuait à des dépôts marins, en fin de compte relativement récents, la nature et la configuration de toute la surface terrestre.

Et puis l'autre apport essentiel de Hutton à l'évolution des idées géologiques fut la reconnaissance de la nature ignée des basaltes et granites dont il sut distinguer les intrusions au sein des strates sédimentaires. Pour lui, c'était cette énergie "plutonienne" du feu qui représentait la force régénératrice compensant les forces destructrices de l'érosion par l'eau et faisait de l'histoire de la Terre un éternel recommencement.

Nous verrons un peu plus loin comment fut tranchée, par l'étude des volcans d'Auvergne, la controverse Hutton (plutonisme) contre Werner (neptunisme), dont la conclusion, favorable au premier, marque bien le tournant pris par la géologie au début du XIXe siècle*. Ni l'un ni l'autre de ces deux savants n'écrivaient bien – le premier écrivait mal et le second n'écrivait pas –, mais ils eurent des disciples qui tentèrent de remédier à ces carences (respectivement John Playfair, dont le livre *Illustration of the Huttonian Theory of the Earth* fit sortir, de façon posthume, l'œuvre de Hutton de l'obscurité, et Robert Jameson, écossais comme ce dernier, mais qui figura longtemps parmi les plus ardents adversaires de ses thèses à l'université d'Édimbourg, avant en fin de compte de s'y rallier). Abraham Werner, au demeurant, était un grand professeur – ce que n'était pas Hutton – et forma à l'École des mines de Freiberg en Saxe, où il enseignait, des élèves aussi prestigieux que Humboldt et Buch, lesquels, tout comme Jameson, n'hésitèrent pas à s'écarter des vues d'un maître qui avait eu le grand mérite de les laisser penser par eux-mêmes.

* Stephen Jay Gould, dans "Hutton et la finalité" (in *Quand les poules auront des dents*, bibl.), note que "la controverse fut largement vulgarisée et on en trouve même des échos dans les pages de [Goethe] où Faust prend le parti de l'eau et Méphistophélès (c'est normal) celui du feu".

Les fossiles, résidus des "anciennes créations"

Il n'est peut-être pas surprenant que Hutton et son éternel retour, comme Werner et son océan originel – et contrairement à Steno, Arduino ou Lavoisier auparavant –, aient été réticents ou aient échoué à trouver dans les strates rocheuses de quoi faire progresser les principes d'un ordonnancement chronologique, d'une *évolution* progressive de la Terre. Et c'est en fin de compte de l'étude des animaux fossiles que viendront ces principes pour les géologues du XIXe siècle qui leur succédèrent.

L'existence des fossiles avait toujours laissé perplexes – sans d'ailleurs qu'il s'agisse à proprement parler d'un conflit entre eux, ainsi que cela allait le devenir plus tard – les apologistes chrétiens et les naturalistes. Pour certains de ces derniers comme Agricola ou Palissy, nous l'avons vu, les fossiles poussaient dans le sol : c'étaient des espèces "biominérales". Pour les neptuniens, en revanche, il s'agissait naturellement des vestiges du Déluge, ainsi que l'avait tout d'abord affirmé Tertullien dès le IIe siècle et ainsi que d'autres le maintiendront jusque vers les années 1840, voire plus tard. Et il faut bien reconnaître avec le philosophe des sciences Pierre Thuillier que cette dernière piste s'est révélée beaucoup plus féconde. Il se trouva en effet que les Burnet, Ray, Woodward, qui analysèrent de manière détaillée ces preuves du Déluge que constituaient pour eux les fossiles, "firent faire un pas immense à la science quant à la manière de déterminer l'ordre de superposition des strates", ainsi que l'écrira Charles Lyell.

C'est semble-t-il le Genevois Jean-André Deluc – celui-là même que nous avons connu (p. 35) escaladant les pentes des Alpes pour relever la baisse de la pression atmosphérique avec l'altitude – qui explicitera la chose (tout en cherchant lui aussi "de nouvelles preuves de la mission divine de Moïse"). Il montrera dans sa correspondance avec Jean-Luc Delamétherie, entre 1790 et 1793, que "l'on peut dater les couches de la Terre par les fossiles qu'elles contiennent", préfigurant ainsi la discipline de la *stratigraphie paléontologique.*

La paléontologie était au moment même sur le point d'être fondée par Georges Cuvier, zoologue et anatomiste successeur de Buffon au Muséum, lorsqu'il entreprit d'appliquer ses méthodes d'anatomie comparée aux coquilles et ossements fossiles. Il reprendra les idées de Deluc, "parfois si littéralement qu'il a fallu qu'on ne lise plus ce dernier pour que personne ne s'en aperçût, note Gabriel Gohau dans son *Histoire de la géologie* (bibl.) : Cuvier ne reconnaît pas ses emprunts. La postérité lui rendra son ingratitude en ne retenant de lui que son fixisme [qui l'opposa au transformisme de Lamarck et Geoffroy Saint-Hilaire] et son catastrophisme [le distinguant de l'uniformitarisme de Hutton]."

Pourtant, l'œuvre monumentale de Cuvier (je suis un grand admirateur notamment de son *Histoire des sciences*) ne repose pas fondamentalement sur ce principe fixiste, qui n'était peut-être au fond que l'expression de son conservatisme politique au sein d'une époque où l'ordre social avait été bouleversé par la Révolution : "On voit bien, avec le recul, qu'il n'y a pas d'autre raison à la longue hostilité de la science officielle vis-à-vis de la théorie de l'évolution que [la] crainte du changement, et que ce ne fut pas le remarquable homme de science que fut Cuvier qui s'opposa à Lamarck ou Étienne Geoffroy Saint-Hilaire, mais bien le *baron* Cuvier", écrira l'historien Jan Houghton Brunn* (voir, à ce sujet, la biographie de Cuvier par Philippe Taquet).

Quoi qu'il en soit, Cuvier est l'auteur, avec Alexandre Brongniart (le successeur de Haüy au Muséum), de la *Carte géognostique des environs de Paris*, première carte géologique jamais publiée. Gravée en 1810, elle ne concernait que l'Île-de-France, qu'il avait arpentée à la recherche de fossiles. Quelques années plus tard, visitant avec William Buckland

* *In* "Importance de l'histoire des sciences de la terre dans l'enseignement", *Travaux du Comité français d'histoire de la géologie*, 1976.

la collection de fossiles d'Oxford, il démontra à son hôte que certains de ces os avaient dû appartenir à une bête ovipare, un reptile de dimension considérable, dépassant de loin toute espèce de lézard vivant. Buckland fut alarmé par ces conclusions du maître parisien : comme l'écrit Deborah Cadbury dans *The Dinosaur Hunters* (bibl.), "les autorités anglicanes, qui lui avaient obtenu sa chaire, le payaient pour réconcilier les découvertes géologiques avec la Bible, et un reptile de plus de quarante pieds de long dont l'histoire de la Création par Moïse ne soufflait mot n'était pas un candidat idéal pour servir cette cause".

D'une certaine manière, les progrès fulgurants faits dans l'étude des fossiles par ces pionniers de la paléontologie et de la stratigraphie, dont les découvertes se succédèrent très rapidement dès les premières décennies du XIXe siècle en Île-de-France et sur les côtes des deux bords de la Manche, sont dus à d'heureux concours de circonstances. D'une part, il se trouve que le sous-sol des plaines du Bassin parisien, de la Picardie et de la Flandre (comme l'avait expliqué Lavoisier), ainsi que du Kent, du Sussex, de l'Oxfordshire, est formé de couches sédimentaires déposées au fond d'une ancienne mer peu profonde disparue. Ces épaisses couches calcaires renferment un très grand nombre de coquilles et de restes fossilisés des animaux marins ou amphibies qui y vivaient jadis ; elles s'étendent presque de la Bourgogne jusqu'au pays de Galles *via* la Normandie et le Sud de l'Angleterre – régions que sépare aujourd'hui la Manche, laquelle a relativement récemment creusé son *channel*, mettant ainsi au jour, dans les falaises qui la bordent, les strates anciennes profondes.

D'autre part, ces strates calcaires étaient, à l'époque de la révolution industrielle, en train d'être entamées par de nombreuses carrières pour la construction des nouveaux monuments et quartiers de Paris et de Londres, capitales alors en plein développement ; on s'arrangeait avec les patrons ou les ouvriers carriers, à qui on donnait la pièce pour qu'ils préviennent et prennent soin de leurs trouvailles lorsqu'ils tombaient sur des ossements fossiles ; ou alors on rendait visite à des gens qui faisaient métier d'en rechercher et de les vendre, telle la fameuse Mary Anning.

D'une famille très pauvre, Mary Anning, dès l'âge de douze ans, ramassait avec son frère des squelettes fossiles sur la côte de la Manche. Aidée par un riche amateur, Thomas Birch, elle fit de cette activité sa profession, et d'importantes contributions au développement de la paléontologie dans les premières décennies du XIXe siècle. Sa vie a été romancée dans un best-seller de Tracy Chevalier, *Prodigieuses créatures* (bibl.).

C'est toute cette "craie", que l'on trouve en particulier des carrières de Meudon aux blanches falaises de Douvres, qui devait bientôt donner son nom à l'âge géologique où proliféraient les grands reptiles : le *Crétacé* – cet âge qui se termina abruptement il y a soixante-cinq millions d'années (mais on ne le savait pas encore). Les squelettes fossilisés des animaux les plus étranges et les plus gigantesques, ainsi que les empreintes des plantes "tropicales" parmi lesquelles ils vivaient, furent patiemment dégagés à Honfleur, Le Havre, Lewes, pour être laborieusement collectionnés. Certains des ossements fossiles mis au jour – qu'on va regarder aujourd'hui dans les galeries des musées d'histoire naturelle sans très bien imaginer comment ils sont arrivés là – pèsent des tonnes, et leur transport, comme leur stockage, n'était pas une mince affaire !

L'un des premiers qui consacrèrent leur vie à ces fossiles extraordinaires était un amateur, médecin et chirurgien anglais de Lewes, Gideon Mantell ; sa passion pour eux lui coûta son mariage (sa femme Mary le quitta), sa fortune (lorsqu'il ne put plus entretenir le manoir de Brighton qu'il avait transformé en musée paléontologique, il fut forcé de vendre sa collection ; laquelle, grâce à l'intervention de tout le gotha de la géologie britannique de l'époque, fut achetée par le British Museum) et, en fin de compte, la vie (il mourut peu de temps après sa fille infirme, le seul de ses enfants resté auprès de lui). Cette triste histoire, racontée en détail par Deborah Cadbury, est d'autant plus navrante que Mantell allait en outre être dépouillé de ses idées par celui qui s'attribuera la gloire d'avoir inventé les "dinosaures" – après l'avoir dénigré, il devait le plagier sans scrupules –, le mondain, intrigant et (ainsi que le caractérisa son contemporain George Darwin) "méchant" Richard Owen. Ancien chirurgien tout comme Mantell, Owen forgera en 1848 le nom générique de *dinos* (terrifiant) et *sauros* (lézard), qui leur est resté de préférence à tous ceux que son rival leur avait attribués, les mastodontes, iguanodons et autres ichtyosaures.

La nomenclature des ères géologiques et la fin de la théologie naturelle

La recherche de fossiles s'étendit bientôt à d'autres régions, loin de la Manche, à des couches de roches que la craie recouvrait et – cela se concevait selon le principe de superposition – à des époques de l'*ère secondaire* plus anciennes que le *Crétacé* : le *Jurassique*, ainsi dénommé par Alexandre Brongniart en 1829 d'après les couches calcaires du Jura*, et le *Trias* – nom par lequel Friedrich von Alberti désigna en 1834 trois couches superposées, sandwich de grès bigarré, de calcaire coquillier et de marnes, qu'on retrouve un peu partout en Europe centrale et jusque dans les Alpes de Provence.

À la fin des années 1830, les professeurs de Cambridge Roderick Murchison et Adam Sedgwick donnèrent à des époques bien plus anciennes (représentées notamment par “les vieux grès rouges”) les noms évocateurs des nouveaux sites qu'ils exploraient, à commencer par ceux du pays de Galles – Cambria en latin – et de ses antiques tribus celtes décrites par les Romains, les Ordovices et les Silures. Ainsi furent baptisés les premiers âges de l'*ère primaire* : *Cambrien***, *Ordovicien*, *Silurien*.

Les mines de houille de l'Europe, intensivement recherchées et exploitées à cette époque de révolution industrielle triomphante, recelant les empreintes d'une flore abondante de fougères, fournirent le nom de l'âge *Carbonifère*. Et c'est en Russie, où Murchison voyagea dans

* Le Jurassique précède le Crétacé de quelques dizaines de millions d'années et les reptiles y étaient loin d'atteindre la taille des diplodocus et des tyrannosaures qu'on voit dans le film *Jurassic Park*. Mais, bon, est-ce que *Cretaceous Park* aurait fait un aussi bon titre ?

** On comprendra plus tard que le Cambrien, première époque de l'ère primaire, est celle de l'“explosion” de la vie marine dont témoigne, par exemple, la faune fossile à coquille ou carapace des “schistes de Burgess”, découverts au Canada au XXe siècle, où apparaissent déjà certains des grands embranchements des espèces vivantes actuelles, ainsi que d'autres embranchements disparus depuis.

les années 1840 – expliquant au tsar que ses ingénieurs perdaient leur temps à forer des roches siluriennes où ils ne trouveraient sûrement pas de charbon –, que ce géologue choisit de nommer *Permien* l'époque suivante, d'après la ville de Perm, à l'ouest de l'Oural.

"Généreux mais vaniteux", c'est ainsi que Darwin, dans son autobiographie, caractérise son contemporain Roderick Murchison, "dont les services rendus à la géologie ne sauraient être sous-estimés", rapportant à son sujet l'anecdote suivante : "La valeur qu'il conférait au rang social était comique et il manifestait ce sentiment, comme sa vanité, avec la simplicité d'un enfant. Il racontait avec la plus grande joie comment le tsar Nicolas lui avait tapé sur l'épaule en disant : « Mon ami, la Russie vous est reconnaissante » et ajoutait en se frottant les mains : « Le plus fort, c'est que le prince Albert [le mari de la jeune reine Victoria] a tout entendu. »" (Cité par Gabriel Gohau in *Histoire de la géologie*, bibl.)

En l'espace de deux décennies à peine s'était ainsi mise en place la séquence des âges de l'ère primaire, nomenclature que d'innombrables étudiants devraient par la suite graver dans leur mémoire à l'aide de phrases mnémotechniques (pas forcément salaces) comme celle citée par Stephen Jay Gould, phrase que pour ma part je trouve fort utile pour assister ma mémoire défaillante (dans son inventive traduction française due à Marcel Blanc) : "*Cambr*one *ordo*nna *sil*ence et *dévo*uement à ses *car*a*b*iniers *permi*ssionnaires", soit *Cambr*ien, *Ordo*vicien, *Sil*urien, *Dévo*nien, *Carb*onifère, *Permi*en...

Pour les terrains de l'ère tertiaire supérieurs à la craie – dont Gérard-Paul Deshayes avait répertorié le contenu abondant en mollusques –, Charles Lyell, utilisant ces résultats, distingua en 1833 trois périodes selon la proportion des espèces ayant survécu jusqu'à nos jours : *Éocène* ("aurore récente"), 3 % seulement ; *Miocène*, 18 % ; *Pliocène*, 49 %. En 1854, on intercalera l'*Oligocène* entre les deux premières périodes, et en 1874 on ajoutera une période finale, le *Pléistocène*, dont 90 % des espèces font encore partie de la faune actuelle*.

"In libro lapidum historia mundi"

Il ne faut pas croire que ces nomenclatures résultaient d'une "lecture" facile et parfaitement objective des couches géologiques : il n'y a en général pas grand-chose de bien relié *"in libro lapidum"* (dans le livre des pierres), pas de tomes distincts bien rangés les uns au-dessus des autres, pas de pages de garde ni de table des matières, et les chapitres de l'*"historia mundi"* (l'histoire du monde) qu'il raconte sont des divisions par nature quelque peu arbitraires.

Bien que certaines de ces divisions correspondent à des césures très réelles – telles les grandes extinctions d'espèces

* Communication de Philippe Taquet. Cela donne, dans l'ordre du plus ancien au plus récent : Paléocène, Éocène, Oligocène, Miocène, Pliocène, Pléistocène. On regroupe ces périodes en Paléogène (comprenant Paléocène, Éocène et Oligocène) et Néogène (comprenant le Miocène et le Pliocène).

de la fin du Permien ou du Crétacé, déjà bien notées par Cuvier –, les ères et époques géologiques, à l'instar d'ailleurs de la plupart des connaissances scientifiques, furent des "constructions sociales", en l'occurrence plaquées sur le désordre et la confusion des vestiges du passé de la Terre par les quelques savants qui en avaient fait leur spécialité pendant la première moitié du XIXe siècle.

Ainsi, du moins, le décrit minutieusement le grand historien de la géologie Martin Rudwick dans *The Great Devonian Controversy or the Shaping of Scientific Knowledge Among Gentlemanly Specialists.* Cet ouvrage imposant raconte en détail la querelle qui anima la London Geological Society pendant les années 1830, au sujet de l'insertion, entre le Silurien et le Carbonifère, de l'âge représenté dans des roches et fossiles du Devonshire, par conséquent nommé Dévonien. Comme le remarque Gould dans le compte rendu qu'il fait de ce livre dans *Un hérisson dans la tempête* (bibl.), c'est un âge, ainsi qu'on le connaît maintenant, aux frontières plutôt floues : pendant les dizaines de millions d'années que dura ce Dévonien, "il s'est passé beaucoup de choses", note-t-il, et entre autres choses, en plein milieu, l'une des plus grandes extinctions d'espèces de toute l'ère primaire !

Toujours est-il qu'en organisant ainsi la succession des âges, les *gentlemanly specialists*, du même coup, établissaient fermement la séquence des animaux fossiles (espèces pour la plupart disparues) telle qu'elle s'étageait dans le temps et dans la croûte terrestre, et telle que l'avaient esquissée les brillants paléontologues du Muséum à Paris : dans les couches géologiques les plus anciennes, les plus profondes, on ne trouve que des invertébrés marins, mollusques et trilobites ; au-dessus, plus récemment donc, s'ajoutent des poissons, puis des amphibiens ; plus haut encore des reptiles, dont les monstres du Crétacé ; enfin, dans les couches supérieures les plus récentes (elles, tout à fait dépourvues des reptiles géants) apparaissent les oiseaux et les mammifères. Qui plus est, le rythme auquel avaient dû se déposer et se minéraliser ces cadavres animaux, comme les sédiments qui les avaient enfouis, impliquait qu'à coup sûr de très longues durées scandaient l'empilement des strates – bien plus sans doute que "les centaines de milliers d'années, répétées un certain nombre de fois", entrevues par Lavoisier.

Il devenait dès lors de plus en plus difficile de continuer à penser qu'un tel état de choses pouvait résulter des effets du Déluge, comme Burnet, Woodward, Deluc ou Werner l'avaient sincèrement cru et avaient honnêtement cherché à le démontrer. Après des décennies de résistance, les derniers scientifiques "neptuniens", défenseurs de la lettre de la Genèse et des interprétations diluviennes de l'histoire de la Terre, rendirent les armes.

Le maître de Lyell notamment, le révérend Adam Sedgwick, qui avait présidé la London Geological Society et ardemment combattu les thèses impies, prononça, en quittant ses fonctions, un discours éloquent marquant l'abandon de tout espoir de réconciliation entre "le Livre de la nature" et "les Écritures", la fin en tout cas de la théologie naturelle, c'est-à-dire de toute tentative pour étayer des théories religieuses rationalistes. C'est de là que date en fait le véritable début du conflit – qui dure toujours – entre la science et les fondamentalistes religieux attachés envers et contre tout aux "miracles" de la Création.

Le "créationnisme" n'a cessé de survivre ou de renaître dans les esprits simples endoctrinés par ces fables obscurantistes, mais les théologiens intelligents, à la suite de Sedgwick, ont depuis longtemps admis que la religion et la science relèvent d'approches tout à fait différentes de la connaissance. (Il est au demeurant frappant de constater à quel point les différentes versions contemporaines du créationnisme ne font encore aujourd'hui que reproduire les balbutiements des sciences géologique et paléontologique d'il y a deux siècles – voir le livre de

Cédric Grimoult *Créationnismes, mirages et contre-vérités* (bibl.). Quant aux états d'âme des scientifiques dont la foi chrétienne entre en collision avec les évidences de leur science, ils ne sont pas récents non plus : en 1858, le révérend Edward Hitchcock, ecclésiastique *et* naturaliste américain, confronté aux contradictions entre ses deux activités, avouait déjà que, si ses excellentes recherches – sur les oiseaux fossiles – devaient être rejetées comme contredisant la Bible, "il en ferait le sacrifice, quelque douloureux qu'en soit l'effort".)

La publication de *L'Origine des espèces* en 1859 (Darwin était un disciple et un collègue de Lyell, et il lui avouera que le *coming out* de sa théorie de l'évolution, qu'il ruminait depuis vingt-cinq ans, était pour lui comme de "confesser un crime"...) allait pour longtemps cristalliser le conflit entre créationnistes et scientifiques autour de l'histoire de la vie plutôt que de celle de la Terre. Mais cela est une autre histoire.

Cartes géologiques et "colonne" stratigraphique

Parallèlement à l'apport déterminant des paléontologues, une autre source des progrès de la géologie, elle aussi assez directement liée aux grands chantiers contemporains de la révolution industrielle qui entamaient les couches superficielles de la croûte terrestre en Angleterre et sur le continent européen, puis américain, allait être l'établissement des premières cartes géologiques.

Guettard et Monnet (ce dernier avait succédé à Lavoisier auprès du premier) avaient, en 1780, publié 45 cartes de leur *Atlas minéralogique de la France* – lequel devait en compter 214 mais ne fut jamais achevé. Puis, après la carte "géognostique" du Bassin parisien par Brongniart et Cuvier, la première véritable grande (1,8 x 2,6 mètres) carte géologique, couvrant la majeure partie du Royaume-Uni, fut complétée en 1815 par William Smith, en Angleterre ; on peut l'admirer dans le hall d'escalier de la London Geological Society (sur Piccadilly, Burlington House, la porte à droite à côté de la cour d'entrée à la Royal Academy of Arts).

William Smith était un des ingénieurs géomètres chargés des relevés du vaste chantier des canaux qui étaient en train d'être creusés dans le Somersetshire, en Grande-Bretagne, dans le but de transporter le charbon, carburant de la révolution industrielle. Il commença en 1799 par une carte géologique de la région de Bath, et continua ses relevés après avoir été mis à la porte par son employeur. Il essaya de vivre de la vente de ses cartes mais finit à la prison pour dettes. C'est seulement en 1831 que son travail fut officiellement reconnu.

Après la publication en 1822 par le Belge Jean-Baptiste d'Omalius d'Halloy, président de la Société géologique de France, d'un *Essai de carte géologique de la France, des Pays-Bas et des contrées voisines*, la décision fut prise par la direction des Ponts et Chaussées et des Mines de réaliser une grande carte comparable à celle de William Smith. André Brochant de Villiers se vit confier la direction de l'entreprise et s'adjoignit deux jeunes ingénieurs des

Mines. Après six mois de stage en Angleterre, "« M. Élie de Beaumont fut chargé de visiter la partie orientale de la France (c'est-à-dire la majeure partie du Bassin parisien et les régions situées à l'est de la Saône et du Rhône), et M. Dufrénoy la partie occidentale ». Chacun d'eux réalisa séparément cinq campagnes de terrain, en sorte que, « à la fin de 1829 [...] toute la France avait été explorée [...], sauf des lacunes isolées, mais encore assez nombreuses ». Toutefois, en confrontant leurs résultats il apparut bientôt qu'il convenait désormais, non seulement que chacun complétât séparément ses observations mais aussi qu'ils réexaminassent ensemble certaines régions particulièrement complexes". Jean Gaudant, cité ici*, ajoute que "les explorations, qui correspondirent à une distance totale parcourue de 80 000 kilomètres, se poursuivirent donc à pied pendant plus de dix ans. Comme on le voit, l'œuvre scientifique reposait bel et bien sur un authentique exploit athlétique** !"

En Allemagne, c'est Buch qui établit les premiers relevés, et peu à peu les cartes géologiques couvriront la totalité des pays d'Europe. Au Japon, ce sont des étrangers invités, notamment le géologue américain Lyman et l'ingénieur des Mines britannique Godfrey, qui commencèrent les relevés dans l'île de Hokkaido, pendant l'ère Meiji où l'empire du Soleil levant s'ouvrait au progrès

* *In* "Les cent cinquante ans de la première carte géologique de France", *Travaux du Comité français d'histoire de la géologie*, t. V, 1991.

** Le "Service de la carte", créé sous le Second Empire, devait plus tard, en 1968, être intégré au Bureau de recherches géologiques et minières, qui achèvera en 2011 la carte géologique de la France au 1/50 000 ; ce programme, estimé à un coût de 300 millions d'euros, a mobilisé 3 000 géologues sur des dizaines d'années. Fameux pour ses cartes, le BRGM, héritier d'institutions plus anciennes, a découvert une bonne partie des mines du monde ; pourtant, de nos jours, "aucun acteur français n'arrive à la cheville des géants anglo-saxons du secteur minier, commente Loïc Le Floch-Prigent (ancien président d'Elf). Il nous a manqué à la fois des industriels avec le goût du risque et des capitaux susceptibles de s'investir dans une activité à aussi long terme".

à l'occidentale. Aux États-Unis d'Amérique, les *surveys* se multipliaient et furent fédérés après la guerre de Sécession par James Powell, lors de la création de l'USGS (United States Geological Survey)*.

Tous ceux qui s'étaient bien convaincus de la justesse et de l'utilité des principes stratigraphiques comme échelle des temps géologiques et de l'histoire de la Terre et de la vie, cédaient à la tentation de subdiviser les époques pour rendre compte de toute la richesse et de toute la variété des strates qu'ils repéraient ici ou là. Ainsi que l'avait écrit Murchison (un connaisseur en la matière), cité par Stephen Jay Gould : "La permanence du nom qu'il affecte à une strate rocheuse à l'issue d'un travail de recherche original est la plus haute distinction à laquelle peut aspirer un géologue." Alcide d'Orbigny, vers 1850, avait ainsi multiplié les "étages" – dix par exemple rien que pour l'époque jurassique, qu'il connaissait bien –, divisions pour lesquelles il choisit des noms se terminant tous en *-ien*, comme le Parisien ou l'Oxfordien…

Par la suite, en partie pour des raisons de prestige, chaque région, voire chaque ville, voulut donner son nom à une subdivision chronologique du passé de la Terre, ce qui entraîna une surenchère chaotique de dénominations locales interdisant toute comparaison à plus grande échelle. Il s'ensuivait en effet un grave problème de cohérence : la question des correspondances entre couches répertoriées dans des sites éloignés les uns des autres

* Non sans que la paléontologie au Far West ait été l'occasion de rivalités grotesques comme la "guerre des os" qui opposa Edward Cope, de l'université de Pennsylvanie, et Othniel Marsh, de Yale : "Ces deux hommes firent passer leur rivalité outrancière à la face du monde avant l'intérêt de la science, jusqu'à détruire les fossiles à peine découverts de l'un d'eux ! Les fossiles de Cope sont aujourd'hui au Museum of Natural History à New York, ceux de Marsh au Peabody à Yale" (Wikipédia).

– qu'avaient non sans mal démêlée William Smith en Grande-Bretagne, Léonce Élie de Beaumont en France ou Leopold von Buch en Allemagne – se posait avec bien plus d'acuité pour raccorder au niveau global d'innombrables strates géologiques que séparaient non seulement des distances considérables, des déserts, des jungles ou des océans, mais toutes les idiosyncrasies terminologiques locales.

"En 1880, la communauté géologique mondiale confia à Eugène Renevier le mandat de proposer un système pour comparer les strates rocheuses de toute la planète. Renevier recueillit les meilleures données dans le monde entier pour composer un « Chronographe géologique », échelle qui, malgré quelques modifications, sert encore de référence", lit-on au Musée cantonal de Lausanne, dont Renevier était le directeur. La Commission internationale de stratigraphie de l'Union des sciences géologiques continue de nos jours à gérer l'harmonisation et la nomenclature de cette échelle qui, nous allons le voir, devait, au XXe siècle, être complétée par la datation de ses nombreux barreaux.

L'âge d'or de la géologie

Un peu comme le déchiffrement des hiéroglyphes par Young et Champollion ou, par la suite, l'exhumation et l'inventaire des momies et trésors des pharaons par les Carnarvon, Carter et Maspero, mais à une échelle bien plus vaste et universelle, la description des "époques de la nature" – ainsi que les avait appelées Buffon près de cent ans auparavant – était devenue, dès les premières décennies du XIXe siècle, "une préoccupation générale pour les intelligences autant que pour les imaginations" (Victor Hugo).

La géologie était de loin la discipline dominante de l'époque. *L'Écho du monde savant* de juin 1834, cité par Geof Bowker, écrivait : "À Paris, cette année, le samedi et le dimanche sont des jours essentiellement géologiques. À 9 heures du matin M. Brongniart commence son cours de minéralogie au Muséum ; à 2 heures M. Élie de Beaumont entre en chaire au Collège de France ; à 7 heures M. Boué fait son cours public à la Société de civilisation, et à 8 heures M. Rozet commence à l'Athénée. Le dimanche MM. Constant-Prévost et Boué conduisent, chacun de leur côté, leur troupe armée de marteaux, de cannes et de sacs à cailloux..."

Dès le milieu du siècle, la scène était mûre pour de grandes synthèses, fresques évocatrices et inspirées de l'histoire désormais officielle de la Terre – dorénavant substituée à celle de la Genèse –, rédigées dans le style lyrique qui, comme le remarquera plus tard le géologue Pierre Termier, les fait ressembler davantage à la noble prose de *La Légende des siècles* ou du *Discours sur l'histoire universelle* de Bossuet qu'à celle d'arides traités scientifiques.

Il y a quelque chose de magnifiquement théâtral, en effet, dans cet épanouissement des sciences géologique et paléontologique, comme dans l'image qu'on se faisait alors du passé de la Terre sur les ruines de l'interprétation littérale de la Bible, à l'époque des empires européens de la reine Victoria, de Napoléon III, de Bismarck ou de François-Joseph ; quelque chose de nature à singulièrement inspirer les auteurs, dont les récits rencontraient d'ailleurs un succès populaire considérable, frappant les esprits avec une évidence convaincante, favorisée par le talent d'illustrateurs qu'industrialisaient les nouvelles techniques d'impression de la gravure.

Des nombreuses éditions des *Principles of Geology* de Lyell (dont le premier volume, en 1836, avait été le livre de chevet du jeune Charles Darwin sur le *Beagle*) en passant par le *Cosmos* de Humboldt (1848) et le magistral *Das Antlitz der Erde* (*La Face de la Terre*, 1883-1901) de Suess, jusqu'au *Traité de géologie* d'Émile Haug (en quatre volumes, 1907-1911), se dégagent les premiers grands paradigmes concernant les forces qui, faisant surgir les montagnes des "géosynclinaux", ont façonné la croûte terrestre.

Eduard Suess, par ailleurs l'un des plus brillants orateurs de la gauche au Parlement autrichien et membre actif du conseil municipal de Vienne (voir p. 308), reste comme l'inventeur de concepts ayant survécu à la théorie plus récente de la tectonique des plaques : l'ancien océan Téthys, dont la Méditerranée serait le vestige après que la plus grande partie de ses fonds sédimentaires a été repoussée pour former les Alpes, ou le supercontinent Gondwana qui reliait jadis l'Amérique du Sud, l'Afrique du Sud, Madagascar, l'Inde et l'Australie.

Les notions de "mouvements tangentiels", qui avaient été esquissées auparavant, se développèrent dans de laborieuses reconstitutions "géostructurales", d'une part, avec les observations de terrain détaillées et leurs interprétations en termes de coupes géologiques – comme celles des "plis couchés" que Marcel Bertrand devait décrire en Provence, ou Émile Argand dans les Alpes suisses ; d'autre part, avec les modèles tectoniques qui décrivaient l'orogenèse à partir de la compression latérale des fosses synclinales (Argand encore, dans *La Tectonique de l'Asie*) ; et, enfin, avec les spectaculaires expériences de laboratoire qui commençaient à simuler ces phénomènes de plissements et de charriage, reproduisant de façon convaincante les "chapeaux de gendarme" et autres curiosités géologiques.

Bien que ce paradigme déjà ancien n'ait pas fait l'unanimité, l'idée que la principale force motrice de tous ces mouvements tectoniques découlait du vieillissement du globe avait tendance à s'imposer : la Terre, telle une "pomme ridée", se serait recroquevillée, fripée et craquelée avec l'âge ! Ainsi que le résumera le pape français de la géographie, Vidal de La Blache, au début du XXe siècle : "Les chaînes de montagnes sont dues à des plissements et des effondrements produits par *le refroidissement et la contraction du globe*."

Pendant la plus grande partie de l'histoire de cette géologie classique (celle qu'on apprenait en classe de géographie, jusqu'au milieu du XXe siècle), on parvenait de mieux en mieux à reconstituer la succession des événements qui avaient marqué le passé des continents – les transgressions marines responsables des strates sédimentaires, les plissements "calédoniens", "hercyniens", "alpins" ayant fait surgir les massifs montagneux de ces dépôts sédimentaires synclinaux, tels les replis successifs d'une literie qu'on repousse – selon le schéma tout d'abord proposé par les Américains Hall et Dana, en 1859, pour expliquer la formation des Appalaches. Mais on ne savait pas pour autant mettre de dates sur tous ces événements, tous ces épisodes successifs : il manquait toujours les millésimes !

La longue affaire de l'âge de la Terre

Les géologues de la fin du XIXe siècle, évitant les disputes portant sur des questions auxquelles ils peinaient à apporter des réponses, restaient en général très réticents à évaluer les durées nécessaires pour éroder les massifs en pénéplaines, accumuler les couches sédimentaires ou ériger de nouvelles chaînes de montagnes, et tout à fait adverses à l'idée de donner un âge à la Terre. Entre les fondamentalistes chrétiens qui, envers et contre tout, s'accrochaient à une lecture littérale de la Bible et les néo-aristotéliciens comme Lyell qui, à la suite de Hutton, ne voyaient "pas de vestige d'un commencement", le sujet de l'âge de la Terre, de sa formation et de son évolution primitive finit par être considéré comme une sorte de tabou, que Claude Allègre a bien décrit dans *L'écume de la Terre* (bibl.) : "Le géologue classique ne se préoccupe pas de ce problème qu'il considère comme étant du ressort de la religion, de la poésie ou de l'astrophysique. Une géologie qui s'aventure vers des rivages aussi incertains [lui] paraît s'éloigner de l'étude des roches, du levé des cartes, des faits d'observation, donc de la démarche scientifique."

Ainsi, tandis que la plupart des géologues poursuivaient leurs descriptions de plus en plus détaillées du cortège des strates fossilifères, des plissements orogéniques, voire des ères glaciaires, c'étaient en fait des physiciens et des biologistes qui débattaient du problème de l'âge de la Terre. En effet, au milieu du XIXe siècle, deux grandes théories, qui avaient l'une et l'autre leur mot à dire sur la question, avaient fait leur apparition, révolutionnant respectivement la physique et l'histoire naturelle : après Carnot, Clausius et Boltzmann avaient fondé la science nouvelle de la thermodynamique, dégageant les notions de conservation de l'énergie et d'augmentation de l'entropie qui formalisaient les lois régissant la "flèche du temps", tandis qu'après Lamarck, Darwin et Wallace avaient proposé la théorie de l'évolution des espèces par le mécanisme de la sélection naturelle des variations héréditaires.

Pour les thermodynamiciens, en particulier William Thomson (futur Lord Kelvin) – expliquant comment la "contraction gravitationnelle" faisait briller le Soleil et corrigeant par le calcul les déterminations empiriques de

Buffon et ses boulets sur la durée nécessaire au refroidissement de la Terre –, l'âge de ces astres se mesurait en dizaines de millions d'années. Pour les biologistes darwiniens, en revanche, il était nécessaire que la vie ait disposé de bien plus de temps que cela – de centaines de millions d'années peut-être –, afin que l'évolution ait pu déployer le vaste arbre généalogique des espèces. Darwin, qui n'avait pas les scrupules des géologues, tenta de montrer que l'érosion du Weald of Kent, par exemple – massif rocheux dépourvu de craie entre les South et North Downs crayeux, près de chez lui –, avait requis d'aussi longues durées. Et Charles Lyell, le chef de file des actualistes pour lesquels l'ancienneté des âges géologiques devait être comme illimitée, rétorqua à Lord Kelvin que, peut-être, quelque "réaction chimique" avait pu entretenir le feu central de la Terre et du Soleil bien plus longtemps que la simple dissipation thermique qu'il modélisait.

Mais ce genre de débats restait très "académique" dans la mesure où l'évolution de la vie, tout comme celle du Système solaire, étaient des concepts qui ne donnaient accès à aucune donnée expérimentale quantitative de nature à apporter, sinon des datations indiscutables, du moins quelque indice précis sur la question. Et, de façon tout à fait inattendue, l'éclairage sur ces obscurités allait provenir, à partir de la toute fin du siècle, des suites de la découverte de la *radioactivité* par Henri Becquerel (dans une baraque du Jardin des Plantes) et de son étude par les époux Pierre et Marie Curie (dans leur laboratoire-hangar voisin) – non sans provoquer chez les physiciens chronologistes une controverse qui se solda assez rapidement par la déconfiture du vieux Lord Kelvin.

Tout d'abord, la radioactivité – ce mystérieux et apparemment inépuisable dégagement d'énergie émanant de certains minerais, ou plus précisément de certains éléments qu'ils contiennent tels l'uranium, le radium ou le polonium – apparut très vite à John Joly et George Darwin (le fils de Charles), dès 1903, comme une bonne candidate pour la source de chaleur (la “réaction chimique” évoquée par Lyell) qui pouvait avoir conservé l’intérieur de la Terre brûlant et le Soleil rayonnant bien plus longtemps que ne le laissait penser la théorie de la contraction gravitationnelle de Kelvin-Helmholtz (cent millions d’années, guère plus, selon les tout derniers calculs des thermodynamiciens, que soutenait l’astronome américain Simon Newcomb, ainsi d’ailleurs que selon les conclusions que Joly lui-même avait tirées de ses travaux sur la salinité des océans).

Et puis, par ailleurs, l’élucidation des processus de désintégration des éléments radioactifs et les progrès de la chimie nucléaire allaient bientôt fournir, *via* un remarquable tour du sort, les méthodes de datation absolue qui avaient jusque-là fait totalement défaut aux géologues et contribuer à une véritable révolution dans les sciences de la Terre : l’essor de la “géophysique”.

Les “sabliers isotopiques” mesurent l’âge des minéraux

Dès 1815, William Prout (prononcer “Praout”) avait émis l’hypothèse hardie que le poids atomique de chaque élément est un multiple de celui de l’hydrogène, suggérant que l’atome d’hydrogène est la particule fondamentale de la matière – qu’il appela “protyle” –, dont tous les autres éléments seraient composés. Bien que cette conjecture ait été combattue pendant tout le XIXe siècle par des théories rivales (et notamment par Mendeleïev, qui lui opposait sa loi périodique), elle n’était pas loin de la vérité, assez vraie en tout cas pour qu’en 1920 Ernest Rutherford donne, en hommage à Prout et son protyle, le nom de “proton” au *noyau* de l’atome d’hydrogène, la véritable particule fondamentale qu’il venait d’identifier. Ce proton possède la même charge électrique, mais de signe opposé, que l’électron, beaucoup plus léger, découvert auparavant par Joseph John Thomson en 1897. Et Chadwick, en 1937, découvrira le “neutron”, de même masse que le proton mais sans charge électrique, dont les noyaux atomiques des éléments incorporent un nombre variable, mais toujours égal ou supérieur à celui des protons.

On savait par ailleurs (*cf.* p. 350) que les éléments chimiques se caractérisent par leur numéro atomique, qu'on put alors identifier avec le nombre de protons, chargés positivement, dans leur noyau, égal au nombre d'électrons périphériques associés, chargés négativement, dont les couches extérieures déterminent leurs propriétés chimiques. Mais on s'était aperçu qu'un même élément peut néanmoins présenter des variétés d'atomes différentes (variétés qui montrent des propriétés chimiques identiques et ne diffèrent que par leur poids atomique), auxquelles Frederick Soddy* – ayant eu le génie d'en soupçonner l'existence avant même la découverte du proton et du neutron – avait donné le nom d'*isotopes* (ce qui signifie "même endroit", sous-entendu dans le tableau périodique des éléments). Il devait s'avérer que les isotopes d'un élément diffèrent seulement par le nombre de neutrons contenus dans leur noyau, et l'"analyse isotopique" des éléments dans les minéraux allait se révéler, aux mains des géochimistes, une puissante méthode d'enquête sur leur histoire, selon le principe suivant.

Certains isotopes d'éléments lourds sont radioactifs, les neutrons surnuméraires ayant tendance à être éjectés ou à disparaître des noyaux selon des processus appelés "désintégration radioactive", qui modifient le nombre de protons du noyau (donc sa charge électrique et, partant, le nombre de ses électrons périphériques), modifiant du même coup les propriétés chimiques de l'atome, le faisant changer de place dans le tableau périodique. Tous les éléments radioactifs naturels sont en fait les survivants de ces lentes transmutations (infiniment plus lentes que celle des éléments plus lourds artificiellement synthétisés en laboratoire) d'éléments instables primordiaux**.

* Prix Nobel de chimie 1921, Soddy se consacra par la suite à des études que l'on devrait bien relire aujourd'hui, concernant les rapports entre la finance et la morale…

** Synthétisés, eux, comme on le découvrira plus tard, dans l'explosion d'anciennes étoiles, les supernovae, et diffusés dans la nébuleuse primitive qui a donné naissance au Système solaire. *Cf. Le Ciel dans la tête, op. cit.*

Les processus de désintégration radioactive, comme le montra très tôt Rutherford (en mesurant le nombre de particules éjectées), se produisent selon des rythmes immuables, et c'est la raison pour laquelle ils pouvaient fournir l'horloge permettant de dater les minéraux, voire de déterminer l'âge de la Terre. En effet, les différents éléments ou isotopes radioactifs se caractérisent chacun par une *période*, définie comme le temps nécessaire pour que la moitié des atomes d'un échantillon se désintègre. La plupart des éléments radioactifs naturels ont des périodes extrêmement longues, et c'est pour cela qu'ils sont encore présents dans les roches terrestres. Mais leur désintégration produit des séries d'éléments descendants, aboutissant à un élément final ; par exemple, celle de l'uranium aboutit finalement au plomb.

Le chimiste américain Bertram Boltwood, qui se passionnait pour les "radioéléments", remarqua que des minéraux du même âge (provenant d'une même strate géologique) contiennent toujours de l'uranium et du plomb dans la même proportion. Il comprit que cette proportion donnait en fait une mesure de leur âge : l'uranium et le plomb sont comme les deux compartiments d'un sablier : plus la désintégration de l'uranium a fabriqué de plomb (plus le sablier a coulé), plus le minéral est ancien. Connaissant la période du processus, la mesure du rapport des quantités d'uranium et de plomb permet donc de calculer l'ancienneté du minéral (à supposer qu'il n'y ait pas eu de plomb présent à l'origine, quand le minéral s'était cristallisé).

Les mesures chimiques étaient, à l'époque, difficiles et imprécises. Néanmoins, Boltwood et Rutherford furent les premiers à se rendre compte ainsi, dès 1907-1908, que l'âge de la Terre pouvait dépasser un milliard d'années.

D'autres couples ou séries d'éléments ou d'isotopes ancêtre-descendant, de périodes différentes – comme par exemple celle, qui mène du potassium à l'argon –, allaient être découverts et pouvoir être utilisés comme "sabliers" pour les datations minéralogiques, apportant peu à peu les millésimes manquants à toute la colonne stratigraphique. Les principes des sabliers isotopiques avaient été en partie établis par Rutherford et Boltwood grâce à des méthodes purement chimiques, mais c'est surtout aux travaux ultérieurs d'Arthur Holmes que l'on doit leur succès, et au développement de la "spectrométrie de masse" par Francis Aston leur précision en matière de datation des minéraux. Les *spectromètres de masse*, permettant le tri des atomes et molécules en fonction de leur masse et, par conséquent, le relevé précis de la composition chimique et isotopique d'échantillons (de gaz ou de solides vaporisés), sont ainsi devenus les instruments rois de la géochimie (et de la cosmochimie)*.

C'est à l'application de la spectrométrie de masse à l'étude des météorites que l'on doit la détermination de l'âge du Système solaire. Harold Urey à l'université de Chicago, après la Seconde Guerre mondiale, avait de bonnes raisons de croire la formation des météorites contemporaine de celle du Soleil et des planètes, et à sa suggestion le professeur Harrison Brown mit l'un de ses étudiants au travail sur la datation de ces cailloux célestes. Clair Patterson, travaillant par la méthode uranium-plomb sur des fragments de la météorite du Canyon Diablo (celle qui avait formé le Meteor Crater de 1,5 kilomètre de diamètre en impactant le sol dans l'Arizona) – à l'aide d'un spectromètre de masse perfectionné de l'Argonne National Laboratory –, parvint en 1955 à un résultat qui est plus ou moins admis depuis comme définitif pour l'âge de la formation du Système solaire, avec une marge d'erreur qu'il réussit à diminuer plus tard, au California

* C'est grâce à ces techniques qu'on effectue les mesures paléoclimatiques sur les carottages océaniques ou glaciaires, par exemple en mesurant la proportion de deux isotopes de l'oxygène dont le rapport dépend de la température de cristallisation (cette méthode est due à Harold Urey). C'est aussi de ces techniques que découle la datation par le carbone (14) utilisée en archéologie (méthode due à Willard Libby).

Arthur Holmes, dès ses études avant la Première Guerre mondiale, avait été l'un des premiers à utiliser les méthodes de datation des roches fondées sur la désintégration des éléments radioactifs. À peine âgé de vingt et un ans, il avait ainsi attribué un âge de 370 millions d'années au Dévonien, une conclusion qui allait bien au-delà des durées généralement admises mais devait se révéler plutôt exacte. Après des aventures malheureuses dans des sociétés minières et pétrolières au Mozambique et en Birmanie, il parviendra, une fois ses travaux reconnus, à faire une brillante carrière universitaire, parachevant les techniques de datation radiométriques défrichées par Rutherford et Boltwood, et persuadant les géologues de leur valeur.

Institute of Technology, jusqu'à ± 0,1 %, soit quelques dizaines de millions d'années seulement : 4,56 milliards d'années*.

* Il est intéressant de savoir que les précautions infinies prises par Patterson pour éviter toute contamination de ses échantillons par une pollution au plomb atmosphérique en firent l'un des initiateurs des campagnes pour

Ainsi se concluait, il y a à peine quelques décennies, la longue affaire de l'âge de la Terre, qui avait, pendant tant de siècles, dormi sous le "tabou de la genèse".

La crise de la géologie

Inutile de dire que tous ces développements, pendant la première moitié du XXe siècle, représentèrent pour les géologues classiques de sérieux défis. Non seulement il leur fallait assimiler, avec la physique nucléaire et la géochimie, tout un corpus de savoirs et de pratiques de laboratoire tout à fait étrangers à leurs habitudes du terrain et à l'enseignement traditionnel de leur discipline, naguère majestueusement maître d'elle-même comme de l'histoire du monde ; mais en outre il s'avérait que leur chère colonne stratigraphique, remontant au Cambrien, ne correspondait qu'à une toute petite partie de l'histoire de la Terre : le "Précambrien" ne cessait de s'allonger, jusqu'à représenter une durée presque huit fois plus longue (!) que toute la suite des temps – les ères quaternaire, tertiaire, secondaire et primaire auxquelles s'était bornée leur science.

La Terre était maintenant présentée comme un vieillard de quatre-vingt-dix ans qui ne se souviendrait que des dix dernières années de sa vie, les quatre-vingts années précédentes étant plongées dans un oubli presque complet…

Les réticences des géologues à trop s'écarter des méthodes et des résultats traditionnels de leur science se remarquent dans le fait que les grandes divisions des temps qui avaient été établies dans la première partie du XIXe siècle ont en fin de compte survécu à cet allongement considérable, pendant le XXe siècle, du passé de la Terre, avec seulement quelques modifications mineures portant principalement sur les appellations.

Les anciennes ères avaient, à vrai dire, déjà été rebaptisées selon des termes proposés dès les années 1840 par

l'interdiction d'additifs de ce métal toxique dans l'essence. En lisant "sans plomb" dans une station-service, pensez que cela a un (lointain) rapport avec la détermination de l'âge de la Terre…

Alcide d'Orbigny et John Phillips (un neveu de William Smith) : l'ère primaire était devenue le *Paléozoïque* (la vie ancienne), l'ère secondaire le *Mésozoïque* (la vie intermédiaire), et enfin le Tertiaire et le Quaternaire regroupés dans le *Cénozoïque* (la vie récente). L'immense ère "précambrienne" (environ quatre milliards d'années), largement ignorée auparavant, fut donc scindée en deux (ou trois) "éons" (les plus longues dans la hiérarchie des durées géologiques) – l'*Archéen* (précédé par l'*Hadéen*) suivi par le *Protérozoïque* (la vie primitive*) –, toute la suite d'environ un demi-milliard d'années, c'est-à-dire la totalité des anciennes ères jusqu'à nos jours, prenant le nom d'éon *Phanérozoïque* (la vie qui se montre). Est-ce plus clair ? Je ne sais pas, mais en tout cas cela fait beaucoup plus savant, n'est-ce pas ?

À vrai dire, les défis issus de la physique nucléaire et la géochimie venaient provoquer les géologues classiques alors même que le champ de leur discipline était déjà en train ou sur le point d'être bouleversé par deux autres développements majeurs de la géophysique, portant, ceux-là, non plus sur les éons qui leur avaient échappé, mais sur la plus grande partie du volume terrestre, jusque-là tout aussi négligée par la géologie, laquelle n'avait étudié que la seule superficie des seuls continents.

D'une part, comme nous allons le raconter au chapitre suivant (chapitre 15), les progrès de la sismologie commençaient à révéler des détails de structure des profondeurs de la Terre jusque-là pratiquement inobservables.

* La vie océanique primitive est représentée, par exemple, par les fossiles de la faune à corps mous d'Ediacara, découverts dans les années 1950, d'abord en Australie puis un peu partout dans le monde. On a, depuis, trouvé en Chine des fossiles d'algues et d'embryons d'animaux vieux de 570 millions d'années, ce qui reste au demeurant un âge modeste par rapport à celui des plus respectables roches, comme certains gneiss ou zircons âgés de quelques milliards d'années.

D'autre part, on était à la veille de voir les travaux des océanographes ouvrir à la recherche géologique les deux tiers, largement inexplorés, de la surface de la croûte terrestre – les fonds océaniques – et, ce faisant, valider une hypothèse développée par un astronome-météorologiste-explorateur arctique, que rejetait la très grande majorité des géologues : la théorie de la dérive des continents (chapitre 16).

15

AVENTURES GÉOPHYSIQUES : VOYAGES IMAGINAIRES DANS LES PROFONDEURS DU GLOBE

En ramassant des silex ou des pierres précieuses, en ouvrant des carrières de marbre, de fer ou de charbon, en creusant le sol à la recherche d'eau et de filons métalliques, ou plus tard pour y ouvrir ses voies de communication, routes et canaux, comme en relevant et en interprétant ses cartes géologiques et ses colonnes stratigraphiques, l'homme n'avait fait qu'égratigner la croûte terrestre et effleurer sa connaissance du globe. Mais il s'y était parfois suffisamment enfoncé pour sentir très tôt qu'en y pénétrant, il se rapprochait apparemment d'un “feu central” dont, par ailleurs, les eaux thermales, les geysers, les éruptions volcaniques semblaient remonter.

La présence d'un feu central n'était au demeurant “pas conforme à l'idée que le monde chrétien se faisait du globe terrestre, remarque Gabriel Gohau dans *Histoire de la géologie* (bibl.) : c'est ce qui avait fait condamner les thèses de Buffon par la Sorbonne”. Pourtant, la température sous la surface terrestre augmente bel et bien en moyenne d'une dizaine de degrés Celsius par kilomètre et ce “gradient géothermique”, mesuré avec précision dans les puits de mine par Louis Cordier au début du XIXe siècle, fut extrapolé par lui jusqu'à plus de 1 000 °C (température où fondent la plupart des roches) à une centaine de kilomètres de profondeur seulement, ce qui représente à peine un cinquantième du rayon terrestre. Cordier – qui avait fait partie de l'expédition d'Égypte de Bonaparte avec son maître Déodat de Dolomieu et qui allait être, avec d'autres, à l'origine de la galerie de minéralogie du Muséum et de la fondation de la Société géologique de France – pensa qu'il avait ainsi prouvé l'existence de la "pyrosphère", ce globe de magma en fusion sous-jacent à la croûte terrestre conjecturé depuis longtemps.

On devait s'apercevoir par la suite qu'en réalité, si ces températures sont bien atteintes et même probablement largement dépassées à l'intérieur de la Terre, les roches n'y sont pas pour autant liquéfiées. En effet, l'augmentation considérable de la pression avec la profondeur (imaginez qu'à quelque 300 mètres, le sous-sol supporte déjà un poids par unité de surface bien supérieur à celui de l'Empire State Building !) les maintient quasiment à l'état solide – de la même manière qu'à l'intérieur d'une cocotte-minute, l'eau, sous forte pression, au lieu de bouillir et de se transformer en gaz comme à la pression atmosphérique, reste liquide bien au-dessus de 100 °C. (À l'inverse, nous le verrons, lorsque des roches solides brûlantes remontent près de la surface, la baisse considérable de pression les fait fondre, de la même manière que l'eau se met à bouillir et devient un gaz à bien moins de 100 °C lorsque la pression diminue, quand on monte en altitude par exemple.)

Mais la compréhension de ces rapports entre la pression, la température et les états de la matière (solide, liquide, gazeux) – qu'on décrit en termes savants par un "diagramme des phases" – ne fut élucidée que tardivement, notamment grâce aux travaux de l'ingénieur des Mines Émile Clapeyron. Et la croyance en une pyrosphère persistera jusqu'au XXe siècle chez beaucoup de géologues (j'en ai trouvé des mentions chez Pierre Termier, par exemple), comme elle persiste aujourd'hui chez la plupart des gens…

Il y a quelques centaines de volcans en activité à la surface du globe mais, dans les traditions européocentristes de la science occidentale, les volcans méditerranéens (golfe de Naples, îles Éoliennes, Sicile) et dans une moindre mesure atlantiques (Canaries, Islande, Antilles)

Le marché antique de Pouzzoles est situé au bord de la mer près des champs Phlégréens, vaste zone volcanique à l'ouest de Naples. Le socle du temple de Jupiter est aujourd'hui immergé, et ses colonnes portent la trace de longs séjours dans l'eau, ainsi que le nota le grand géologue Charles Lyell, à la suite de son ami le mathématicien Charles Babbage, qui furent les premiers à interpréter cet état de choses comme le résultat d'importantes variations du niveau du sol dans cette région. La gravure de ce temple tel qu'on pouvait le voir en 1830 figure en frontispice de toutes les éditions des *Principles of Geology* de Charles Lyell, ouvrage sous-titré *The Modern Changes of the Earth.*

occupent une place à part, ayant inspiré les débuts de la science volcanologique et une bonne partie de son vocabulaire. Le dieu latin Pluton avait donné son nom au plutonisme ; c'est Vulcain, *via* l'Italie du Sud, qui donna le sien à ces montagnes intimidantes crachant flammes et fumées.

La légende, mise en scène par le poète Hölderlin vers 1800, du philosophe Empédocle se jetant dans le cratère de l'Etna en abandonnant ses sandales au bord du gouffre ("l'épisode fait un peu mosquée", notait Philippe Sollers*), avait déjà été réfutée par Strabon dans l'Antiquité. Mais vrais ou faux, vécus ou imaginés, les récits de tous les courageux successeurs du philosophe sicilien – et du naturaliste-amiral romain Pline l'Ancien qui mourut dans les bras de son neveu Pline le Jeune alors que, commandant la flotte ancrée à l'abri du cap Misène, il s'était fait débarquer au pied du Vésuve en éruption – excitaient les imaginations.

William Hamilton, Alexander von Humboldt, Charles Lyell, Élisée Reclus et bien d'autres savants et personnalités sont allés manger des pizzas à Naples et voir le temple de Jupiter Sérapis à Pouzzoles (l'ancien port de Puteoli) avant de visiter les ruines d'Herculanum et Pompéi de l'autre côté de la baie et, finalement, de faire une excursion sur les pentes du Vésuve.

Du récit par le neveu du professeur Lindenbrock, Axel, dans *Voyage au centre de la Terre* (Jules Verne) jusqu'aux spectaculaires images de cinéma qui firent – plus que ses recherches pourtant fort honorables – la réputation d'un Haroun Tazieff, fictions et reportages ont su nourrir l'intense attrait exercé sur le grand public par les spectaculaires et terrifiants phénomènes volcaniques. Et il faut rendre hommage à plus d'un courageux volcanologue qui trouva la mort, surpris par une nuée ardente comme David Johnston au mont Saint Helens en mai 1980, ou par une coulée pyroclastique comme le couple alsacien Katia et Maurice Krafft au Japon en juin 1991.

* Dans *Une vie divine*, Gallimard, 2005.

William Hamilton, l'ambassadeur d'Angleterre à la cour de Naples au début du XIXe siècle, diplomate, archéologue et volcanologue, est surtout resté dans l'histoire comme le cocu le plus fameux d'Angleterre : son épouse, Emma Lyon, beaucoup plus jeune que lui (d'extraction modeste, orpheline, elle avait été la maîtresse de son neveu qui la lui avait "vendue" en échange du paiement de ses dettes de jeu…), était considérée comme l'une des plus jolies femmes de l'époque et fut le modèle de peintres célèbres (Mme Vigée-Lebrun, par exemple). De grands personnages, Goethe entre autres, lui faisaient la cour pendant que le vieux Lord Hamilton excavait les ruines de Pompéi ou escaladait le Vésuve ; ce fut l'un des plus grands, l'amiral Nelson, bien que manchot, qui l'emporta. Lady Hamilton, après la mort de son mari, puis celle de son amant lors de la bataille de Trafalgar, se trouva rapidement sans ressources et finit dans la déchéance. Alexandre Dumas et plus récemment Susan Sontag ont raconté le roman de sa vie.

Personnellement, étant d'un naturel prudent, je n'ai pas beaucoup fréquenté les volcans, dont le caractère imprévisible m'a toujours foutu la trouille. Je me souviens d'avoir, très jeune, avec mon oncle le père Ruby et une bande de scouts marseillais, escaladé l'Etna dans un épais brouillard ; on ne voyait rien, il faisait froid, et le bruit qui émanait de la montagne n'était pas rassurant du tout. Une autre fois, au cours d'une croisière en mer Égée – quelques jours après avoir navigué entre les îlots volcaniques au centre de la baie de Santorin, la plus au sud des Cyclades (îlots dont certains ne figuraient pas sur la carte que consultait mon équipier : "C'est nouveau, ça vient de sortir", me lança-t-il) –, nous nous sommes promenés à pied dans la chaleur écrasante de l'été, en suffoquant parmi des fumerolles qui empestaient le soufre, au fond de la grande dépression circulaire cultivée, caldera sommitale de la petite île de Nisiros toute proche de la côte turque.

Encore ne s'agissait-il là que de manifestations plutôt calmes et bénignes du volcanisme. Près de Mexico, lors d'une excursion au bord du Río Zempoala, ma femme et moi sommes passés au pied du Popocatépetl en éruption caché dans les nuages ; les journaux locaux titraient en gros caractères : *"Ruge el Popo !"* (Il rugit, le Popo !). Une autre fois, à Hawaii, on nous proposa un survol des spectaculaires coulées de laves incandescentes du Kilauea, qui se jettent dans l'océan Pacifique en vaporisant l'eau de mer ; un collègue auvergnat tenait absolument à aller voir ça : "Chez moi c'est plein de volcans, mais ils marchent pas."

Tout cela n'est encore rien, évidemment, à côté des grandes éruptions dont les cendres ou les laves peuvent engloutir des villages entiers, sans parler des cataclysmes capables de faire disparaître des kilomètres cubes de roches, de déclencher des tsunamis propageant au loin la destruction et la mort, et de projeter des gaz délétères au ras du sol, ou des nuages de poussière jusque dans la stratosphère au point de perturber durablement le climat sur toute la surface de la Terre. (On s'est avisé récemment que l'étude des couchers de Soleil dans les paysages peints par les artistes depuis plusieurs siècles recelait des indications précieuses sur l'histoire de ces poussières d'origines volcaniques, qui font particulièrement rougir le ciel du soir.)

Fascination et terreur des grandes colères de la Terre

Beaucoup de terribles éruptions volcaniques ont marqué l'histoire : l'explosion de l'île de Théra (Santorin) entraîna la disparition de la civilisation minoenne qui florissait en Crète vers 1600 avant Jésus-Christ* ; l'éruption du Vésuve, en l'an 79, enfouit les villes romaines d'Herculanum et Pompéi sous une pluie de cendres (puis extermina dans les gaz brûlants d'une nuée ardente leurs habitants qui avaient pris la fuite) et l'on n'en dégagea les restes quasiment intacts que de nombreux siècles plus tard. Les émanations obscurcissantes et toxiques du Laki en Islande (1783-1784, il neigeait à Londres en été…) sont tenues par certains pour responsables des mauvaises récoltes et des disettes dont la Révolution française aurait été la conséquence…

Parmi les explosions volcaniques les plus violentes des temps modernes, celles du Tambora à Java (1815, *cf.* les spectaculaires ciels rouges du peintre William Turner dans les années qui suivirent), du Krakatoa à Sumatra (1883) et de la montagne Pelée à la Martinique (1902) firent chacune des dizaines de milliers de victimes. Plus récemment encore, celles du mont Saint Helens (1980) et du Pinatubo (1991) répandirent tant de poussières dans l'atmosphère que pendant des semaines, des mois, les couchers de Soleil prirent de nouveau, dans le monde entier, des couleurs pourpres exceptionnelles ; et l'on se souvient de l'imprononçable volcan islandais (l'Eyjafjallajökull,

* Le site archéologique d'Akrotiri au sud de l'île de Santorin, dégagé de sa gangue de cendres volcaniques, est presque plus impressionnant, plus émouvant en tout cas que celui de Pompéi (ce dernier, beaucoup plus grand, est près de deux fois plus récent) ; on s'y promène dans les ruelles étroites d'un vrai village néolithique, entre les façades de ses petites maisons désertées avant le cataclysme où, au rez-de-chaussée, les jarres des échoppes semblent encore proposer au chaland l'huile et le vin.

essayez) qui provoqua un arrêt prolongé du transport aérien en Europe en 2010.

Les éruptions volcaniques et les tremblements de terre, ces "colères de la Terre" largement imprévisibles, avaient longtemps laissé perplexes les philosophes naturels. Les anciennes légendes attribuant les phénomènes volcaniques et sismiques aux caprices ou à la fureur d'êtres mythiques abondent. Dans le pieux Moyen Âge occidental, on soupçonnait, sous ces manifestations infernales, la main de Satan. Au Siècle des lumières, la raison tourna le dos à ces fables et les philosophes s'efforcèrent de trouver des causes (géo)logiques aux convulsions telluriques ; mais, au XXe siècle encore, certaines traditions locales en attribuaient le déclenchement à des facteurs météorologiques ou, mieux, astrologiques.

Aristote avait formulé une théorie "pneumatique" des séismes, y voyant des tempêtes souterraines, et ce genre d'idée fut repris au XVIIIe siècle par l'abbé Bertholon qui, les assimilant à des orages internes, suggéra qu'en enfonçant des "verges" conductrices de l'électricité dans le sol, on pourrait s'en protéger, comme, expliquait Franklin, les paratonnerres protègent de la foudre… Gassendi avait auparavant émis l'idée que la cause des séismes était plutôt des explosions de gaz dans les cavernes du globe, et voici par exemple ce qu'on lit dans l'*Encyclopédie* de Diderot : "Les volcans doivent être regardés comme les soupiraux de la Terre, ou comme des cheminées par lesquelles elle se débarrasse des matières embrasées qui dévorent son sein […]. Ils fournissent au feu et à l'air un libre passage ; ils les empêchent de pousser leurs ravages au-delà de certaines bornes et de bouleverser totalement la surface de notre globe. En effet, toutes les parties de la Terre sont agitées par des tremblements qui se font sentir en différents temps avec plus ou moins de violence. Ces convulsions nous annoncent des amas immenses de matières allumées ; c'est donc pour leur donner passage que la Providence a placé un grand nombre d'ouvertures propres à éventer, pour ainsi dire, la mine."

Les "matières allumées" (par les pierres à feu, pensait-on, qui font des étincelles quand elles se heurtent) étaient supposées abondantes "au sein" de la Terre. On voyait ainsi dans le volcanisme des incendies souterrains de "soufre & de nitre", de naphte, de gisements houillers ou mieux encore, comme Benoît de Maillet, "la combustion des huiles et graisses d'animaux et de poissons" accumulées depuis le Déluge. C'était aussi l'opinion de Bernardin de Saint-Pierre – le naturaliste auteur de *Paul et Virginie*, celui qui pensait sérieusement que les melons avaient été expressément dessinés par le Créateur pour servir de dessert aux familles nombreuses. (On mesure à quel point la notion de "Providence" était à l'époque considérée comme un principe explicatif. Au demeurant, cela n'a pas tellement changé, voir la note p. 411.)

Certes, on savait que de l'air était nécessaire pour entretenir de telles combustions souterraines, mais il était censé, depuis Aristote et le père Kircher, circuler en abondance dans les crevasses et cavités du globe, ainsi que l'eau, dont on avait bien observé la vapeur dans les panaches des volcans. On avait d'ailleurs remarqué que ceux-ci étaient le plus souvent localisés "près des mers", ce qui avait entraîné la conviction – de Sénèque à Buffon – que le volcanisme résultait en fait de la rencontre explosive de l'eau et du feu. Trop d'exceptions allaient faire abandonner cette thèse, laquelle n'était d'ailleurs pas dénuée de tout fondement, ainsi que nous le verrons.

La controverse sur l'origine des basaltes et granites

Jean-Étienne Guettard, de retour d'un voyage en Auvergne où il avait pris les eaux à Vichy, présenta en 1752 à l'Académie des sciences un *Mémoire sur certaines montagnes de France qui ont été autrefois des volcans*. En reconnaissant d'anciens cratères dans les monts de la chaîne des Puys et une coulée de lave dans les roches noires d'une carrière de Volvic, Guettard ne faisait que redécouvrir un savoir oublié, ainsi qu'il le nota lui-même en retraçant l'étymologie de ce dernier nom à une contraction du latin Vol*cani* vic*us* : village du volcan.

Guettard n'alla cependant pas jusqu'à attribuer une origine volcanique aux roches basaltiques qui recouvrent toute la région, comme bien d'autres dans le monde. Une telle théorie, connue, ainsi que nous l'avons rappelé, comme le plutonisme – et qui s'opposait au neptunisme dominant (attribuant aux basaltes, comme aux calcaires, une origine aqueuse, marine, diluvienne) dont Abraham Werner allait être le dernier chantre – fut développée par Nicolas Desmarest. Ce dernier, fonctionnaire discret et obstiné, explorant systématiquement la chaîne des Puys un peu après Guettard, devait montrer que non seulement la lave noire de Volvic mais aussi les nombreuses couches de roches basaltiques provenaient toutes, en fait, de coulées éruptives. Par la suite, Hutton, nous l'avons vu, décèlera en Écosse la nature "intrusive" des granites, roches que le neptunisme de Werner attribuait également à une cristallisation en milieu océanique. Et il appartint enfin à deux élèves de Werner, Jean-François d'Aubuisson et Leopold von Buch, eux aussi à la suite de voyages en Auvergne, de mettre fin à la controverse en réfutant les thèses de leur propre maître : les basaltes et les granites, tout comme les laves, sont bien des roches "ignées".

Ces roches ignées – l'une des trois grandes catégories rocheuses de la croûte terrestre avec les roches sédimentaires et les roches métamorphiques – constitueraient l'essentiel du manteau profond et auraient souvent percolé à travers les couches sédimentaires, ainsi que l'avait conjecturé le premier James Hutton. On les divisa plus tard en "volcaniques" (celles qui se sont refroidies rapidement par effusion à l'air libre ou dans l'eau : basaltes, andésites, rhyolites, obsidiennes) et "plutoniques" (celles qui se sont solidifiées lentement dans le sous-sol avant d'émerger en surface par isostasie ou d'être découvertes par l'érosion : gabbros, diorites, granites). Ces roches ignées présentent une plus grande variété de grains, de textures, de couleurs, de duretés et de formes que les autres grandes catégories de roches.

Les éjectas des volcans, en refroidissant, engendrent toutes sortes de formations rocheuses – les tunnels de lave, les orgues basaltiques, les laves en coussin, les "bombes" volcaniques –, comme aussi les *tufs*, consolidation de particules – cendres (poussière) et *lapilli* (petites pierres) – ou encore, suivant la taille des cavités laissées par l'échappement des bulles de gaz, les pierres ponces et scories. La volcanologie est par ailleurs riche de quantité de termes géomorphologiques : *necks*, *dykes*, *sills*, *calderas*, etc., décrivant les formations que des effondrements façonnent à partir d'anciens appareils volcaniques, ou que l'érosion découvre, notamment les vestiges durs et résistants de conduits ou de chambres magmatiques solidifiés, peu à peu dégagés des éjectas meubles où ils étaient enfouis : ainsi les majestueux piliers qu'on voit parsemés sur les hauts plateaux de l'Arizona ou dans le massif du Hoggar.

Dans le courant du XIXe siècle, ainsi que nous l'avons remarqué plusieurs fois, on imaginait toujours, comme au temps de Descartes (et comme beaucoup de gens le pensent encore aujourd'hui), que l'écorce terrestre recouvrait un vaste océan ou globe interne de "magma", roches liquides en fusion. La théorie dominante concernant le volcanisme devint celle des "failles d'effondrement", par lesquelles les laves de cette pyrosphère et les gaz associés se frayaient périodiquement un passage vers l'extérieur.

Après les travaux des géologues et volcanologues Dana (au mont Shasta en Californie du Nord) et Perret (un autre Américain, résidant en Italie), on prit cependant peu à peu conscience de la nature réelle du volcanisme. En étudiant les laves et structures volcaniques anciennes, on s'aperçut du fait que, tout comme les éruptions ne constituent souvent que de brefs spasmes dans la vie des volcans

– vie dont la durée peut s'étendre sur des milliers, voire des centaines de milliers ou des millions d'années –, de la même manière, donc, le volcan lui-même, tas d'éjectas refroidis empilés, ainsi que l'avait tout d'abord montré Hamilton, n'est que la partie visible, externe, d'un appareil complexe dont les "racines" peuvent s'étendre, on le prouvera plus tard, sur des dizaines voire des centaines de kilomètres de profondeur.

L'explication moderne des différents mécanismes de la fonte magmatique

Si l'idée de l'exsudation de magma par des failles et orifices de la croûte terrestre a été plus ou moins conservée par les volcanologues modernes, celle de l'existence en profondeur d'une couche de roches liquéfiées par le feu central de la Terre – la pyrosphère d'antan – a fini par être à peu près abandonnée (encore que, *cf.* p. 528). Tous les indices, et notamment ceux qu'on tira, comme nous le verrons plus loin, de l'étude de la propagation des ondes sismiques au sein du globe terrestre, laissent en effet penser que la "lithosphère", comme d'ailleurs le manteau profond sur lequel elle repose, est en réalité un milieu maintenu à l'état quasi solide par la pression qui y règne, et que la fonte des roches alimentant les volcans est un phénomène superficiel, le plus souvent local et limité à des volumes relativement restreints.

Personne n'a jamais exploré ces cavités incandescentes mais la présence de lacs et de chambres magmatiques sous les volcans en activité est établie, tant par les preuves indirectes de leur existence – par exemple les indications des "inclinomètres" mettant en évidence des gonflements du sol consécutifs à des poussées de magma*, même en l'absence d'activité sismique ou de manifestations de surface (fumerolles) – que par l'étude d'anciens appareils

* Les inclinomètres modernes ont une précision étonnante, de l'ordre du cent millième de degré, et la télédétection en continu de leurs mesures automatiques, couplées avec celles d'autres appareils en réseau comme des sismomètres ou des magnétomètres, permet de surveiller (et dans une certaine mesure de prévoir) l'activité de certains volcans bien équipés.

volcaniques éteints et refroidis, mis au jour par des glissements de terrain ou par l'érosion.

Des expériences et des calculs théoriques ont permis de comprendre que les mécanismes responsables du volcanisme (c'est-à-dire du passage au moins partiel du sous-sol de l'état solide à l'état liquide, voire à l'état gazeux, dans ces chambres magmatiques) accompagnent en fait, sous les cheminées volcaniques, la décompression des roches chaudes profondes lorsqu'elles se trouvent, pour une raison ou une autre, remonter près de la surface. Nous n'avons guère l'expérience de ce genre de "transitions de phase" (c'est ainsi que les physiciens désignent les changements d'état de la matière, la liquéfaction ou l'ébullition, par exemple), mais il s'agit d'un phénomène comparable à ce qui se passe lorsqu'on débouche une bouteille de bière ou de vin mousseux, quand la brusque baisse de pression provoque une mini-éruption dans le goulot.

Quelle que soit la cause initiale de leur ascension (il y en a plusieurs, ainsi que nous allons le voir), les roches brûlantes qui remontent, très lentement, des profondeurs du manteau et de ses pressions inimaginables, une fois qu'elles commencent à se liquéfier sous l'effet de la décompression adiabatique (sans échange de chaleur avec le milieu), deviennent moins denses que les roches solides qui les environnent ; elles tendent alors à venir d'elles-mêmes plus rapidement flotter vers la surface, propulsées vers le haut par la poussée d'Archimède, tout comme les bulles qui font mousser le champagne. C'est d'ailleurs ce qui arrive aussi aux gaz dans les laves (notamment la vapeur d'eau, mais aussi le gaz carbonique), faisant rugir les volcans et propulsant bombes et poussières dans l'atmosphère au cours des éruptions. C'est un parlementaire britannique volcanologue amateur, George Julius Scrope, qui avait suggéré le premier en 1825, après avoir visité le Vésuve, l'Etna et le Stromboli, que, "dans tous ces phénomènes prodigieux, le facteur principal réside incontestablement dans les forces de dilatation de quelque fluide aériforme élastique cherchant à s'échapper d'une masse souterraine de laves".

Les phénomènes physiques responsables de la fusion partielle et du dégazage des roches profondes à proximité de la surface sont accompagnés de modifications chimiques des matières rocheuses initiales, qui expliquent en grande partie la nature des roches ignées. Basaltes, gabbros et granites forment l'essentiel des matériaux éruptifs, suivant la décantation physico-chimique qui s'opère dans le magma partiellement fondu et la vitesse à laquelle il se refroidit. Dans les vestiges d'anciennes calderas et chambres magmatiques – ou, nous le verrons, dans la croûte océanique elle aussi de nature ignée, ainsi que dans les ophiolites qui en sont des vestiges échoués sur les continents (*cf.* p. 512) –, on voit fort bien s'étager cette séquence lithologique verticale caractéristique de la "prise" d'un magma partiellement fondu, au sein duquel, au cours de son refroidissement, tombent au fond les minéraux au fur et à mesure de leur cristallisation.

L'ancienne typologie des volcanologues, essentiellement descriptive, distinguait d'une part les volcans effusifs dits "rouges" (ou "stromboliens", ainsi nommés d'après l'île de Stromboli au large de la Sicile), caractérisés par leurs laves fluides ; et d'autre part les volcans explosifs dits "gris" (ou "péléens", d'après la montagne Pelée au nord de la Martinique, ou encore "pliniens", en souvenir du naturaliste-amiral romain), aux laves très visqueuses, dont le dégazage brutal donne les "nuées ardentes" particulièrement meurtrières (Vésuve, mont Saint Helens). Les premiers – comme l'Etna, le piton de la Fournaise à la Réunion, ou le Kilauea à Hawaii – ont une activité d'écoulement plus ou moins continue ; les seconds – comme Santorin ou le Krakatoa – sont sujets à de violentes crises explosives très espacées dans le temps.

Dans la seconde moitié du XXe siècle – après l'élaboration des théories de la tectonique des plaques et des "points chauds", que nous raconterons au chapitre suivant (et qui rendent parfaitement compte de la géographie de la plupart des phénomènes volcaniques) –, les mécanismes à l'origine des volcans feront l'objet d'une nouvelle typologie, beaucoup plus explicative, même si leurs cycles d'activité restent encore assez mal compris. On distingue aujourd'hui (voir la figure p. 510) :

– d'une part, le volcanisme dû à la remontée et à la décompression des roches chaudes de la lithosphère, produisant de la nouvelle croûte océanique, là où elle s'ouvre sous l'effet de l'expansion des fonds, tout le long de la chaîne des dorsales sous-marines, de 60 000 kilomètres, qui ceinturent en zigzags pratiquement ininterrompus le globe terrestre, émergeant parfois comme en Islande ;

– d'autre part, le volcanisme des zones de "subduction", dû à l'abaissement du point de fusion par hydratation de la lithosphère là où elle plonge dans le manteau, avec création d'arcs d'îles volcaniques dans le cas de la lithosphère océanique comme les Aléoutiennes, le Japon, les Antilles, ou de cordillères comme les Andes dans le cas de la lithosphère continentale ;

– enfin, le volcanisme "de points chauds", dû à une remontée ponctuelle de magma venant percer en chapelets de volcans (les îles Hawaii ou les Mascareignes), tel un chalumeau, la croûte océanique dérivant au-dessus comme un tapis roulant, ou alors débouchant sous un continent (comme à Yellowstone aux États-Unis) ou sous une dorsale sous-marine (comme aux Açores ou aux Galápagos).

Parmi les épanchements volcaniques anciens à la surface du globe, une mention spéciale doit être faite, en outre, des *grandes provinces ignées* (ou *trapps*, d'après le néerlandais pour "marches", en référence à l'aspect en escalier que prennent leurs bords érodés), vestiges de puissants phénomènes éruptifs dont on n'a pas enregistré le témoignage, et dont on ne sait s'ils vont se manifester de nouveau. Ces grandes provinces ignées, découvertes par les géologues à la fin du XIXe siècle, sont des coulées de laves ayant recouvert de vastes nappes de basalte, s'empilant par endroits sur plusieurs kilomètres d'épaisseur, d'importantes superficies du Brésil, des États-Unis, de l'Inde, de la Russie, de l'Éthiopie (*cf.* fig. p. 510). Des formations analogues ont été identifiées plus récemment au fond de l'océan Atlantique, de l'océan Indien et du Pacifique (et peut-être sur la Lune : les *maria* ou "mers" lunaires, comme on les avait appelées au XVIIe siècle, *cf.* note p. 540). Nous reviendrons à la fin de ce livre sur les causes possibles de ces inondations basaltiques, "dont les conséquences, dues aux gaz et à la poussière libérés, ont pu avoir un impact climatique équivalent à de gigantesques éruptions de *supervolcans* et ont été soupçonnées, nous le verrons, d'être la cause, ou du moins une des causes des extinctions de masse du passé qui ont tué la majorité des espèces vivantes de l'époque" (Wikipédia).

Les risques largement imprévisibles des séismes

Souvent associés à des éruptions dont, après les avertissements préalables des inclinomètres, ils fournissent des signaux d'alerte lorsque les déformations du sous-sol commencent à entraîner sa fracturation, les ébranlements de la croûte terrestre peuvent aussi frapper des régions même dépourvues de volcanisme, mais situées à proximité de failles "actives" (dont les bords coulissent, par à-coups, l'un contre l'autre), comme par exemple la fameuse faille de San Andreas en Californie. Les violentes secousses accompagnant certains phénomènes volcaniques, ou consécutifs à de brusques réarrangements, après des décennies ou des siècles d'accumulation des tensions entre les bords de failles actives*, sont capables

* On parvient aujourd'hui, avec la précision fournie par les GPS, à surveiller ces processus ; par exemple au Chili où la subduction fait plonger une plaque tectonique de plusieurs centimètres par an, mais où ce mouvement est bloqué dans certaines zones qui résistent et sont appelées à céder

de ravager sans crier gare des villes entières (Kobe 1995, Orléansville 1954, San Francisco 1906, Pointe-à-Pitre 1843, Lisbonne 1755). Ces séismes font beaucoup plus de victimes que les éruptions volcaniques – cinquante fois plus au XXe siècle, où 1,6 million de personnes laissèrent leur vie dans des tremblements de terre, ce qui les met au deuxième rang des catastrophes naturelles, derrière les inondations.

Un tremblement de terre est une expérience assez particulière, qui marque la mémoire même si l'on n'en est pas à proprement victime. Ma famille et moi avons habité à San Francisco où l'on peut lire tous les dimanches dans le journal une rubrique, toujours assez fournie, intitulée "Activité sismique de la semaine [précédente]". C'était quelques années après le séisme de 1989 – lequel, bien que relativement modéré, avait été le plus violent depuis celui de 1906 (ce dernier, et l'incendie qu'il provoqua, avait pratiquement rasé la ville, alors à vrai dire encore peu développée). Tôt ou tard, chaque personne dont nous faisions la connaissance nous racontait comment ça s'était passé pour elle, peu après 17 heures ce bel après-midi du 17 octobre 1989, et la variété des façons dont les uns et les autres avaient vécu ces secondes mémorables (qui prenaient de longues minutes à décrire) était tout simplement confondante. Malgré ces souvenirs vivaces, et la certitude qu'un jour ou l'autre ils allaient avoir droit à bien pire – au "*big one*", sûr et certain autant qu'imprévisible –, le fait de vivre sur des failles actives n'est apparemment pas un gros souci pour les Californiens, pas plus qu'il n'angoisse outre mesure des Mexicains, des Indonésiens, des Chinois ou des Japonais tout aussi exposés… N'empêche, l'architecture et l'urbanisme en tiennent compte,

brutalement, provoquant un séisme. Si on ne sait pas encore prédire *quand*, on commence à pouvoir dire *où* il se produira.

on garde chez soi à portée de main un kit de survie au cas où, et dans les écoles on entraîne les enfants à plonger sous leur table (“si vous me voyez partir en courant, prévient l’institutrice, ne croyez pas que je vous abandonne, c’est que j’ai des choses à faire d’urgence”).

Cela dit, les plus violents tremblements de terre de l’histoire des États-Unis n’ont pas eu lieu en Californie mais en Caroline du Sud (1886) ou dans la vallée du Mississippi, région qui fut dévastée en 1811 et 1812 par trois grands séismes. Mais ces tremblements de terre affectaient des zones peu sismiques, situées dans des parties stables de la croûte terrestre – loin des ceintures où, selon la tectonique des plaques, se situent leurs frontières actives. Ils sont interprétés, dans le cadre de cette théorie, comme le résultat de la réactivation d’anciennes fractures sous l’effet des compressions ou extensions subies par les plaques lithosphériques en mouvement.

“Un des phénomènes les plus étranges des tremblements de terre, c’est leur propagation, c’est-à-dire la manière dont ils se communiquent à des distances souvent prodigieuses en un espace de temps très court”, écrit l’un des rédacteurs de l’*Encyclopédie* de Diderot (le baron d’Holbach ?). Cela s’interprétait au XVIIIe siècle comme l’allumage d’embrasements souterrains successifs, à la manière d’un chapelet d’explosifs. Le philosophe Emmanuel Kant, qui, après le cataclysme ayant détruit Lisbonne*, consacra

* Ce terrible séisme, qui fit plus de soixante mille victimes le 1er novembre 1755, ébranla jusqu’à la foi des philosophes. Alors que Kant et d’autres se penchaient sur l’origine physique des tremblements de terre, Voltaire en profita pour ridiculiser la métaphysique de Leibniz (“le meilleur des mondes possibles”). La catastrophe de Lisbonne eut aussi des conséquences sur la construction en zone sismique : “Le marquis de Pombal, Premier ministre du roi du Portugal, fit reconstruire Lisbonne selon un plan d’urbanisme savamment pensé. Il testa des maquettes d’habitations en les soumettant jour et nuit au passage de charrettes lourdement chargées dont

aux séismes un petit ouvrage, les attribue ainsi, à la suite de Gassendi, à l'explosion progressive des gaz renfermés dans le réseau des cavernes du globe.

Nicolas Desmarest publie cependant la même année ses *Conjectures physico-mathématiques sur la propagation des secousses dans les tremblements de terre* et l'on trouve même, à peine plus tôt, un texte du Bostonien John Winthrop *(A Lecture on Earthquakes, Read in the Chapel of Harvard College in Cambridge, November 26 1755. On Occasion of the Great Earthquake Which Shook New England the Week Before)* où est avancée la même idée : les ébranlements résultent en fait du passage d'ondulations du sol, à la manière de "vagues de terre". Bien vu ! John Michell, ecclésiastique astronome et musicien, professeur à Cambridge en Angleterre, développera ces thèses, suggérant que les secousses sont provoquées par l'écroulement de roches à de grandes profondeurs sous la surface (toujours le mythe des cavernes). Il tentera d'estimer la vitesse de propagation des ondes sismiques à partir de témoignages sur le décalage de leur arrivée en divers lieux, et l'estimation qu'il donna de cette vitesse de propagation n'était pas mauvaise*.

La première tentative pour établir une échelle d'intensité des séismes d'après l'ampleur des destructions observées fut l'œuvre d'un médecin napolitain, Domenico Pignataro ; mais c'est un architecte et ingénieur

les trépidations évoquaient celles d'un tremblement de terre" (Pascal Bruckner, *Le Fanatisme de l'Apocalypse*, bibl.).

* Bien que fort rapide, la propagation des ondes sismiques est assez lente pour qu'un réseau d'alerte automatique utilisant les installations téléphoniques, transmettant à la vitesse de la lumière, laisse le temps (ne serait-ce que quelques secondes) à des populations suffisamment éloignées de l'épicentre de trouver rapidement une protection, sous un linteau de porte par exemple, voire en descendant à la cave. Comme dans le cas des tsunamis océaniques (qui, eux, se propagent plus lentement, mais aussi bien plus loin, et peuvent nécessiter beaucoup plus de temps pour fuir ou trouver un abri), de tels réseaux sont aujourd'hui en train de se mettre en place dans certaines zones à risque élevé.

irlandais du nom de Robert Mallet qui commença véritablement à développer la science de la sismologie. D'une famille de Dublin enrichie dans l'industrie des constructions métalliques, après s'être spécialisé dans l'édification de phares (le Fastnet notamment, à l'extrémité sud-ouest de l'Irlande, bien connu des yachtmen), il s'intéressa à la géologie du golfe de Naples, qu'avait mise à la mode l'exhumation des ruines d'Herculanum et Pompéi. À partir de là, entre 1830 et 1850, Mallet accumula une documentation considérable sur les tremblements de terre, qui lui permit notamment de dresser les premières cartes de régions du globe, et tout particulièrement des régions méditerranéennes, affectées par ces secousses. De telles cartes, par la suite, allaient tester la sagacité des volcanologues : elles mettaient en évidence la géographie très particulière des zones sismiques, qui longent souvent les bords des continents (on montrera dans la seconde moitié du XXe siècle qu'elles longent en fait les frontières des "plaques tectoniques" en mouvement portant les continents).

Cartographiant d'une manière détaillée les destructions causées par un nouveau tremblement de terre qui ravagea la Campanie en 1857, Mallet remarqua la forme grossièrement circulaire des zones d'égale intensité des secousses et fut le premier à tenter de localiser le foyer des ondes (supposément sphériques) du séisme, émanant, comme on devait prendre l'habitude de le dénommer, d'un *épicentre.* (En fait, l'épicentre est celui des ondes à la surface ; les spécialistes parlent de l'*hypocentre* pour le foyer profond.) Mallet trouva pour celui-là une source située à 10 kilomètres sous la surface.

Par la suite, en Angleterre, Mallet entreprit d'étudier expérimentalement la propagation des ondes sismiques en mesurant le temps que mettait l'explosion d'une charge enfouie dans le sol à ébranler un bain de mercure situé à une distance de 1 mille ; il mesura ainsi des différences importantes de vitesse de propagation suivant la nature du sol : environ 750 kilomètres-heure dans du sable, le double dans du granite. Les résultats de ce genre d'expériences devaient plus tard, en s'inversant, puis sous le nom de sismique-réflexion, déboucher sur des méthodes efficaces de prospection du sous-sol, y compris sous-marin (*cf.* p. 293 et 484).

Les développements modernes de la sismographie

L'étape suivante du développement de la science sismologique allait être – au Japon, ce qui n'est sans doute pas surprenant – l'œuvre d'un brillant ingénieur anglais, diplômé en 1873 de l'École royale des mines britannique et féru de géologie : John Milne. Après avoir exploré l'Islande, Terre-Neuve et le Sinaï, il avait été recruté comme enseignant au Collège impérial de génie civil de Tokyo. Il se passionna bientôt avec enthousiasme pour les phénomènes sismiques si caractéristiques de cette région du monde, dont il entreprit de relever la fréquence et l'intensité sur tout l'archipel nippon. C'est dans ce but qu'avec deux collègues professeurs à Tokyo comme lui – James Ewing, mécanicien, et Thomas Gray, électricien –, il mit au point, vers la fin du XIXe siècle, les premiers sismographes modernes, capables d'enregistrer l'arrivée des ébranlements du sol les plus imperceptibles, selon leurs trois composantes (verticale, de droite à gauche, d'avant en arrière).

Milne n'avait pas inventé la *sysmographie (sic)*, que d'anciens naturalistes avaient déjà expérimentée, ni même les principes d'interprétation des "sysmogrammes", mais il en perfectionna l'usage au point d'en faire une science quantitative, dont les puissantes méthodes allaient fonder une partie de la géophysique moderne. L'étude de ses enregistrements – inscrits par un stylet sur des bandes de papier recouvertes de noir de fumée et entraînées par un mécanisme d'horlogerie – lui permit en effet d'exploiter plusieurs observations capitales.

Tout d'abord il confirma (après que cela eut été antérieurement noté à Potsdam en Prusse) que beaucoup des minuscules ébranlements enregistrés par les appareils correspondaient non pas à de petites secousses locales mais à des tremblements de terre lointains, quelquefois signalés à des centaines, voire des milliers de kilomètres de là. Il vérifia ensuite (après son compatriote irlandais Richard Oldham, lequel à la même époque travaillait à la Survey of India dans l'Himalaya, multipliant également les mesures sismiques) qu'il existait des décalages entre l'instant d'arrivée des diverses composantes des ondes sismiques, et observa que ces décalages étaient d'autant plus grands que la source du séisme était plus éloignée. Il y avait donc là, en mesurant très précisément ces décalages – et moyennant certaines hypothèses sur le milieu propagateur –, le moyen d'évaluer la distance entre l'appareil et l'épicentre, et même, pour peu qu'un séisme soit détecté par des sismographes situés en plusieurs endroits convenablement répartis à la surface du globe, de localiser précisément le lieu où avait eu lieu la secousse à la source des ébranlements (à l'intersection des cercles de rayon égal à la distance séparant chaque appareil de cet épicentre). Milne entrevit ainsi le concept d'un réseau d'observatoires sismographiques, reliés par télégraphe, capable de localiser quasi instantanément l'occurrence des tremblements de terre partout dans le monde

La mise en œuvre de ce projet fut, au début du XXe siècle, l'œuvre de toute une génération où se distinguèrent des aristocrates comme le prince russe Boris Galitzine ou le comte Ferdinand de Montessus, lequel s'était passionné pour la sismologie en Amérique centrale, où il avait séjourné comme chef de la mission militaire française au Salvador.

L'ouvrage que rédigea Milne (1906), premier traité de sismologie, s'appuyait sur les travaux du Japonais Koto, qui avait associé les tremblements de terre aux failles de la croûte terrestre. Par la suite, des physiciens théoriciens comme Augustus Love en 1911, après Lord Rayleigh, affinèrent la description des types d'ondes sismiques et

John Milne, l'ingénieur anglais qui développa la science sismographique dans les années 1880 au Japon. De retour en Angleterre en 1895 avec sa femme japonaise, après la destruction de son laboratoire à Tokyo, il s'installa confortablement dans l'île de Wight où il se plaisait à montrer à ses visiteurs, en temps réel, l'activité sismique du globe transmise par un réseau de dizaines de ses appareils installés dans divers pays (Russie, Canada). De nos jours, des réseaux informatisés de sismographie "filment" cette activité (*cf.* figure p. 510).

de leurs modes de propagation. Wood et Anderson, puis Victor (Hugo) Benioff au California Institute of Technology, améliorèrent les sismographes de telle sorte qu'ils devinrent capables de détecter toutes les longueurs de tous les types d'ondes générés par les séismes et leurs divers modes de propagation à la surface du globe, ce qui enrichit considérablement les données sur lesquelles allait pouvoir s'exercer l'art de l'interprétation des sismogrammes.

À la suite de Pignataro, un sismologue italien, Giuseppe Mercalli, avait perfectionné, dès le début du XXe siècle, une échelle d'intensité des séismes fondée sur les témoignages de la population et la constatation des dégâts. Puis, dans les années 1930, un autre chercheur du Caltech, Charles Richter, tenta de substituer à l'échelle de Mercalli, basée sur les observations de terrain, une échelle fondée sur les enregistrements des sismographes. Bien que la mise au point et la standardisation de l'*échelle de Richter* aient requis de nombreuses années de travail, elle finit par être universellement adoptée pour caractériser l'"intensité" des secousses, magnitude qui a un rapport plus ou moins direct avec l'énergie dissipée dans les séismes*.

Mais entre-temps la sismologie avait apporté à la géophysique une autre contribution que l'observation et la mesure des séismes superficiels, en révélant l'organisation de la structure interne profonde de la Terre. À vrai dire, les traits généraux de cette structure (et notamment le fait que notre planète comporte un "noyau" en fer de la taille de la planète Mars) avaient déjà fait surface, si l'on peut dire, grâce à d'autres types de mesures, bien plus anciennes : l'étude du champ gravitationnel et du champ magnétique terrestres.

* Je lis ceci sous la plume d'un spécialiste, Arch Johnston : "Le plus important séisme jamais enregistré, le tremblement de terre du Chili en 1960, avait une magnitude de 9,5. Cette magnitude correspond à l'énergie totale d'un ouragan moyen, mais elle est libérée en une à deux minutes, alors qu'un ouragan dure une quinzaine de jours." À mon avis, une telle comparaison nous en apprend autant sur les ouragans que sur les séismes…

Les mystères de l'intérieur de la Terre 1 : la gravimétrie

Si l'on excepte les nombreux modèles de "Terre creuse" (voir p. 407), d'Aristote à Lucrèce, de Descartes à Buffon on concevait en général l'intérieur de la Terre comme relativement homogène, même quand on l'imaginait composée de couches concentriques comme un oignon. La confirmation de la théorie de la gravitation universelle reposa initialement, au XVIIIe siècle, sur la mesure, par les méthodes de la géodésie, de l'aplatissement de la Terre dû à sa rotation*. Cet aplatissement avait été prévu par Isaac Newton, qui l'avait calculé en supposant une densité uniforme du globe terrestre en rotation (considéré comme un liquide incompressible) ; l'aplatissement est moindre en réalité, non pas à cause de la nature solide de la planète (elle est suffisamment plastique pour se déformer, même par de simples effets de marée, ainsi que le mettront en évidence les mesures extraordinairement précises des GPS), mais du fait de l'augmentation de la densité avec la profondeur, ce qui ne fut pas compris avant le XIXe siècle.

Bouguer, au XVIIIe siècle, avait le premier envisagé (suivant une suggestion de Newton, qui en avait calculé la possibilité) de mesurer l'attraction gravitationnelle propre d'une masse montagneuse à l'aide d'un fil à plomb ou pendule. Il n'avait pas trouvé en Europe de montagne d'un volume suffisant et assez isolée, et c'est au cours de son voyage sur l'équateur que les immenses volcans de la vallée de Quito lui donnèrent l'occasion de tenter l'expérience. Malgré la qualité de la mesure qu'il effectua, l'expérience, menée non sans mal au Chimborazo, l'un des plus haut sommets du globe, lui sembla cependant peu concluante car il s'était trompé dans le calcul de l'effet attendu, ainsi que, deux siècles plus tard, le montrera Jean Goguel. L'*Astronomer Royal* Neville Maskelyne réussira lui aussi une telle tentative un peu plus tard, en Écosse.

* *Cf. Le Ciel dans la tête*, *op. cit.*

Pierre Bouguer, académicien français, participa sous Louis XV avec ses collègues Godin, La Condamine et l'un des frères Jussieu à une expédition mouvementée au "Pérou" – expédition géodésique organisée pour déterminer si le rayon de courbure de la surface terrestre y était (ainsi que l'avait prédit Newton) plus petit qu'en Laponie où avaient été dépêchés d'autres académiciens.

En mesurant ainsi l'attraction gravitationnelle propre d'une montagne, dont la masse pouvait être évaluée par le calcul, ces savants cherchaient à "calibrer" la loi de Newton (laquelle spécifie, comme on sait, que la force d'attraction gravitationnelle est "inversement proportionnelle au carré de la distance et *proportionnelle à la masse*", mais sans fournir le coefficient de proportionnalité qui, lui, doit être *mesuré*). De là, exploit inouï, connaissant la pesanteur terrestre – l'accélération de la gravité –, on pouvait "peser" la Terre, c'est-à-dire en déduire sa masse totale et, partant, sa densité. Sur la base de leur calibrage

– plus ou moins exact – de la force gravitationnelle, la densité globale de la Terre fut ainsi évaluée, par Bouguer et Maskelyne, à environ 4,5 fois celle de l'eau.

Cette valeur fut précisée en 1798 en laboratoire par le génie anglais misanthrope Henry Cavendish*, grâce à une autre méthode : à l'aide de la balance à fil de torsion ultraprécise qui venait d'être mise au point par son collègue John Michell, il parvint à mesurer la valeur (infime) de la force d'attraction gravitationnelle entre deux masses étalons, ce qui lui permit de calibrer la loi de la gravité "sans sortir de chez lui", bien mieux que ses prédécesseurs n'avaient pu le faire "en des lieux pleins d'ennuis" (la rime est de Voltaire, lequel avait résumé ainsi les calculs de Newton et les expéditions des académiciens français). La densité trouvée par Cavendish pour le globe terrestre était plus élevée (5,45), fort proche de la valeur actuellement admise (5,52).

Étant donné que les roches de surface ont une densité de seulement 2 à 3, il s'ensuivait logiquement que l'intérieur de la Terre devait comprendre une grande quantité de matière de densité bien supérieure. Mais cette matière était-elle liquide – selon la tradition cartésienne et comme le géologue Louis Cordier croira le prouver en extrapolant l'augmentation de la température avec la profondeur – ou solide, ainsi que le pensait Ampère ? Les "mécaniciens célestes" s'étaient penchés sur la question. Legendre et Laplace postulèrent des lois de variation de la densité avec la profondeur (le genre de choses que Laplace avait faites pour les gaz atmosphériques, ou que l'on fit plus tard pour modéliser l'intérieur des étoiles) et, ainsi, précisèrent le calcul de l'aplatissement du globe.

Une confirmation de ces résultats fut apportée par l'analyse des mouvements lents périodiques de l'axe de rotation de la Terre, repérés grâce aux déplacements

* Cavendish était un de ces savants dont on dit que leur personnalité présentait tous les traits du syndrome d'Asperger.

apparents d'ensemble des étoiles : la précession – très lent (cycle de vingt-six mille ans) balayage circulaire du pôle céleste dans le ciel –, connue depuis les travaux d'Hipparque dans l'Antiquité, et la *nutation* – petite ondulation plus rapide qui avait été découverte par Bradley au XVIIIe siècle. Ces mouvements de toupie purent être interprétés par la mécanique céleste comme montrant que le moment d'inertie de la Terre est moindre que celui d'une sphère homogène, confirmant le fait qu'elle est plus dense à l'intérieur qu'à l'extérieur.

En 1896, le directeur du laboratoire de géophysique de Göttingen, Emil Wiechert, pouvait affirmer que la Terre comportait un intérieur *en fer* d'un diamètre d'environ la moitié du sien, et c'est à ce savant allemand qu'est habituellement attribuée l'invention du "noyau" terrestre. Mais un tel modèle avait déjà été proposé par un professeur de mathématique de Montpellier, Édouard Roche. Celui-ci écrivait en 1881 : "Si l'on fait abstraction de l'écorce purement superficielle, voici quelle serait la constitution du globe : un noyau dont la densité est voisine de 7, recouvert d'une couche de densité 3. Le noyau terrestre est donc, pour le poids spécifique, analogue aux fers météoriques, tandis que la couche qui l'enveloppe est comparable aux aérolithes de nature pierreuse."

Il appartiendra au XXe siècle de montrer que ces conclusions étaient tout à fait justes. En outre, la précision stupéfiante des mesures de géodésie spatiale (notamment grâce au satellite européen *GOCE*) mettra en évidence toutes les "anomalies de gravité" qui permettront, dans une certaine mesure, de "cartographier" la structure interne du globe terrestre (*cf.* p. 257). L'étude de ces anomalies de gravité avait été développée auparavant par un des successeurs de Maskelyne au poste d'*Astronomer Royal* (directeur de l'Observatoire de Greenwich), George Airy, lequel avait développé la notion d'*isostasie*, remontant à Bouguer et Bošković au XVIIIe siècle, et même à Léonard de Vinci et Albertus Magnus. Airy, à la suite de Pratt, utilisa les mesures géodésiques extrêmement détaillées réalisées en Inde sous la direction de Lambton et Everest, les patrons de la Survey of India, dans la première moitié du XIXe siècle. Son modèle montrait pourquoi les montagnes devaient avoir des "racines" profondes dans le manteau terrestre, modèle que la sismologie, comme nous allons le voir, allait vérifier.

Les mystères de l'intérieur de la Terre 2 : le champ magnétique terrestre

Parmi les mécaniciens célestes de la première moitié du XIXe siècle, Carl Friedrich Gauss fut l'un des plus grands génies mathématiques de son temps, et même de tous les temps (il a été surnommé "le prince des mathématiciens"), mais ses intérêts le portaient aussi vers les sciences de la Terre, dont l'époque voyait fleurir les progrès spectaculaires*. Ayant mis au point avec Wilhelm Weber un magnétomètre de précision (leurs noms furent plus tard donnés aux unités de mesure du magnétisme), il établit notamment le premier réseau d'observation géophysique – avant ceux des météorologues et des sismologues –, destiné à dresser les cartes des minuscules fluctuations du champ magnétique terrestre qu'ils observaient.

C'était le médecin de la reine Élisabeth Ire, William Gilbert, qui avait compris le premier, en 1600, à l'aide d'une *terrella* – modèle fabriqué avec une petite sphère de magnétite –, que le globe terrestre est semblable à un grand aimant : *"Magnus magnete ipse est globus terrestris"*, écrivit-il. Un peu plus tard, Guillaume Le Nautonier, un conseiller de Sully, le ministre d'Henri IV, affina ce modèle en prenant en compte l'inclinaison mesurée de l'axe magnétique de la Terre par rapport à son axe géographique. Cette inclinaison se traduit à la surface du globe par la *déclinaison magnétique*, écart, d'ailleurs lentement variable, entre la direction indiquée par la boussole et celle du pôle de rotation de la Terre (le pôle géographique) ; écart dont Edmond Halley releva soigneusement la géographie pendant son voyage à l'île de Sainte-Hélène

* *Cf.* le roman de Daniel Kehlmann, *Les Arpenteurs du monde* (bibl.).

et retour, à la fin du XVIIe siècle, espérant, à la suite de Le Nautonier, tirer de la carte précise de la déclinaison magnétique une méthode de détermination de la longitude en mer*.

Par la suite, nous l'avons vu (p. 58), un célèbre horloger de Londres nommé Graham avait noté que l'aiguille d'une boussole, regardée au microscope, bouge parfois légèrement ; observant ces minuscules changements de direction sur plusieurs boussoles éloignées les unes des autres, il avait conclu que c'était le champ magnétique terrestre lui-même qui était affecté de ces petites fluctuations. Ce sont ces phénomènes dont Gauss et Weber entreprirent l'étude.

Après avoir recueilli, avec leur réseau de magnétomètres, une masse considérable de données sur les fluctuations du champ magnétique pendant de nombreuses années, Gauss réalisa pour les interpréter un tour de force remarquable : utilisant sa maîtrise des "harmoniques sphériques", il parvint à séparer par le calcul les composantes du champ. Il démontra ainsi qu'outre le "dipôle" stable (Nord-Sud) qu'avaient décrit Gilbert et Le Nautonier, ce champ comporte des composantes "multipolaires" variables : d'une part des composantes rapides d'origine externe (on les attribuera aux courants ionosphériques circulant dans la haute atmosphère, voir p. 58) et d'autre part une composante interne variant beaucoup plus lentement, celle qui nous intéresse ici, et qu'on a attribuée depuis, comme d'ailleurs le champ dipolaire lui-même,

* Le principe de cette méthode était le suivant : connaissant leur latitude (la hauteur de l'étoile Polaire au-dessus de l'horizon), les navigateurs auraient pu repérer sur la carte de la déclinaison magnétique la position sur le globe correspondant à celle qu'ils mesureraient. La précision à en attendre s'avéra toutefois très loin du compte, pas meilleure en tout cas que l'"estime" des capitaines, c'est-à-dire la distance parcourue et le cap compas suivi. C'est seulement un siècle plus tard que l'on a mis au point les méthodes (astronomiques et chronométriques) de mesure de la longitude en mer (*cf. Le Ciel dans le tête, op. cit.*).

à l'effet de courants circulant au sein du noyau métallique de la Terre, bon conducteur de l'électricité.

En 1910, un autre grand génie mathématique, l'ingénieur des Mines et mécanicien céleste Henri Poincaré, étudiera un modèle des modes de rotation du noyau terrestre, dont on venait de découvrir qu'il était à l'état liquide (*cf.* p. 483). Il démontra qu'un fluide renfermé au sein d'une sphère solide aplatie, en rotation autour d'un axe lui-même animé d'un mouvement de précession – comme une toupie, et ainsi que le fait la Terre –, tourne autour d'un autre axe, intermédiaire entre l'axe de rotation et l'axe de précession ; cela expliquait l'inclinaison de l'axe magnétique de la Terre par rapport à son axe de rotation. En outre, Poincaré montra que des ondes dites "inertielles" se développent au sein du fluide en rotation, provoquant des écoulements cylindriques emboîtés, tournant en sens opposés les uns aux autres ; les cisaillements associés à de tels courants au sein du noyau conducteur seraient responsables des phénomènes électriques donnant naissance au champ magnétique terrestre et à ses variations lentes. Ce travail de Poincaré, comme beaucoup de ses contributions hors du domaine des mathématiques pures, mériterait d'être mieux connu, car on n'a pas fait beaucoup mieux depuis.

Plus tard, en effet, Walter Elsasser à Princeton, en 1946, et Edward Bullard à Cambridge, en 1953, tenteront de résoudre les équations "magnétohydrodynamiques" décrivant de tels systèmes. Mais, malgré de nombreux travaux théoriques (modélisations numériques sur ordinateur) et expérimentaux (utilisant du sodium liquide pour modéliser le noyau terrestre), les "géodynamos" qui essaient de simuler la production du champ magnétique terrestre ne marchent pas très bien. Ces travaux ont cependant mis en évidence le caractère fortement instable des mécanismes en jeu, et notamment le fait qu'un tel champ autogénéré, dont l'axe vacille de façon erratique, est susceptible, mais de manière imprévisible, d'inverser spontanément sa polarité – le pôle nord devenant le pôle sud et inversement. Cela expliquerait les observations des "paléomagnéticiens" que nous allons rapporter maintenant.

Après le physicien français Achille Delesse – lequel avait le premier, en 1849, remarqué que les basaltes des laves volcaniques étaient légèrement magnétisés (ces roches attirent l'aiguille aimantée) –, c'est au géologue italien Melloni que revint la découverte sur le terrain que cette aimantation des laves solidifiées s'effectue, lors de leur refroidissement et de leur cristallisation, parallèlement au champ magnétique terrestre. Par la suite, Bernard Brunhes, directeur de l'observatoire météorologique du puy de Dôme au début du XXe siècle, puis Matuyama au Japon et en Mandchourie, montrèrent que ces "enregistrements" naturels du champ magnétique terrestre au sein des laves anciennes en racontaient une histoire perturbée où ils distinguèrent, dans les variations de son inclinaison par rapport à l'horizontale, l'effet d'une errance des pôles magnétiques* et aussi, plus surprenant, d'une inversion ancienne de sa polarité.

Bien qu'elle ait laissé certaines autorités plus que sceptiques (Harold Jeffreys persiflait que c'était le marteau des géologues qui était responsable des variations de magnétisation observées…), la discipline du "paléomagnétisme" se développa avec les travaux d'équipes américaines et australiennes. Datant la succession des couches différemment magnétisées qu'ils mesuraient sur des carottes de

* L'inclinaison du champ magnétique terrestre change continûment avec la latitude, passant de l'horizontale à l'équateur (magnétique), à la verticale aux pôles (magnétiques). L'inclinaison du champ fossile donne ainsi une indication de la latitude (magnétique) à laquelle les laves se sont cristallisées et permet par conséquent de remonter, moyennant certaines hypothèses concernant les déplacements de la croûte terrestre intervenus depuis, à la position du pôle magnétique de l'époque.

basalte prélevées en forant l'empilement des laves de volcans multirécidivistes, ces chercheurs parvinrent à reconstruire une "échelle magnétostratigraphique" des inversions du champ magnétique terrestre remontant jusqu'au Pléistocène (début de l'ère quaternaire, il y a environ deux millions d'années). On donna les noms des pionniers de la science géomagnétique aux âges (appelés *chrons*) de stabilité du champ – Brunhes et Gauss pour les périodes de polarité normale (actuelle), Matuyama et Gilbert pour celles de polarité inverse –, et le nom des lieux où ils avaient été repérés (Laschamp, Olduvai, etc.) aux intervalles, relativement courts, où ce champ s'affaiblit et disparaît pour réapparaître inversé. Quelques années plus tard, nous le verrons, cette échelle chronologique allait prendre une importance capitale dans le cadre de l'élaboration de la théorie de la tectonique des plaques.

On a considérablement étendu, depuis, le champ de ces travaux, notamment grâce aux basaltes aimantés des fonds océaniques, voire à certaines strates sédimentaires terrestres, qui permettent de remonter bien plus loin dans le temps. On a en particulier constaté que les inversions de la polarité magnétique de la Terre ont été particulièrement fréquentes dans les dernières dizaines de millions d'années (la toute dernière inversion s'est produite il y a tout de même 780 000 ans), ainsi qu'antérieurement, au Jurassique (il y a quelque 140 millions d'années), mais pas entre-temps ; elles n'obéissent apparemment à aucune espèce de périodicité, et ne sont pas non plus corrélées à d'autres événements géochronologiques comme les ères glaciaires ou les extinctions d'espèces. Sur le très long terme, en remontant des centaines de millions d'années en arrière jusqu'au Précambrien, on remarqua – au Permien, à l'Ordovicien – ce qu'on a appelé des *superchrons*, autres très longues périodes de dizaines de millions d'années pendant lesquelles on n'observe aucune inversion de la polarité de l'aimant terrestre.

Les mystères de l'intérieur de la Terre 3 : comment les sismologues ont appris à "échographier" la structure interne du globe

Si gravimétrie et magnétométrie avaient esquissé au tournant du siècle le tableau général de la structure interne du globe terrestre – à savoir l'existence d'un noyau métallique conducteur, siège de son champ magnétique –, ce sont les progrès de la sismologie, au cours du XXe siècle, qui permirent d'en déceler les détails. La sismologie, après Milne, allait en effet s'épanouir en une extraordinaire méthode de sondage, espèce d'"échographie" de l'intérieur du globe terrestre, dont les enseignements viendront confirmer et préciser le schéma sommaire décrit par Roche et Wiechert.

La détection des tremblements de terre à distance à la surface du globe – la propagation des secousses étant modulée par des phénomènes aussi compliqués que ceux qui affectent les ondes acoustiques parmi des obstacles divers et variés – exhibait toutes sortes de particularités, sur l'interprétation desquelles s'exerça la sagacité des chercheurs dès le début des années 1900.

Un météorologue croate, Andrija Mohorovičić, directeur du laboratoire de géophysique de Zagreb, ayant entrepris l'étude détaillée des enregistrements – par le réseau des sismographes – d'un tremblement de terre de 1909, remarqua qu'il existait en fait deux groupes distincts d'ondes sismiques se propageant à des vitesses légèrement différentes. Il fit l'hypothèse que cela était dû à une différence de nature du milieu propagateur à la surface et en profondeur, calculant que la croûte terrestre superficielle devait reposer sur une couche de roches plus denses (le manteau). On vérifia par la suite que la discontinuité entre ces deux milieux – qui prit le nom de "Moho" (pour simplifier la prononciation…) – est abrupte. Et l'on constata qu'elle est beaucoup plus profonde, de plusieurs dizaines de kilomètres, sous les continents (et notamment sous les massifs montagneux, ainsi que l'avait suggéré la théorie de l'équilibre isostatique d'Airy) que sous les mers, où elle ne se situe qu'à quelques kilomètres sous la surface du plancher océanique.

D'autre part, il était apparu qu'à l'activité des épicentres ébranlant les sismographes du réseau mondial correspond sur le globe une "zone d'ombre" dans laquelle le séisme n'est que partiellement ressenti par les appareils, même les plus sensibles. C'est ce qui avait mené Richard Oldham à reconfirmer l'existence d'un noyau dense réfractant les ondes sismiques. Cette zone d'ombre dessine tout autour de la Terre une bande centrée sur l'antipode de chaque épicentre, à l'intérieur de laquelle seules les ondes de compression (ou longitudinales) sont détectées, les ondes de cisaillement (ou transversales) n'arrivant pas jusque-là. En analysant plus à fond ces phénomènes – notamment sur la base de l'étude des temps de propagation des différentes composantes des ondes sismiques par Harold Jeffreys –, un élève de Wiechert, Beno Gutenberg (plus tard émigré au Caltech, sa carrière universitaire en Allemagne ayant été entravée par l'antisémitisme nazi), interpréta la disparition des ondes de cisaillement à l'intérieur de la zone d'ombre comme l'indice du fait que le noyau terrestre est à l'état liquide.

En 1936, Inge Lehmann, sismologue danoise, réinterpréta les temps de parcours des ondes sismiques des grands tremblements de terre et suggéra qu'ils impliquaient l'existence d'une "graine" au sein du noyau. Francis Birch montrera que cette graine est solide, ce qui sera confirmé par la suite lorsqu'on mettra en évidence son "anisotropie" (elle propage plus rapidement les ondes sismiques dans le sens nord-sud que perpendiculairement), phénomène attribué à l'orientation de la structure cristalline du fer sous une pression de millions d'atmosphères à une température de milliers de degrés.

La mise en place d'un vaste réseau international de stations sismographiques normalisées bénéficia, pendant les années de guerre froide, du traité interdisant les essais nucléaires, dont il permettait de détecter l'occurrence (le professeur Yves Rocard supervisait la participation française à cet effort international). Les cartes sismologiques, péniblement établies par Mallet pour les séismes méditerranéens, purent ainsi être mises à jour presque automatiquement, globalement et en permanence, au fur et à mesure que les mesures étaient centralisées et les appareils du réseau perfectionnés. Ces cartes, qui mettaient clairement en évidence la "ceinture de feu" du Pacifique, allaient faire apparaître également en 1954 à Jean-Pierre Rothé, directeur de l'Institut de physique du globe de Strasbourg, la géographie des séismes sous-marins. Celle-ci révélait en fait, comme on s'en rendra compte plus tard, les "sutures" des plaques tectoniques (*cf.* fig. p. 510), dessinant – et même, plus tard, avec les traitements d'images contemporains, "filmant" en quelque sorte… – l'activité sismique continuelle de notre Terre qui ne cesse de "craquer aux coutures".

L'usage des moyens de traitement informatiques multipliait les progrès des sondages sismologiques. On put s'écarter en particulier, pour leur interprétation, de la symétrie sphérique supposée de l'intérieur du globe, et l'on parvint de la sorte à mettre en évidence des hétérogénéités géographiques du manteau supérieur en distinguant des zones de propagation rapides ou lentes. Les logiciels de *tomo-sismographie* permettront ainsi de cartographier par ces méthodes l'allure générale des hétérogénéités de vitesse de propagation des ondes sismiques du milieu mantellique en trois dimensions.

Parallèlement s'était développé l'usage de sismographes associés à la détonation de charges explosives tests et, plus tard, de "camions vibrants", pour analyser la structure de la croûte terrestre superficielle sur des zones limitées mais avec une très bonne définition. C'est un autre élève de Wiechert, Ludger Mintrop, qui avait développé cette *prospection sismique* – destinée à devenir fort appréciée des pétroliers – dont Mallet, on l'a vu, avait expérimenté le principe dès le XIXe siècle.

La technique, analogue, de la *sismique-réflexion* avait été utilisée par Alfred Wegener pour la mesure de l'épaisseur des glaces du Groenland (*cf.* p. 293). Elle fut ensuite reprise par un jeune physicien américain, Maurice Ewing, pour l'étude des bassins sédimentaires continentaux ; et, curieusement, cette piste devait lui ouvrir la voie de l'exploration des fonds sous-marins, laquelle allait déboucher, dans les années 1950, sur une grande révolution de la géophysique, l'élaboration d'un nouveau "paradigme" majeur en physique du globe – la tectonique des plaques –, qu'avait en quelque sorte annoncé la théorie de la dérive des continents de Wegener.

16

PARADIGMES : DÉRIVE DES CONTINENTS ET TECTONIQUE DES PLAQUES

La découverte des Amériques par les expéditions espagnoles et portugaises à la fin du XVe siècle avait commencé en fait par celle des Antilles, et pendant une petite décennie après les voyages de Christophe Colomb le "Nouveau Monde" ne fut pas considéré par les Européens comme un continent mais comme une sorte d'immense archipel dont le plus gros morceau (le plus oriental et le plus au sud), la *Terra do Brasil*, avait été attribué au Portugal par le traité de Tordesillas. Par la suite, les géographes qui précisèrent le tracé de la côte continentale atlantique de l'Amérique du Sud – Abraham Ortelius en particulier, un assistant de Mercator – ne furent peut-être pas sans remarquer sa similitude avec celui de la côte africaine que les Portugais avaient explorée une génération auparavant. Tous les cartographes qui, depuis, multiplièrent les atlas géographiques du globe firent sans doute, au fur et à mesure que s'amélioraient les mesures de longitude et le dessin des côtes, la même constatation : l'Amérique du Sud et l'Afrique, ainsi que le notait Francis Bacon dès 1620, "s'emboîtent".

Cela n'échappa pas non plus à Humboldt, qui disposait de bien meilleures cartes marines qu'on n'en avait au XVIIe siècle et s'interrogeait sur une particularité géographique aussi étrange. Mais ce n'est qu'au milieu du XIXe siècle – après que Charles Lyell eut, dans une des éditions de ses *Principles of Geology*, envisagé d'expliquer les changements de climats du passé par des modifications de l'emplacement des continents à la surface terrestre, mais avant qu'Eduard Suess propose, dans *L'Origine des Alpes*, de voir dans les chaînes de montagnes l'effet de déplacements horizontaux de ce qu'il nomma la lithosphère – qu'on trouve explicitée l'idée d'une "séparation" des continents africain et américain.

Un "créationniste" italo-américain vivant à Paris, Antonio Snider-Pellegrini, se fit dès 1858 l'avocat d'une telle idée dans un ouvrage intitulé *La Création et ses mystères dévoilés* : l'ouverture de l'océan Atlantique était capable, à son avis, de rendre compte de l'histoire du Déluge. (L'énigme de l'Atlantide qu'avait évoquée Platon n'était sans doute pas étrangère à ces suppositions que, dès 1668, François Placet avait exposées dans un ouvrage étonnant : *La Corruption du grand et du petit monde, où il est traité des changemens funestes arrivez en tout l'univers...*, "où il est montré qu'avant le Déluge l'Amérique n'était point séparée des autres parties du monde"). Cette hypothèse d'une séparation des continents fut ensuite reprise de Snider-Pellegrini par plusieurs personnes, notamment un géologue américain du nom de Frank Taylor qui invoqua en sa faveur, en 1910, le fait que les grandes cordillères américaines, les Andes et les montagnes Rocheuses, sont semblables à des bourrelets formés sur le bord ouest des continents, qui progresseraient dans le Pacifique comme des bulldozers, tandis que leur "sillage" laisserait derrière lui les remous de chapelets d'îles comme Terre-Neuve, les Antilles, les Malouines et la Patagonie.

L'astronome, météorologue et explorateur arctique qui fut le héros incompris de la géophysique au début du XXe siècle

La théorie d'une dérive des continents est en général attribuée à l'astronome et météorologue Alfred Wegener qui, quelques années après Taylor, vint consolider, à l'aide d'une argumentation très documentée, ce qui n'était jusque-là qu'une vague hypothèse. Ce fils de pasteur, né à Berlin en 1880, avait un doctorat en astronomie mais se consacrait, nous l'avons vu dans la première partie de ce livre, à la jeune science de la météorologie. Il était également passionné par les explorations arctiques (la première décennie du XXe siècle fut celle de la conquête des pôles) et s'y entraînait, à skis et en ballon, avant d'y laisser la vie (*cf.* p. 294).

La lecture d'articles à l'automne 1911, dans la bibliothèque de l'université à Marbourg où il enseignait, attira l'attention de Wegener sur la similarité de terrains, de plantes et d'animaux de part et d'autre de l'Atlantique. La géologie à l'époque – celle d'Eduard Suess – expliquait ces particularités par l'existence ancienne de vastes blocs continentaux primitifs, le "Gondwanaland" au sud et la "Laurasie" au nord, les "ponts" reliant les continents actuels ayant été ultérieurement envahis par la mer ou s'étant effondrés, laissant subsister ici ou là des vestiges émergés comme les Açores.

Wegener, en y réfléchissant, rejeta ces explications qui lui paraissaient enfreindre les lois de l'isostasie, ainsi que l'avaient d'ailleurs fait remarquer les géologues américains à la suite de Dana : comment la croûte continentale, plutôt légère, aurait-elle pu s'enfoncer dans la croûte océanique, dont des dragages avaient montré qu'elle était constituée de roches plus denses ? Wegener faisait d'autres critiques plus générales aux théories de la Terre alors en vigueur : le tracé sinueux très particulier des chaînes de montagnes à la surface du globe, ou la distribution des altitudes moyennes de la surface terrestre – positives sur les continents et négatives dans les océans par rapport au niveau de la mer, indiquant une différence fondamentale entre les deux – ne lui paraissaient pas correspondre au modèle en vogue de la "pomme ridée", lequel impliquait une certaine homogénéité de la croûte terrestre (*cf.* note p. 357). Il était également frappé par des mesures géodésiques qui semblaient indiquer que le Groenland – dont il allait entreprendre l'exploration – dérivait rapidement vers l'ouest (il s'agissait en fait d'une erreur).

Quoi qu'il en soit, l'idée de la séparation, de l'éloignement progressif, de continents jadis réunis s'imposa avec de plus en plus de force à son esprit et, dès l'année suivante, Wegener exposa sa théorie dans une conférence devant l'Association de géographie à Francfort-sur-le-Main. Puis, au début de la Première Guerre mondiale, après avoir été blessé (deux fois), il mit à profit sa convalescence pour rédiger cette théorie et la publia en 1915 sous le titre *Die Entstehung* [l'Origine] *der Kontinente und Ozeane.* En pleine guerre, l'ouvrage passa presque inaperçu.

Alfred Wegener (ici en expédition dans l'Arctique) épousa la fille du climatologue Wladimir Köppen – auquel il avait succédé à l'issue de la Grande Guerre comme directeur des recherches météorologiques de la marine à Hambourg – et avait pour correspondant et ami le Serbe Milanković, l'auteur de l'interprétation astronomique moderne des ères glaciaires. Il développera sa théorie avec eux, faisant le rapprochement entre les régions équatoriales et australes portant les traces de la présence de glaciers, imaginant qu'elles avaient jadis été rassemblées autour du pôle Sud en un continent unique.

Recherchant dans les cartes géologiques, d'après les travaux du géographe sud-africain Alexander du Toit*, des indices géologiques de l'ancienne soudure des continents, Wegener reconstitua l'emplacement des pôles et de

* Encore un descendant d'une famille huguenote chassée de France par la révocation de l'édit de Nantes.

l'équateur à l'époque présumée d'un ancien "supercontinent" qu'il avait nommé la *Pangée*, montrant que la répartition des actuels dépôts carbonifères (anciennes zones équatoriales humides) et des actuelles couches sédimentaires de sel, de gypse et de sable (anciennes zones subtropicales arides) était cohérente avec un démembrement de sa Pangée remontant à quelque cent millions d'années et, aussi, avec un déplacement des pôles depuis lors.

Une troisième édition, ainsi enrichie et étayée, du livre de Wegener parut en 1922 et fut traduite en français et en anglais, touchant une audience internationale. Malgré l'intérêt manifesté par quelques grands géoscientifiques comme, notamment, Arthur Holmes à Cambridge et surtout Émile Argand de l'Institut géologique de Neuchâtel – qui vit le premier dans des collisions entre continents baladeurs une explication possible des grandes orogenèses comme la formation des Alpes et de l'Himalaya –, l'accueil fut en général très négatif. Deux autorités académiques de l'époque en particulier, l'Anglais Harold Jeffreys et l'Américain Thomas Chamberlin, s'acharnèrent à ridiculiser les idées de Wegener, ce qui semble rétrospectivement assez ironique lorsqu'on sait que ces auteurs défendaient par ailleurs un scénario de l'origine de la Terre et du Système solaire (une étoile vagabonde aurait frôlé le Soleil et provoqué un tsunami à sa surface) aujourd'hui totalement abandonné.

Wegener à Graz en Autriche, à partir de 1924, rédigea avec son beau-père *Die Klimate der geologischen Vorzeit* (Les Climats du passé géologique) avant de se consacrer à l'exploration du Groenland où, on le sait, il devait disparaître prématurément.

Le point faible de la théorie de la dérive des continents de Wegener était qu'il ne proposait aucun mécanisme satisfaisant pour expliquer la rupture et la dispersion de sa Pangée, se bornant à évoquer l'action hypothétique de marées lunaires ayant fait glisser les continents (idée qu'avait déjà explorée Lamarck). L'Australien Samuel Carey évoquera de son côté – mécanisme inverse de celui de la "pomme ridée" – une expansion du globe, lequel aurait, selon lui, plutôt gonflé comme un ballon. Malgré la suggestion d'Arthur Holmes en 1928, comme moteur possible de la dérive des continents, d'une "convection dans le manteau" ouvrant les fonds océaniques, la théorie de Wegener, après sa mort tragique au Groenland en 1930, resta connue mais considérée par beaucoup de spécialistes comme dépourvue d'intérêt, une pure spéculation, un "conte de fées", voire pire (Launay, par exemple, incrimine le "funeste esprit allemand" !).

C'était le cas en particulier aux États-Unis, où un colloque de l'American Association of Petroleum Geologists sur le sujet, à New York en 1926, avait été "un concert de critiques", rapporte l'historien des sciences Anthony Hallam, qui cite l'un des participants s'exclamant : "Si nous acceptons l'hypothèse de Wegener, il nous faut oublier tout ce que nous avons appris depuis soixante-dix ans et tout reprendre à zéro !" Hallam commente que, désormais, "un géologue américain qui avouait être favorable à la dérive des continents risquait sa carrière"... Même beaucoup plus tard, alors que des sondages acoustiques avaient déjà bien identifié la chaîne dorsale sous-marine (la "ride", disait-on) qui court du nord au sud au fond de l'Atlantique, reproduisant assez fidèlement le tracé de la côte ouest de l'Afrique et de la côte est des Amériques, voici par exemple ce qu'on lit dans un ouvrage de 1953, *La Mer* (bibl.), sous la plume de l'océanographe français Jacques Boucart : "Rien dans la morphologie de cet océan [...] ne vient confirmer l'hypothèse, émise par Wegener, d'une immense fente séparant [ces continents]."

Pourtant, curieusement, si la dérive des continents était mal vue dans les milieux de la recherche et de l'enseignement supérieur, elle plaisait aux professeurs de géographie des lycées, du moins en France, qui n'omettaient pas (je m'en souviens fort bien) d'en parler à leurs élèves. "Peut-être justement, note Gabriel Gohau dans *Histoire de la tectonique* (bibl.), parce que l'idée – trop simple – demeurait le privilège de ceux qui ne bénéficiaient pas de la culture savante"...

En fait, les indices de toute sorte en faveur de la thèse de Wegener s'accumulaient petit à petit, selon les évidences que lui-même ou ses partisans, ainsi que leurs prédécesseurs depuis Humboldt, avaient initialement invoquées – preuves géologiques (parfait raccordement des roches et terrains de part et d'autre du fossé atlantique, comme par exemple Ghana-Brésil) ou botaniques et zoologiques (distribution actuelle des espèces de vers de terre)*, ou même paléontologiques (découvertes de fossiles d'une espèce éteinte de mammifère de la taille d'un chien, les lystrosaures, en Europe, au Canada et même, par la suite, en Antarctique). Ces constatations venaient compléter, en faveur de la Pangée, celles que Suess avaient déjà invoquées en faveur de son Gondwana – l'ancien continent ayant d'après lui unifié jadis, avant l'effondrement des "ponts", l'Amérique du Sud, l'île de Madagascar,

* Il existe une étonnante conséquence de la dérive des continents dont on ne s'avisa que bien plus tard : cette dérive expliquerait les invraisemblables migrations auxquelles se plient, pour se reproduire, certaines espèces marines. Les tortues luths, par exemple, traversent chaque année l'Atlantique pour aller pondre sur une plage en Guyane, et les petites tortues retraversent l'océan en sens inverse après l'éclosion des œufs. (Du moins, celles qui survivent au tronçon le plus dangereux du voyage, la plage elle-même. J'ai vu ça, c'est bouleversant : des milliers de bébés tortues rampant sur le sable aussi vite qu'ils peuvent pour échapper aux oiseaux voraces qui les attaquent et atteindre la mer... où les attendent la gueule ouverte d'autres prédateurs, les poissons !) On explique aujourd'hui ces pratiques migratoires par le fait que jadis, lorsque l'Amérique du Sud était accolée à l'Afrique, les tortues allaient pondre "de l'autre côté du marigot" ; puis, obéissant à un instinct génétique, elles ont continué à le faire au fur et à mesure que les deux bords s'éloignaient imperceptiblement, seules celles qui étaient capables d'effectuer une traversée de plus en plus longue assurant leur descendance. Logique mais incroyable, non ?

l'Inde et l'Australie actuelles. Et puis, en une quinzaine d'années (1953-1968), toute une série d'avancées, spectaculaires autant qu'inattendues, allaient venir non seulement valider en grande partie les idées de Wegener, mais en faire le tremplin d'une véritable révolution de la géophysique, apportant enfin des réponses à certaines des questions qui se posaient depuis des siècles.

À l'instar de Taylor avant lui, pour Wegener – explorateur arctique – les continents se déplaçaient sur la croûte océanique "comme des brise-glaces à travers la banquise". Cependant, les découvertes qui se succédèrent après la Seconde Guerre mondiale montreront que cette représentation est erronée : on a compris aujourd'hui, par le cheminement que nous allons décrire, que, si la dérive des continents est bel et bien une réalité, elle est en fait celle de "plaques" lithosphériques bien plus vastes qui les portent, selon le schéma que Holmes avait déjà imaginé en 1936, plutôt à la manière de tapis roulants dont le mécanisme est caché dans les fonds océaniques.

Ce sont d'ailleurs principalement des océanographes qui furent à l'origine de toutes les découvertes grâce auxquelles on est passé de l'hypothèse de la dérive des continents à la théorie de la tectonique des plaques, résolvant notamment les énigmes de la géographie de la plupart des phénomènes volcaniques, des tremblements de terre et des orogenèses. Cette histoire, l'un des grands triomphes de la science du XXe siècle, a été racontée cent fois mais on ne se lasse pas d'en retracer les étapes, les péripéties et les rebondissements, dignes d'une véritable enquête policière.

Les sondages des abîmes océaniques ouvrent de nouvelles perspectives à la géophysique

Si l'exploration moderne des fonds océaniques terrestres fut une aventure technologique et humaine bien moins médiatisée que celle du Système solaire par les engins spatiaux, elle n'en a pas moins représenté, à l'époque de la guerre froide, une entreprise tout aussi risquée et passionnante. L'une et l'autre mirent en œuvre les moyens considérables que l'essor des États-Unis comme "superpuissance" pendant la Seconde Guerre mondiale, suivi de sa rivalité avec les Soviétiques, mobilisait. Jamais sans doute la recherche scientifique n'a bénéficié d'une assise morale et d'une aisance financière comme celles dans lesquelles elle baigna dans ce pays pendant les années d'après-guerre. Ces "trente glorieuses" s'insèrent en effet entre les deux épisodes marquant le triomphe – bien aidé par les savants européens réfugiés (ou transfuges) du nazisme – de la *big science* américaine : les grands boums qui firent capituler le Japon et, à peine un quart de siècle plus tard, les débarquements de douze astronautes sur la Lune qui annonçaient, avec une vingtaine d'années d'avance, la déconfiture définitive de l'URSS. J'ai été un jeune chercheur aux États-Unis dans ces années fastes pour la science, et je peux témoigner de l'extraordinaire enthousiasme, de la confiance en soi et en l'avenir animant à l'époque les laboratoires de recherche universitaires américains, confiance peut-être bien exagérée mais que justifiait, notamment, l'impressionnante moisson de connaissances sur la Terre et l'Univers qui était en train de s'engranger.

Alors que les marins du *Dolphin* de Matthew Maury, du *Challenger* de Wyville Thomson et tant d'autres depuis presque un siècle avaient dû laborieusement lancer et ramener les kilomètres de ligne de leurs sondes – ce qui demandait parfois une journée entière pour chaque sondage de profondeur ! –, l'invention du *sonar*, terme forgé (so*und* na*vigation and* r*anging*) sur le modèle de *radar* (ra*dio* d*etection* a*nd* r*anging*), avait permis de grandement faciliter et de multiplier les relevés des fonds sous-marins.

Cet appareil avait commencé à être étudié dès après le désastre du *Titanic* (il s'agissait alors de détecter les icebergs grâce à leur écho sonore sous l'eau) par la Submarine Signal Company de Boston – société spécialisée dans l'installation de cloches sur les bouées de signalisation maritime. La technique fut développée pour repérer les sous-marins allemands pendant la Première Guerre mondiale ("les premiers transducteurs à ultrasons de quartz furent mis au point en 1917 par le Canadien Robert William Boyle et les tout premiers furent montés sur des navires quelques mois avant la fin de ce conflit", selon Wikipédia), puis un chercheur de l'US Navy réussit, au début des années 1920, à mettre au point le premier sondeur acoustique des fonds, qu'il expérimenta lors d'une mémorable traversée de l'Atlantique au cours de laquelle il fit autant de relevés de profondeur en une semaine que le *Challenger* en trois ans et demi ! Et c'est un navire océanographique allemand, le *Meteor* (tout en cherchant l'or dans l'eau de mer, *cf.* p. 400), qui établit par la suite, de cette manière, la première carte relativement détaillée du fond de l'Atlantique (traversé onze fois dans les deux sens à différentes latitudes), exhibant l'allure d'ensemble de la chaîne de montagnes centrale que le *Dolphin* avait repérée au siècle précédent.

Comme nous l'a montré l'histoire de la météorologie et de l'océanologie, la Seconde Guerre mondiale – dans le Pacifique en particulier –, puis la guerre froide furent grosses d'une contribution inattendue aux géosciences, grâce à des moyens technologiques novateurs et à des universitaires qui, même sous l'uniforme, restaient des chercheurs dans l'âme.

Pendant la guerre du Pacifique, du côté des îles Mariannes et d'Iwo Jima, Harry Hess commandait un navire de débarquement équipé de sonars dernier cri, et il ne perdait jamais l'occasion de jeter un coup d'œil professionnel sur l'allure des fonds sous-marins au-dessus desquels il naviguait, laissant l'appareil enregistreur fonctionner en permanence pendant toutes ses missions d'attaque. Il remarqua ainsi notamment que le plancher de l'océan était parsemé de petites montagnes isolées – il en observa une vingtaine –, que leur profil faisait ressembler

Harry Hess était un professeur de l'université de Princeton qui, dans sa jeunesse, pendant les années 1930, avait accompagné l'océanologue hollandais Felix Meinesz, effectuant à bord d'un sous-marin les premières observations gravimétriques maritimes, notamment au-dessus des plus profondes fosses océaniques de l'Atlantique, près de Porto Rico, où ils avaient noté une anomalie gravitationnelle négative, c'est-à-dire une pesanteur anormalement basse.

tout à fait à d'anciennes îles volcaniques au sommet érodé par la mer ; sauf que ce sommet aplati n'était pas au niveau de la surface de l'eau mais bien plus profond. Était-ce le résultat d'une élévation de cette surface, d'une subsidence du fond ? Hess donna à ces formations curieuses le nom de *guyots*, en hommage à l'un de ses maîtres à Princeton, le géographe Arnold Guyot.

Il n'est peut-être pas surprenant qu'à part l'officier de marine de réserve Hess (il finira sa carrière avec le grade d'amiral), les géologues en général, ceux des surfaces continentales, ne se soient guère intéressés à ce genre de travaux : cela ne leur paraissait pas relever de leur discipline, trop éloigné de ses traditions, de ses méthodes ou de ses catégories. Nous l'avons vu, pas plus qu'elle ne traitait des quatre cinquièmes de l'âge de la Terre la géologie classique n'abordait les deux tiers de la surface de la croûte terrestre, inaccessible sous des kilomètres d'eau.

Néanmoins, en 1934, un jeune physicien américain, Maurice Ewing, qui avait acquis une compétence dans les techniques de la sismique-réfraction – celles-là mêmes grâce auxquelles l'expédition dirigée par Wegener venait de mesurer l'épaisseur des glaces du Groenland –, avait été sollicité par des géologues de Princeton et du Service hydrographique américain pour trancher la question de savoir si, en bordure des océans, le "plateau continental" faisait partie du même socle que les continents ou ne représentait que la zone de déversement et d'accumulation des sédiments charriés jusqu'à la mer par les cours d'eau (ce qui, parvint-il à démontrer, est souvent le cas). Par la suite, Ewing devait étendre l'application de ses techniques de mesures maritimes à la croûte océanique dans l'Atlantique, montrant notamment que la couche de sédiments qui la recouvrait était beaucoup plus mince (donc beaucoup plus jeune ?) que ce qu'on avait imaginé. En outre, il observa que cette couche s'amincissait encore au fur et à mesure qu'il s'approchait de la "ride" médio-atlantique.

Les navires océanographiques de la guerre froide relèvent la carte détaillée des fonds sous-marins

Parmi les jeunes chercheurs recrutés par Ewing au début des années 1950, Bruce Heezen fut chargé du relevé des balayages bathymétriques – c'est-à-dire des profils de la profondeur mesurés par sonar – lors des campagnes d'exploration océanique organisées sur des bateaux empruntés (à Woods Hole) ou, plus tard, affrétés directement par le laboratoire Lamont. Une collègue de Heezen (et bientôt sa compagne), Mary Tharp, était chargée de transformer les relevés en cartes des fonds (à cette époque, on considérait que les femmes n'étaient pas à leur place sur

Maurice Ewing, après la guerre – pendant laquelle il avait travaillé pour la Navy sur l'acoustique sous-marine, à la Woods Hole Institution en Nouvelle-Angleterre –, rejoignit l'université Columbia à New York et c'est lui qui fonda puis dirigea le Lamont Geological Observatory, installé sur la propriété et dans le manoir au bord de l'Hudson dont l'université Columbia avait reçu le legs de la veuve d'un riche banquier. Cette institution devint par la suite le Lamont-Doherty Earth Observatory.

un navire). C'est ce couple qui allait pour la première fois découvrir les formes précises des grands reliefs sous-marins et en populariser la géographie dans des images spectaculaires qui firent, dans tous les sens du terme, le tour du monde.

Outre de nombreux guyots, parmi les détails notés par Mary Tharp dans l'Atlantique et qui avaient échappé aux relevés trop grossiers d'avant-guerre il y avait deux structures caractéristiques ; d'une part une espèce de profond "canyon" courant tout le long de la dorsale, la fendant quasiment par le milieu (et la réaction initiale de Heezen avait été une totale incrédulité : cela lui paraissait ressembler un peu trop aux pointillés de la théorie de Wegener ; Tharp, vexée, lui balança ses gommes et sa bouteille d'encre de Chine à la figure) ; il y avait d'autre part de multiples failles ou bourrelets perpendiculaires à la dorsale, la décalant parfois en segments alternés de part et d'autre de son tracé général.

Lorsque Ewing et Heezen comparèrent les premières cartes de Mary Tharp à celles que relevait le réseau sismologique mondial, auquel le laboratoire Lamont participait activement, la coïncidence entre les canyons de la dorsale qu'elle avait dessinés – qu'ils appelaient *"rift"* (fossé) – et les épicentres des séismes sous-marins dans l'Atlantique les convainquit immédiatement qu'ils tenaient là une découverte majeure : la dorsale atlantique, reproduisant au milieu de cet océan le dessin des côtes africaines et américaines, était bel et bien une "fissure active" de la croûte terrestre ! La carte des séismes dans l'océan Indien et le Pacifique les laissait en outre deviner que des dorsales prolongeant la dorsale atlantique, faisant le tour de l'Afrique et de l'Amérique du Sud, parcouraient également ces océans, même si ramifications et branchements y compliquaient leur tracé par rapport à la jolie symétrie exhibée par le fond de l'Atlantique. Le grand sismologue français de Strasbourg Jean-Pierre Rothé, nous l'avons vu, venait au demeurant de faire une constatation similaire : ces "rides" médio-océaniques forment une ceinture sismique.

La communication qu'Ewing et Heezen présentèrent devant l'American Geophysical Union en 1956 fut tout d'abord reçue chez leurs collègues avec la même incrédulité par laquelle Heezen avait provoqué la colère de Tharp. Mais bientôt les relevés bathymétriques qui se multipliaient dans d'autres institutions – notamment la Scripps installée près de San Diego, sur la rive du Pacifique – confirmèrent que la dorsale médio-atlantique appartenait bel et bien à un réseau mondial continu de chaînes sous-marines fissurées courant tout autour du globe comme la couture d'une balle de base-ball.

Mary Tharp et Bruce Heezen au Lamont dans les années 1950. Bruce Heezen a succombé en 1977 à une crise cardiaque à bord d'un sous-marin, lors d'une mission vers la dorsale médio-atlantique en éruption aux environs de l'Islande, et Mary Tharp est décédée à quatre-vingt-six ans à New York, en 2006 ; tous deux méritent certainement de rester célébrés comme les derniers et parmi les plus étonnants explorateurs géographes de tous les temps.

Bien que les progrès des méthodes d'études (les sonars multifaisceaux, les satellites altimétriques, les forages, les plongées profondes) aient permis de beaucoup préciser les choses depuis la fin des années 1960, il faut savoir qu'aujourd'hui encore on connaît toujours moins bien les fonds océaniques terrestres que la surface visible de la Lune – n'importe qui peut facilement observer celle-là avec une excellente définition à l'aide d'un télescope de 500 euros dans son jardin, et les missions *Apollo* en ont rapporté près de 400 kilos d'échantillons – ou les surfaces des planètes Mars ou Vénus telles que les sondes interplanétaires les ont analysées – photographiées ou cartographiées par radar – de manière détaillée et relativement complète.

Les cartes des fonds marins de la Terre entière établies par Mary Tharp à l'aide de tous ces relevés – repeintes sous sa direction, en perspective et en couleur, par un artiste autrichien spécialisé dans les panoramas de stations de ski ! – furent initialement publiées dans le *National Geographic Magazine* en 1959. Ce sont celles que l'on a vues partout depuis, dans tous les atlas, en posters et selon d'innombrables versions. Elles ne sont pas forcément très exactes : d'une part l'Office of Naval Research avait mis son veto à une reproduction trop fidèle de mesures considérées comme stratégiques, à cause de l'importance qu'avaient prise les sous-marins nucléaires ; d'autre part, les relevés disponibles étaient loin de couvrir toute la surface représentée – plus de 70 % de la surface terrestre ! –, et Tharp et Berann (l'artiste peintre) avaient dû se livrer à des extrapolations systématiques, et même souvent à des inventions pures et simples, pour remplir d'immenses blancs ; enfin, le style très réaliste – comme s'il s'agissait d'une photographie par satellite d'une Terre privée de l'eau de ses océans – est fallacieux, donnant une interprétation exagérément tourmentée d'un paysage sous-marin en fait beaucoup plus lisse, l'échelle des altitudes sur ces cartes ayant été considérablement amplifiée pour bien faire apparaître les reliefs.

Il ne faut cependant minimiser ni l'ampleur du travail monumental que ces cartes présentaient de manière synthétique, ni leur spectaculaire nouveauté, ni l'impact qu'elles ont eu sur l'inspiration scientifique et l'opinion publique. Personne n'a jamais pu et ne pourra jamais contempler pour de vrai le paysage des fonds océaniques, plongé en permanence dans une obscurité totale, opaque même aux ondes radio. Les projecteurs des engins sous-marins n'en éclairent qu'une zone de 10 ou 15 mètres de rayon à la fois ; et, si l'on enlevait les océans, les fonds, allégés du poids considérable de l'eau, remonteraient, provoquant Dieu sait quel cataclysme…

L'hypothèse du "sea floor spreading" *(l'expansion des fonds marins)*

Dès le début des années 1950, le géophysicien britannique Edward Bullard – dont nous avons cité les travaux théoriques concernant le modèle magnétohydrodynamique de l'origine du champ magnétique terrestre dans le noyau liquide – s'intéressait à la géographie du flux de chaleur émis par la croûte terrestre. Bien que le pauvre ait été sujet au mal de mer, il participait à des campagnes dans l'Atlantique, relevant, à l'aide d'une sonde qu'il avait mise au point, la température du plancher océanique. Bullard mit ainsi en évidence deux caractéristiques imprévues des fonds sous-marins : d'une part, le flux thermique est en moyenne plus élevé dans la croûte océanique que dans la croûte continentale, alors que, compte tenu de leur teneur en éléments radioactifs (les basaltes de la première en comportent bien moins que les granites de la seconde), on se serait plutôt attendu à l'inverse ; d'autre part, ce flux augmente sensiblement au fur et à mesure qu'on se rapproche des dorsales. Ces mesures, qui allaient être confirmées dans le Pacifique par Roger Revelle de la Scripps Institution, pouvaient désormais être interprétées comme un nouvel indice du caractère "actif" des dorsales océaniques.

Celui qui commença vraiment à tirer les conséquences de toutes ces découvertes fut l'ancien commandant Harry Hess. De retour à l'université de Princeton après la fin de la guerre, il s'était naturellement intéressé aux observations les plus récentes de ses guyots, qu'on relevait maintenant par centaines, lesquelles montraient que plus ils étaient éloignés des crêtes des dorsales, plus ils étaient profonds, comme d'ailleurs tout le reste des planchers océaniques qui les portaient. Bien que Hess n'ait pas été davantage que ses collègues géologues un adepte *a priori* des thèses mobilistes de Wegener, il devait bien admettre que l'explication la plus simple de cet état de fait était que les guyots, formés sur les dorsales comme des îles volcaniques émergées et initialement érodées à la surface de la mer (d'où leur sommet aplati), s'en étaient peu à peu éloignés, tout en s'enfonçant de plus en plus profondément avec toute la croûte océanique.

Compte tenu de la mauvaise réputation du "mobilisme" (tout ce qui pouvait ressembler à une dérive des continents), Hess, rédigeant dans un premier rapport à l'Office of Naval Research une synthèse de ses réflexions – qu'il allait publier au début des années 1960 sous le titre *History of Oceanic Bassins* –, n'avança son raisonnement qu'avec prudence, le présentant même dans l'introduction comme un exercice de "géopoésie" ! Mais il y défendait néanmoins une idée-force : le plancher océanique est constamment produit par un suintement de magma dans les rifts des dorsales et s'en éloigne peu à peu en se refroidissant jusqu'à être englouti loin de là, dans les profondes fosses bordant les continents – justement comme celle qu'il avait explorée avec Meinesz avant la guerre. Selon ce dernier processus, qu'on nommera plus tard *subduction*, la croûte océanique continuellement créée dans les dorsales disparaîtrait, une fois refroidie, en s'enfonçant dans le manteau terrestre ; le plancher des océans se renouvellerait ainsi constamment, alors que les continents seraient des structures permanentes anciennes, ballottées par les "tapis roulants" des fonds sous-marins.

Cette hypothèse géopoétique du *"sea floor spreading"* – ainsi que la dénomma le géologue Robert Dietz, qui en avait développé l'idée concurremment à Hess – n'était pas entièrement neuve : c'était celle qui avait été formulée schématiquement par Arthur Holmes des années auparavant, lorsqu'il avait tenté de fournir, avec sa "convection dans le manteau", une explication possible à la dérive des continents conjecturée par Wegener. Hess et Dietz, eux, appuyaient leur proposition sur des observations plutôt que sur de simples conjectures, mais malgré cela ils eurent du mal à convaincre une communauté scientifique toujours réticente à toute idée mobiliste. Cependant, il fallait bien admettre que leur hypothèse rendait compte de l'ensemble des observations des fonds océaniques effectuées depuis une dizaine d'années : la nature volcanique de la croûte sous-marine ; son âge, tel qu'on pouvait l'estimer d'après l'épaisseur des sédiments déposés, étonnamment jeune, mais de plus en plus élevé en s'éloignant des dorsales ; sa température, à l'inverse, décroissante ; la migration des guyots ; et la localisation du bruit sismique à proximité des dorsales et des fosses, sortes d'"engrenages grinçants" où naîtrait et disparaîtrait le plancher océanique.

Des preuves déterminantes de la réalité d'un tel lent et continuel déroulement des fonds océaniques étaient requises et elles ne tardèrent pas à être apportées, dès 1966, par les méthodes géophysiques qui avaient déjà, antérieurement, permis de préciser la structure interne du globe, à savoir les études sismologiques et géomagnétiques.

Les preuves : "failles transformantes" et "peau de zèbre" paléomagnétique

Les grandes failles perpendiculaires aux dorsales dessinées par Mary Tharp avaient tout d'abord été interprétées comme des failles "de cisaillement" classiques (telle la faille de San Andreas) : c'est l'ensemble des fonds marins qui paraissaient avoir subi des déplacements différentiels, les portions adjacentes de leur surface des deux côtés d'une faille coulissant l'une contre l'autre, décalant le rift de la dorsale entre deux failles et provoquant des tremblements de terre sous-marins.

Un chercheur canadien très inventif et perspicace, John Tuzo Wilson, remarqua cependant que, dans ce cas, les séismes (là où "ça grince") devraient apparaître tout le long de ces grandes failles, jusqu'à des centaines de kilomètres des dorsales. Il raisonna qu'en revanche, si le mouvement des fonds était bien celui que décrivaient Hess et Dietz – une expansion continuelle de tout le plancher des deux côtés du rift où se crée de la croûte océanique –, c'est seulement entre deux sections du rift décalées le long d'une faille que les fonds de part et d'autre de la faille se déplaceraient en sens inverse l'un de l'autre, faisant "grincer", alors que, sur le reste de la longueur de la faille, les deux bords s'éloignant du même mouvement, aucun grincement ne se produirait. Il y avait donc là une preuve du *sea floor spreading* à rechercher : les failles décalant les dorsales sous-marines étaient-elles du type "cisaillantes", comme on l'avait pensé tout d'abord, ou, ainsi que Tuzo Wilson les nomma – et ainsi que semblait l'indiquer la concentration des secousses sismiques à proximité des dorsales –, du type "transformantes" ? (Cet adjectif ne m'a jamais paru très bien choisi, et d'ailleurs je note que, dans la littérature, une certaine confusion règne sur le sujet, comme si le mécanisme pourtant très clair décrit par Wilson restait un peu obscur pour certains auteurs.)

L'amélioration de la précision des mesures sismiques sous-marines au Lamont par Lynn Sykes montra qu'en effet, sans aucun doute possible, ça ne "grinçait" que sur une petite partie des failles décalantes, précisément la partie qui se situait entre les segments décalés du rift. Wilson avait très correctement raisonné : les failles sous-marines actives étaient bien du type "transformantes" ! Sykes présenta ces résultats probants à une réunion de la Geological Society of America en novembre 1966. À cette même réunion, Frederick Vine, de l'université de Cambridge, apportait une autre preuve du renouvellement continu du fond des mers, fondée, elle, sur des mesures paléomagnétiques.

À cette époque, plusieurs équipes dans le monde avaient réussi à préciser l'échelle magnétostratigraphique en datant les anciens renversements du champ magnétique terrestre (*cf.* p. 481) et avaient entrepris d'établir des cartes du paléomagnétisme des roches de la planète en promenant des magnétomètres de plus en plus sensibles à la surface des continents. Tous ces relevés avaient montré de manière assez précise les migrations des pôles magnétiques au cours des âges géologiques. Mais ces migrations, telles qu'on les retraçait à partir des roches européennes d'un côté et américaines de l'autre, ne pouvaient être réconciliées, notèrent le professeur Runcorn et son élève Irving à Cambridge, qu'au prix d'une translation et d'une rotation, comme si, *indeed*, les continents s'étaient en même temps déplacés l'un par rapport à l'autre – exactement la conjecture qu'avait formulée Wegener à partir de son hypothèse de rupture de la Pangée qui déplaisait tant aux géologues.

Au début des années 1960, des mesures magnétiques avaient commencé à être effectuées sur le fond des mers (en remorquant des magnétomètres immergés) – dans le Pacifique par la Scripps, dans l'Atlantique par James Heirtzler du Lamont et, dans l'océan Indien, par deux jeunes diplômés du laboratoire d'Edward Bullard à Cambridge, Drummond Matthews et Fred Vine. Tous notaient que les basaltes de la croûte océanique exhibaient des zones alternativement de faible et de forte magnétisation, zones ayant la forme de très longues bandes plus ou moins parallèles aux dorsales, donnant aux cartes de ces relevés magnétiques sous-marins l'allure d'une "peau de zèbre" qui laissait les océanographes et géophysiciens perplexes ; la largeur de ces bandes atteignait jusqu'à des dizaines de kilomètres.

En dépouillant leurs résultats, Vine et Matthews s'étaient rendu compte que la magnétisation forte ou faible qu'ils mesuraient pouvait être, en fait, la conséquence d'un sens direct ou inverse du champ piégé dans le basalte lorsque celui-ci s'était cristallisé, et qu'ils avaient peut-être là, comme sur une immense bande magnétique, un enregistrement du lent déplacement du fond marin depuis qu'il s'était formé au moment de la cristallisation du basalte suintant dans les dorsales océaniques, emportant avec lui la mémoire de la succession des renversements du champ magnétique terrestre pendant des dizaines de millions d'années. Lawrence Morley, au Canada, parvenait exactement à la même conclusion : ce que les magnétomètres sous-marins relevaient n'était ni plus ni moins, enregistrée au fond des mers, que l'échelle magnétostratigraphique, plus ou moins déformée par les aléas du *sea floor spreading* : à une vitesse de l'ordre du centimètre par seconde, le fond océanique s'étale d'une dizaine de kilomètres (l'ordre de grandeur des bandes de la peau de zèbre) en un million d'années (l'ordre de grandeur des cycles selon lesquels s'est inversé le champ magnétique terrestre au Cénozoïque).

En 1965, Tuzo Wilson, Harry Hess, Vine et Matthews étaient tous à Cambridge et vérifièrent que l'alternance des bandes de la peau de zèbre se reproduisait plus ou moins *symétriquement* de part et d'autre des dorsales. Cela levait clairement tout doute sur la réalité du mécanisme d'ouverture et d'expansion des fonds à partir des rifts des dorsales. De plus, en se référant à la chronologie magnétostratigraphique elle-même, ils entrevoyaient la possibilité de mesurer les vitesses d'expansion des planchers océaniques, vitesses qui allaient révéler des différences importantes entre, notamment, l'expansion des fonds de l'Atlantique (plutôt lente) et du Pacifique (plutôt rapide).

Malgré quelques réticences qui s'exprimaient notamment chez les anciens – *Doc* Ewing au Lamont, tout comme Runcorn à Cambridge, restaient prudents –, la théorie de Hess et Dietz fut désormais très généralement considérée comme prouvée grâce aux évidences apportées par Wilson et Sykes (la sismique des failles transformantes) et par Morley, Vine et Matthews (la "peau de zèbre" paléomagnétique). "Comme un banc de poissons changeant soudainement de direction de manière synchrone, se rappelle Claude Allègre*, les océanographes adoptèrent le *sea floor spreading.*"

Les "mobilistes" des fonds océaniques avaient gagné. Mais les choses ne devaient pas s'arrêter là et, à peine

* In *L'Écume de la Terre* (bibl.). On trouve dans cet ouvrage un récit très détaillé de la genèse de la théorie de la tectonique des plaques.

un an plus tard, c'est l'ensemble de la théorie de Wegener qui devait prendre sa forme moderne.

Le triomphe de la "tectonique des plaques"

Une partie de l'émerveillement que provoquaient les démonstrations de la réalité du phénomène d'expansion des fonds océaniques – entraînant finalement la conversion des incrédules (parmi lesquels les Ewing, Runcorn et autres) – venait de leur caractère quasi mathématique, à l'opposé des descriptions "poétiques" initiales de Hess. Cet effet fut encore accru par l'étape suivante, qui consista en une synthèse "géométrique" englobant la nouvelle théorie de l'expansion des fonds océaniques et la vieille théorie de la dérive des continents.

Harry Hess et Tuzo Wilson, en réfléchissant au déplacement de la croûte océanique entre dorsales et fosses pour le premier, ou le long des failles transformantes pour le second, avaient esquissé l'idée que les fonds sous-marins formaient en fait de grandes "plaques" rigides mises en mouvement à partir des dorsales.

Ce schéma, en même temps qu'il fournissait enfin une description et une explication cohérente des déplacements des continents, en quelque sorte mus par l'ouverture des océans (ainsi que l'avait entrevu Arthur Holmes), allait conférer une nouvelle et impressionnante consécration mathématique à la vision initiale de Hess et Dietz et à la théorie de Wegener.

En effet, Jason Morgan à Princeton, s'interrogeant sur la façon dont des morceaux rigides de la lithosphère pouvaient ainsi se déplacer les uns par rapport aux autres, et s'appuyant sur un théorème remontant au mathématicien suisse du XVIIIe siècle Leonhard Euler, introduisit la notion de "pôles eulériens", autour desquels s'effectue le mouvement – nécessairement une rotation – de portions de surface se déplaçant sur une sphère, et montra que de fait certaines des grandes failles hachurant les dorsales océaniques étaient précisément des arcs de cercle centrés sur de tels pôles. Le conte de fées géopoétique pouvait être mis en équations !

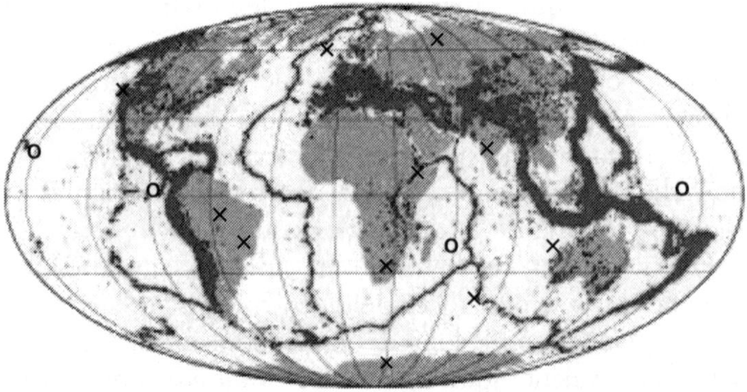

Carte sismique du globe. L'idée de la tectonique des plaques fut développée dans les années 1960 par deux chercheurs britanniques, Dan McKenzie et Robert Parker, ainsi que par Jason Morgan, jeune professeur à Princeton, qui entreprirent de décrire l'ensemble de la lithosphère terrestre comme une vaste mosaïque de plaques dont les frontières – là où elles se créent le long des dorsales, coulissent l'une le long de l'autre ou s'engloutissent l'une sous l'autre – dessinent en fait les zones sismiques du globe, ainsi que les avait déjà décrites, dès 1954, Jean-Pierre Rothé, directeur de l'Institut de physique du globe de Strasbourg.

On a indiqué sur cette carte les emplacements de quelques unes des "grandes provinces ignées" (**×**) – rivières Columbia et Paranà aux Amériques, Sibérie, Éthiopie, Afrique du Sud, Déccan, plateau de Kerguelen, nord-ouest de l'Australie –, et de quelques uns des "points chauds" (**o**) – Hawaï, Galapagos, Réunion, Marquises – phénomènes volcaniques qui ne s'expliquaient pas bien dans le cadre de la théorie de la tectonique des plaques.

Xavier Le Pichon, jeune chercheur français né en Indochine qui était venu travailler au laboratoire Lamont dans l'équipe de Heirtzler – l'un de ceux qui avaient relevé la peau de zèbre –, publia en mars 1968 (à peine deux ans après avoir soutenu à Strasbourg une thèse de doctorat carrément antimobiliste !) la première application du schéma de Morgan, illustration détaillée de la façon dont une demi-douzaine de plaques rigides portant les continents pouvaient rendre compte de tous les phénomènes "tectoniques" de la lithosphère terrestre. (Le Pichon sera élu professeur au Collège de France en 1986.)

Dès lors, la "tectonique des plaques", appellation forgée par les sismologues du Lamont – Lynn Sykes, Bryan Isacks et leur patron Jack Oliver, dans un article également publié en 1968, qui enfonçait le dernier clou du cercueil des antimobilistes –, prit la dimension d'un monument théorique, quelque chose qui pouvait devenir, pour la physique du globe, ce qu'avait été la théorie de la gravitation universelle pour l'astronomie !

De nouvelles observations des mécanismes de la tectonique des plaques s'accumulaient. Les carottages du *Glomar Challenger* confirmaient la nature basaltique des planchers océaniques ; les explorations des rifts *in situ* par les sous-marins de recherche de l'expédition Famous (*cf.* p. 276) filmaient à grande profondeur l'activité volcanique de la dorsale médio-atlantique (les laves en coussin, les "fumeurs", les sources hydrothermales). Les rifts pouvaient même être étudiés en se baladant à pied sur la terre ferme là où ils émergent, comme en Islande, ou là où ils se créent, comme dans l'Est africain qui est en train de s'ouvrir imperceptiblement, amorçant la formation future d'un nouvel océan (tandis que, de son côté, la Méditerranée est en train de se refermer sous la poussée de la plaque Afrique provoquant l'orogenèse alpine, ainsi que l'avaient imaginé Eduard Suess et Émile Argand).

La réalité des mouvements des plaques et leur vitesse étaient même mises en évidence directement, en quelques années, grâce à la précision des mesures du GPS (en mode fin, cette précision est telle que les aléas sismiques, par exemple dans des zones de subduction, commencent à être évaluables à l'aide de marqueurs dont les mouvements sont repérés au millimètre près, *cf.* note p. 464).

Et puis la tectonique des plaques apportait une réponse inattendue à certaines formations ou certains phénomènes qui intriguaient depuis longtemps les géologues, les sismologues ou les volcanologues.

Les "ophiolites", le "plan Benioff-Wadati" et les "points chauds"

Les *ophiolites* sont des formations spécifiques à certains massifs montagneux, qui avaient été identifiées de longue date par les géologues. Elles se caractérisent par une superposition de roches, le "cortège ophiolitique", du mot grec *ophis* signifiant "serpent", ainsi nommée pour son aspect et sa couleur – d'où le nom du minéral et gemme vert baptisé "serpentine" (c'est Alexandre Brongniart qui, au début du XIXe siècle, avait forgé le terme d'ophiolite pour les formations où l'on trouve cette pierre). De bas en haut dans les séquences ophiolitiques sont superposés, sur un fond de péridotites (*cf.* p. 462), des gabbros, des basaltes et des laves en coussin, séquence reproduisant tout à fait la structure verticale de la croûte océanique telle qu'elle commençait à être observée et théorisée dans les années 1970. *A posteriori*, les ophiolites devinrent donc considérées comme les vestiges du "charriage" de croûte océanique, plus ou moins bouleversée, voire métamorphisée, par-dessus d'anciennes zones de subduction. Il s'agit donc d'anciens témoins du fond d'océans disparus qui, au lieu d'avoir été engloutis dans la subduction, se trouvèrent échoués sur les continents. La géographie de ces ophiolites, d'âges variés, qu'on retrouve intégrées dans beaucoup de chaînes continentales, permettait dès lors d'espérer retracer, dans une certaine mesure, l'histoire des expansions et fermetures océaniques, des collisions de plaques et des orogenèses anciennes, peut-être même antérieures à ce qu'avait permis de reconstituer le modèle de la dislocation de la Pangée.

Le *plan de Benioff-Wadati*, c'est-à-dire la surface inclinée de profondeur croissante, jusqu'à plusieurs centaines de kilomètres, sur laquelle se distribuent les hypocentres (foyers) des séismes à proximité des fosses sous-marines, sous les arcs insulaires volcaniques comme le Japon ou les Antilles, est une particularité qui avait été décrite dès 1935 par Kiyoo Wadati, sismologue à la Japan Meteorological Agency. Un autre géologue japonais, Kuno, avait noté que plus les sources des séismes étaient profondes sur ce plan incliné, plus les laves des volcans associés devenaient alcalines, ce qu'expliquait très bien la pétrologie expérimentale : plus élevée est la pression, plus faible est le degré de fusion partielle des péridotites et plus le magma basaltique produit est alcalin. La géographie de ces plans inclinés profonds avait fait l'objet d'études systématiques par le Californien Hugo Benioff, publiées à partir de 1949. *A posteriori*, dans les années 1960, il devint évident que ces structures volcano-sismiques plongeant dans le manteau correspondaient aux subductions telles que les décrivait la tectonique des plaques, cartographiant les zones d'enfoncements de la lithosphère dans le manteau.

Les *points chauds*, eux, sont l'une des hypothèses formulées par le perspicace Tuzo Wilson dès 1963 lorsque, réfléchissant au schéma des fonds océaniques baladeurs, il conçut l'idée que les chaînes volcaniques comme celles de la ribambelle des îles Hawaii (qui prolongent une longue chaîne de volcans sous-marins éteints dite "de l'Empereur", le tout s'étendant depuis les Aléoutiennes au nord-ouest du Pacifique sur près de 6 000 kilomètres) avaient pu résulter d'une unique source magmatique profonde. Ce point chaud *(hot spot)* aurait fonctionné comme un chalumeau fixe au-dessus duquel s'était déplacée (faisant d'ailleurs un coude il y a quelque cent millions d'années) la plaque pacifique. Par la suite, bien d'autres points chauds furent identifiés, ou invoqués, pour expliquer de tels phénomènes volcaniques "intraplaques", c'est-à-dire ne tombant pas dans les catégories du volcanisme de dorsale ou de subduction en bord de plaque (*cf.* figure p. 510). C'est le cas par exemple, outre les chaînes d'îles volcaniques comme l'Empereur-Hawaii ou celle qui aboutit au volcan actif de la Soufrière à la Réunion, de la plupart des grandes provinces ignées (notamment celle du Deccan, qui aurait été formée jadis au-dessus du même point chaud de l'océan Indien que surplombe aujourd'hui la Soufrière, lorsque le continent indien est passé dessus au cours de sa remontée de l'Antarctique à l'Asie) ; c'est le cas également de la région du parc de Yellowstone, aux États-Unis, et même peut-être de la chaîne des Puys en Auvergne ainsi que l'a analysé Pierre Thomas (bibl.).

Rassemblant ainsi en un système cohérent des indices aussi divers que les observations des géologues et des paléontologues, les mesures des océanographes, des sismologues et des volcanologues, des paléomagnéticiens, des géochimistes et bien d'autres choses encore, la tectonique des plaques a donc représenté, dans la seconde moitié du XXe siècle, une de ces révolutions scientifiques majeures dont l'épistémologue Thomas Kuhn a analysé le scénario, souvent répété dans l'histoire des sciences. Comme l'évolution darwinienne pour la biologie, l'électromagnétisme pour l'optique ou la théorie atomique de la matière pour la physico-chimie, la tectonique des plaques apportait à la géophysique un “paradigme” unificateur et des principes explicatifs dont la puissance entraînait l'adhésion, ne laissant plus guère de place ni au doute ni à des théories rivales.

Outre ses mérites propres, et notamment sa capacité à rendre compte de quantité de choses – notamment les mécanismes et la géographie des phénomènes volcaniques et des séismes, de l'orogenèse, des fosses sous-marines –, la tectonique des plaques avait au fond l'avantage considérable de s'inscrire dans la tradition uniformitariste de la géologie depuis le triomphe du gradualisme et de l'actualitarisme ; c'était peut-être une théorie révolutionnaire par son caractère mobiliste, mais il s'agissait en définitive, pour la géologie, d'une révolution *soft*, conservatrice et consensuelle, ce qui fait qu'en fin de compte elle finit par être acceptée sans trop de difficultés... sauf dans les pays de l'Est* !

Toutefois, le premier enthousiasme calmé, il devait apparaître que la tectonique des plaques n'était peut-être pas l'alpha et l'oméga de la physique du globe que l'on avait pu imaginer et que l'on s'était mis à enseigner et à vulgariser avec entrain. À l'instar de la plupart des grands paradigmes scientifiques, celui-là ne devait pas tarder à montrer ses limites. Et, corrélativement, le catastrophisme, qu'on avait pu croire complètement évacué du champ de la tectonique depuis plus d'un siècle, fit un retour en force à partir des années 1980**.

* Sans toutefois que l'affaire prenne l'importance idéologique et sombre dans l'horreur politique du cas Lyssenko en biologie, il y eut en effet en Union soviétique, pendant la guerre froide, une forte résistance de la part de l'Institut de physique du globe de Moscou, sous l'autorité d'un des plus fameux géologues russes, Vladimir Beloussov. L'Institut de géologie de l'Académie des sciences, en revanche, dont les membres voyageaient plus volontiers à l'étranger, devint le foyer de la pénétration des thèses "occidentales", ce qui fait que le débat en URSS opposa en fait deux écoles, l'une traditionaliste et chauvine, l'autre progressiste et mondialiste, situation au fond assez classique et qu'on retrouve ailleurs et à d'autres époques. Clin d'œil de l'histoire, ce fut finalement à Moscou, au Congrès international de géophysique qui se tenait là en 1971, que le triomphe définitif de la tectonique des plaques a été en quelque sorte officialisé.

** *Cf. Perilous Planet Earth* de Trevor Palmer (bibl.).

17

ÉNIGMES : LES ORIGINES ET AUTRES VIOLENTS ÉVÉNEMENTS GÉODYNAMIQUES

Ce qui est clair et évident s'explique de soi-même, mais le mystère exerce une action créatrice. C'est pourquoi les événements historiques qu'enveloppe le voile de l'incertitude exigeront toujours d'être interprétés de multiples fois.

STEFAN ZWEIG, *Marie Stuart*

Rien, dans le demi-siècle qui a suivi les premiers travaux de Rothé, Heezen et Tharp, Hess et Dietz, n'a jamais remis en cause le bien-fondé des thèses de l'expansion des fonds océaniques ni, après McKenzie, Parker, Morgan et Le Pichon, celles de la tectonique des plaques. Mais, tout en expliquant le déroulement des processus continus qui façonnent la lithosphère, ces thèses ont souvent buté sur les complexités de la croûte terrestre continentale telles que les avaient décrites auparavant, de manière détaillée, un siècle ou deux de travaux géologiques. Et puis les concepts sur lesquels s'appuient ces thèses relèvent de mécanismes hypothétiques plus profonds dont certains restent en partie, à ce jour, mal établis.

Contrairement au bon accueil que l'astronomie avait réservé à l'astrophysique une centaine d'années auparavant, le fossé séparant géologues et géophysiciens (à l'image de certains de ceux qui séparent les mers des continents) demeurait parfois profond. Non qu'il se soit agi à proprement parler d'hostilité (comme dans l'affaire Beloussov) mais, dans beaucoup de cas, la complexité des phénomènes relevés et étudiés par les premiers défiait la simplicité des principes proposés par les seconds. D'autre part, les progrès de l'analyse isotopique des roches, de la sismologie et de la gravimétrie qui, en étendant dans le passé ou en profondeur les investigations des géophysiciens, vinrent inspirer les travaux des chercheurs contemporains, animaient également les controverses qui continuent à les opposer.

Au fur et à mesure que les données des cartes géologiques terrestres – et dorénavant sous-marines – étaient incorporées dans le schéma initial, relativement simpliste, d'un petit nombre de plaques rigides délimitées par des frontières nettes, les géophysiciens se trouvaient conduits à multiplier plaques et microplaques (on en est à plus de cent) pour rendre compte de tous les détails. Les types et les phénomènes de frontières entre plaques devenaient de plus en plus complexes. En outre, la précision des mesures de géodésie spatiale, qui permit d'observer quasiment en temps réel les déplacements des continents, si elle confirmait en général les dérives postulées par l'expansion des fonds océaniques, pouvait montrer aussi que les plaques n'étaient guère rigides. Ainsi, la notion même de "plaque lithosphérique" perdait peu à peu de sa consistance.

La croûte et la lithosphère des continents et des océans

Dans le sens de l'épaisseur, la notion de "plaque" manquait également de consistance. Les connaissances acquises par les géophysiciens sur les couches supérieures du globe, jusqu'à des centaines de kilomètres de profondeur, sont très indirectes et très fortement liées aux techniques qu'ils emploient, ce qui n'est pas sans créer une certaine confusion parmi les concepts qu'ils ont élaborés : suivant que leurs analyses proviennent de mesures gravimétriques, sismologiques ou d'analyses géochimiques, de théories, de modèles ou de simulations, les catégories qu'ils élaborent et manipulent peuvent différer et se recouper de manières variées. Ainsi, ne relevant pas des mêmes approches, les notions de *croûte* et de *lithosphère* ont évolué et sont loin de se confondre.

La notion de *croûte* se déduit maintenant de considérations minéralogiques : la croûte terrestre est composée principalement des basaltes, granites et sédiments calcaires qu'on trouve plus ou moins superposés à la surface du manteau, contrastant avec les péridotites, la pérovskite ou autres minéraux supposés constituer le manteau qu'elle recouvre. On a pu mesurer que la densité moyenne de la croûte continentale est de 2,7 et celle de la croûte océanique, essentiellement basaltique, de 3,0, alors que celle du manteau supérieur est de 3,4. Et la limite entre la croûte et le manteau qu'avait identifiée Mohorovičić (*cf.* p. 482) a pu être cartographiée à partir des mesures gravimétriques par satellite.

En revanche, on n'a encore jamais réussi à avoir directement accès aux roches du manteau : le projet américain Mohole, qui avait tenté de percer la croûte de basaltes océaniques au large du Mexique, deviendra… "Nohole" en 1966, faute de crédits ! Les Soviétiques, eux, dépassèrent 12 kilomètres de profondeur dans la presqu'île de Kola en 1989, mais l'entreprise fut interrompue par l'effondrement de l'URSS (auquel elle n'avait en rien contribué). On ne dispose donc pour l'instant que des échantillons du manteau qui auraient été remontés par des phénomènes volcaniques, méthode de prélèvement particulièrement peu fiable…

La croûte continentale se caractérise par une plus grande épaisseur et une beaucoup plus grande complexité structurale et chimique que celle des océans. George Airy avait suggéré, nous l'avons vu, que l'équilibre isostatique (c'est-à-dire l'application du principe d'Archimède aux roches de la croûte terrestre) expliquait comment les continents "flottaient" sur le manteau et devaient avoir, tels des bateaux ou des icebergs, des "quilles" profondes.

En 1921, le géologue allemand Leopold Kober avait introduit dans la description des continents une distinction fondamentale entre zones "orogènes" (du grec *oros*, montagne), ceintures de plissements où se forment les reliefs, et “kratogènes” (de *kratos*, force), noyaux stables et anciens des continents. Par la suite, on désigna par le terme *craton* ces derniers, socles cristallins qui peuvent soit avoir été recouverts de sédiments calcaires plus ou moins épais lors d'anciennes transgressions marines (ce qu'on appelle les *plates-formes* continentales), soit être encore, ou être redevenus, nus (les *boucliers* continentaux). Il s'agit, au Canada, en Amérique du Sud, en Scandinavie, en Afrique, en Inde*, en Australie, des parties les plus permanentes et anciennes de la croûte (plus de trois milliards d'années), formées de roches ignées comme des granites ou métamorphisées comme des gneiss. On débat encore de la profondeur qu'atteignent ces cratons qui, pour certains géophysiciens, pourraient avoir des racines dans le manteau jusqu'à plusieurs centaines de kilomètres sous la surface.

L'incertitude sur la profondeur des racines cratoniques des continents, ou la découverte que le fond basaltique des océans n'est peut-être pas le socle de la croûte océanique mais ne ferait que le recouvrir, pourrait aboutir à remettre en cause les schémas généralement admis. On en saura peut-être plus un jour avec une reprise des forages jusqu'au manteau. En attendant, les chercheurs contemporains s'efforcent de tirer parti des observations tomo-sismographiques (*cf.* p. 484) qui permettent dans une certaine mesure, avec les “fausses images” que créent les logiciels, de “voir” des zones interprétées comme plus froides ou plus chaudes, en réalité zones où les ondes

* Lors d'un voyage en Inde, j'ai ramassé dans le parc public du Lal Bagh de la ville de Bangalore un petit caillou, éclat de roche du bouclier indien qui affleure là. Le vaste monticule rocheux occupant une partie de ce jardin porte une plaque du Geological Survey of India : *“Old peninsular gneiss.”* Ce caillou, que j'ai précieusement conservé, bien que particulièrement solide et agréablement coloré, a l'air assez ordinaire ; mais il est vieux de quelque *trois milliards et demi d'années*. Il n'y a pas beaucoup d'endroits sur Terre (Groenland, Labrador) où l'on peut ramasser des reliques plus âgées. Et seuls de très rares et minuscules zircons particulièrement résistants témoignent d'âges encore plus primitifs de la planète (*cf.* note p. 368).

sismiques se propagent respectivement un peu plus lentement ou un peu plus vite.

La *lithosphère*, par ailleurs – terme s'opposant initialement chez Suess à la biosphère (*cf.* p. 330) –, désigne aujourd'hui, dans le cadre de la tectonique des plaques, l'épaisse couche supérieure de la Terre solide constituant les plaques qui se déplacent (couche englobant la croûte et la partie supérieure du manteau jusqu'à cent cinquante kilomètres de profondeur en moyenne). Elle se distingue de l'*asthénosphère* (du grec "sans force") sur laquelle elle reposerait. Cette dernière est caractérisée par une différence dans la vitesse de propagation des ondes sismiques, interprétée comme une modification des propriétés mécaniques du milieu mantellique solide sous l'influence de l'augmentation de la température avec la profondeur : la lithosphère serait plutôt froide et rigide, l'asthénosphère (qui s'étend jusqu'à plusieurs centaines de kilomètres en dessous), plutôt chaude et plastique. Les notions de "flexions lithosphériques" (ou d'"isostasie locale") sont invoquées pour rendre compte de toutes sortes de particularités géologiques régionales.

Mais un spécialiste (le géophysicien Georges Poupinet) reconnaît que "la sismologie a [en réalité] des difficultés pour déceler l'interface entre lithosphère et asthénosphère : le contraste de vitesse y est peu marqué, et des variations latérales importantes sont observées suivant les régions". La définition de la limite supérieure de l'asthénosphère – son interface avec la lithosphère – repose donc davantage sur l'estimation de la profondeur à laquelle les péridotites sont censées devenir ductiles, à des températures d'environ 1 300 °C, que sur une discontinuité expérimentalement évidente comme le Moho. Et puis, si le concept d'asthénosphère est cohérent avec celui du déplacement aisé, en quelque sorte "lubrifié", des plaques lithosphériques, il y a en revanche contradiction avec l'idée d'entraînement de ces plaques par une convection du manteau plus profond ; nous allons y revenir.

Les cycles de Wilson

Pas plus qu'on ne sait descendre loin sous la surface, on ne sait remonter très loin dans le temps. La durée de vie moyenne d'un plancher océanique, entre sa création dans le volcanisme des dorsales et son engloutissement dans les subductions, est de l'ordre d'une centaine de millions d'années seulement. Nulle part l'âge de la croûte océanique ne dépasse cet ordre de grandeur, et l'on ne trouve pas non plus d'ophiolites beaucoup plus anciennes.

Même si la croûte continentale est en général bien plus vieille, depuis qu'on sait dater les roches par les méthodes géochimiques très peu d'échantillons continentaux ont été identifiés comme remontant à l'Archéen, c'est-à-dire grosso modo au premier milliard d'années de la Terre. On ne sait donc guère comment les continents et les océans se sont créés.

Les plaques disparaissent (elles ne sont pas éternelles puisqu'elles jaillissent dans les rifts lorsque s'ouvrent des océans et finissent par s'engloutir dans les subductions) ; mais comment se renouvellent-elles ? Étaient-elles plus ou moins nombreuses par le passé, plus petites ou au contraire plus vastes ? Quand la tectonique des plaques a-t-elle commencé ? Avec la dislocation de la Pangée de Wegener, événement qui ne remonte qu'à peu de centaines de millions d'années, ou bien avant, ce qui est plus probable, ainsi que l'a initialement suggéré Tuzo Wilson ?

À partir de la notion de "supercontinent" qu'avaient bien documentée Suess avec son Gondwanaland, puis Wegener avec sa Pangée, Wilson extrapola l'idée que, sous l'effet de la tectonique des plaques, les continents se seraient rassemblés ainsi périodiquement avant de s'ouvrir et de se disperser de nouveau, selon des cycles de plusieurs centaines de millions d'années. De tels remaniements, antérieurs à la dislocation de la Pangée, seraient susceptibles d'avoir laissé des traces repérables sur les continents

Tuzo Wilson, brillant chercheur canadien, fut l'un des plus créatifs des géophysiciens qui élucidèrent les premières preuves, et les conséquences, de l'expansion des fonds océaniques : il inventa les concepts de "faille transformante", de "point chaud", et de rassemblement périodique des continents en "supercontinents" par la tectonique des plaques, selon les cycles de centaines de millions d'années qui portent son nom.

actuels, et on a essayé d'identifier certains de ces supercontinents du passé, qu'on a même nommés : par exemple, entre autres, Rodinia il y a environ un milliard d'années ou Ur il y a trois milliards d'années. Mais il ne s'agit guère là que d'étiquettes apposées sur des conjectures.

Pour toutes les raisons que nous venons de voir, l'origine des plaques et de leur géométrie, d'une part, leur évolution lointaine dans le passé (et le futur…), d'autre part, restent largement du domaine de la spéculation, ou du moins hors du champ de la théorie de la tectonique des plaques proprement dite. Tout comme le demeurent, en fin de compte, les forces qui les animent.

Quel est en fin de compte le moteur de la tectonique des plaques ?

Ce problème des forces à l'œuvre avait déjà alimenté les critiques sur l'hypothèse de la dérive des continents de Wegener il y a un siècle. L'idée d'une expansion du globe, lancée par Carey, avait été rapidement abandonnée ; en revanche, la "convection dans le manteau", initialement suggérée par Holmes dès l'entre-deux-guerres et désormais supposée faire surgir les dorsales océaniques et s'enfoncer les zones de subduction (en suivant les flèches impérieuses qui agrémentent, comme de besoin, toutes les coupes de la lithosphère et du manteau publiées depuis cinquante ans), devint la tarte à la crème de la physique du globe. Cependant, cette convection pouvait être (et fut) critiquée comme une notion *ad hoc*, un *deus ex machina* ne correspondant ni à des données mesurées, ni forcément à des nécessités déductibles.

L'idée, abondamment répandue (à tort), selon laquelle la convection serait le résultat d'un "chauffage central" du globe n'est pas davantage un fait d'observation : la source de chaleur interne de la Terre ne réside pas dans son noyau métallique mais provient principalement de la radioactivité du manteau rocheux, et d'ailleurs la discontinuité thermique entre le manteau et le noyau – supposément beaucoup plus chaud – n'est pas une donnée mais un modèle déduit d'une interprétation traditionnelle mais contestable des données sismiques.

Les modèles de convection mantellique au sein de la Terre s'appuient sur des concepts de la dynamique des fluides supposément bien établis, comme par exemple les nombres de Reynolds et de Rayleigh, qui sont censés donner des critères quantitatifs d'apparition de la turbulence et de la convection*. Mais l'applicabilité de ces critères

* Le nombre de Reynolds, qui représente le rapport entre l'inertie et la viscosité, caractérise un écoulement, en particulier la nature de son régime (laminaire, transitoire, turbulent). Le nombre de Rayleigh, reliant les effets de la force gravifique à la viscosité, caractérise le transfert de chaleur au sein d'un fluide, par conduction ou par convection. Ils font intervenir des propriétés du milieu comme la diffusivité thermique ou la viscosité. Ces

– élaborés pour décrire ce qui se passe en quelques minutes dans un tuyau ou une casserole – à un système aussi vaste que le manteau terrestre et sur des durées de centaines de milliers d'années est pour le moins discutable.

Des calculs montrent au demeurant qu'un chauffage interne homogène ne produit pas nécessairement de convection : dans l'intérieur des étoiles notamment, ainsi que l'avait montré l'astrophysicien Schwarzschild, la chaleur, également due au dégagement d'énergie nucléaire dans la masse, aurait en général tendance à s'évacuer plutôt radiativement jusqu'à un niveau proche de la surface, seule pour ainsi dire "en ébullition". Dans le cas de la Terre, la taille relativement minime des cellules ou rouleaux que peut produire une convection thermique près de la surface intervient peut-être pour expliquer certains phénomènes à moyenne échelle – comme la structure fine du volcanisme des dorsales qui les strie de "linéations magmatiques" transversales toutes les quelques dizaines de kilomètres –, mais n'a rien à voir avec celle des vastes remous horizontaux de milliers de kilomètres requis par la tectonique des plaques (les flèches des coupes du manteau, si faciles à dessiner…).

On voit aujourd'hui se multiplier des "simulations numériques" de ces hypothétiques remous mantelliques, mais de tels modèles ne sont que ces flèches numérisées, des scénarios informatisés. Ils ne sont en rien comparables à ceux qu'on calcule depuis Ferrel pour la circulation générale de l'atmosphère ou des océans, notamment parce que, contrairement au chauffage de la surface terrestre par le Soleil, la distribution des sources de chaleur au sein du globe est largement inconnue, et vraisemblablement beaucoup plus homogène. Les circulations atmosphérique ou océanique ont été, au demeurant, constatées

paramètres, dans le cas du manteau terrestre, sont bien évidemment impossibles à mesurer et ne peuvent être qu'évalués en laboratoire, ou modélisés, avec les incertitudes qu'on imagine.

grâce à d'innombrables mesures expérimentales, alors que, dans le cas du manteau terrestre, on est bien incapable d'effectuer la moindre mesure de vitesse, hormis celle des ondes sismiques qui ne nous renseignent que très indirectement sur d'éventuels mouvements de matière (en interprétant certaines anisotropies).

De plus, comme nous l'avons noté, le schéma d'une lithosphère morcelée flottant sur l'asthénosphère convective recèle une contradiction : pour être entraînée par une convection profonde, la lithosphère devrait être fortement couplée à la partie supérieure du manteau (par la viscosité élevée de celui-ci), alors que la convection elle-même réclame un manteau relativement fluide, de faible viscosité.

En fait, la tendance récente serait plutôt de considérer que c'est la subduction qui est le fait moteur de la tectonique, "tirant" les plaques lithosphériques (c'est ce qu'on a appelé parfois "l'effet serviette mouillée", le bord plus rapidement humidifié d'une serviette déposée sur l'eau entraînant le reste en plongeant). Cette tendance résulte en particulier des observations qui montrent que ce sont les plaques qui subductent le plus (Pacifique) qui se déplacent aussi le plus rapidement ; en outre, les coupes tomosismographiques suggèrent que les subductions s'enfoncent très profondément dans le manteau, alors que sous les dorsales on ne détecte guère de signes de remontées mantelliques profondes.

Mais alors, qu'est-ce qui provoque les subductions ? Est-ce simplement le refroidissement de la croûte océanique au fur et à mesure qu'elle s'éloigne de sa source chaude dans les dorsales, comme l'avait initialement imaginé Hess, ou le métamorphisme du basalte en éclogite, plus dense que les péridotites du manteau ? Ou bien y a-t-il autre chose ? Nous reviendrons sur cette question à la fin de ce chapitre.

Les théories des panaches et leurs critiques

Pour rendre compte des formes de volcanisme atypiques en plein milieu des plaques, qui collaient mal avec le schéma originel – volcans océaniques comme ceux d'Hawaii, de Tahiti ou des Marquises, supervolcans continentaux potentiels comme Yellowstone, grandes provinces ignées –, des géophysiciens avaient été amenés à tenter de compléter le schéma standard de la convection dans le manteau par des hypothèses supplémentaires, d'ailleurs plus ou moins contemporaines de l'élaboration de la tectonique des plaques elle-même et quelquefois proposées par les mêmes auteurs.

Ainsi le concept de "point chaud" introduit par Tuzo Wilson en 1963. Tout en étant susceptible d'expliquer les formes de volcanisme atypiques à l'égard de celles dont rendait compte la tectonique des plaques, un tel concept réclamait lui-même une explication : qu'est-ce que c'était que ces points chauds ? En 1971, Jason Morgan suggéra qu'il s'agissait en fait de "panaches" *(plumes)* montant au travers de toute l'épaisseur du manteau. De telles colonnes ou bulles thermiques, s'élevant très lentement (en millions d'années…) sur près de 3 000 kilomètres, à partir de la surface du noyau, induiraient le magmatisme de point chaud en rencontrant la plaque lithosphérique. L'image habituelle pour décrire de tels panaches est celle des "diapirs" (tels les champignons atomiques) qui se forment dans les fluides chauffés, ou les bulles en volutes des *lava lamps,* ces gadgets décoratifs populaires à l'époque.

En restant liés au noyau, les panaches auraient fourni un système de repères fixes par rapport auquel décrire le mouvement superficiel des plaques tectoniques ; repères qu'on se mit même à faire onduler comme de besoin au gré de la convection mantellique lorsqu'on s'aperçut, en fait, que les points chauds ne sont pas aussi fixes qu'on l'avait pensé initialement. Ces modèles, par leur souplesse, étaient en fait susceptibles d'expliquer à peu près n'importe quelle particularité de n'importe quel volcanisme atypique à la surface de la Terre et furent invoqués comme un nouveau paradigme, notamment par

Vincent Courtillot à l'Institut de physique du globe de Paris. Ce paradigme pouvait en effet rendre compte de l'existence de formations particulièrement bien étudiées par les chercheurs de cette institution, grandes provinces ignées – les trapps du Deccan, interprétés comme consécutifs à la naissance du point chaud qui existe toujours sous l'île de la Réunion, l'Inde ayant depuis filé sur sa plaque vers le nord pour aller s'encastrer dans l'Asie –, ouverture de rifts – comme celui de l'Afrique de l'Est.

Mais, depuis la fin des années 1990, d'autres hypothèses ont émergé qui rejettent l'idée de panache, dont la tomologie sismique n'a pas fourni de traces bien probantes (encore qu'elle ait montré une profonde anomalie sous l'archipel d'Hawaii). Ces hypothèses font plutôt appel à des mécanismes d'"anomalies de fonte" pour expliquer les points chauds. L'un des principaux adversaires de la théorie des panaches, Don Anderson, du California Institute of Technology, est d'avis que le manteau supérieur est en réalité plus chaud et fluide qu'on ne l'avait imaginé et qu'il n'y a aucun besoin de faire appel à des sources d'énergie proches du noyau : la formation de magma par relâchement adiabatique de pression (*cf.* p. 461), partout où pour une raison ou une autre s'ouvre, se fend ou se perce la croûte terrestre, serait un processus répandu, susceptible de rendre compte de tous les phénomènes qu'étaient censés expliquer les panaches. Retour à une forme de pyrosphère ?

Les grandes extinctions d'espèces et l'hypothèse des impacts cosmiques

Tout en rendant compte de manière convaincante de la géographie et de l'histoire des océans et des continents, des orogenèses et du volcanisme, la tectonique des plaques, décrivant le remaniement lent et continu de la surface du globe, laisse planer "le voile de l'incertitude" sur beaucoup d'événements apparemment cataclysmiques du passé lointain, en particulier les nombreuses extinctions d'espèces qui ponctuent les ères paléontologiques, et dont le déclenchement était resté plutôt mystérieux depuis qu'elles avaient été repérées par Cuvier et autres explorateurs précoces du passé ancien de la Terre. Ces extinctions ne semblent pas corrélées avec le calendrier présumé des cycles de Wilson ou des chrons et superchrons paléomagnétiques.

Depuis le Précambrien (c'est-à-dire, rappelons-le, depuis à peine plus de 540 millions d'années), parmi beaucoup d'extinctions mineures, on compte six extinctions majeures ayant supprimé plus de la moitié des espèces vivantes : au Cambrien il y a environ 510 millions d'années (Ma), à l'Ordovicien (440 Ma), au milieu du Dévonien (365 Ma) et du Permien (250 Ma), au Trias (202 Ma) et à la fin du Crétacé, début de l'ère tertiaire (65 Ma).

C'est au sujet de cette dernière extinction que des trouble-fête se sont rappelés au bon souvenir des géophysiciens dans les années 1970, sous la forme d'une théorie à gros succès médiatique due à Luis (le père, physicien) et Walter (le fils, géologue) Alvarez, attribuant à une catastrophe globale d'origine extraterrestre – l'impact d'une comète ou d'un astéroïde de la taille de l'Everest – la disparition des dinosaures, entre autres espèces (notamment les ammonites), il y a 65 millions d'années. Qu'elle soit considérée comme confirmée ou pas (elle laissa sceptiques plus de spécialistes que sa notoriété ne le ferait croire), cette théorie eut le mérite de rappeler aux géologues, traditionnellement réticents à prendre en compte des causes extérieures à leur discipline, que le bombardement par des corps célestes est bel et bien une réalité de l'histoire de toutes les planètes du Système solaire, y compris la nôtre, qui n'a aucune raison d'y avoir échappé. Cette réalité fut spectaculairement soulignée en 1994 par la comète SL9*, dont les morceaux percutèrent la planète Jupiter avec une violence cataclysmique qui stupéfia les astronomes.

* Comète "Shoemaker-Levy n° 9". Eugene Shoemaker était un géologue qui s'était spécialisé dans l'étude des phénomènes d'impacts et la recherche des impacteurs dans le Système solaire.

Bien que “l’arme du crime” *(the smoking gun)* ait été retrouvée – le cratère de Chicxulub au Yucatán, de 200 kilomètres de diamètre, pour la plus grande part immergé et recouvert de sédiments dans le golfe du Mexique –, une autre explication a été avancée pour ce cataclysme planétaire de la fin du Crétacé, notamment à l’Institut de physique du globe de Paris : il se serait bien plutôt agi de la catastrophe climatique entraînée par les longues et vastes éruptions de laves des trapps du Deccan, également datées de 65 millions d’années. Dans le cadre du paradigme des panaches mantelliques comme responsables des points chauds et de la formation des trapps, Vincent Courtillot, Paul Tapponnier et leurs collaborateurs ont corrélé d’autres grandes provinces ignées avec d’autres grandes extinctions d’espèces, ce qui est un argument fort en faveur de cette thèse. Mais les deux théories, impact ou mégaéruption, qui se sont opposées, peuvent peut-être être réconciliées.

Il y a quelques années, lorsque j’ai écrit mon histoire de l’astronomie (*Le Ciel dans la tête*, 2010), après avoir résumé la longue histoire des découvertes qui ont prouvé la réalité puis démontré l’importance des collisions dans le Système solaire, j’avais endossé l’hypothèse selon laquelle la coïncidence entre l’impact de Chicxulub et les épanchements de lave du Deccan – dans le temps (il y a environ 65 millions d’années) et géographiquement (ils pourraient avoir été à peu près antipodaux à l’époque) – n’aurait pas été fortuite, ainsi que le pensent Courtillot et Tapponnier, mais causale, le premier ayant provoqué les seconds, ce qui rendrait caduque toute controverse sur le rôle respectif de ces deux événements concomitants (même si les seconds ont duré beaucoup plus longtemps). Cette hypothèse assez naturelle – elle a été exprimée, et combattue, plusieurs fois – pouvait s’appuyer notamment sur des calculs montrant la façon dont la propagation des ondes de choc au sein du globe les focalise aux antipodes d'un impact, ainsi que sur des observations rapprochées de la planète Mercure par la sonde américaine *Messenger*, qui venaient de révéler la présence d'effets antipodaux flagrants (terrains bouleversés, traces de volcanisme ?), associés à l'un des plus grands cratères d'impact du Système solaire, *Caloris planitia*.

J'avais suggéré que l'on recherchât les traces de phénomènes semblables sur d'autres planètes ou satellites, ainsi que des traces d'impacts majeurs sur Terre aux antipodes des autres grandes provinces ignées ; et j'avais déploré qu'aucun planisphère des astroblèmes et provinces ignées ne récapitule, dans le cas de la Terre, l'évidence du bombardement cosmique, de la façon dont l'exposent de manière visuellement parlante les images de tous les autres corps rocheux du Système solaire.

En fait, je n'avais pas eu à l'époque l'occasion de prendre connaissance de l'existence, dans la littérature scientifique, de publications sur ces sujets – publications à vrai dire récentes et peu connues. Ces articles, ce qui n'est peut-être pas surprenant, vont dans le sens de la confirmation ou du moins de la plausibilité des hypothèses sur l'occurrence assez générale de telles catastrophes "bipolaires" (*double whammies* : au point d'impact et aux antipodes) comme résultat des plus grosses collisions*. Outre Mercure, on a notamment constaté des effets de ce genre sur la Lune et sur Mars.

En ce qui concerne la Terre, l'un des articles les plus intéressants et les plus complets sur la question avait été publié en 2005 par Jonathan Hagstrum, de l'US Geological Survey. Celui-ci s'est intéressé à la géographie des

* Dans le cas du Deccan, il n'est pas certain, toutefois, que l'impact atlantique de Chicxulub soit le bon, certaines contradictions laissant penser qu'un impact océanique antérieur dans le Pacifique ferait mieux l'affaire. Cela ne fait que souligner la difficulté inhérente à la connaissance très fragmentaire que l'on a, comme nous allons le voir, des astroblèmes océaniques, et aussi des divagations lithosphériques ultérieures.

points chauds identifiés (de l'ordre d'une centaine), et a montré que leur distribution sur le globe terrestre exhibe un très net biais dans le sens d'une corrélation bipolaire deux à deux ; en d'autres termes, il y a une forte et troublante probabilité pour qu'à un point chaud corresponde un autre point chaud à l'antipode.

Si l'on suppose, comme le laisse entendre Hagstrum, que les points chauds sont les cicatrices profondes laissées par les impacts au-delà d'un certain seuil, on aurait là les témoignages de collisions majeures subies par la Terre au cours de sa longue histoire. (Mais il distingue dans les données une très nette différence entre les impacts océaniques et continentaux, le seuil pour que ces derniers fassent apparaître des effets bipolaires étant apparemment beaucoup plus élevé, sans doute parce que, suggère-t-il, l'épaisse croûte continentale fonctionne comme un bouclier efficace.) Ces vestiges profonds – même s'ils ne sont pas complètement "fixes", comme l'ont montré des travaux récents sur les points chauds – seraient affranchis des tribulations et vicissitudes de la lithosphère, vicissitudes ayant largement balayé (de la croûte océanique) ou érodé et déplacé (avec la croûte continentale) les cicatrices superficielles.

Demeure le problème de la datation de tous ces points chauds, qui reste une évaluation fondée sur des indices très indirects, hormis dans les quelques cas où leur corrélation avec des astroblèmes ou des provinces ignées bien identifiés peut être prouvée.

Le dossier des impacts bien documentés s'est considérablement étoffé ces dernières années et, s'il reste beaucoup de travail à faire, il ne paraît plus impossible aujourd'hui que certains des phénomènes dont il a été question dans ce chapitre et le précédent (points chauds, trapps, méga-tsunamis, grandes catastrophes climatiques et extinctions d'espèces) puissent être à l'avenir réinterprétés comme les conséquences variées, à court ou à long terme, d'impacts astéroïdaux et cométaires, y voyant un des grands facteurs du géodynamisme (et de l'évolution de la vie).

La distribution géographique aléatoire des points chauds et des provinces ignées à la surface du globe (voir l'échantillon indiqué dans la figure p. 510), ne présentant aucune espèce de corrélation avec les autres traits géomorphologiques de la planète, est tout à fait cohérente avec l'hypothèse d'impacts se produisant au hasard. Le rythme auquel, sur la base des statistiques orbitales, des collisions de cette importance sont susceptibles de se produire est, nous l'avons remarqué, de l'ordre de une fois tous les dix millions d'années, soit au bas mot plus d'une centaine de fois au moins depuis l'apparition de la vie sur la Terre, ce qui correspond grosso modo au nombre des points chauds, ainsi qu'au rythme des extinctions d'espèces majeures ou mineures.

Toutefois, jusqu'ici les travaux faisant appel à ces impacts n'ont jamais revêtu le caractère systématique, global et cohérent d'une théorie paradigmatique acceptable en géophysique ; ils restent des tentatives en général assez mal étayées – et assez contestées – pour expliquer dans un cadre restreint tels ou tels événements ou phénomènes, eux-mêmes assez peu documentés, pour lesquels d'autres explications, plus conformes aux paradigmes dominants, ne manquent pas.

L'idée d'un rôle majeur joué par ces catastrophes cosmiques dans l'histoire de la Terre est dans l'air, mais pour l'instant les preuves indubitables font défaut et les plaidoyers dispersés échouent à entraîner l'adhésion – sauf peut-être dans le cas des Alvarez où le fait que Luis, le père, ait été un lauréat du prix Nobel de physique ne fut sans doute pas étranger à sa notoriété (et le glamour médiatique des dinosaures non plus…). Il faut bien avouer cependant qu'on ne voit guère pourquoi, si la thèse des Alvarez est acceptable, les effets d'une collision cosmique ne se seraient manifestés qu'à cette seule occasion alors que, nous le savons, il y en a eu beaucoup d'autres.

Les mystères de la formation de la Terre et de l'origine de la Lune

Nous avons déjà remarqué que, pour les géologues, la profondeur des temps vers les origines était restée longtemps tout aussi obscure que les profondeurs du globe. Aucune voie scientifique ne menait jusque-là avant le milieu du XXe siècle, et il fallut en fait passer par un détour *via* les météorites et la Lune pour accéder scientifiquement à la question de l'enfance de la Terre, pour surmonter le "tabou de la genèse". Nous avons raconté (*cf.* p. 443) comment, dans les années 1950, l'école de Chicago, notamment grâce à Harold Urey, commença à appliquer les méthodes de la géochimie et de la datation isotopique aux météorites, éclairant d'un jour nouveau l'âge et la formation du Système solaire.

Selon un processus dont l'idée remonte à Laplace vers 1800, ou même à Kant vers 1750, la Terre, comme les autres planètes, serait née dans l'*accrétion* progressive en "planétésimaux" (embryons de planètes) des poussières et des gaz de la nébuleuse primitive entourant le Soleil. Ce processus a été modélisé quantitativement à Moscou, après la Seconde Guerre mondiale, par Otto Schmidt et ses élèves, notamment Viktor Safronov, et les astrophysiciens contemporains en voient des exemples à l'œuvre dans le disque de matière entourant certaines étoiles en formation. Plus récemment, l'intérêt pour les exoplanètes, qu'on détecte aujourd'hui par centaines autour de nombreuses étoiles proches, a conduit à étudier les phénomènes de migration orbitale accompagnant ces phénomènes de *planétogenèse*.

Une autre sorte de migration, celle des éléments lourds vers le cœur des planètes primitives par suite de leur fonte, aurait accompagné ou suivi la phase d'accrétion. Pour les corps restés petits, comme les astéroïdes, l'accrétion aurait été insuffisante pour les faire fondre : faute d'une attraction gravitationnelle assez forte, les corps impactants seraient venus s'agglomérer sans dissiper beaucoup d'énergie cinétique et ce serait seulement l'effet de la radioactivité des roches accrétées qui serait responsable de l'élévation progressive de leur température, la fusion intervenant tardivement. Pour un corps comme la Terre, en revanche, devenu suffisamment massif au cours de sa formation, on calcule que l'énergie cinétique des planétésimaux l'impactant aurait été suffisante pour provoquer sa fonte plus ou moins complète. La "différenciation" de la Terre, c'est-à-dire la décantation de son noyau métallique sombrant à l'intérieur, aurait par conséquent été précoce, concurrente ou succédant rapidement à la phase initiale de planétogenèse. On estime que l'ensemble du processus n'aurait pas duré plus que quelques dizaines de millions d'années.

Le schéma de la "différenciation" de la Terre primitive, s'il est probablement grossièrement correct, reste quelque peu obscur car personne n'a jamais vu se produire ou réussi à reproduire, fût-ce par un modèle théorique, un processus d'une telle ampleur. Les météorites, au demeurant, se divisant en "pierreuses" et "métalliques", paraissent clairement provenir respectivement du manteau et du noyau de corps "parents", astéroïdes déjà différenciés avant de voler en éclats lors de collisions ultérieures. On trouve même des météorites mixtes – les "pallasites" –, moitié métal, moitié pierre, l'interface entre les deux donnant une idée du caractère de la transition manteau-noyau, qui dans le cas de la Terre, on l'a vu, se situe à quelque 3 000 kilomètres de profondeur sous nos pieds…

Par rapport à toutes les planètes rocheuses du Système solaire, une des particularités de la Terre est l'existence de la Lune, avec laquelle elle forme une sorte de planète double. On sait aujourd'hui que le fort couplage gravitationnel entre la Terre et la Lune – et notamment l'attirance de cette dernière sur le renflement équatorial terrestre – a joué un rôle stabilisateur sans lequel l'histoire de la Terre, et notamment son histoire climatique (les cycles de Milanković, *cf.* p. 162), aurait été beaucoup plus chahutée, à l'instar de ce qui s'est apparemment passé pour la planète Mars, dépourvue de gros satellite. Il n'est pas exclu non plus que la formation de la Lune ait joué un rôle-clé dans l'histoire originelle du globe terrestre. On n'a cependant aucune certitude concernant cet événement.

Les nombreuses variantes des différentes théories sur l'origine de la Lune peuvent être classées en deux familles : celles d'une origine commune avec la Terre (au stade primitif de l'accrétion ou par fission ultérieure d'une planète mère initialement unique) et celles qui font intervenir un astre étranger à la Terre primitive (par capture ou collision ultérieures). D'un autre côté, pour permettre d'évaluer la crédibilité de ces scénarios, on dispose de deux catégories d'arguments. Les uns relèvent de ce qu'on peut reconstituer du passé de l'orbite lunaire à partir d'observations et de calculs de mécanique céleste qui montrent que la Lune, jadis, était plus proche de la Terre et que celle-ci tournait plus vite sur elle-même*. Les autres arguments sont fondés sur des données géochimiques : les mesures de composition des roches lunaires ont montré essentiellement leur similitude avec les péridotites du manteau terrestre (le géologue d'*Apollo 17* Harrison Schmitt a même ramené un morceau d'olivine presque pure), manteau dont la densité est tout à fait similaire à celle de la Lune.

Après avoir été proposée par Laplace, la théorie de la “scission” (ou fission) d'une partie des couches externes

* Sous l'effet de la dissipation d'énergie par des marées pétrissant les deux astres, la Lune continue d'ailleurs à s'éloigner et la durée du jour terrestre à s'allonger imperceptiblement, ainsi que l'avait le premier remarqué Edmond Halley en étudiant le calendrier d'anciennes éclipses, et ainsi que l'a montré récemment l'étude du rythme de croissance de fossiles marins, comme les coquilles de nautiles, qui nous renseigne sur celui des marées océaniques dans le passé lointain.

fondues de la Terre primitive sous l'effet de la force centrifuge avait été reprise et défendue à la fin du XIXe siècle par George Darwin (le fils de Charles)*. Ses critiques ont vite fait valoir qu'un tel processus impliquait que le moment cinétique initial du système ait été nettement plus élevé qu'aujourd'hui (la Terre aurait dû initialement tourner très rapidement sur elle-même, avec un jour durant à peine deux heures et demie, calcula Harold Jeffreys). La théorie de Darwin fut donc abandonnée en faveur de la théorie d'une collision avec la Terre d'une planète de la taille de Mars… scénario faisant maintenant partie des idées reçues, mais qui a surtout l'avantage d'être très souple, permettant d'arranger les conditions initiales (orbite et composition du mystérieux chauffard) comme de besoin, afin de parvenir au résultat recherché, quel qu'il soit.

Cependant, de préférence à toutes les autres théories avancées pour expliquer l'origine de la Lune (commune avant différenciation, capture ou collision, dont aucune n'est très cohérente avec les données géochimiques), je trouve beaucoup de mérite au scénario de la fission. Ne peut-on en effet imaginer que ce soit la différenciation de la Terre elle-même qui ait provoqué cette fission ? La formation de son noyau lourd lors de la fusion globale primitive, qu'il se soit agi d'un phénomène lent ou violent, a nécessairement entraîné une accélération de la rotation terrestre (comme lorsqu'un patineur concentre sa masse plus près de son axe de rotation en ramenant ses bras contre son corps). Cette accélération de sa rotation lors de la différenciation de la Terre n'aurait-elle pas été à même de provoquer l'éjection d'une partie du manteau alors en fusion pour former la Lune ?

À ma connaissance, depuis que Harold Jeffreys l'a démolie, personne n'a jamais repris l'hypothèse de George Darwin en tenant ainsi compte de l'effet de la différenciation de

* Qui n'est pas l'auteur de la théorie de la collision, contrairement à ce que j'ai écrit par erreur dans *Le Ciel dans la tête*.

la Terre et de l'accélération correspondante de sa rotation. Qualitativement, en imagination, j'adore cette idée du globe terrestre primitif, au fur et à mesure qu'il se différencie, accélérant sa rotation sans raison apparente (puisque c'est un processus interne, caché, de migration des éléments lourds vers le centre qui en est la cause) et finissant par éjecter ainsi spontanément une partie de ses couches externes. Les éjectas orbitant autour de la Terre se seraient ensuite éloignés tout en se solidifiant pour se recomposer en un corps sphérique, tandis que se ralentissait la révolution du système Terre-Lune nouveau-né – comme le patineur étendant ses bras –, ainsi que la rotation de ses composants sur eux-mêmes, jusqu'à la situation actuelle.

Malheureusement, au cours d'un déjeuner avec le grand mécanicien céleste Jacques Laskar, celui-ci a douché mon enthousiasme pour ce modèle en me faisant remarquer, après un petit calcul sur un coin de nappe, que l'accélération produite par la formation du noyau n'aurait pas été très considérable. Et puis le plan de l'orbite lunaire ne coïncide pas avec celui de l'équateur terrestre… Bon. Mais toutes les autres théories ont aussi leurs problèmes, non ? Quoi qu'il en soit, l'origine de la Lune reste une question ouverte, et qui a des chances de le rester encore longtemps…

Qu'est-ce qui rend la Terre si particulière ?

L'histoire de la Terre paraît en tout état de cause avoir été bien différente de celle des autres grands corps rocheux du Système solaire : Mars, Vénus, Mercure, ou les satellites des planètes gazeuses géantes. Si l'on a décelé au sein de certains de ces astres l'existence d'un noyau lourd, voire d'un champ magnétique, indiquant qu'ils ont également subi fonte et différenciation, si l'on a observé sur leur surface quantité de cratères d'impact de toute taille et de nombreux exemples de volcanisme, en revanche on n'a pas vu trace de tectonique des plaques ailleurs (et corrélativement les roches sont, pour la plupart, bien plus jeunes à la surface de la Terre).

Outre cette tectonique bien à elle et l'existence de la Lune, ce qui caractérise la Terre par rapport aux autres planètes du Système solaire, c'est d'une part ses océans, tant par la présence d'eau liquide que par la distribution des altitudes de la croûte – présentant deux plateaux clairement distincts, correspondant respectivement à l'altitude moyenne des continents et à la profondeur moyenne des mers, différant d'environ 5 kilomètres, alors que sur les autres planètes rocheuses on observe une distribution des altitudes ne présentant qu'un seul niveau moyen quelles que soient les régions considérées. Et puis, naturellement, il y a la prolifération de la vie à la surface terrestre, prolifération clairement absente ailleurs dans le Système solaire, on en est aujourd'hui pratiquement certain (même si cela reste à vérifier sur certains satellites de planètes géantes).

Il est tentant de spéculer sur les liens entre tant de caractéristiques si spéciales, si particulières à la Terre. Peut-être en imaginant de leur attribuer quelque cause commune : quels sont les facteurs qui pourraient relier la tectonique des plaques, l'eau et la vie ?

Ce qui est spécifique de la tectonique terrestre, c'est en fait la croûte océanique en expansion, en subduction. Mais pourquoi y a-t-il coïncidence entre cette croûte océanique et l'eau qui la recouvre ? S'il y avait eu beaucoup moins (ou beaucoup plus) d'eau sur la Terre, est-ce que la configuration de la croûte terrestre aurait été identique ? La tectonique des plaques a répondu, nous l'avons vu, à beaucoup d'autres questions, mais pas à celle-là, puisque la présence de l'eau des océans n'intervient guère dans ses mécanismes. Et pourtant n'y aurait-il pas là quelque explication à rechercher au fait que seule la Terre, apparemment, fabrique activement de la croûte océanique, ce qui est après tout logique puisque seule la Terre a des océans ?... (Encore que les "mers" de la Lune ou d'autres corps satellitaires comme le satellite de Jupiter Ganymède, sortes de lacs de basalte gelés créés par les impacts astéroïdaux ou cométaires, puissent être apparentés à de la croûte océanique inerte*).

Mais comment l'eau pourrait-elle être impliquée dans la tectonique des plaques ? Est-ce le refroidissement et l'altération du basalte par l'eau de mer qui amorcent la subduction ? Ou bien alors la vie océanique interviendrait-elle ?

Nous avons mentionné (p. 171) la façon dont l'apparition de la vie végétale dans les océans a contribué, au Précambrien, à extraire le gaz carbonique de l'atmosphère par la photosynthèse, libérant l'oxygène. La vie animale océanique a pris le relais, continuant à extraire le carbone de l'atmosphère primitive en l'associant au calcium pour fabriquer coquilles et carapaces calcaires des planctons, mollusques et coraux.

La vie océanique aurait ainsi en quelque sorte vidé l'atmosphère primitive de son gaz carbonique, transférant une quantité considérable de carbone à la matière organique. Don Anderson a suggéré que c'est le poids massif des sédiments de carbonates de calcium, ces "montagnes de squelettes" accumulés au fond de l'eau par les organismes marins en bordure de plaques, quelquefois sur des kilomètres d'épaisseur (on le voit à certains fossés continentaux calcaires autrefois immergés), qui pourrait être à l'origine des subductions. Ce serait ainsi la vie dans les océans qui aurait animé la tectonique des plaques… Hypothèse fascinante !

Quoi qu'il en soit, l'origine de l'eau terrestre, comme d'ailleurs celle de la vie, est une affaire elle-même encore

* La plupart des épanchements volcaniques qui formèrent les "mers" lunaires (ainsi appelées – *maria* en latin – par les premiers observateurs télescopiques au milieu du XVIIe siècle) eurent lieu le long de fissures des bassins d'impact. La lave basaltique s'écoula en plusieurs périodes distinctes durant des millénaires, bien après que ces bassins d'impact eurent été initialement formés.

bien énigmatique. Nous avons évoqué la théorie récente attribuant la source originelle de l'eau à la "pluie" de comètes arrosant la Terre primitive*. Une expérience encore plus récente montre que le choc violent reçu par les composants d'une comète impactant la Terre aurait pu, comme les éclairs orageux, produire des acides aminés précurseurs de la "soupe primitive" où la vie aurait pris naissance.

La profonde unité (ou *coévolution*) de la Terre et de la vie est en tout cas quelque chose qu'avait déjà particulièrement souligné un grand géologue comme Jean Goguel (auteur de *L'Homme et l'Univers*). En introduction au volume de l'"Encyclopédie de la Pléiade" consacré à la Terre (1959), il écrivait ceci : "Dans l'ignorance absolue où nous sommes de l'origine de la vie, rien ne nous interdit d'imaginer une planète, identique pour tout le reste à la Terre, mais où cette mystérieuse floraison ne se serait pas produite, ou pas encore produite. Il est nécessaire de souligner immédiatement combien une telle planète différerait de la Terre, même sous ses aspects minéraux. La vie que porte la Terre a très profondément réagi sur sa structure physique."

Ce genre de constatations marquait la naissance, après la géo*physique*, de ce qu'on a appelé la géo*biologie*, caractéristique du "regard scientifique nouveau que l'on porte aujourd'hui sur notre planète et son évolution**" et qui, selon Paul Tapponnier dans *La Plus Belle Histoire de la Terre* (bibl.), "sera le grand sujet de recherche du XXIe siècle" dans le domaine des sciences de la Terre.

L'évolution de la Terre a certes été marquée par la différenciation de son noyau, la formation de la Lune, les

* Encore plus récemment, alors que ce livre était sous presse, la sonde européenne Rosetta a mis cette théorie à mal.

** *Cf.* l'article de Robert Bourrouilh, in *L'Environnement de la Terre primitive* (sous la direction de Muriel Gargaud *et al.*), Presses universitaires de Bordeaux, 2005, chapitre XIII : "Évolutions parallèles de la Terre et de la vie".

impacts cométaires ou astéroïdaux, le chauffage du manteau par la désintégration des éléments radioactifs primordiaux, l'ouverture et la fermeture des bassins océaniques, la ronde des continents, les oscillations climatiques sous l'effet des variations de l'activité solaire, des paramètres orbitaux, les oscillations du champ magnétique terrestre, etc.

Mais le développement prodigieux de la vie était aussi, dès le Précambrien, devenu un acteur de toute première grandeur à sa surface, provoquant notamment des changements majeurs dans la composition de son atmosphère et de ses couches superficielles, rôle que l'essor très récent de l'humanité est peut-être tout bonnement en train de prolonger.

ÉPILOGUE

L'Anthropocène ne fait que commencer

Tous les êtres circulent les uns dans les autres [...] *tout est en un flux perpétuel. Tout animal est plus ou moins homme ; tout minéral est plus ou moins plante ; toute plante est plus ou moins animal.* [...] *Il n'y a qu'un seul grand individu, c'est le tout.* [...] *Naître, vivre et passer, c'est changer de forme.*

DENIS DIDEROT, *Le Rêve de d'Alembert*

À la lumière de la *géobiologie* naissante, de cette très ancienne *coévolution* de la vie et de la Terre dont les géoscientifiques ont récemment pris conscience, les dérèglements que nous attribuons à l'industrie humaine prennent un autre aspect. Il devient en effet plus difficile, sous cet éclairage, de distinguer l'homme de la nature, ou à tout le moins de les opposer. Si l'humanité doit s'avérer une catastrophe (ce dont personnellement je doute), ce sera une catastrophe *naturelle*. Et ce n'est pas la planète qui serait menacée, loin s'en faut, c'est juste nous et nos compagnons de route sur cette Terre ! Le discours des défenseurs de la nature qui prétendent "sauver la Terre" peut paraître du même coup aussi vain qu'était vaniteux celui de Descartes sur "l'homme maître et possesseur de la nature"*. Avouons-nous donc plutôt défenseurs

* Et peut-être est-il utile de rappeler ici que, pour certains auteurs contemporains, les formes dominantes de vie sur la Terre ont de toute façon toujours été les bactéries, le plancton, les vers de terre ou les insectes. La

de l'espèce *Homo sapiens* et de celles qui lui sont utiles ou agréables. Ces espèces sont mortelles ; la Terre, elle, en a vu d'autres.

L'homme dans la nature n'est plus seulement pour nous aujourd'hui ce qu'il était pour Pascal, "un néant à l'égard de l'infini, un tout à l'égard du néant, également incapable de voir le néant d'où il est tiré et l'infini où il est englouti". L'homme contemporain peut aussi se considérer dorénavant – sauf à s'aveugler parmi les créationnistes – comme *moment* d'une évolution cosmique dont la science moderne a su reconstituer le passé, voire certains mécanismes, mais dont elle est bien incapable de dire où elle le mène ; et aussi comme partie d'un écosystème en équilibre, équilibre dont il dépend et – voici ce que nous n'avons compris qu'avec une angoisse peut-être exagérée – qui dépend de lui. Loin de l'ancienne foi dans la sollicitude d'un Créateur pour ses créatures "faites à son image", loin de la confiance dans une merveilleuse "Providence" qui aurait veillé à notre bien-être sur Terre, la symbiose évolutive entre l'humanité et son environnement, révélée par nos savoirs modernes, s'avère en effet une inquiétante aventure, capable de les transformer rapidement l'une et l'autre pour le meilleur ou pour le pire.

Toutefois, par rapport aux vastes horizons interdisciplinaires (dirions-nous aujourd'hui) sur lesquels les Halley, Buffon, Lamarck, Vernadsky, n'hésitaient pas à porter leurs regards, la vision bien plus précise mais en quelque sorte myope de nos savants contemporains paraît bien étroitement cloisonnée dans les prés carrés de leurs spécialités, quand cela ne les incite pas à des rivalités comiques comme celle dont j'ai été témoin à l'époque entre les mandarins français de la géophysique externe et

tendance à concevoir l'évolution comme dirigée vers (et couronnée par) l'avènement d'*Homo sapiens* serait donc une ridicule illusion anthropocentrique. *Cf.* par exemple *L'Éventail du vivant* de Stephen Jay Gould.

Wladimir Vernadsky, après avoir étudié à Paris chez Pierre Curie, fut avec Victor Goldschmidt un des premiers géochimistes. De retour en Russie, il milita au parti constitutionnel antibolchevique et fut emprisonné sous la révolution d'Octobre. Exilé en France après que Lénine l'eut fait libérer, il subit l'influence de Pierre Teilhard de Chardin et d'Édouard Le Roy, et peut être considéré comme l'un des pères fondateurs de l'écologie ; il reste en tout cas comme l'auteur de l'idée de l'homme comme force géologique planétaire.

interne*... L'éparpillement des disciplines des géosciences, la spécialisation de plus en plus grande des recherches, comme le caractère conflictuel de leurs enjeux écono-

* Prés carrés et rivalités recuites expliquant en partie les polémiques consécutives aux provocations d'un Claude Allègre sur "l'imposture climatique", qui firent tant de bruit et couler tant d'encre il y a quelques années.

miques et géostratégiques, ne facilitent pas l'appréhension du caractère inéluctable et en quelque sorte cosmique de cette aventure humaine, reportant la responsabilité d'un prétendu dérèglement de la planète sur quelque vice de notre société moderne (industrielle, libérale...), et ne sont pas pour rien dans le fait que, par ailleurs, l'"écologie" désigne maintenant un parti (pris) politique, voire idéologique, plutôt qu'une science bêtement attachée aux faits.

Nous avons cependant vu en filigrane dans ce livre – de Paracelse, Léonard de Vinci ou Athanase Kircher jusqu'à Reclus ou Goguel – se profiler une ancienne tradition de tentatives pour voir globalement, pour penser la Terre et la vie comme un tout, un "système". Et cette tradition se poursuit à l'heure actuelle.

La Terre comme être vivant et l'homme comme espèce suicidaire ?

Vers 1960, alors que j'étais jeune étudiant à l'université du Michigan, j'avais eu un jour, en marchant dans une rue d'Ann Arbor, une conversation avec mon colocataire et ami (puis beau-frère) genevois Bernard Levrat, alors chercheur en physique nucléaire, au cours de laquelle nous avions exploré cette idée que la Terre et tout ce qu'elle a engendré et transporte, y compris l'humanité, pouvait être considéré comme une sorte d'être vivant cosmique (et qu'accessoirement il en existerait sans doute beaucoup d'autres dans l'Univers). Nous avions même affublé cet être terrestre global, Dieu sait pourquoi, du nom de "Ratabois" !

Une telle idée devait être dans l'air à l'époque car, moins de dix ans plus tard, James Lovelock et Lynn Margulis formaliseraient ce qu'on a appelé "l'hypothèse Gaïa", selon laquelle la Terre peut être comprise comme "un système physiologique dynamique qui inclut la biosphère et maintient notre planète depuis plus de trois milliards d'années, en harmonie avec la vie*" qu'elle abrite. Le nom de Gaïa – celui de la déesse Terre dans l'antique mythologie grecque –, bien plus approprié que Ratabois, avait été

* Wikipedia.

suggéré à James Lovelock par un voisin à lui au cours d'une conversation sur ce thème en se promenant dans le petit village anglais où ils habitaient (ce voisin n'était autre que le romancier William Golding, l'auteur du *Sa Majesté des Mouches*, prix Nobel de littérature).

Lovelock a récemment publié un best-seller qui dépeint la crise environnementale comme "la revanche de Gaïa". Mais un critique de l'hypothèse Gaïa*, après avoir remarqué que chacune ou presque des disciplines scientifiques se double d'une pseudoscience ayant autrefois cohabité avec elle en bonne intelligence (astronomie-astrologie, mathématique-numérologie, chimie-alchimie, etc.), est d'avis que c'est une nouvelle pseudoscience aujourd'hui partenaire des jeunes sciences de la Terre qui nourrit ce genre de "métaphores anthropomorphiques assistées par ordinateur", faisant de la planète un "sujet vivant" capable d'"avoir la fièvre", de "souffrir" et de se "venger".

Pour ma part, sans aller jusque-là, je n'ai jamais été emballé par l'hypothèse Gaïa, encore que, bien sûr, on puisse trouver séduisant le principe, fût-il métaphorique, d'une synthèse des sciences de la Terre et de la vie. Peut-être parce que c'est une idée que j'avais moi-même entretenue auparavant mais à laquelle je ne m'étais pas particulièrement attaché – selon une réaction bien connue que j'ai souvent rencontrée lorsque j'avançais quelque proposition à un collègue : "D'abord c'est idiot, ensuite j'y avais déjà pensé."

À la même époque que Ratabois à Ann Arbor, Michigan, mon autre colocataire et ami Joe Dassin, futur grand chanteur populaire français, alors étudiant en ethnologie et qui était par ailleurs un fameux conteur, avait à son répertoire de blagues une histoire sur les lemmings. Les lemmings (les "lapins de Norvège", comme on les appelait) sont de petits mammifères des régions nordiques,

* Benoît Rittaud, *Le Mythe climatique* (bibl.)

dont l'une des caractéristiques est de se reproduire de façon prolifique, mais dont la population envahissante s'effondre périodiquement jusqu'à une quasi-extinction. La légende voulait que cela soit dû à un suicide collectif massif et la blague de Joe racontait qu'un professeur de zoologie, ayant remarqué l'intelligence de ces petites bêtes, avait entrepris avec succès d'apprendre à parler à l'une d'entre elles. Lorsque la conversation fut devenue possible, il lui posa un jour la question qui l'intriguait : "Comment se fait-il qu'une espèce aussi intelligente que la vôtre puisse se livrer à des suicides collectifs ? – Eh bien figurez-vous, répondit le lemming, j'allais justement vous demander pourquoi vous, les humains, ne le faites pas"...

Je croyais à l'époque que cette histoire était juste destinée à faire rire, pas à faire réfléchir ; mais je me suis aperçu, depuis, qu'elle avait peut-être un sens profond. Du point de vue de certains historiens des plus sérieux qui ont cherché à expliquer la chute d'empires ou de civilisations du passé, les hommes feraient bel et bien comme les lemmings de la légende : les sociétés humaines seraient portées à s'autodétruire périodiquement. Pour Arnold Toynbee par exemple, dans *A Study of History*, les civilisations "meurent de suicide, pas d'assassinat" ; pour Jared Diamond, dans *Effondrement : Comment les sociétés décident de leur disparition ou de leur survie*, "génocides et écocides font partie de notre héritage et, peut-être, de notre destin".

Personnellement, je ne suis pas plus convaincu du caractère suicidaire de l'humanité que de la vengeance de Gaïa. Je me satisfais de la vision de certains biologistes comme le paléontologue californien James Valentine pour qui, en dernière analyse, "l'évolution de la vie a été pilotée par les changements physiques dans l'environnement terrestre, auxquels les formes vivantes se sont adaptées pour survivre". Cela a certainement été le cas pour l'humanité, confrontée par exemple aux changements climatiques qu'elle a déjà traversés à plusieurs reprises – les grandes glaciations comme les réchauffements interglaciaires. Et, plus généralement et plus anciennement, pour la vie sur Terre, avec notamment l'invention de la respiration qui, après tout, a été une adaptation extraordinairement réussie de la vie à une pollution massive de l'atmosphère par l'oxygène que dégageait, depuis le Précambrien, la photosynthèse des végétaux primitifs.

Mais ce qui éclaire d'un jour nouveau notre rapport à l'environnement terrestre est sans doute ceci : avant même d'être confrontée au genre de catastrophes planétaires qui ont ponctué les étapes de l'évolution, provoquant les grandes extinctions d'espèces du passé (et qui provoqueront peut-être un jour l'extinction de la nôtre, laissant place à la prolifération d'on ne sait quelle nouvelle sorte d'"espèce dominante"), l'humanité, comme la vie, a sans doute dû, et devra sans aucun doute à l'avenir, s'adapter aux transformations qu'elle provoque elle-même – depuis les effets de l'invention de l'agriculture, de l'élevage, de la ville, de l'industrie (la déforestation, la dégradation des terres et la pollution des eaux et de l'air) jusqu'aux conséquences de sa croissance démographique et économique récente (réchauffement climatique, épuisement des réserves en eau douce, énergies fossiles et matières premières) et aux menaces qu'elle fait peser sur la biodiversité.

Il est de plus en plus admis que la brutale croissance démographique de l'humanité que nous sommes en train de vivre aurait pris le caractère d'un phénomène géodynamique nouveau, en passe de profondément modifier l'environnement terrestre. Pour le planétologue Claude Lorius, par exemple, "la prolifération d'une espèce endémique et invasive a transformé l'atmosphère, ravagé l'hydrosphère, décimé la biosphère, et modifié la lithosphère : nous*". "Ce que nous vivons n'est pas une crise

* *Voyage dans l'Anthropocène* (bibl.).

environnementale, c'est une mutation géologique", renchérit l'historien Christophe Bonneuil*.

Cela marquerait en quelque sorte le début d'un nouvel âge, que le climatologue Paul Crutzen a proposé d'appeler l'"Anthropocène". Âge se comptant à peine en centaines d'années, ce qui, malgré le fait que ce serait bien dans la tradition du raccourcissement de l'échelle des temps géologiques au fur et à mesure qu'on se rapproche du nôtre, et en dépit du fait que nos constructions et nos déchets constituent bel et bien une nouvelle sorte de couche sédimentaire, ne lui a pas encore valu d'être entériné par la Commission internationale de stratigraphie. Espérons pour la gloire future de M. Crutzen que la Commission pérennisera l'Anthropocène, et félicitons-le par avance en rappelant la déclaration autocélébratrice de Roderick Murchison : "La permanence du nom qu'il affecte à une strate est la plus haute distinction à laquelle peut aspirer un géo[scientifique]."

Notre "transition" démographique et économique nous fait basculer dans un avenir bien différent de notre passé

L'essor démographique de l'humanité est un phénomène bien plus récent et bien plus spectaculaire qu'on ne l'imagine intuitivement. Les données dont nous disposons aujourd'hui mettent clairement en évidence le caractère "explosif" des conséquences des révolutions agricoles, urbaines, énergétiques, hygiénistes et sociales qui se sont accélérées au XIXe et au XXe siècles : l'humanité, dont l'âge est de l'ordre du million d'années, est en effet en train de passer, en chiffres ronds, de 1 à 10 milliards de membres entre les années 1800 et 2050, *décuplant* donc en seulement un quart de millénaire, c'est-à-dire *sur une durée d'à peine quelques dix millièmes de son existence* !

Il est prévisible que cette extraordinaire explosion démographique, déjà en train de se ralentir, ne se poursuivra pas. Certes, malgré un bon accord sur l'évolution qualitative prévue de la population mondiale, on note un

* "Remettre l'histoire au cœur de la crise environnementale", art. cité.

assez large éventail entre les diverses projections quantitatives selon les pays ou les zones géographiques. Le pic global pourrait arriver plus tard que la fin du siècle (et dépasser 10 milliards d'habitants) selon certains modèles, ou avant le milieu du siècle (et être moins élevé) pour d'autres. La population va en tout cas décroître au Brésil et au Japon, en Chine, Inde, Russie et Allemagne, et continuer à croître très fortement en Afrique subsaharienne* et légèrement, pendant un certain temps, aux États-Unis, en France, en Grande-Bretagne et en Scandinavie.

Comme toutes les "transitions démographiques" qu'ont connues, les uns après les autres, les peuples se modernisant (baisse de la mortalité et de la fécondité, pic temporaire de la croissance de la population) et dont elle représente la somme – l'"enveloppe", comme on dit en termes mathématiques –, la transition démographique globale débouchera inéluctablement sur un nouvel équilibre, stabilité voire lente décroissance de la population, suivant qu'en moyenne chaque mère fera 2,1 enfants devenant adultes ou moins. (Le "taux de remplacement" a beaucoup diminué globalement : en moyenne il était naguère de 2,9, il n'est plus à l'heure actuelle que de 2,27 et devrait continuer à baisser encore au cours du XXIe siècle. Ce taux de remplacement varie à l'heure actuelle selon les pays, principalement à cause des variations de la mortalité infantile résiduelle, laquelle ne dépend pas seulement des conditions économiques et sanitaires, mais aussi de facteurs socioculturels : en Inde, par exemple, la mortalité infantile est beaucoup plus élevée pour les filles de mères adolescentes que pour les garçons de mères adultes.)

Si l'on voit bien à quoi est due la baisse de la mortalité, en revanche le processus par lequel les hommes et les

* Avec la conséquence intéressante soulignée par Jacques Attali : l'importance croissante que va prendre la francophonie.

femmes – mais ce sont elles surtout qui décident, quand elles le peuvent – choisissent le nombre d'enfants qu'ils veulent avoir est à coup sûr mystérieux, complexe en tout cas. Quoi qu'il en soit, on peut penser aujourd'hui que nous ne sommes plus menacés de surpopulation comme on le craignait naguère, et que par bonheur il sera tout à fait inutile d'en passer par des restrictions réglementaires comme celle qu'avait de fait instaurée la Chine communiste au siècle dernier en imposant un seul enfant par couple ou, pire, par le genre de modalités qu'envisageait un spécialiste de la génétique des populations (Theodosius Dobzhansky) qui n'hésitait pas, il y a seulement une génération, à prôner une forme ou une autre de stérilisation, d'eugénisme (comme la stérilisation que le gouvernement indien a imposée à des centaines de milliers de femmes dans les années 1970). Il existe heureusement d'autres méthodes, d'autres politiques dans les nations modernes pour agir sur la natalité, ainsi que le montrent les exemples de l'Allemagne, l'Italie et l'Espagne (dont la population décroît) et de la France ou de la Scandinavie (où elle croît légèrement) – ce qui au demeurant laisse voir qu'ensemble, ces nations, comme la plupart de celles qui composent l'Union européenne, ont achevé, en même temps que leur urbanisation, leur transition démographique ; et leur croissance économique…

Vers la fin de la croissance économique ?

Depuis Thomas Malthus au début du XIXe siècle, les alertes et exhortations de toute sorte au sujet des dangers de notre croissance démographique explosive n'avaient certes pas manqué. Le rapport du Club de Rome (intitulé *Limits to Growth*) ou "rapport Meadows", rédigé par une équipe de chercheurs du MIT au début des années 1970, a peut-être été le plus sérieux, le plus complet et le plus influent de ces avertissements. Ce rapport innovait en ce qu'il allait bien au-delà des considérations démographiques et prenait en compte l'ensemble des facteurs de l'évolution de l'humanité, notamment la consommation des ressources naturelles et les problèmes environnementaux.

Les conclusions du modèle prospectif global qu'il étudiait – modèle rudimentaire mais, prenant en compte certaines boucles de rétroactions, nettement plus sophistiqué qu'une simple extrapolation des tendances – donnaient moins d'un siècle au système économique mondial, confronté à ses limites, pour s'effondrer ; sauf à remettre en cause la croissance économique…

Un colloque tenu en 2012 a abouti à un second rapport du Club de Rome, bien moins connu que le premier, mais qui vérifie, dans l'évolution constatée en quarante ans (la croissance économique n'ayant nulle part été limitée, du moins volontairement), que "tout se déroule comme prévu pour que survienne le désastre"… On aura été prévenus !

Cela dit, la débâcle financière qui a éclaté au début du XXIe siècle (et pourrait bien en annoncer d'autres), que n'avait prévue pratiquement aucun de nos brillants économistes, les politiques d'austérité visant à réduire les déficits et les endettements, et plus généralement le ralentissement économique – lequel, masqué globalement par la mondialisation et l'essor des pays émergents, dure en fait chez nous depuis pas mal de temps maintenant – peuvent être considérés, au choix, comme les prémices de cet effondrement imminent ou comme une façon de le conjurer. Peut-être, au fond, l'Union européenne, qui s'en lamente et dont on critique à plaisir la stagnation dont ses tares originelles seraient responsables, a-t-elle en réalité, dans sa grande sagesse, une longueur d'avance (démographique *et* économique) sur le reste du monde toujours en train de s'efforcer de croître à un rythme plus ou moins effréné ?

Reste à savoir "à quelles conditions il est possible d'« arrêter la croissance » tout en maintenant une consommation par tête et une espérance de vie considérées comme « satisfaisantes »*". C'est, semble-t-il, exactement la problématique à laquelle sont confrontés, qu'ils le veuillent ou non,

* *Cf.* les excellentes analyses de Jean-Marc Jancovici, www.manicore.com.

les gouvernants européens en ce début de siècle – l'arrêt de la croissance n'ayant pas précisément figuré dans leurs plans. ("Comment faire sans croissance ?" titrait le quotidien *Libération* en août 2013, question dont le commentaire du sociologue Alain Caillé estime qu'il s'agit de "la question centrale des prochaines décennies" et qu'elle ne concerne pas seulement notre pays mais "l'ensemble de la planète".)

Cette saine problématique devra en effet se généraliser à l'avenir aux pays comme les États-Unis, qui tentent avec apparemment plus de succès de sortir de la stagnation, laquelle, avec des hauts et des bas, s'est plus ou moins installée dans les pays développés dès la fin des trente glorieuses (cela fait chez nous bientôt un demi-siècle que les gens de mon âge entendent parler de "la crise" et que les jeunes en souffrent, principalement par la difficulté croissante, que ma génération n'avait guère connue, à trouver du travail).

Sans parler de l'évolution des pays émergents qui, sortis de la pauvreté dans laquelle les avait laissés l'ère coloniale*, sont en train de devenir les principales économies mondiales mais feront tôt ou tard face, eux aussi, aux limites de leur croissance. (Et à ce sujet, on notera avec quelle rapidité notre vocabulaire devient caduc par rapport à ces évolutions rapides : on est passé de "nations industrialisées et tiers-monde" à "pays développés, sous-développés puis en voie de développement", enfin à "Nord, Sud et pays émergents",

* Le taux de pauvreté dans le monde, mesuré avec un critère qui vaut ce qu'il vaut (mais actualisé), est passé de 52 % en 1980 à 43 % en 1990, 34 % en 1999 et 21 % en 2010 (d'après la Banque mondiale). Selon les mêmes critères, le taux de pauvreté aux États-Unis, qui ne représentent que quelque 5 % de la population mondiale, est passé de 19 à 15 % pendant les cinquante ans depuis que Lyndon Johnson a "déclaré la guerre" à la pauvreté. Ce progrès incontestable, qui s'est au demeurant accompagné d'une forte croissance des inégalités, a un prix : les dégâts écologiques entraînés par la croissance économique des pays en voie de développement.

expressions rendues successivement plus désuètes les unes que les autres en quelques décennies à peine...)

Évidemment, même si nous nous acheminons globalement vers une "transition économique" – une inéluctable fin de la croissance –, il est vraisemblable que le taux de celle-ci continuera néanmoins à fluctuer, comme par le passé, selon les cycles (Kondratieff, etc.) rythmant l'économie depuis des siècles ; cycles pilotés notamment par les innovations techniques et les facteurs monétaires, et selon les particularités des histoires régionales. Peut-être ces cycles s'amplifient-ils, peut-être s'atténueront-ils, mais je doute que nous soyons pour autant au bord du gouffre. Pour le prix Nobel d'économie Paul Krugman, le futur "état normal" de l'économie serait plutôt une "dépression bénigne", et les reprises ou les brefs épisodes de prospérité comme ceux que nous avons connus naguère ne seraient plus liés qu'à la formation de "bulles" ou de dettes insoutenables.

La fin des explorations et des conquêtes de nouveaux territoires, le rétrécissement des terres arables, l'épuisement des ressources minières, les risques de pénurie d'eau douce et d'inondation d'eau salée, la pollution et le changement climatique sont et seront certes de dures contraintes pour l'humanité, mais pourquoi en signaleraient-elles le stade ultime et désastreux ? Tels des héritiers trop longtemps insouciants, nous savons maintenant que nous devons réformer nos mœurs, cesser de dilapider notre capital et veiller à entretenir notre patrimoine. Si "la revanche de Gaïa" marque la fin de quelque chose, ce serait donc plutôt celle de l'humanité irresponsable d'hier, salissante et gaspilleuse. Inutile de culpabiliser là-dessus comme semblent nous y inviter tant de discours des "fanatiques de l'Apocalypse", s'effrayant d'avoir à *s'adapter* au futur environnement qui s'annonce et dont – c'est vrai, mais pourquoi serait-ce un drame ? – le développement explosif de l'humanité est en très grande partie responsable.

Nous sommes au milieu de la plus grande transformation qu'a jamais connue l'humanité

La population du globe se stabilisera nécessairement, et l'humanité, nécessairement, deviendra soigneuse à l'égard de son environnement, économe de ses ressources et apprendra à prospérer sans croissance. Elle en est capable ; elle est en voie de le faire. Et l'angoisse que certains ressentaient (et ressentent encore) vient de ce que nous sommes depuis un certain temps, et encore à l'heure actuelle, à un stade d'inflexion périlleux entre deux niveaux d'équilibre : *l'humanité ancienne (masculine ?), peu nombreuse* (avec un taux de mortalité infantile effrayant et une espérance de vie réduite), *rurale, religieuse, collectiviste* et *belliqueuse**, et *l'humanité future* (*féminine ?* "la femme est l'avenir de l'homme", c'est bien connu), *nombreuse* (avec 2,1 enfants par couple et une longue espérance de vie), *urbaine, majoritairement athée ou agnostique***, *individualiste* et (peut-être) *pacifiée.*

* On mesure mal aujourd'hui, où la guerre civilisée tend à devenir une activité d'employés de bureau informatisés ("zéro mort") et où les massacres sont (enfin) considérés comme des actes de barbarie, à quel point s'entretuer était par le passé l'emploi du temps le plus ordinaire des hommes. Les victimes de violences étaient proportionnellement bien plus nombreuses dans les sociétés tribales *(cf. J. Diamond, bibl.).* Depuis les Romains, le mois de mars porte le nom du dieu de la Guerre parce que tous les ans, au printemps, on s'y remettait… "Au cours du dernier millénaire les Européens se sont entretués sans un seul mois de trêve : guerre de Cent Ans, guerres civiles ou religieuses, guerres ethniques, guerres mondiales qui n'étaient en réalité que des guerres européennes déguisées", rappelle Javier Cercas dans *Le Monde* (21-22 juillet 2013). Mais les centaines de milliers de morts des guerres napoléoniennes, puis les dizaines de millions de morts des deux conflits mondiaux, et enfin les risques de milliards de victimes d'une guerre nucléaire ont (définitivement ?) dégoûté les peuples de ces sports sanglants.

** La proportion de non-croyants est la plus élevée en Suède. Elle a doublé en une génération, passant d'environ 20 % à plus de 40 %, en France, au Canada, aux États-Unis. (Lors du discours inaugural de Barack Obama à Washington en janvier 2008, une ovation salua le passage où il déclarait "nous sommes une nation de chrétiens, de juifs, de musulmans… *et d'athées*".) En même temps qu'une désaffection croissante pour les cultes, on observe

Ce basculement – de très fortes à très faibles mortalité et natalité, de pair avec la sortie de l'extrême pauvreté d'une partie de plus en plus considérable de la population du globe – représente peut-être le plus grand changement qu'a jamais connu l'humanité. On peut presque le décrire comme le passage d'une *régulation par la mort* à la *régulation des naissances**.

Il est fort compréhensible qu'à ce basculement, à cette transition fondamentale entre l'humanité d'hier et celle de demain, corresponde un renversement des valeurs humaines – celles qui étaient positives par le passé devenant négatives à l'avenir, ainsi que l'imaginait Jonas Salk**.

C'est ce que l'on voit dans la disparition des cultures traditionnelles, qui presque partout cessent d'être transmises aux jeunes ; c'est ce qu'on voit dans la dévalorisation des vertus antiques comme l'héroïsme, le sens du "devoir" et du "sacrifice", et dans l'effondrement des grands instruments du prêt-à-penser d'hier (Églises, partis politiques, syndicats).

C'est ce qu'écrit une jeune romancière indienne décrivant le profond fossé entre sa manière "libérée" de penser et de vivre, et la morale et les comportements traditionnels de ses parents villageois ; ou la revue *Jeune Afrique*, dans un

dans le monde, depuis quelques dizaines d'années, une radicalisation d'une frange des croyants (intégristes chrétiens, ultraorthodoxes juifs, fondamentalistes hindous, extrémistes musulmans), qui peut donner l'impression inverse. Les guerres contemporaines sont d'ailleurs toujours quelque part des guerres de religion. Signe de plus que les religions, sur leur déclin, sont aux abois.

* Et il n'est guère étonnant que l'Église catholique par exemple, dont la gestion de la mort (la vie éternelle…) était le fonds de commerce, se soit opposée à la contraception et à l'avortement au point d'en faire une "obsession", ainsi que l'a récemment regretté le pape François…

** Salk est le biologiste qui avait mis au point le vaccin contre la polio. "Il choisit de ne pas le faire breveter pour le laisser plus abordable aux millions de personnes en ayant besoin […] il aurait ainsi renoncé à un bénéfice d'environ 7 milliards de dollars" (Wikipédia).

éditorial récent sur la croissance record des villes du continent, notant que “la légendaire solidarité africaine s'estompe en milieu urbain et que désormais l'individualisme prime”.

C'est ce qu'on lit dans la dernière enquête décennale sur les “valeurs des Européens”, où l'on constate un fort développement de “la volonté de chacun de se construire comme une personne autonome sans être contraint par la pression normative du milieu social”.

Naturellement, il faut prendre du recul pour mesurer l'importance de ces évolutions sur la longue durée. Pourtant, il n'est pas difficile de remarquer à quel point les obligations sociales s'effacent, combien les contraintes institutionnelles (la famille, la religion, voire la loi) deviennent “flottantes et à la carte”, au profit d'un désir d'autonomie, de responsabilité individuelle, couplé à une bien plus grande tolérance à l'égard d'autrui et, oui, un bien plus grand respect à l'égard de l'environnement.

Ce n'est sans doute pas une chose aisée que ces changements pour de nombreux peuples qui n'en ressentent pas forcément la nécessité, pour tous ceux qui vivent écartelés entre les valeurs du passé, rendues caduques, et celles du futur, encore floues. Mais la survie de structures politiques, religieuses ou tribales archaïques au cœur d'une humanité toujours plus nombreuse ne doit cependant pas faire illusion ; si certaines pratiques qui oppriment, amputent, lapident ou égorgent sont heureusement considérées comme condamnables, d'autres paraissent simplement déplaisantes ou ridicules, et quelques-unes enfin peuvent être admirables et inspirantes au même titre que le sont les “arts premiers”. Mais ni la pensée ni les actes proprement “réactionnaires” de ceux qui tentent de manipuler les esprits crédules ou révoltés en les incitant, souvent par la violence, à s'opposer à une évolution inéluctable ne doivent laisser craindre que cette évolution soit destinée à s'inverser*.

* Les conservateurs religieux, sous couvert de revendications identitaires ou communautaristes, font en fait leur possible pour préserver les “valeurs”

Il y a plus de cent ans, Friedrich Nietzsche, dans des intuitions géniales, avait pressenti la logique historique d'un tel renversement des valeurs, qu'il avait du mal à exprimer et à faire comprendre au sein de l'Europe d'hier : "Ce que je raconte, écrivait-il en 1887, c'est l'histoire des deux prochains siècles. Je décris ce qui viendra, ce qui ne peut manquer de venir" : la *mort de Dieu* bien sûr, "et *la fin du progrès*, commente le philosophe Jean Vioulac qui le cite. Le XXe siècle a confirmé ces intuitions et montré que tout ce en quoi croyait le XIXe – l'État et la Nation, le capital et l'industrie, la science et la technique – était susceptible d'asservir, voire d'anéantir les hommes et de détruire le monde".

Les nouvelles générations ne s'y sont pas trompées, qui ont commencé, sinon à mettre les valeurs du passé au rebut, du moins à y faire le ménage. Et les générations à venir auront bel et bien à donner un contenu positif au nihilisme nietzschéen, à féconder d'une manière ou d'une autre l'absurdité, le tragique d'une existence sans espérance dans un devenir meilleur – espérance que leurs ancêtres avaient nourrie, pour eux-mêmes ou pour leurs enfants, par une foi non moins absurde dans un futur pour le moins incertain : la vie après la mort, la réussite matérielle, ou la révolution…

Pour le philosophe Harald Welzer, la prospérité économique et la répartition plus juste des richesses, depuis la

qui étaient imposées jadis dans les sociétés rurales. Le problème est que, si certaines de ces valeurs mériteraient peut-être d'être conservées, ce sont celles qui disparaissent le plus rapidement chez les jeunes urbains défavorisés, alors que d'autres, dont on ne regretterait pas la disparition, ont tendance à se renforcer ; toutes choses dont les femmes, notamment, sont souvent les premières victimes. *Cf.* à ce sujet la perspicace analyse que faisait de ces questions le jeune Barack Obama dans sa belle autobiographie, *Dreams from my Father*, à partir de son expérience dans les banlieues du tiers-monde et de Chicago.

victoire des démocraties sur les régimes totalitaires inspirés des tyrannies du passé*, ont entraîné une "tendance civilisationnelle à la résolution non violente des conflits". Ce qui ne signifie pas que les inégalités ni surtout les causes de conflits aient disparu, en particulier celles qui viennent des derniers sursauts religieux ou nationalistes et des problèmes d'accès aux ressources naturelles. Pour lui, "la question cruciale pour l'avenir reste de savoir comment seront résolus ces conflits dans des économies déclinantes, au sein de sociétés soumises au stress environnemental**", perspectives qui le laissent pour sa part assez pessimiste.

Certes la question se pose, mais je ne partage pas ce pessimisme. À mon sens, on l'aura compris, le passé était loin d'être un âge d'or et le futur, tant qu'il durera, ne sera pas un désastre. Et quand bien même mon optimisme serait infondé, courons-nous le risque d'être condamnés (punis ?) pour nos péchés avant d'accéder à un monde meilleur, ainsi que nous le répètent depuis trois mille ans les doctrines apocalyptiques que les Hébreux déportés en Perse empruntèrent aux zoroastriens ("ainsi parlait Zarathoustra !") ? Doctrines qui irriguèrent la civilisation judéo-chrétienne et dont le catastrophisme écologique – après les délirantes prédications des millénaristes évangéliques, naguère si puissantes aux États-Unis (et les prophéties tout aussi erronées des marxistes qui ont tellement inspiré le reste du monde) – est l'un des derniers avatars***. Quand bien même donc l'optimisme ne

* Nous avons trop tendance à ignorer ou à oublier qu'il y a à peine trois quarts de siècle, toutes les nations du monde (y compris la France), à quelques rares exceptions près, étaient gouvernées par des régimes totalitaires et/ou coloniaux, et que c'était encore le cas de l'Amérique latine, de l'Asie et d'une bonne partie de l'Europe de l'Est et du Sud comme de l'Afrique dans les années 1970-1980.

** Citations extraites des *Guerres du climat* (bibl.).

*** *Cf. Apocalypse* de John Michael Greer (bibl.), petit livre fascinant sur l'un des principaux fils conducteurs de toute l'histoire culturelle de l'humanité judéo-chrétienne.

serait pas de mise, serait-ce une raison pour désespérer de l'homme ?

Pourquoi ne pas être optimiste : à terme le pire est sûr

Sans doute le lecteur pensera-t-il que je me suis beaucoup éloigné, dans ma conclusion, du sujet de cet essai, l'histoire des sciences de la Terre. Ce n'est pas le cas à mon sens car c'est à travers l'avenir de l'humanité que se joue aujourd'hui le prochain épisode de cette histoire, cet Anthropocène qui commence, ce nouvel âge "dont nous sommes les héros" et dont les géoscientifiques auront été les prophètes.

Bien sûr, il ne s'agira là que de la minuscule partie de l'histoire de la Terre qui nous concerne nous, les *Homo sapiens*, durée dérisoire à l'égard des temps cosmiques passés et futurs, ou même tout simplement géologiques. Les forces qui, avant nous, ont mené l'évolution de notre planète sont toujours actives, et elles sont à l'évidence bien plus puissantes et inexorables que les menaces que nous ferons peser, tant que nous durerons, sur notre environnement et sur nous-mêmes.

Il est quasiment certain que les risques les plus sérieux pour la pérennité de notre espèce sur cette Terre ne sont pas les nuisances anthropogéniques. Nuisances dont on peut raisonnablement espérer que nous serons parfaitement capables de les maintenir à des niveaux tolérables et de "faire avec", comme cela s'est passé dans toute l'histoire de l'humanité jusqu'ici, y compris à l'époque très récente où le pouvoir de la liquider (la vitrifier ?) était à la portée du "bouton nucléaire" – il l'est encore d'ailleurs, mais on ne s'en inquiète plus beaucoup.

Ce qui nous menace vraiment, c'est un épouvantable et définitif cataclysme naturel qui nous pend au nez, comme ceux qui ont déjà provoqué l'extinction totale d'espèces jadis "dominantes" : la collision avec un astéroïde de grande taille, l'éruption d'un hypervolcan, le mégatsunami et l'"hiver nucléaire" associés, ou encore l'explosion d'une supernova stellaire proche – voire même un sévère âge glaciaire, le retour de la *Snowball Earth*... Nous parviendrons peut-être bien à prévoir l'imminence de telles éventualités (trop tard, et il sera bien temps alors de s'angoisser), mais il me paraît tout à fait illusoire, pour le coup, de se figurer que nous serons capables de nous en sortir, ainsi que l'ont imaginé tant de productions hollywoodiennes.

La perspective d'une mort lointaine, au demeurant, n'a jamais empêché quiconque de profiter de la vie, et la fin nous prendra toujours par surprise. Albert Camus, qui a écrit beaucoup de choses sur ce thème, remarquait dans *La Peste* que "les fléaux sont une chose commune, mais on croit difficilement aux fléaux quand ils vous tombent sur la tête. Il y a eu dans le monde autant de pestes que de guerres. Et pourtant pestes et guerres trouvent les gens toujours aussi dépourvus."

Thucydide rapporte que, lorsque la peste sévissait à Athènes, certains descendaient forniquer dans la rue, tandis que d'autres s'attachaient à laisser un cadavre propre. C'est en effet une question de tempérament : l'heure venue, nous aurons le choix, parmi une vaste gamme d'attitudes, entre, par exemple, la charmante simplicité d'un Martin Luther ("Si la fin du monde était imminente, je planterais un pommier"), le ricanement sarcastique d'un Restif de La Bretonne ("L'humanité n'[était] qu'une maladie sur la peau de la Terre") ou la noble vision d'un Élisée Reclus ("L'Homme, c'[était] la Nature prenant conscience d'elle-même").

L'Univers – pour le dire dans le style anthropomorphique dont la littérature cosmologique est coutumière – se moque pas mal de notre existence. Et la Terre, qui dure depuis bien plus longtemps que nous, continuera à tourner bien longtemps après nous.

Ayant, en se levant un matin, entendu un astronome dire quelque chose de ce genre à la radio, Cioran décida que ce n'était pas la peine de se raser.

REMERCIEMENTS

Je dois d'abord souligner ma dette à l'égard de tous les scientifiques (et des quelques journalistes) auteurs de la montagne, de l'océan de livres et d'articles que j'ai consultés. Les références complètes des ouvrages cités figurent dans la bibliographie, à laquelle renvoie l'indication (bibl.).

Une mention particulière doit être faite des ouvrages de la collection "Time-Life", remarquablement documentés (et traduits) notamment sur le plan historique. Et puis aussi de la consultation de Wikipedia qui a remplacé pour moi celle de l'ancienne *Biographical Encyclopedia of Science and Technology* d'Isaac Asimov (Doubleday, 1964), laquelle pourtant avait l'avantage de classer ses entrées par ordre chronologique plutôt qu'alphabétique, ce qui permettait d'acquérir une vision synchronique et diachronique de l'histoire des sciences et des techniques.

J'ai tâché, bien entendu, de ne pas commettre d'erreurs factuelles mais, s'il en subsiste (et je suis bien sûr qu'il doit en rester), la responsabilité en revient à moi-même et non à ceux parmi mes collègues ou parents et amis qui ont eu la gentillesse de prendre le temps qu'il fallait pour corriger le manuscrit (sans que cela signifie en aucune manière qu'ils partagent mes opinions) et à qui je tiens à exprimer ma reconnaissance : Jean-Louis Fellous pour les deux premières parties sur l'air et l'eau ; et, pour la troisième sur la terre et le feu, Jean-Louis Vignes qui a relu les chapitres sur la minéralogie et la mine, et Philippe Taquet celui sur la géologie.

Merci également pour leurs critiques à Christiane Vilain, sur l'histoire des idées concernant le vide et la pression atmosphérique dans le premier chapitre, à Amy Dahan sur celui concernant le changement climatique, à Alain Faujas sur celui consacré à la saga de la mine, ainsi qu'aux sociologues Marc-Olivier Hatzfeld et

Michel Maffesoli, respectivement sur l'introduction et la conclusion.

René Thomas a bien voulu relire (deux fois, à deux stades différents !) l'ensemble du manuscrit et me faire part (à chaque fois) de ses commentaires détaillés et toujours pertinents.

Anne Barthel-Lorcy, enfin, m'a fourni une aide efficace pour l'iconographie et les collaborateurs d'Actes Sud ont beaucoup contribué à la clarté et la précision du texte.

Et puis, une fois encore, je dois exprimer ma reconnaissance à ma femme, Marie-Noël Plessix-Stourdzé, qui a non seulement la générosité qu'il faut pour supporter la schizophrénie d'un mari écrivain scientifique mais aussi, heureusement plus que moi, les pieds sur terre.

Paris, mai 2014

BIBLIOGRAPHIE

Liste (de la plupart) des ouvrages consultés (et qui sont dans la bibliothèque de l'auteur). Ceux qui sont cités à plusieurs endroits dans le livre ne figurent qu'une seule fois ci-dessous. En général l'édition référencée est la plus récente et, le cas échéant, la traduction française.

INTRODUCTION

CONNER Clifford, *Histoire populaire des sciences*, L'Échappée, 2011.

DESCOLA Philippe, *L'Écologie des autres : L'anthropologie et la question de la nature*, Quae, 2011.

HUSAIN Majid, *Evolution of Geographical Thought*, Rawat Publications (Inde), 1981.

LACOSTE Yves, *La Géographie, ça sert, d'abord, à faire la guerre*, La Découverte, 2013 (1re éd. 1976).

La Planète Terre, Time-Life, 18 volumes, 1982-1996.

La Terre, Larousse, 1978.

MENDRAS Henri, *La Fin des paysans*, Actes Sud, 1991 (1re éd. 1967).

MUMFORD Lewis, *La Cité à travers l'histoire*, trad. D. Moutonnier, Seuil, 1964.

MYERS Norman (sous la dir. de), *GAIA : An Atlas of Planet Management*, Pan Books, 1985.

RECLUS Élisée, *L'Homme et la Terre*, Maspero, 1982 (1re éd. 1905-1908).

– *La Terre*, Hachette, 1870.

SCHEIBLING Jacques, *Qu'est-ce que la géographie ?*, Hachette, 1994.

VINCENT Jean-Didier, *Élisée Reclus, géographe, anarchiste, écologiste*, Flammarion, 2014.

PREMIER LIVRE : L'AIR

ACOT Pascal, *Histoire du climat*, Perrin, 2003.

ALLÈGRE Claude (avec Dominique de Montvalon), *L'Imposture climatique ou la Fausse Écologie*, Plon, 2010.

DE ANIL Kumar, *Environmental Chemistry*, New Age Publishers (Inde), 2006.

ARAGO François, *Œuvres complètes*, Gide et J. Baudry, 1854-1862, 17 volumes.

AUDEGUY Stéphane, *La Théorie des nuages*, Gallimard, 2005.

EDWARDS Paul, *A Vast Machine*, MIT Press, 2010.

FELLOUS Jean-Louis, *Avis de tempêtes : La nouvelle donne climatique*, Odile Jacob, 2002.

FOUCAULT Alain, *Climat : Histoire et avenir du milieu terrestre*, Fayard, 1993.

GIRAUD Alain et PETIT Michel, *Ionospheric Techniques and Phenomena*, Reidel, 1978.

HALFORD Pauline, *Storm Warning : The Origins of Weather Forecast*, Sutton, 2004.

JOUSSAUME Sylvie, *Climat d'hier à demain*, CNRS éditions, 2005.

LAMOULINE Roger, *L'Horreur du vide et le Poids de l'atmosphère*, Le Sureau, 2009.

LE ROY LADURIE Emmanuel, *Histoire humaine et comparée du climat*, vol. 1, Fayard, 2004.

LOCHER Fabien, *Le Savant et la Tempête : Étudier l'atmosphère et prévoir le temps au XIXe siècle*, Presses universitaires de Rennes, 2008.

LORIUS Claude et CARPENTIER Laurent, *Voyage dans l'Anthropocène*, Actes Sud, 2010.

MOREUX Théophile (abbé), *L'Océan aérien*, Fayard, 1910.

– *La Foudre, les Orages, la Grêle*, Fayard, 1934.

RAMBOSSON Jean, *Histoire des météores et des grands phénomènes de la nature*, Firmin-Didot, 1883.

REBEYROL Yvonne, *Tourbillons et Turbulences : La machine des climats*, La Découverte/Le Monde, 1990.

RONAN Colin, *Histoire mondiale des sciences*, Seuil, "Points sciences", 1999.

VILAIN Christiane, *Naissance de la physique moderne : Méthode et philosophie mécanique au XVIIe siècle*, Ellipses, 2009.

DEUXIÈME LIVRE : L'EAU

BLANCOTTE Bernard, *Le Canal du Midi*, Lacour, 2000.
BRAHIC André, TAPPONNIER Paul, BROWN Lester et GIRARDON Jacques, *La Plus Belle Histoire de la Terre*, Seuil, "Points", 2002.
COOPEY Richard et TVEDT Terje (sous la dir. de), *A History of Water*, I. B. Tauris, 2006.
CORBIN Alain et RICHARD Hélène (sous la dir. de), *La Mer : Terreur et fascination*, BNF/Seuil, 2004.
DAVIS Richard, Jr, *The Evolving Coast*, Scientific American Library, 1994.
DEMARCQ Marie-Pierre, FRÉMOND Didier et TROMPARENT Hélène (sous la dir. de), *Jules Verne : Le roman de la mer*, Seuil/musée national de la Marine, 2005.
DIONET-GRIVET Suzanne, *Géopolitique de l'eau*, Ellipses, 2011.
FORTIER Dominique, *Du bon usage des étoiles*, La Table ronde, 2008.
FRANCK Liliane, *Eau à tous les étages*, Liliane Franck, 1999.
FREESE Barbara, *Coal: A Human History*, Penguin Books, 2003.
HUMBOLDT Alexander von, *Cosmos : Essai d'une description physique du monde*, Utz, 2000 (1846-1848).
KUNZIG Robert, *L'Océan*, Actes Sud/Solin, 2001.
L'Aventure des pôles, Sélection du Readers's Digest, 2006.
La Mer, Larousse, 1953.
LAHAYE-COLLOMB Annette, *La Côte, terre d'alliances*, Actes Sud, 2004.
Le Grand Atlas de la mer, Encyclopaedia Universalis/Albin Michel, 1983.
LEGUAY Jean-Pierre, *Les Catastrophes au Moyen Âge*, J.-P. Gisserot, 2005.
LENGLET Roger et TOULY Jean-Luc, *L'Eau des multinationales : Les vérités inavouables*, Fayard, 2005.
MACDOUGALL Doug, *Frozen Earth*, University of California Press, 2004.
MAURY Matthew Fontaine, *The Physical Geography of the Sea*, Harpers & Brothers, 1856.
Ó GRÁDA Cormac, *Famine: A Short History*, Princeton University Press, 2009.
ORSENNA Érik, *Portrait du Gulf Stream : Éloge des courants*, Seuil, 2005.
– *L'Avenir de l'eau : Petit précis de mondialisation II*, Fayard, 2008.

POIRIER Jean-Patrice, *La Grande Saga de la Compagnie générale des eaux*, Autres temps, 2013.
RECLUS Élisée, *Histoire d'un ruisseau*, Actes Sud, "Babel", 1995 (1re éd. 1869).
RÉMY Frédérique, *Histoire de la glaciologie*, Vuibert, 2007.
VIGARELLO Georges, *Le Propre et le Sale : L'hygiène du corps depuis le Moyen Âge*, Seuil, 1985.
WILSON R. C. L., DRURY S. A. et CHAPMAN J. L., *The Great Ice Age*, Routledge, 2005.

TROISIÈME LIVRE : LA TERRE ET LE FEU

ALDERSEY-WILLIAMS Hugh, *Periodic Tales: A Cultural History of the Elements, from Arsenic to Zinc*, Viking, 2011.
ALLÈGRE Claude, *L'Écume de la Terre*, Fayard, 1983.
– *De la pierre à l'étoile*, Fayard, 1985.
ALVAREZ Walter, *La Fin tragique des dinosaures*, trad. J.-P. Ricard, Hachette, 1998.
ATTALI Jacques, *Diderot ou le Bonheur de penser*, Fayard, 2013.
BENSAUDE-VINCENT Bernadette et STENGERS Isabelle, *Histoire de la chimie*, La Découverte, 2001.
BOLTANSKI Christophe, *Minerais de sang : Les esclaves du monde*, Grasset, 2011.
BRUCKNER Pascal, *Le Fanatisme de l'Apocalypse : Sauver la Terre, punir l'homme*, Grasset, 2011.
CADBURY Deborah, *The Dinosaur Hunters*, Fourth Estate, 2000.
CAILLEUX André, *Les Roches*, PUF, "Que sais-je ?", 1965.
CHEVALIER Tracy, *Prodigieuses créatures*, Quai Voltaire, 2010.
COURTILLOT Vincent, *Nouveau Voyage au centre de la Terre*, Odile Jacob, 2009.
DEBEIR Jean-Claude, DELÉAGE Jean-Paul et HÉMERY Daniel, *Les Servitudes de la puissance : Une histoire de l'énergie*, Flammarion, 1986.
DEPARIS Vincent et LEGROS Hilaire, *Voyage à l'intérieur de la Terre : De la géographie antique à la géophysique moderne*, CNRS éditions, 2000.
DIONNE Hélène (sous la dir. de), *Or des Amériques*, Septentrion, 2008.
GARGAUD Muriel, DESPOIS Didier et PARISOT Jean-Paul (sous la dir. de), *L'Environnement de la terre primitive*, Presses universitaires de Bordeaux, 2001.

GOGUEL Jean, *in La Terre*, “Encyclopédie de la Pléiade”, Gallimard, 1959.

GOHAU Gabriel, *Histoire de la géologie*, La Découverte, 1987.

– *Histoire de la tectonique*, Vuibert, 2010.

GOULD Stephen Jay, *Quand les poules auront des dents*, trad. M.-F. de Paloméra, Fayard, 1984.

– *Un hérisson dans la tempête*, trad. G.-X. Fayon et A. Guillain, Grasset, 1994.

– *L'Éventail du vivant : Le mythe du progrès*, trad. C. Jeanmougin, Seuil, 2001.

– *Les Pierres truquées de Marrakech : Avant-dernières réflexions sur l'histoire naturelle*, trad. M. Blanc, Seuil, 2002.

GOUVENAIN Marc de, *La Terre sous nos pieds*, Actes Sud, 2004.

GRIMOULT Cédric, *Créationnismes, mirages et contre-vérités*, CNRS éditions, 2012.

HAUG Émile, *Traité de géologie*, vol. 1 : *Les Phénomènes géologiques*, Armand Colin, 1907.

KEHLMANN Daniel, *Les Arpenteurs du monde*, Actes Sud, 2006.

KRIVINE Hubert, *La Terre, des mythes au savoir*, Cassini, 2011.

KURLANSKY Mark, *Salt: A World History*, Vintage, 2003.

LEVI Primo, *Le Système périodique*, trad. A. Maugé, Albin Michel, 1987.

LEWIS Cherry, *The Dating Game*, Cambridge University Press, 2000.

LOVELL Bryan, *Challenged by Carbon: The Oil Industry and Climate Change*, Cambridge University Press, 2010.

LOVELOCK James, *La Revanche de Gaïa*, trad. T. Piélat, Flammarion, 2007.

LYELL Charles, *Principles of Geology*, Boston, 1853 (9e éd.).

PALMER Trevor, *Perilous Planet Earth*, Cambridge University Press, 2003.

POMEROL Charles et FOUET Robert, *Les Roches éruptives* et *Les Roches sédimentaires*, PUF, “Que sais-je ?”, 1969 et 1974.

RAMBOSSON Jean, *Les Pierres précieuses*, Firmin-Didot, 1870.

REPCHECK Jack, *The Man Who Found Time*, Simon & Schuster, 2003.

RICKARD Thomas A., *L'Homme et les métaux*, trad. F. V. Laparra, Gallimard, 1938.

STEGNER Wallace, *Beyond the Hundredth Meridian*, Penguin Books, 1954.

TAQUET Philippe, *Georges Cuvier : Naissance d'un génie*, Odile Jacob, 2006.

TERMIER Pierre, *À la gloire de la Terre : Souvenirs d'un géologue*, Desclée de Brouwer et Cie, 1922.

THOMAS Pierre, *Le volcanisme d'Auvergne, un point chaud ?*, ENS de Lyon, Eduscol, 2001.

VIGNES Jean-Louis, ANDRÉ Gilles et KAPALA Frédéric, *Données [...] sur les principaux produits chimiques [...], métaux et matériaux*, ENS Cachan, 1997 (7e éd.).

WATTS Anthony B., *Isostasy and Flexure of the Lithosphere*, Cambridge University Press, 2001.

WINCHESTER Simon, *The Map That Changed the World*, Viking, 2001 ; *Krakatoa: The Day the World Exploded*, Penguin Books, 2003.

POSTFACE

ASIMOV Isaac, *A Choice of Catastrophes: The Disasters that Threaten our World*, Ballantine Books, 1981.

DIAMOND Jared, *Effondrement : Comment les sociétés décident de leur disparition ou de leur survie*, trad. A. Botz et J.-L. Fidel, Gallimard, 2006.

– *Le Monde jusqu'à hier : Ce que nous apprennent les sociétés traditionnelles*, trad. J.-F. Sené, Gallimard, 2013.

GREER John Michael, *Apocalypse: A History of the End of Time*, Quercus, 2012.

MÉDA Dominique, *La Mystique de la croissance : Comment s'en libérer*, Flammarion, 2013.

OBAMA Barack, *Les Rêves de mon père*, trad. D. Darneau, Presses de la Cité, 2008.

POURSIN Jean-Marie, *La Population mondiale*, Seuil, "Points économie", 1976.

RITTAUD Benoît, *Le Mythe climatique*, Seuil, 2010.

SALK Jonas, *Qui survivra ?*, trad. V. A. Montassier, Fayard, 1978.

TOYNBEE Arnold, *A Study of History*, Oxford University Press, 1972.

WELZER Harald, *Les Guerres du climat*, trad. B. Lortholary, Gallimard, 2009.

INDEX

CRÉDITS ICONOGRAPHIQUES

p. 19 : Thomas Murray, *Portrait d'Edmond Halley*, Royal Society, Londres, 1687/Wikimedia commons.

p. 27 : Gravure, *Portrait de Simon Stevin*, Leiden University Library, Leyde, XVIIe siècle/Wikimedia commons.

p. 30 : Gravure, *Portrait de Evangelista Torricelli inventant le baromètre à mercure* (1642) in Camille Flammarion, *L'atmosphère et les grands phénomènes de la nature*, Librairie Hachette et Cie, Paris, 1905, p. 42/Wikimedia commons.

p. 32 : Gravure de Gaspar Schott, *L'expérience des hémisphères de Magdebourg d'Otto von Guericke*, in Gaspar Schott, *Mechanica Hydraulico-Pneumatica*, Schönwetter, Würzburg, 1657/Wikimedia commons.

p. 42 : Gravure, *Gay-Lussac et Biot à 4 000 mètres de hauteur*, Collection 476, 2e série, Romanet et Cie, Paris, 1804/ Wikimedia commons.

p. 50 : Jacques Louis-David, *Portrait d'Antoine Laurence Lavoisier et de sa femme Marie-Anne Pierret Paulze*, Metropolitan Museum of Art, New York, 1788/Wikimedia commons.

p. 70 : Photographie, *Wilson Bentley travaillant sur les flocons de neige*, début du XXe siècle/Wikimedia commons.

p. 72 : Gravure de Luke Howard, *Cumulus breaking up, cirrus & cirro cumulus above* in Luke Howard, *Essay on the modifications of clouds*, Harvey and Darton, Londres, 1803.

p. 91 : Gravure de L. Guiguet, *Expérience du cerf-volant électrique par Jacques de Romas dans les rues de Nérac le 7 juin 1753* in Collectif, *Album de la science. Savants illustres. Grandes découvertes*, Société d'édition et de librairie, Paris, 1899/Wikimedia commons.

p. 110 : Photographie, *Lieutenant Matthew Fontaine Maury en uniforme de la US Navy*, Bibliothèque du Congrès, Washington, 1853/Wikimedia commons.

p. 118 : Carte de la circulation générale de l'atmosphère disponible sur le site internet www.genie.coursgratuits.net.

p. 121 : Photographie de Christoffer Gade Rude, *Carte de visite du Professeur Vilhelm Bjerknes*, Bibliothèque nationale de Norvège, Oslo/Wikimedia commons.

p. 140 : Photographie, *Robert Fitzroy assis à son bureau*, Bibliothèque Alexander Turnbull, Bibliothèque nationale de Nouvelle-Zélande, Te Puna Matauranga o Aotearoa, Wellington, vers 1860. © Bibliothèque Alexander Turnbull.

p. 146 : Photographie, *Dr Francis Wilton Reichelderfer*, National Oceanic and Atmosphéric administration, vers 1940/ Wikimedia commons.

p. 155 : Mathieu-Ignace van Brée, *Portrait de Georges Cuvier*/Wikimedia commons.

p. 159 : Gravure, *Portrait d'Horace Bénédict de Saussure d'après un portrait réalisé par Juehl à la bibliothèque de Genève à partir d'une photographie de La Croix de Genève* in Charles Edward Mathews, *The annals of Mont Blanc, a monograph*, Unwin, Londres, 1898, page 24/Wikimedia commons.

p. 163 : Gravure, *Portrait de James Croll* in James McKeen Cattell, *The Popular Science Monthly, Vol. 51*, The Science Press, New York, août 1897, page 544/Wikimedia commons.

p. 164 : Paja Jovanović, *Portrait de Milutin Milancović étudiant à Vienne*, 1943/Wikimedia commons.

p. 176 : Photographie, *Rachel Carson*, U.S. Fish and Wildlife Service, vers 1940/Wikimedia commons.

p. 216 : Gravure de Blaise, *Coupe de la machine à vapeur de Newcomen* in Louis Figuer, *Merveilles de la science*, Furne,

Jouvet et Cie, Paris 1867, Fig. 36, réalisée partir d'un dessin contenu dans Jean-Théophile Désaguliers, *A course of experimental philosophy*, W. Innys, Londres, 1744 lui-même probablement inspiré d'une gravure d'Henry Beighton datant de 1717/Wikimedia commons.

p. 222 : Léonard de Vinci, *Portrait de Mona Lisa dite La Joconde*, Musée du Louvre, Paris, 1503-1506/Wikimedia commons.

p. 229 : Frederick Samuel Dellenbaugh (photographe présumé membre de la 2ème expédition de John Wesley Powell au Grand Cayon Arizona), *John Wesley Powell avec Tau-gu, chef des Paiutes*, vers 1871-1874/Wikimedia commons.

p. 240 : *Portrait de Louis-Ferdinand Marsigli*, début du XVIIIe siècle/Wikimedia commons.

p. 249 : Stephen Pearce, *Portrait de Sir Francis Beaufort*, National Portrait Gallery, Londres, 1850/Wikimedia commons.

p. 267 : E. Maier-Reimer, *Carte des courants océaniques profonds d'après une carte de Wallace Broecker* in Robert T. Watson, Marufu C. Zinyowera et Richard H. Moss, *Climate Change, 1995, Impacts, adaptations and migration of climate change*, UNEP and WMO, Cambridge Press University, Cambridge, 1996, disponible sur le site internet de l'académie de Grenoble.

p. 291 : Photographie, *Jean-Baptiste Charcot*, Bibliothèque du Congrès, Collection George Grantham Bain, Washington, 12 juin 1925/Wikimedia commons.

p. 354 : Victor Moritz Goldschmidt, *Autoportrait de Victor Moritz Goldschmidt*, Collection de la famille Hans Goldschmidt, vers 1911/Wikimedia commons.

p. 380 : Planche dessinée par Yan' DARGENT, *Exploitation d'une mine de diaments* in Jean Rambosson, *Les pierres précieuses et les principaux ornements*, Firmin Didot Frères, Fils et Cie, Paris, 1870.

p. 402 : Thomas Sopwith, *Caricature de William Buckland en costume des glaces*, XIXe siècle.

p. 418 : John Kay, *Caricature de James Hutton*, vers 1787 in John Kay, *A Series of Original Portraits and Caricature Etchings*, vol.1, A. & C. Black, Édimbourg, 1837/Wikimedia commons.

p. 423 : Peinture à l'huile de Mr. Grey, *Portrait de Mary Anning*, Museum d'histoire naturelle, Londres, avant 1842/ Wikimedia commons.

p. 426 : Lithographie de von Rudolf Hoffmann, *Portrait de Roderick Murchison*, Bibliothèque nationale autrichienne, Hofburg, 1857/Wikimedia commons.

p. 431 : Hugues Fourau, *Portrait de William Smith*, vers 1835/Wikimedia commons.

p. 436 : Lithographie de Josef Kerihuber, *Portrait d'Eduard Suess*, Collection privée, Besitz, 1869/Wikimedia commons.

p. 444 : Photographie, *Portrait d'Arthur Holmes*, 1912/Wikimedia commons.

p. 451 : Gravure de T. Bradlay, *Present state of the Temple of Serapis at Puzzuoli*, Frontispice de l'ouvrage de Charles Lyell, *Principles of Geology*, vol. 1, John Murray, Londres, 1832/ Wikimedia commons.

p. 453 : Peinture à l'huile de George Romney, *Lady Hamilton en Circé*, Tate Britain, Londres, vers 1782.

p. 471 : Photographie d'Ernest Kime, *Portrait du professeur John Milne*, vers 1900. © Carisbrooke Castle Museum.

p. 474 : Jean-Baptiste Perronneau, *Portrait au pastel de Pierre Bouguer*, Musée du Louvre, Paris, 1753/Wikimedia commons.

p. 490 : Photographie, *Alfred Wegener à Greenland*, Alfred Wegener Institute, Bremerhaven, 1912-1913/Wikimedia commons. © Alfred Wegener Institute.

p. 497 : Photographie, *Capitaine Harry Hess durant la seconde guerre mondiale*, Princeton University, Department of Geological and Geophysical Sciences, New Jersey, vers 1940/ Wikimedia commons. © Princeton University, Courtesy of Department of Geological and Geophysical Sciences.

p. 499 : Photographie, *Maurice Ewing*, Woods Hole Oceanographic Institution, Massachusetts, 1948/Wikimedia commons. Courtesy of the Woods Hole Oceanographic Institution.

p. 501 : Photographie, *Marie Tharp et Bruce Heezen*. © Fiona Schiano – Yacopino.

p. 510 : Carte de sismicité mondiale d'après le catalogue NEIC-PDE (National Earthquake Information Center – Preliminary Determination of Epicenter) pour les années 2000 à 2010. © NEIC-PDE.

p. 523 : Photographie de Stephen Morris, *Portrait de John Tuzo Wilson*, 1992/Wikimedia commons. © Stephen Morris.

p. 545 : Photographie, *L'académicien Vladimir Vernadski*, vers 1900/Wikimedia commons.

COMPOSITION ET MISE EN PAGES
NORD COMPO À VILLENEUVE-D'ASCQ

ACHEVÉ D'IMPRIMER EN MARS 2015
PAR NORMANDIE ROTO IMPRESSION S.A.S
À LONRAI
POUR LE COMPTE DES ÉDITIONS
ACTES SUD
LE MÉJAN
PLACE NINA-BERBEROVA
13200 ARLES

DÉPÔT LÉGAL
1re ÉDITION : AVRIL 2015
N° impr. : 1501031
(*Imprimé en France*)